U0388121

"十三五"国家重点出版物
出版规划项目

现代生物质能高效利用技术丛书

Efficient Utilization Technology of Modern Biomass Energy

生物炼制技术

谭天伟　秦培勇　等编著

BIOREFINERY TECHNOLOGY

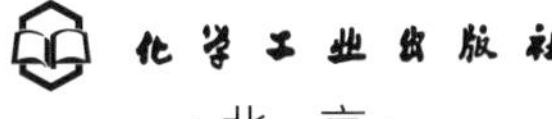

·北　京·

本书为“现代生物质能高效利用技术丛书”中的一个分册，内容根据近年来生物炼制技术研发特点及产业化发展趋势，以工艺过程的能量流和物质流为主线，旨在系统梳理生物炼制涉及的原料体系、转化路线和评价方法。首先从生物炼制原料的特点和分类出发，介绍生物质原料的结构、预处理方法和转化路线，并系统介绍了生物炼制过程的物质流和能量流强化原理，重点阐述不同生物质底物转化过程中的物质流和能量流转化过程；然后通过生物炼制典型案例，介绍了纤维质原料的多联产策略，对生物基平台化合物的下游高值转化路线及应用进行评析；最后，在宏观层面介绍原料供应链和全生命周期评价，介绍了物质和能量对生物炼制系统开发的重要意义。

本书具有较强的技术性和针对性，可供从事生物质研究和开发工作的科研人员、工程技术人员等参考，也供高等学校生物工程、能源工程及相关专业师生参阅。

图书在版编目（CIP）数据

生物炼制技术/谭天伟等编著. —北京：化学工业出版社，2020. 3
（现代生物质能高效利用技术丛书）
ISBN 978-7-122-36083-0

Ⅰ. ①生… Ⅱ. ①谭… Ⅲ. ①工业微生物学 Ⅳ. ①Q939. 97

中国版本图书馆 CIP 数据核字（2020）第 062320 号

责任编辑：刘兴春 刘 婧　　装帧设计：尹琳琳
责任校对：宋 夏

出版发行：化学工业出版社
（北京市东城区青年湖南街 13 号 邮政编码 100011）
印 装：北京新华印刷有限公司
787mm × 1092mm 1/16 印张 16 彩插 5 字数 331 千字
2020 年 6 月北京第 1 版第 1 次印刷

购书咨询：010-64518888
售后服务：010-64518899
网 址：http: //www. cip. com. cn
凡购买本书，如有缺损质量问题，本社销售中心负责调换。

定 价：98. 00 元

《生物炼制技术》

编著人员名单

于慧敏　牛欢青　田锡炜　刘昊雨　庄英萍　李树峰
张　栩　张会丽　陈　勇　邱　彤　余　斌　林海龙
罗正山　周景文　柳　东　俞建良　秦培勇　堵国成
蔡　的　谭天伟

前言 PREFACE

化石能源短缺、环境污染、全球气候变暖等对我国及世界各国经济社会持续发展提出严峻挑战，而工业生物技术可以将可再生的生物质资源转化为能源和化学品。我国是一个发酵工业大国，总发酵体积为世界第一位，但目前复杂生物质还存在原料利用不充分、产品单一及经济性差等问题。生物炼制打破了利用复杂生物质只能够单纯生产单一产品的传统观念，充分利用原料中的每一种主要成分，将其逐一分别转化为不同的产品，实现原料充分利用、产品价值最大化和土地利用效率最大化。因此，生物炼制技术可使传统的基于石化炼制工业的高能耗、高污染、高排放的产业结构向低能耗、低污染、低排放的集约型绿色生产模式转型，对解决全球面临的资源、能源与环境等问题具有重要意义。

该书根据近年来生物炼制技术研发特点及产业化发展趋势，以工艺过程的能量流和物质流为主线，旨在系统梳理生物炼制涉及的原料体系、转化路线和评价方法。首先从生物炼制原料的特点和分类出发，介绍生物质原料的结构、预处理方法和转化路线；系统介绍了生物炼制过程的物质流和能量流强化原理，重点阐述了不同生物质底物转化过程中的物质流和能量流转化过程；然后通过生物炼制典型案例，介绍了纤维质原料的多联产策略，对生物基平台化合物的下游高值转化路线及应用进行评析；最后，在宏观层面介绍了原料供应链和全生命周期评价，介绍了物质和能量对生物炼制系统开发的重要意义。

该书凝结了国内外生物炼制领域学者和笔者及其团队多年的研究成果，旨在介绍生物炼制领域所涉及的关键核心技术，希望该书可作为从事生物质研究和开发的科研人员、工程技术人员的参考书，也可作为高等学校生物工程、能源工程及相关专业本科生前沿研讨课和研究生课程的教材。

本书主要编著人员如下：第1章由北京化工大学的谭天伟教授、蔡的博士、秦培勇教授等编著；第2章由北京化工大学的张栩教授，清华大学的于慧敏教授等编著；第3章由清华大学的于慧敏教授，华东理工大学的庄英萍教授、田锡炜博士，北京化工大学的谭天伟教授等编著；第4章由北京化工大学的秦培勇教授、李树峰博士和张会丽副教授，江南大学的堵国成教授、周景文教授，南京工业大学的罗正山博士等编著；第5章由北京化工大学的谭天伟教授、秦培勇教授、李树峰博士和蔡的博士，国投生物科技投资有限公司的林海龙高工、俞建良高工等编著；第6章由南京工业大学的陈勇教授、柳东副教授、牛欢青博士、余斌博士，清华大学的邱彤教授和刘昊雨博士等编著。全书最后由谭天伟教授、秦培勇教授统稿并定稿。此外，北京化工大学的李树峰博士和蔡的博士等参与了图书的整理工作；北京化工大学的司志豪、单厚超、张长伟、吴奕禄等同志参与了本书文献资料整理、图片绘制及部分编辑工作，在此一并表示感谢。

本书入选了“十三五”国家重点出版物出版规划项目，并获得国家出版基金资助项目的大力支持。值此出版之际，对关心、支持和帮助本书编著及出版的所有人员表示衷心的感谢。

限于编著者水平和经验，书中难免存在不足和疏漏之处，敬请读者批评指正。

谭天伟

2020年2月于北京

目录 CONTENTS

第1章

绪论

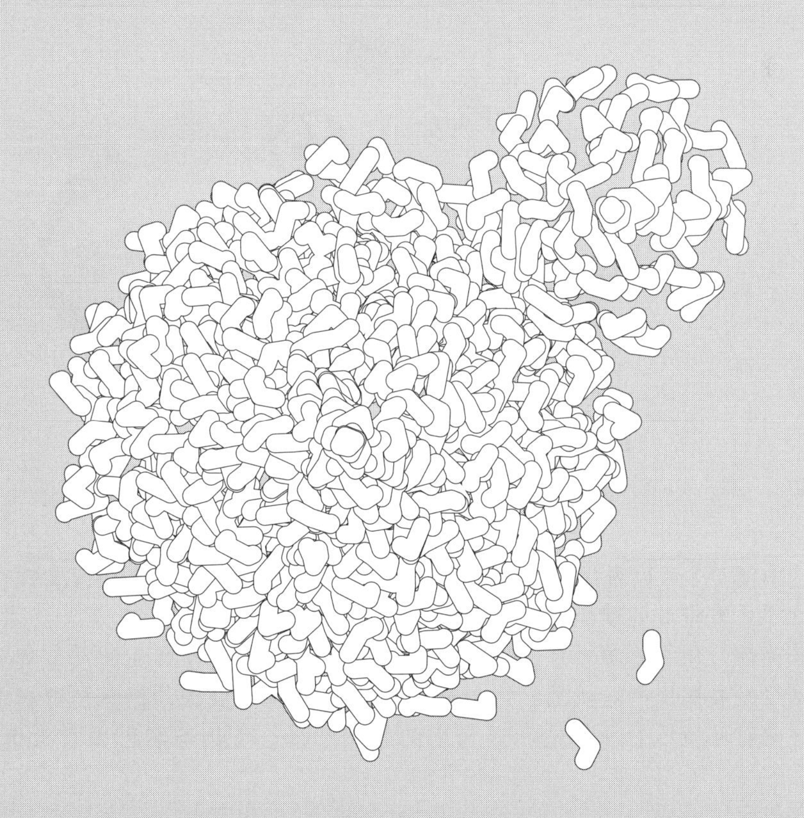

1.1 生物炼制简介

“生物炼制”由现代石油化工的“炼制”技术衍生而来。

在石油工业中，“炼制”是指通过分馏或催化转化技术，将复杂的原油底物中的不同物理化学性质的组分或单一组分转化为不同类型的石化产品，最大限度地转化利用产品，实现原料的充分利用和转化。与此对应的，所谓“生物炼制”，是指以生物质资源为底物，通过生物、化学等交叉工艺技术，充分利用并转化生物质中的不同组分，制备多样化产品，同时实现经济效益、环境效益和生物质资源高效利用。为达到节能减排、可持续利用生物质原料的目的，生物炼制整合了不同的分离和转化过程，将农业和林业、化学工业、生物基产品制备以及产业布局和产业园设计等不同因素有机整合，打破了利用复杂生物质只能生产单一产品的传统观念，充分利用原料中的每一种主要成分，分别将其逐一转化为不同的产品，实现了原料充分利用、产品价值最大化和土地利用效率最大化（图 1-1）。

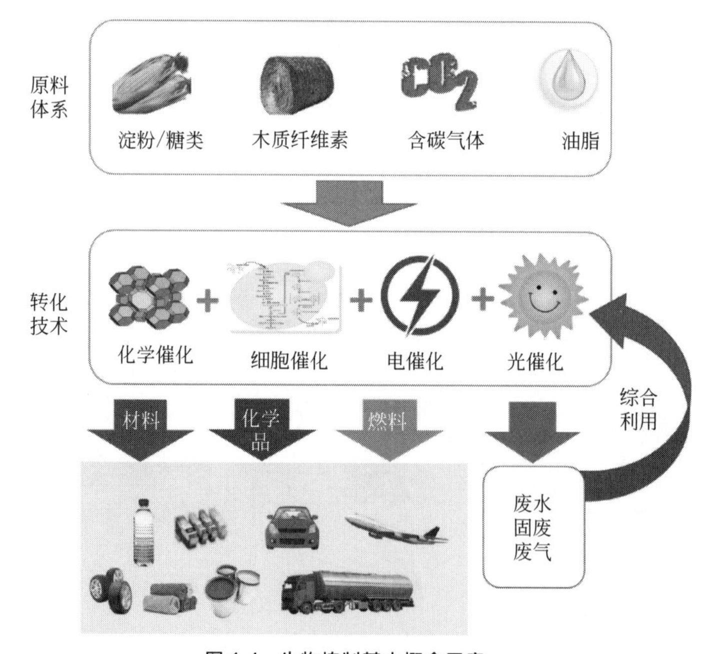

图 1-1　生物炼制基本概念示意

由图 1-1 可以看出，生物炼制体现出综合利用生物质资源，实现多产物联产和低（零）废排放的性能。

当前，化石能源短缺、环境污染、全球气候变暖等对我国及世界各国社会经济可持续发展提出严峻挑战。大量研究与实践表明，低碳、循环、绿色的可持续发展将是应对环境压力、创造和谐未来的必然选择。生物炼制可以有效解决能源供应、生态环境保护、人类可持续发展等方面遇到的问题，有助于调整产业结构，使传统的基于石化炼制工业的高能耗、高污染、高排放的产业结构向低能耗、低污染、低排放的集约型绿色生产模式转型。生物质资源是地球上可再生资源的核心组成部分之一。作为自然界中唯一可转化为气、液、固三相含碳能源、化学品及材料的可再生资源，生物质及其转化与炼制技术受到全球范围内越来越多的关注。生物炼制相关产业和技术，非常适合我国这种具有巨大生物质资源储量的农业大国，对增加农民收入、促进农民就业、改善农村环境、促进农村经济发展具有积极作用，是建设新农村、推进城镇化及建设资源节约型、环境友好型社会的重要推手。

生物质资源的原料来源广，生物质资源种类丰富。规模庞大的农工业、养殖业生产以及居民生活等产生了大量的农林秸秆、工业废水、畜禽粪便、餐厨废油和垃圾等有机废物。大体上，根据供给体系的不同，生物炼制技术可分为三代[1]。

第一代技术，是以淀粉质等粮食作物及糖类经济作物为原料的生物炼制技术。例如，将玉米淀粉通过淀粉酶的液化和糖化，或将富含游离糖的植物汁液如甘蔗汁等，直接发酵转化为生物基发酵产品。

第二代技术，以非粮木质纤维素的转化和资源化利用为基础，其技术特点为利用物理、化学、生物等手段实现木质纤维素的解聚，分离出半纤维素、纤维素、木质素等组分。除热化学转化外[2]，纤维素和半纤维素可通过化学、生物法解聚构建糖平台。木质素通过化学解聚获得单体或寡聚体，之后经提质或生物转化获得燃料和平台化合物。也可将木质素分级分离和修饰改性，作为生物基材料前体[3,4]。

第三代技术，是将含碳气体经生物、化学催化，制备高附加值化学品的转化路线。例如，通过微藻固定二氧化碳获得淀粉和油脂，进而完成生物转化，也有相关研究通过构建微生物自身代谢途径，实现 CH_4、CO、CO_2 等直接发酵转化为醇类和有机酸等。利用化学转化路线，通过合理的催化剂和工艺体系构建，亦可实现含碳气体的催化还原和转化[5]。通过实施合理的生物炼制技术路线，可以利用不同类型的原料制备多种生物基产品，如生物能源、生物基材料、大宗化学品、精细化学品、大宗发酵产品、食品与配料、微生物工业制剂等（图 1-2）。

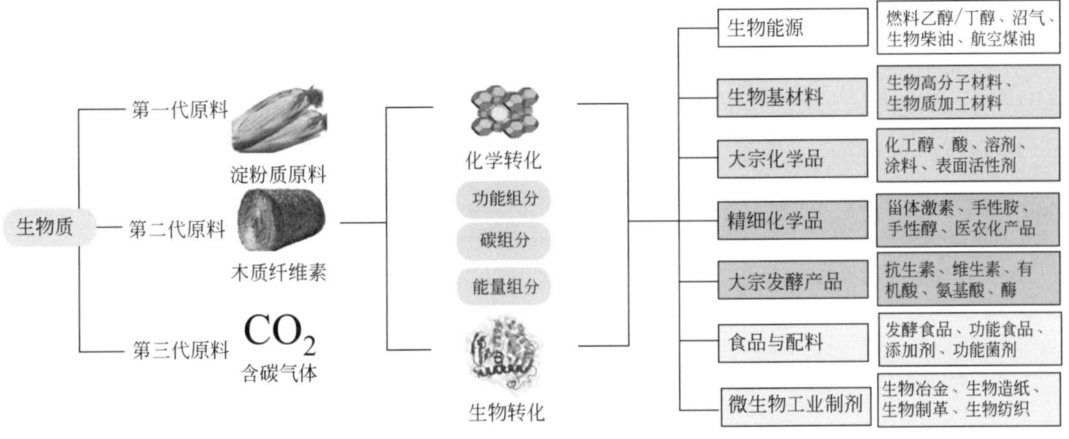

图 1-2 生物炼制的原理及产品路线

1.2 生物炼制的技术路线

生物炼制的转化方式可根据催化剂的类型分为生物催化、化学催化、光电催化三类。其中，生物催化的实现方式主要有 3 种：

① 通过微生物细胞发酵，将糖类底物、小分子有机化合物、含碳气体等经微生物细胞代谢，转化为化学中间体或终端生物炼制产物。

② 通过酶催化，在较温和的条件下高选择性酶催化生物基底物为目标化合物。

③ 全细胞催化，通过高密度发酵细胞内的关键酶的催化作用，将环境中的底物转化为产物（图 1-3）[6-8]。

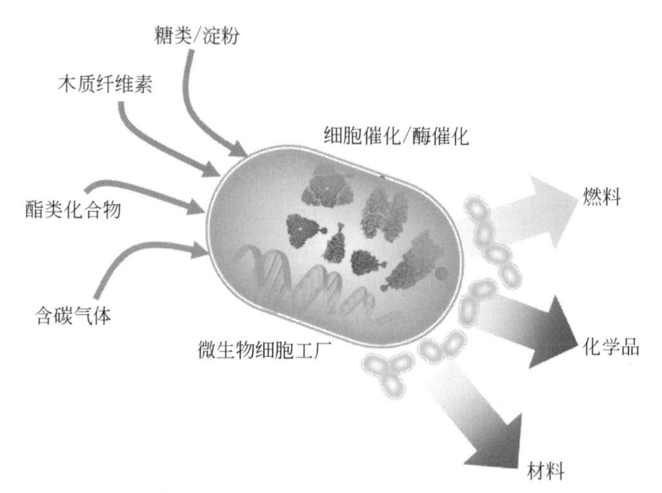

图 1-3 生物炼制过程的生物转化路线

近年来，伴随着合成生物学的发展，构建微生物细胞工厂，实现生物催化过程的物质流强化，即通过设计自然界中不存在的新反应和新通路，利用新原料、生产新分子、创建新工艺；或通过细胞关键代谢途径的强化/弱化，实现目的产物的高产和副产物的弱化表达，促进底物的高效定向转化，是生物催化路线的重要研究趋势之一。微生物细胞工厂的能量流强化是构建生物催化剂的另一趋势，即通过对胞内辅因子代谢水平的调控，实现细胞能量、“还原力”等的供给差异，促进目标代谢产物的积累，实现 CO_2 等高级氧化物的还原。

此外，由于不同来源的同工酶的催化作用存在一定差异，通过对酶的结构解析和构效关系、稳定性等研究，可改善目的产物的催化选择性，也可在酶的催化机制基础上，开发人工仿生酶系统[9-13]。

生物质化学催化转化的途径主要包括生物质原料热解为生物油或合成气及其提质，催化降解生物质为平台分子后进一步制备高附加值的产品等方式（图 1-4）。其中，生物质热解是在完全无氧或低氧情况下的生物质热降解反应，其中化学过程复杂，在反应过程中，有化学键断裂、异构化和小分子聚合等反应发生，最终形成生

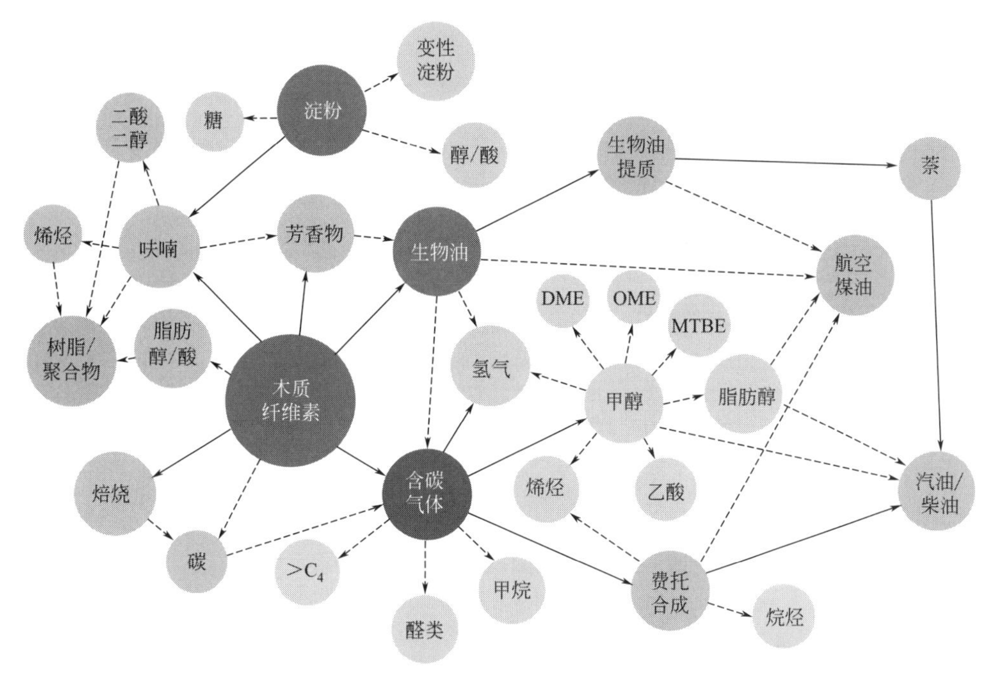

图 1-4　生物炼制过程的化学转化路线

DME—二甲醚；OME—甲氧基乙醚；MTBE—乙基叔丁醚

物油、焦炭、气体等。其中，焙烧后的生物炭或焦炭可作为固体燃料、吸附剂、肥料添加剂等使用。生物油可以进一步提质制备燃料、溶剂和其他产品[14,15]。生物质气态热解产物除直接利用外，可通过费托合成技术，转化为环境友好型的脱硫烯烃[16]。相比低选择性热化学转化路线，生物质转化为高附加值平台分子的主要手段是在相对温和的催化环境下制备平台分子并实现转化。不同于石油化工中的氧化、还原、加成等反应，生物质平台分子通常具有较高的氧含量和大量的官能团，需要通过加氢、脱水等反应脱除多余官能团。因此，用于生物质化学转化的催化剂往往存在选择性与活性不高、稳定性低等问题，在实际应用中必须克服产物的分离和纯化、催化材料的再生等技术局限[17-19]。开发高效、低成本的化学催化剂用于生物质平台分子的化学转化具有重要的意义。

目前，生物质分子的光/电催化转化研究多处于实验室阶段，研究以含碳气体的催化还原和固定为主。如图 1-5 所示，典型的含碳气体电化学还原在双室电解槽中进行，在阳极室发生水的氧释放反应（OER），阴极室实现 CO_2 等的电化学还原。在阳极室，除普通电极外，亦可通过生物电极或光电电极，分别实现牺牲剂的氧化或产生价带（VB）空穴和导带（CB）电子促进水的电解[20-22]。光催化转化主要通过半导体在光辐射条件下进行人工光合作用，当光催化剂接收到等于或大于半导体带隙的光子能量时，通过光激发引发氧化还原反应，电子从价带（VB）激发到导带（CB）。电子和空穴经历带内跃迁，通过辐射或非辐射途径在捕获位点结合的方式还原碳质原料（图 1-6）[23-25]。目前，除传统的 CO_2 等含碳气体的光/电催化还原外，部分研究利用光/电催化平台，实现生物质的化学能和电能的衔接和转化，并利用光/电催化平台实现生物基平台化合物，如羟甲基糠醛（HMF）、木质素单体的氧化还原[26-29]。

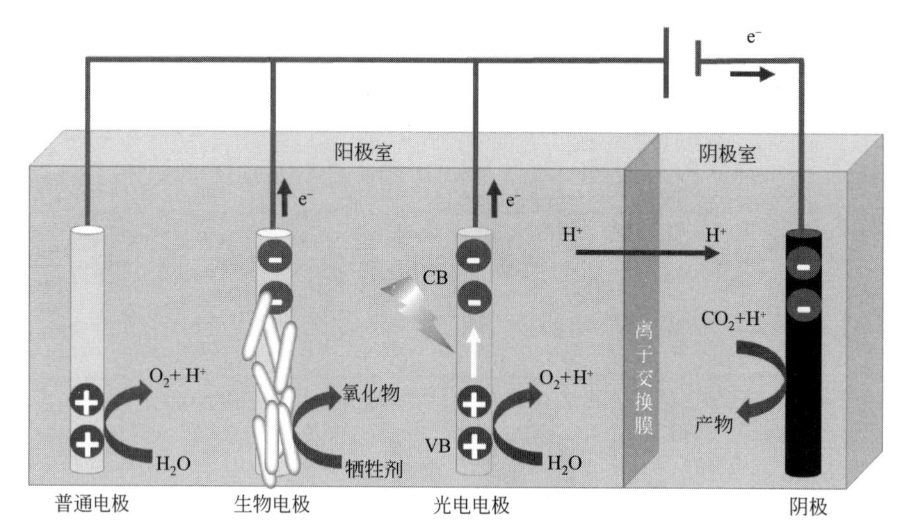

图 1-5　生物炼制过程的电化学催化路线

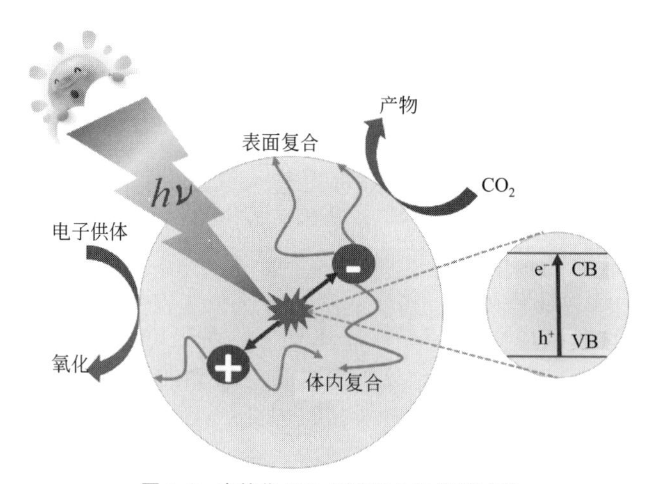

图 1-6　光催化 CO_2 还原的生物炼制过程

从近年来生物炼制技术的发展趋势来看，通过单一的催化手段完成生物质资源的转化具有一定的局限性，并不能有效实现多目标产物的分级联产和完整产业链的形成。在实际的生物炼制系统中，往往需要不同的生物质转化方式的级联或耦合，以完成目的产物的制备和生产。例如，通过化学-生物催化级联方式，将木质纤维素中的木质素解聚为单体，进而以木质素单体为底物，通过微生物发酵制备生物基聚酯单体[30]；通过生物-化学催化级联，首先将纤维糖转化为脂肪醇，再经过催化聚合和加氢脱氧制备高密度航空燃料[31]；再如，将光电催化与生物催化耦合，通过光敏材料-细胞嵌合体固定二氧化碳一步法制备有机酸和醇类化合物；将电催化与细胞催化耦合，制备长链脂肪醇等[32,33]。

在生物炼制的转化过程中，除对催化剂的筛选和强化外，在宏观层面上通过工艺过程的改进，进一步强化生物基生产的物质流和能量流，是有效降低生物炼制工艺能耗和生产成本的另一重要手段。例如，通过发酵-分离耦合技术，实现代谢物在生物反应器内的代谢和分离同步，可有效解决产物抑制问题，促进底物对目标产物的定向转化；与此同时显著降低产物分离过程能耗[34]。再如，通过对生物炼制系统的全局换热，实现高品位热到低品位热的梯级利用[35]；针对多目标联产方式的优化和生物炼制工艺设计，对生物炼制工艺进行技术经济评价和全生命周期分析，以最大限度地提升生物质转化过程的经济性[36,37]。此外，利用多能互补技术，将其他形式的可再生能源引入生物炼制生产中，可进一步强化能源转化，获得环境效益和经济效益[38]。

1.3 未来生物炼制发展方向

1.3.1 未来生物炼制技术

未来的生物炼制将围绕新型生物炼制原料的高效利用和高附加值转化展开。例如，木质素是天然纤维中占比第二大的组分，是可再生芳香化合物的主要来源。然而长期以来，受制于单体类型复杂、相较纤维素和半纤维素等组分解聚难度大、生物毒性较大等因素，在传统的“纤维素优先”的炼制策略中，木质素滞后于纤维素和半纤维素的水解，纤维素降解的多阶段工序易导致木质素发生聚合、重排等副反应。而相对滞后分离出的木质素产品很难实现有效利用和转化。除热化学路线外，近年来，部分学者提出“木质素优先”的生物炼制策略。在此类技术中，木质素组分优先于糖类组分的分离[39,40]。在此路线下，可以得到的木质素产品分子量分布较为均匀，且分子量不大，单体分子间多以易解聚的醚键相连，这些木质素低聚物进一步通过化学转化提质制备高密度航空燃料[41]，以及苯酚[42]、苯胺[43] 等重要平台化合物、精细化学品、药物载体等[44]。此外，大分子木质素也可作为一些生物基材料，如复合材料[45]、聚氨酯[46]、膜材料等[47]，木质素单体也可通过生物转化制备二醇、二酸等，进而制备尼龙、聚酯[48-50]。

未来生物炼制技术的另一主要原料来源为含碳气体，特别是一碳化合物，例如CO_2、CO等的还原和转化。利用CO_2直接转化为化学品，可以促进自然界的碳质交换和循环，获得温室气体减排和经济效益。作为碳元素最高级氧化物，CO_2化学性质较为稳定，目前，对其还原和转化的路线主要有生物法[51]、光电转化法[52]、化学法[53] 以及多种路线耦合等[54]。但现阶段对CO_2的转化研究多以制备小分子化合物，如C_2化合物（乙醇、乙酸）等为主，如何获得较高的多碳化合物的转化效率和催化活性将是未来含碳气体转化和利用的重要方向；此外，由于存在气液平衡等传质问题，以生物法为主的催化转化路线需要重视高效反应装置的设计和开发。而开发低成本技术分离水相中低浓度反应产物也是未来第三代生物炼制技术亟待解决的问题。在产业化初步尝试方面，近年来已有部分企业开展了利用高炉烟气进行 CO_2 固定和转化的研究，积累了一定的经验（图 1-7）。

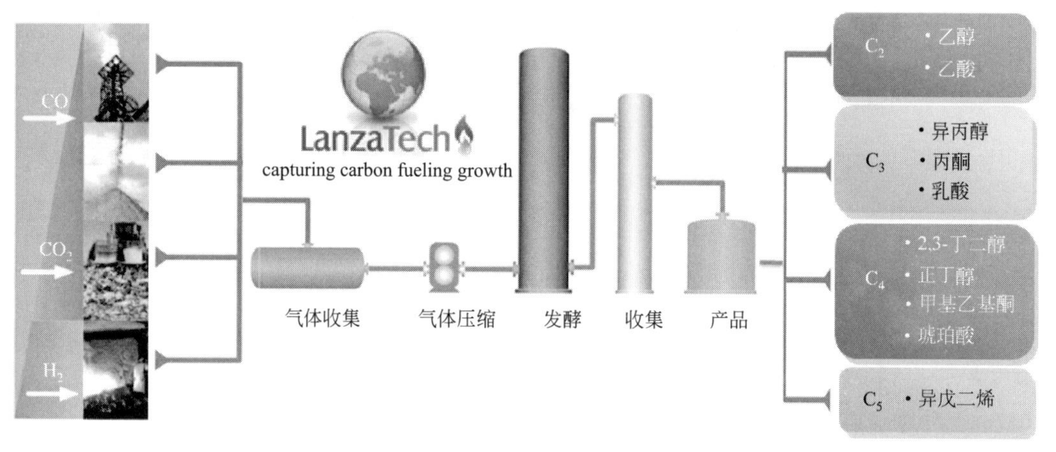

图 1-7　LanzaTech 公司的高炉烟气生物法制备平台化合物工艺路线

1.3.2　未来生物炼制产品

作为未来推动世界经济发展的生物经济的重要基础，生物炼制相关技术目前多处于技术开发阶段，但部分产品已进行产业化，总体而言发展潜力巨大。作为构建未来生物经济的产业基础，生物炼制技术和产品应用可辐射化工、能源、新材料、农林、轻工、环保、医药、食品等多个行业，是一个带动性、渗透性很强的综合产业体系。未来的生物经济发展和生物炼制技术开发，将重点围绕“原料绿色化，过程绿色化，产品绿色化”展开，即：原料上，从不可再生化石资源转向可再生资源；技术上，从传统化学加工逐步转向清洁生化结合的加工方式，开发高性能生物、化学催化剂，合理设计、优化、整合炼制单元；产品链上，从现有的单一产品转向多样的高附加值绿色化产品。例如，从产品体量上看，尽管直接燃烧转化生物质或经过特定的转化技术制备运输燃料等的产品体量和社会需求较大，但该类产品附加值较低，导致传统的生物炼制过程的经济效益不佳。在未来的生物炼制中，重点开发较高附加值的平台化合物和大宗化学品，进而利用生物基平台化合物制备材料、食品、药品和精细化学品等是必然趋势，通过高附加值精细化学品和社会需求量大的低附加值生物燃料联产，可以显著提升传统生物炼制过程的经济效益（图 1-8）。

发展生物炼制技术和相关产业，需要有效解决原料分散和生产集中的矛盾。生物质原料分散且能量密度低，在转化时又希望形成较大生产规模以降低产品单耗和投资运行成本，因而在设计规划时要兼顾原料供应和生产集中度的平衡关系。出于

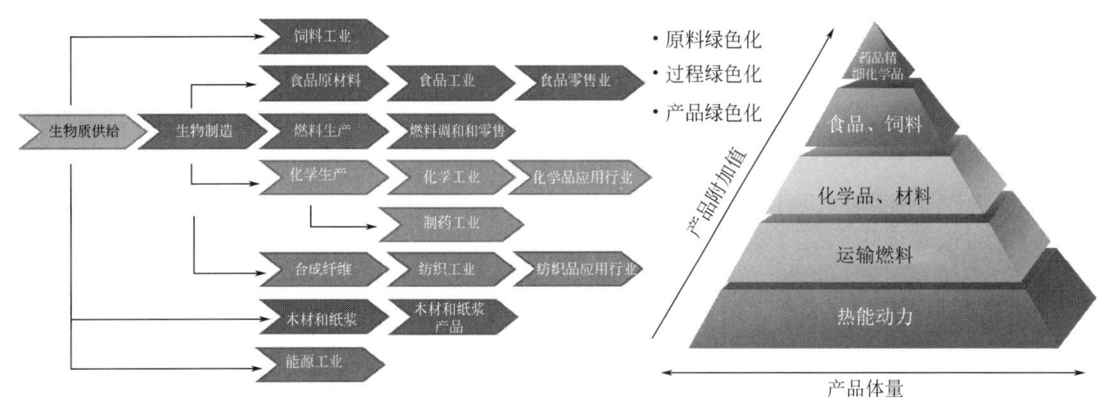

图 1-8 生物炼制技术是未来生物经济的产业基础

环境和经济可行性的考虑，未来的生物炼制应尽量做到生物质原料的充分利用，借鉴最大化基于化石炼制和石化工业中国资源利用策略，进一步提高转化效率，实现物质、能量产出与投入之比的最大化。此外，开发新的生物质底物和生物炼制中间产物转化和分离策略，实现对生物炼制副产物的升级和增值，拓展增值化学品和新材料的产品链和供应链。其核心是研发高活性、选择性和稳定性的生物/化学基催化剂，以及开发可持续过程工程解决方案，以期降低各生产单元的负荷与成本，实现生物炼制系统的整体效益提升（图 1-9）。

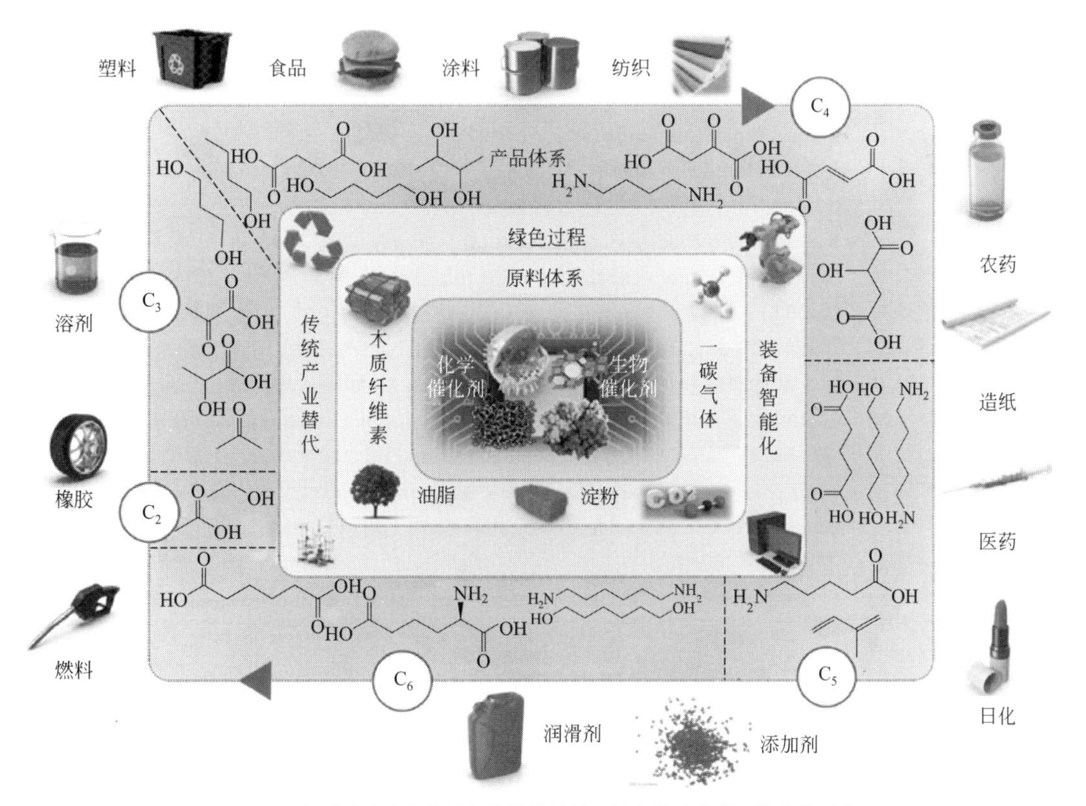

图 1-9 提升未来生物炼制经济性的关键是技术集成高附加值产物联产

本书主要根据近年来生物炼制技术的研发特点和产业化发展趋势，以生物制造过程的能量流和物质流为主线，系统梳理生物炼制涉及的原料体系、转化路线和评价方法。在此基础上，重点介绍近年来生物转化技术平台的发展现状和趋势。其中，第 2 章主要介绍生物质原料，从生物炼制原料的特点和分类出发，介绍淀粉/糖类原料、纤维素原料、油脂基原料和含碳气体等的结构、预处理方法和转化路线。第 3 章和第 4 章分别介绍生物炼制过程的物质流和能量流强化原理；根据生物催化剂的构建特点和生化转化工艺过程，物质流和能量流强化又分为胞内强化和胞外强化。针对不同类型生物质底物的转化手段进行论述，重点阐述不同生物质底物转化过程中的物质流和能量流过程。第 5 章主要介绍生物炼制典型案例，在介绍纤维质原料的多联产策略的基础上，具体针对木质纤维素原料中的纤维素、半纤维素、木质素等组分的生化转化方法进行论述，对生物基平台化合物的下游高值转化路线及应用进行评析。第 6 章为生物炼制过程的系统评价，在宏观层面上针对原料供应链和全生命周期评价，介绍物质和能量对生物炼制系统开发的重要意义。

参考文献

[1] Wang Sen，Lu Ang，Zhang Lina. Recent advances in regenerated cellulose materials [J]. Progress in Polymer Science，2016，53：169-206.

[2] Kamm B，Gruber P R，Kamm M. Biorefineries-industrial Processes and Products [M]. Amsterdam，Oxford，Waltham：Wiley-VCH，2006.

[3] Vardon Derek R，Franden Mary Ann，Johnson Christopher W，et al. Adipic acid production from lignin [J]. Energy & Environmental Science，2015，8(2)：617-628.

[4] Ragauskas Arthur J，Beckham Gregg T，Biddy Mary J，et al. Lignin valorization：improving lignin processing in the biorefinery [J]. Science，2014，344(6185)：1246843.

[5] Ashok Pandey，Rainer Höfer，Mohammad Taherzadeh，et al. Industrial Biorefineries and White Biotechnology [M]. Amsterdam，Oxford，Waltham：Elsevier，2015.

[6] Straathof A J J，Wahl S A，Benjamin K R，et al. Grand research challenges for sustainable industrial biotechnlogy [J]. Trends in Biotechnology，2019，37：1042-1050.

[7] Wachtmeister J，Rother D. Recent advances in whole cell biocatalysis techniques bridging from investigative to industrial scale [J]. Current Opinion in Biotechnology，2016，42：169-177.

[8] Chen Z，Zeng A P. Protein engineering approaches to chemical biotechnology [J]. Current Opinion in Biotechnology，2016，42：198-205.

[9] Choi K R，Jang W D，Yang D，et al. Systems metabolic engineering strategies：integrating systems and synthetic biology with metabolic engineering [J]. Trends in Biotechnology，2019，37：817-837.

[10] McCarty N S，Ledesma-Amaro R. Synthetic biology tools to engineer microbial communities for biotechology [J]. Trends in Biotechnology，2019，37：181-197.

[11] Jeschek M, Panke S, Ward T R. Artificial metalloenzymes on the verge of new-to-nature metabolism [J]. Trends in Biotechnology, 2018, 36: 60-72.
[12] Wang X, Saba T, Yiu H H P, et al. Cofactor NAD(P)H regeneration inspired by heterogeneous pathways [J]. Chem, 2017, 2: 621-654.
[13] Wang M, Chen B, Fang Y. Cofactor engineering for more efficent production of chemicals and biofuels [J]. Biotechnology Advances, 2017, 35: 1032-1039.
[14] Kuma R, Strezov V, Weldekidan H, et al. Lignocellulose biomass pyrolysis for bio-oil production: a review of biomass pre-treatment methods for production of drop-in fuels [J]. Renewavle and Sustainable Energy Reviews, 2020, 123: 109763.
[15] Wang S, Dai G, Yang H, et al. Lignocellulosic biomass pyrolysis mechanism: a state-of-the-art review [J]. Progress in Energy and Combustion Science, 2017, 62: 33-86.
[16] Shivananda S, Dasappa S. Biomass to liquid transportation fuel via Fischer Tropsch synthesis-technology review and current scenario [J]. Renewable and Sustainable Energy Reviews, 2016, 58: 267-286.
[17] Schutyser W, Renders T, Van den Bosch S, et al. Chemicals from lignin: an inter-play of lignocellulose fractination, depolymerisatio, and upgrading [J]. Chemical Society Reviews, 2018, 47: 852-908.
[18] Sudarsanam P, Zhong R, Van den Bosch S, et al. Functionalised heterogeneous catalysts for sustainable biomass valorisation [J]. Chemical Society Reviews, 2018, 47: 852-908.
[19] Sudarsanam P, Peeters E, Makshina E. V, et al. Advances in porous and nanoscale catalysts for viable biomass conversion [J]. Chemical Society Reviews, 2019, 48, 2366-2421.
[20] Song R. B, Zhu W, Fu J, et al. Electrode materials engineering in Electrocatalytic CO_2 reduction: energy input and conversion efficiency [J]. Advanced Materials, 2019: 1903796.
[21] Xu Y, Edwards J. P, Zhong J, et al. Oxygen-tolerant electroproduction of C_2 products from simulated flue gas [J]. Energy & Envrionmental Science, 2020, 13: 554-561.
[22] Chernyshova I V, Somasundaran P, Ponnurangam S. On the origin of the elusive first intermediate of CO_2 electroreduction [J]. Proc Natl Acad Sci USA, 2018, 115: 9261-9270.
[23] Zhang W, Mohamed A R, Ong W J. Z-Scheme photocatalytic systems for carbon dioxide reduction: where are we now? [J]. Angewandte Chemie International Edition, 2020.
[24] Wang Z, Li C, Domen K. Recent developments in heterogeneous photocatalhsts for solar-driven overall water splitting [J]. Chemical Society Review, 2019, 48: 2109-2125.
[25] Qi K, Cheng B, Yu J, et al. A review on TiO_2-based Z-scheme photocatalysts [J]. Chinese Journal of Catalysis, 2017, 38: 1936-1955.
[26] Han G, Jin Y H, Burgess R A, et al. Visible-light-driven valorization of biomass intermediates integrated with H_2 production catalyzted by ultrahin Ni/CdS nanosheets [J]. JACS, 2017, 139: 15584-15587.

[27] Wu X, Fan X, Xie S, et al. Solar energy-driven lignin first approach to full utilization of lignocellulosic biomass under mild conditions [J]. Nature Catalysis, 2019, 1: 772-780.

[28] Zhou Y, Gao Y, Zhong X, et al. Electrocatalytic upgrading of lignin-derived bio-oil based on surface engineered PtNiB nanostructure [J]. Advacned Function Materials, 2019, 29: 1807651.

[29] Barwe S, Weidner J, Cychy S, et al. Electrocatalytic oxidation of 5-(hydroxymethyl) furfural using high-surface-area nickel boride [J]. Angewandte Chemie International Edition, 2018, 57: 11460-11464.

[30] Salvachúa D, Johnson C W, Singer C A, et al. Bioprocess development for muconic acid production from aromatic compounds and lignin [J]. Green Chemistry, 2018, 20: 5007-5019.

[31] Wang Y, Peng M, Zhang J, et al. Selective production of phase-separable product from a mixture of biomass-derived aqueous oxygenates [J]. Nature Communications, 2018, 9: 5183.

[32] Konienko N, Zhang J Z, Sakimoto K K, et al. Interfacing nature's catalytic mechinery with synthetic materials for semi-artificial photosynthesis [J]. Nature Nanotechnology, 2018, 13: 890-899.

[33] Li H, Opgenorth P H, Wernick D G, et al. Integrated electromicrobial conversion of CO_2 to higher alcohols [J]. Science, 2012, 335: 1596.

[34] Van Hecke W, Kaur G, De Wever H. Advances in in-siu product recovery (ISPR) in whole cell biotechnology durng the last decade [J]. Biotechnology Advances, 2014, 32: 1245-1255.

[35] Budzianowski W M, Postawa K. Total chain integration of sustainable biorefinery systems [J]. Applied Energy, 2016, 184: 1432-1446.

[36] Pham V, El-Halwagi M. Process synthesis and optimization of biorefinery configurations [J]. AIChE Journal, 2012, 58: 1212-1221.

[37] Thomassen G, Van Dael M, Van Passel S, et al. How to assess the potential of emerging greem technologies? Towards a prospective envrionmental and techno-econimic assessment framework [J]. Green Chemistry, 2019, 21: 4868-4886.

[38] Giaconia A, Caputo G, Ienna A, et al. Biorefinery process for hydrothermal liquefaction of microalgae powered by a concentrating solar plant: a conceptual study [J]. Applied Energy, 2017, 208: 1139-1149.

[39] Vangeel T, Schutyser W, Renders T, et al. Perspective on lignin oxidation: advances, challenges, and future directions [J]. Topics in Current Chemistry, 2018, 376: 30.

[40] Rinaldi R, Jastrzebski R, Clough M T, et al. Paving the way for lignin valorisation: recent advances in bioengineering, biorefining and catalysis [J]. Angewandte Chemie International Edition, 2016, 55: 8164-8215.

[41] Ferrini P, Rinaldi R. Bio-oil and carbohydrates through hydrogen transfer reactions [J]. Angewandte Chemie International Edition, 2014, 53: 8634-8639.

[42] Sun Z, Bottari G, Afanasenko A, et al. Complete lignocellulose conversion with integrated catalysts recycling yielding valuable aromatics and fuels [J]. Nature Catalysis, 2018, 1: 82-92.

[43] Liao Y, Koelewijn S F, Van den Bossche G, et al. A sustainable wood bioreginery for low-carbon footprint chemicals production [J]. Science, 2020, 367 (6484): 1385-1390.

[44] Iravani S, Varma R. S. Greener synthesis of lignin nanoparticels and their applications [J]. Green Chemistry, 2020, 22: 612-636.

[45] Ferdosian F, Zhang Y, Yuan Z, et al. Curing kinetics and mechanical properties of bio-based epoxy composites comprising lignin-based epoxy resin [J]. European Polymer Journal, 2016, 82: 153-165.

[46] Li B, Zhou M, Huo W, et al. Fractionation and oxypropylation of corn-stover lignin for the production of biobased rigid polyurethane foam [J]. Industrial Crops and Products, 2020, 143: 111887.

[47] Chen Y T, Liao Y L, Sun Y M, et al. Lignin as an effective agent for increasing the separation performance of crosslinked polybenzoxazine based membranes in pervaporation dehydration application [J]. Journal of Membrane Science, 2019, 578: 156-162.

[48] Vardon D R, Rorrer N A, Salvachua D, et al. *cis*, *cis*-Muconic acid: separation and catalysis to bio-adipic acid for nylon-6, 6 polymerization [J]. Green Chemsitry, 2016, 18: 3397-3413.

[49] Corona A, Biddy M J, Vardon D R, et al. Life cycle assessment of adipic acid production from lignin [J]. Green Chemistry, 2018, 20: 3857-3866.

[50] Rorrer N A, Dorgan J R, Vardon D R, et al. Renewable unsaturated polyesters grom muconic acid [J]. ACS Sustainable Chemical Engineering, 2016, 4: 6867-6876.

[51] Clomburg J M, Crumbley A M, Gonzalez R. Industrial biomanufacturing: the future of chemical production [J]. Science, 2017, 355: 1639-1651.

[52] Wang J, Tzeng Y K, Ji Y, et al. Synergistic enhancement of electrocatalytic CO_2 reduction to C_2 oxygenates at nitrogen-doped nanodiamonds/Cu interface [J]. Nature Nanotechnology, 2020, 15: 131-137.

[53] Wang W, Wang S, Ma X, et al. Recent advances in catalytichydrogenation of carbon dioxide [J]. Chemical Society Reviews, 2011, 40: 3703-3727.

[54] Guo J, Suastegui M, Sakimoto K K, et al. Light-driven fine chemical production in yeast biohybrids [J]. Science, 2018, 362: 813-816.

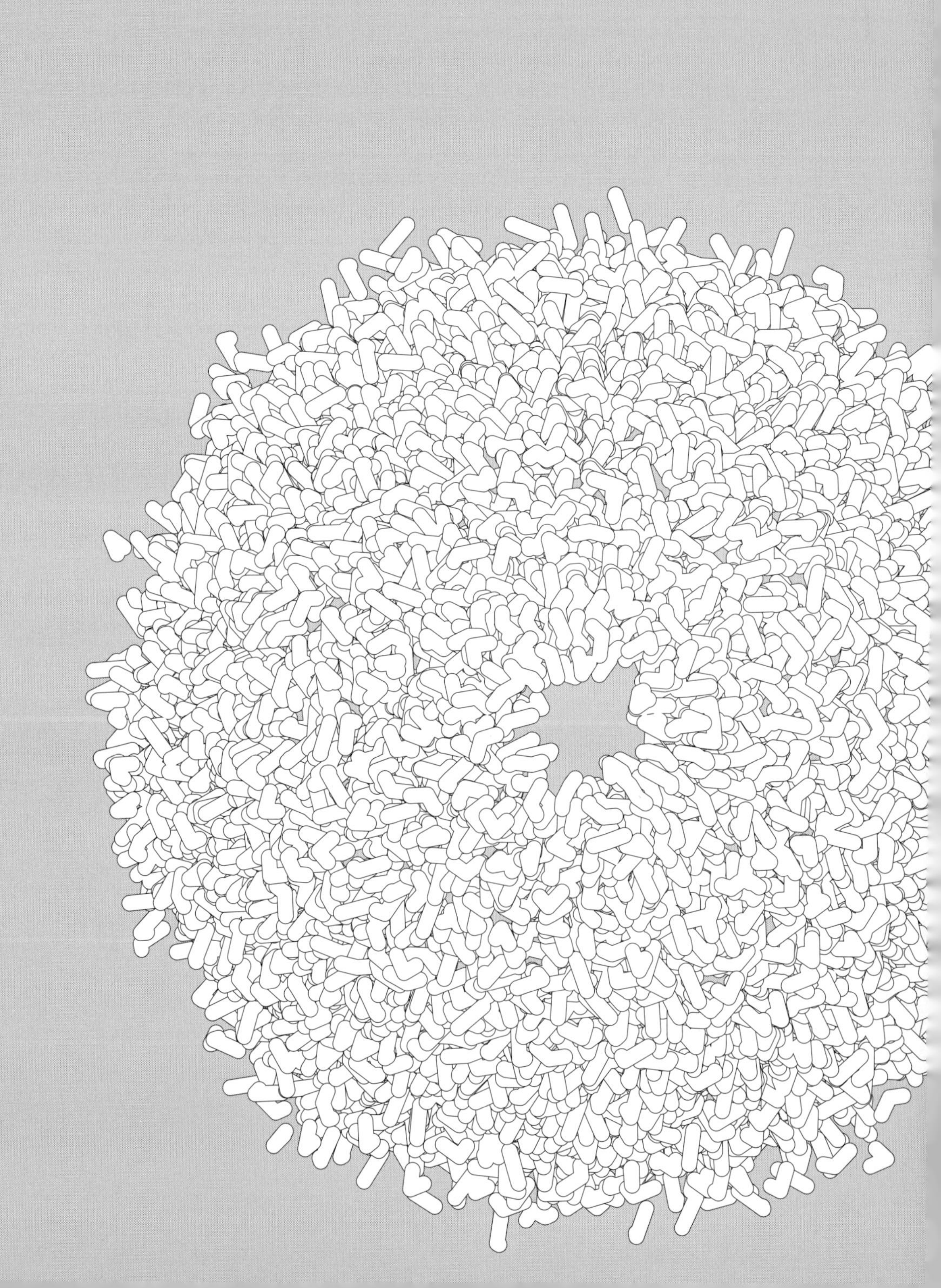

第2章

生物炼制原料

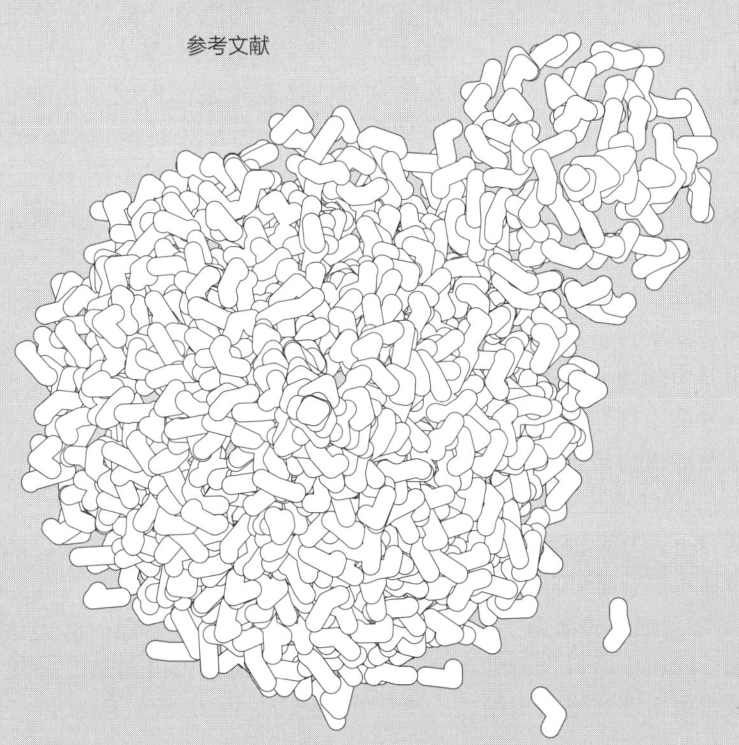

生物炼制是一个“加工厂”的完整概念，在其中，生物质原料被提取和转化成为各种有价值的产品[1]。在化石能源紧张、环境污染严重的背景下，大力推动生物炼制技术快速发展是国家战略层面的重大需求。在生物炼制过程中，原料，也即底物，是最核心的要素之一。针对不同的底物，生物炼制需要采用不同的工艺路线。生物炼制底物的多样性和复杂性，决定了整个生物炼制工艺的多样性和复杂性。

常用的生物炼制底物包括糖类（主要指单糖和双糖等寡糖）、淀粉质、木质纤维素、油脂、含碳气体等。

2.1 糖类（单糖和双糖）原料

葡萄糖、果糖、木糖等单糖，或者其相应的双糖（如蔗糖、乳糖和麦芽糖），是目前有机化学品生物炼制过程中实际可用的碳水化合物原料。其中，蔗糖是产量最大、来源广泛、价格优势最明显的糖类底物，葡萄糖（通常指D-葡萄糖）和乳糖次之[2]。

甘蔗是蔗糖的重要来源，是制糖业及生物炼制的重要原料。在中国，甘蔗的种植区分布很广，主要分布在广东省、广西壮族自治区、云南省、福建省及台湾地区等地，其次分布于海南省、四川省、江西省、湖南省、浙江省及贵州省等地。我国每年甘蔗的种植面积约为90万公顷，平均每公顷的产量为51t。其品种、生长阶段、所在地区气候条件、土壤等因素都会对化学组成造成影响。总体来说，在甘蔗的成熟阶段，其水分含量为70%～77%、蔗糖含量为12%～18%、纤维素含量为9.5%～12%、无机物含量为0.5%～1.4%、非糖分含量为0.7%～1%。甘蔗作为制糖原料，需要满足两个主要要求，即丰富的来源与较高的蔗糖含量[3]。通常，甘蔗中的蔗糖含量会随其生长期而逐渐增加，在成熟期达到最高，随后便会降低。此外，甘蔗收获后发生水分流失，质量减轻，蔗糖逐渐转化为还原性糖，纯度降低，干燥和高温条件也不利于蔗糖组分的保留。因此，甘蔗在收获后应尽快进行加工，提取出其中的糖分以作为制糖及生物炼制的原料[4]。

从甘蔗中提取糖分的过程主要有提汁—清净—蒸发—结晶—分蜜—干燥工序。压榨法及渗出法是目前最为常见的两种提取蔗汁的手段。

① 压榨法的主要原理为甘蔗经切割粉碎后被送入压榨机，在压榨机辊与油压产生的压力下，甘蔗细胞被挤压，细胞壁破裂，蔗汁被释放出来；通过渗浸系统，向蔗渣中加水进行稀汁渗浸，将糖分稀释，以提高蔗汁的产量。

② 甘蔗细胞的细胞壁与细胞质之间存在一层细胞质膜，渗出法就是利用这层膜对细胞外的物质进行选择性渗透。这样就可以通过固液萃取，经洗涤、稀释以及渗透扩散作用将蔗糖提取出来。

粉碎后的甘蔗不能用水洗，因为会造成糖分的损失，因此多采用干洗的方法来去除甘蔗中的无机盐及非糖分物质[5]。

中国是一个发酵工业大国。许多产品如味精、青霉素、维生素C和柠檬酸等的生产规模都位居世界第一。目前，已经实现产业化生产的生物炼制工艺，大多以价格低廉、广泛易得的葡萄糖、蔗糖为底物。例如，上述代表性产品以及其他各种氨基酸、抗生素和维生素的生物炼制。典型的工业微生物，如大肠杆菌、芽孢杆菌、酵母、放线菌等，都可以代谢葡萄糖和蔗糖等寡糖类底物来大规模生产目标产物，包括大宗化学品、精细化学品、医药中间体以及专用化学品和聚合物材料等。作为主要碳源，糖类底物的有效利用效率直接影响生物炼制过程的生产效率，从而影响生物炼制的经济性以及环境友好性。

通常可以从微生物细胞改造和工艺过程强化两个方面入手来强化生物炼制过程中对糖类底物的有效利用。在微生物细胞改造方面，主要通过调控糖类底物跨膜转运进入细胞的过程（例如过表达葡萄糖、蔗糖以及木糖等底物的转运蛋白）、调控糖代谢相关基因、引入新的糖类底物利用基因，或者针对生产菌株的“葡萄糖效应”（分解代谢快速的葡萄糖会阻遏微生物利用其他代谢较慢的糖类底物的现象）进行调控，来实现工业微生物对不同寡糖类底物的高利用效率。在过程强化方面，则主要考虑发酵工艺条件的优化，如采用底物流加补料策略和温度、pH值以及溶解氧控制等。

碳源是微生物工业发酵培养基的核心营养源之一。碳源的有效利用不仅可以促进菌体的高密度生长以及目标产物的高产率合成，还将减少发酵结束时发酵液中的残糖浓度，有利于减轻废水处理的压力，提高环境友好性。然而，工业微生物发酵过程中，普遍存在发酵后期生长停滞、产物合成终止但发酵液中残糖量仍然较高的现象，制约了工业生物技术的可持续发展。近年来，针对发酵液中的残糖降低以及发酵废水回用问题，各级研究单位开展了一系列研究工作。2013～2017年，国家重点基础研究发展计划（973计划）项目“工业生物过程高效转化与系统集成的科学基础研究”，就针对生物原料高效转化机制与调控规律进行了研究，发现了微生物细胞代谢产生的胁迫因子抑制细胞生长、导致“高残糖效应”的初步机理，同时提出了发酵行业废水回收的可行途径。未来将进一步提出工业规模普遍可行的技术方案，彻底解决发酵液中的残糖和其他营养物质“吃得不干净”的问题，实现生物炼制产业糖类底物的有效利用。

2.2 淀粉质原料

淀粉是由植物通过光合作用产生的、含量最丰富的多糖之一。它是由葡萄糖分子聚合而成的链状高聚物，通式为（$C_6H_{10}O_5$）$_n$，经水解可产生二糖也就是麦芽糖，其化学式为 $C_{12}H_{22}O_{11}$，将淀粉完全水解可得到葡萄糖（$C_6H_{12}O_6$）。

淀粉包含直链结构与支链结构，淀粉来源不同，两种结构比例也有所不同，但是在大多数类型淀粉中，该比例维持在 1∶3 左右。直链结构中的结构单元 α-D-吡喃型葡萄糖间的连接键为1,4-糖苷键，形成无分支的螺旋结构，其平均分子量为 10^5～10^6。与直链淀粉结构不同，支链结构中不仅含有 α-1,4-糖苷键，还含有 α-1,6-糖苷键构成的骨架，而且其平均分子量较大，为 10^7～10^8，需要注意的是分离和测定的方法不同，得到的淀粉分子量也会有所差异[6]。两种淀粉的结构不同，其性质也有相应的差别，例如直链淀粉遇碘显蓝色而支链淀粉则呈现紫红色。这种现象差异的原因并不是淀粉与碘发生化学反应，而是淀粉的螺旋结构空穴能容纳碘分子，通过范德华力形成一种蓝黑色的络合物。淀粉在植物体中扮演着储藏养分的角色，分布于种子与块茎中，被视为生物炼制的一种原料[7]。

支链结构与淀粉的结晶部分有关，其分子簇的特点决定了其结晶性质。晶体单元间被无定形层分隔开来，在偏振光学显微镜下观察可发现，这些层因淀粉颗粒的光学特性而呈现出特定的形貌；此外，根据淀粉的光学特性也能评估淀粉的颗粒结构是否完整[8]。淀粉颗粒的形状及尺寸特点可以借助显微镜进行观察与测定，从而可以推测出其来源。淀粉颗粒具有多种形状，主要为圆形、椭圆形、长椭圆形、刀刃形、多面体形以及玫瑰花形等，其尺寸大小也各有差异，但大多集中于 1～100μm 范围内[9]。苋属植物的淀粉与常见的大米淀粉属于典型的小颗粒，而马铃薯则主要含大颗粒淀粉。若要进一步对淀粉进行鉴别并区分其原料种类，则通常借助 X 射线衍射法。这种方法测定的原理主要是淀粉侧链的聚合度不同，因而螺旋链状结构的填充密度也有所不同，进而生成不同的衍射图形。据此，淀粉大体被分为 3 种类型：谷类淀粉为 A 型；根茎类淀粉为 B 型；混合型淀粉，如豆类，则被分为 C 型。其中，B 型淀粉比 A 型填充密度小，因此能够存储更多的水分，其衍射图形也会有所差异[10]。

淀粉中通常含有一些杂质，其种类及数量与植物的类型及加工工艺有关，这些杂质一般包括蛋白质、磷脂及盐类物质。其中，无机盐类物质主要分为钠、钾、钙和镁等。磷是淀粉中较为常见的一种杂质，通常以磷酸盐的形式存在于淀粉中，而在马铃薯淀粉中，则主要以酯的形式相结合。淀粉中的羟基基团与杂质发生键合反应后，其性质会发生明显的变化，改变其膨胀性、阴离子特性及黏度。

黏度是评价淀粉质量的一个重要指标。悬浮于水溶液中的淀粉颗粒在高于某特定温度时会变得可溶，这个温度通常被称为糊化温度。糊化过程一般会伴随淀粉颗粒的膨胀，这一过程是不可逆的，造成这种现象的原因是淀粉螺旋链状结构上的氢键遭到了破坏，而这些氢键有利于淀粉储藏水分子。形状上的改变可造成其流变行为的变化，而这种变化是可以通过仪器测量的，得出淀粉糊精的黏度。此外，淀粉糊精还有一种特性就是老化，这种现象的深层机理是淀粉分子间形成的氢键所导致的结晶过程。这种现象在淀粉的直链结构中尤为明显，结晶结构的形成会降低其结合水分子的能力，其黏度进而随之增加，导致凝胶的形成。淀粉的老化通常可通过改性等方法来改善[11]。

淀粉的生物炼制主要是以淀粉质为底物，通过物理、化学方法以及生物酶制剂催化或微生物发酵的方式，将淀粉转化为淀粉糖、发酵产品和变性淀粉等淀粉衍生物产品——这些产品与人们的日常生活密切相关。例如，食品工业的重要原辅料或加工助剂中的各种淀粉制糖品、麦芽糊精、味精等，造纸、石油勘探、医药、精细化工、铸造等工业的重要辅料变性淀粉，饲料添加剂中的赖氨酸，无磷洗衣粉的重要原料柠檬酸，合成可生物降解塑料——聚乳酸的重要原料乳酸，重要的能源产品——生物乙醇等，这些都是淀粉生物炼制的产品。

高效利用淀粉和淀粉质原料以提高产品价值是现今研究的重点。淀粉质原料主要有玉米、薯类、谷类等。以玉米为例，我国的玉米资源丰富且玉米的淀粉含量高，是生产淀粉的原料主体之一。从玉米中提取得到的淀粉可以通过深加工，转变成变性淀粉、高糖糖浆、酒精、燃料等产物，从而大幅提高玉米的附加值。因此，在玉米加工行业中获得的玉米淀粉十分重要。原料玉米的种皮、胚乳和胚芽等结构中含有淀粉、蛋白质、纤维、脂肪等成分，在分离玉米淀粉的过程中采用不同的工序将这些成分提取出来，可以同时得到高附加值的副产品。开发研究玉米副产品的深层次利用，可以提高玉米的综合利用效率并提升增值空间，降低资源消耗并减少污染物的排放，从而建设环境友好型的玉米加工企业。

木薯是非粮淀粉的主要来源，从木薯类植物的根茎分离得到，原产于巴西，现全世界热带地区广泛栽培，在中国，多栽培于福建、台湾、广东、海南、广西、贵州及云南等省区。木薯的块根富含淀粉，是工业淀粉原料之一，其主要加工工艺流程为洗涤、磨碎、脱色、筛分、脱水及干燥等[12]。

鲜木薯洗涤干净后送至粉碎机进行粉碎，由于其含有多种酚类物质与氧化酶，因此在加工过程中极易发生氧化而变为黑褐色，通常向粉碎后淀粉乳中加入脱色剂来将其深颜色脱去。粉碎脱色后的淀粉乳先通过孔径较大的筛子进行粗筛（约 80 目），然后通过孔径较小的筛子进行细筛（约 120 目）。筛分机可以单独使用，也可辅以手筛、喷射离心机、曲筛及离心转动筛，经粗筛与细筛后的淀粉乳可分离出 99.5%左右的游离淀粉。经筛分与脱色后的淀粉中还含有部分蛋白质、可溶性糖与色素等杂质，在淀粉加工业，这些杂质通常被称为蛋白水。将淀粉与蛋白水进行分离一般使用沉淀罐或斜槽，但是这种装置的缺点是无法连续生产，因此通常采用喷嘴型离心机。经此步骤后的淀粉乳中还含有少量的不溶性物质，例如微粒渣、粗蛋白及胶乳等，将这些杂质分离出去的原理为淀粉与杂质的密度差，使用静置分离或者离心的方法即可除去。淀粉干燥通常采用快速气流干燥法，干燥后的淀粉含水量低于 14%[13]。

淀粉糖是指淀粉的水解产物或水解产物的衍生物，主要包括葡萄糖、麦芽糖、果葡糖浆和糖醇等甜味剂。淀粉糖产业作为农业产业化和粮食深加工的重要途径之一，在各行各业中发挥着越来越大的作用，如以葡萄糖和麦芽糖为原料的发酵工业及化学合成工业等；也可以利用淀粉糖浆替代麦芽糖浆生产啤酒，结晶葡萄糖作为新型环保表面活性剂烷基糖苷的重要原料用于生产高效洗涤剂和化妆品，使用玉米化工醇代替石油化工醇生产纤维聚酯、树脂橡胶等。

淀粉糖生产的方法主要有酸解法、双酶法和酸酶结合法，这几种方法水解淀粉的催化原理不同，分别适用于不同种类淀粉糖的生产。

① 酸解法是最传统的工业化淀粉水解方法，是在高温、高压条件下用无机酸催化淀粉水解为糖。该法的优点是适合各种精制淀粉且工艺简单、生产效率高、糖浆过滤性好，但要求生产设备耐腐蚀、耐高温和压力，并且酸水解淀粉没有专一性水解产物，不能定向控制。

② 双酶法，顾名思义，是利用具有液化和糖化功能的两种工业酶制剂共同作用来实现水解。首先采用 α-淀粉酶将淀粉液化为糊精及低聚糖，再利用糖化酶进一步水解糊精和低聚糖，获得葡萄糖。由于酶的专一性使得副产物少、葡萄糖纯度高，且整个反应过程条件温和、对设备要求低，相比于酸解法制糖具有明显的优越性；其缺点是生产周期长、糖浆过滤性较低。

③ 酸酶结合法则是结合酸法和酶法两种工艺，先用酸法将淀粉水解成糊精或低聚糖，再用淀粉酶将其继续水解为目标糖品。此方法兼具酸法糖浆过滤性好和酶法糖化度较高的优点，但依然需要酸和高温条件，糖化度还不够高，最后加入碱中和并分离盐分的工作量大[14]。

目前，许多酶学和酶工程专家正在致力于 α-淀粉酶以及糖化酶的分子设计和改造研究，以获得更高活性、更高稳定性、更高产量的重组酶，从而进一步提高淀粉水解的生产效率，推动淀粉糖在工业生物技术领域的广泛应用。

淀粉加工业的废水中所含的有机质主要是淀粉、还原糖和粗蛋白，废水排放量大、污染物浓度高且化学需氧量（COD）高，直接排放会严重污染周围环境。目前，国内外淀粉废水的处理方法多以生物法为主，采用淀粉酶预处理含淀粉废水使淀粉分解为糖类并被微生物有效利用，可提高淀粉工业厌氧和好氧发酵处理废水的效率。除此之外，筛选可利用淀粉加工业废水产出油脂的黏红酵母，还能够通过微生物发酵的方法将低价值的废水转化为有用的油脂。

2.3 木质纤维素

木质纤维素是地球上最丰富的可再生资源，通过生物炼制技术将其转化为生物燃料、生物基化学品以及生物质材料等产品已经引起全世界的高度关注。但由于木质纤维素组成复杂、难以降解，其生物炼制技术仍然处于发展的初期。中国农业生物质资源丰富，每年的农业废弃物（包括蔗渣、秸秆等）总量超过 7×10^{8}t，若不对这些农业废弃物加以利用，不仅造成资源浪费，还会因为大量直接焚烧造成环境污染问题[15]。针对木质纤维素的有效利用，开展木质纤维素降解转化研究，发展木质纤维素生物炼制产业化新技术和新工艺，是生物化工产业的重要发展方向，对实现社会经济的可持续发展意义重大。

2.3.1 木质纤维素类生物质原料的种类

木质纤维素类生物质主要分为两种，即林木类和农作物类。

（1）林木类原料

林木类原料主要来源是林木种植及砍伐过程中的枝叶、木屑以及运输加工过程中的零散树枝、板皮、截头、木屑、锯末等，我国每年林木类砍伐及加工过程可产生大约 $4\times10^7 m^3$ 的剩余物。

（2）农作物类原料

农作物类原料的主要来源是收获农作物过程中所产生的秸秆类，主要为小麦秸秆、玉米秸秆、高粱秆、稻草、大豆及棉花秆等；此外，在农产品的加工过程中还会产生大量的稻壳、麦壳等下脚料，这也是农作物类木质纤维素的一个主要来源。据统计，在我国每年农作物类木质纤维素中的秸秆产量约为 $7\times10^8 t$，农副产品加工的废弃物产量也有 $8.2\times10^7 t$[9]。

林木类和农作物类木质纤维素原料具有生长周期短、生物降解性好及环境友好等特点，因此将其作为生物炼制的原料来生产燃料、化学品及材料等高附加值产品，可补充及部分替代传统不可再生化石原料，这种可持续发展的方法既可缓解日益加重的能源危机，又有利于大气环境及生态环境的保护[16-18]。

2.3.2 木质纤维素类生物质原料的特点

木质纤维素类生物质通过光合作用生成，作为生物炼制的一种主要原料具有以下几个特点[19,20]。

（1）可再生

只要有水、二氧化碳及阳光，植物就会进行光合作用而生长，从另一个角度来说就是木质纤维素类生物质的来源不会枯竭，因此木质纤维素原料是取之不尽的。

（2）蕴藏量巨大

目前在我国被统计的农林类生物质原料的量为几百万到几千万吨，但全球每年通过光合作用可产生的植物量可达 $2\times10^{11} t$ 之多。由此可见，木质纤维素类生物质具有原料蕴藏量巨大的特点。

（3）替代性

木质纤维素作为底物可转化为多种多样的气体、液体燃料、化学品及材料等产品，这使得木质纤维素具备替代传统化石原料的潜力，进而降低了对传统化石能源的依赖。

（4）清洁性

传统化石原料在利用过程中会产生大量的有毒有害气体，如硫化物、硫氧化物与氮氧化物等，对人们的身体健康造成很大损害，然而以木质纤维素为原料就可以避免这种问题。此外，在传统化石能源的转化过程中还会排放出大量的 CO_2，这也成为近年来日益严重的温室效应的主要原因之一，而木质纤维素利用过程中所释放的 CO_2 气体量约等同于植物生长过程中通过光合作用所吸收的 CO_2 的量，因此其转化过程可以被视为温室气体 CO_2 的“零排放”。

（5）生物降解性

木质纤维素类生物质主要组分为纤维素、半纤维素和木质素，这三种组分及连接键均可被自然环境中的微生物降解，也就是日常生活常见的农林作物及其废弃物在土壤中的腐烂。因此，以木质纤维素为原料进行生物炼制不会产生固体废弃物，对土壤、水造成污染。

（6）普适性

木质纤维素主要由 C、H、O 三种元素构成，是一种天然的有机聚合物材料，具有目前常用的、研究较多的聚合物材料类似的结构特点，因此可以利用现有的诸多研究手段对其进行物理、化学结构的表征、鉴定与分析。

（7）化学基团多样性

木质纤维素结构中具有醇羟基、醛基、羧基、酚羟基、甲氧基等多种化学基团，这些种类繁多、数量巨大的功能性化学基团就使木质纤维素可作为底物进行多种多样的化学反应，改性为材料并转化为燃料和化学品。例如，利用葡萄糖残基上的羟基对纤维素进行改性可以获得硝化纤维素、醋酸纤维素及纤维素磺酸盐等多种纤维素改性材料。

（8）吸湿性

木质纤维素含有大量的羟基及羧基等亲水性基团，同时这些基团间存在大量的氢键，具有较强的吸水能力。这也导致相较于多数人工合成的聚合物材料，水分对木质纤维素结构的影响较为显著，具体而言就是吸水后结构发生膨胀而干燥后发生收缩，这会造成木质纤维素结构特性发生明显改变。

（9）储存和运输

相较于其他可再生能源（例如风能和太阳能），木质纤维素更容易储存，对储存条件要求较低，也方便运输，而且分布不受地域限制，这为其加工及转化提供了便利条件。

2.3.3 木质纤维素的组成

前文已介绍过木质纤维素类生物质主要包含林木类和农作物类。其中，林木类又可被细分为两种，即针叶木类和阔叶木类。

① 针叶木类生物质主要是针叶树和裸子植物，包括常绿植物，如杉树、松树、雪松、铁杉、云杉和柏树等。

② 阔叶木类生物质则主要是每年落叶的被子植物，典型的有柳木、杨木、橡木及榉木等。相较于针叶木，阔叶木的生长周期更短且密度大；此外，因阔叶木含有大量的被窄纤维细胞包裹的导水孔及导水管，其细胞结构也更为复杂。

农业废弃物则主要为一年生的作物秸秆，如玉米秸秆、水稻秸秆、小麦秸秆及甘蔗渣等，不仅如此，多年生能源草也是木质纤维素类生物质的一个重要的组成部分，如狼尾草、柳枝稷、荻、象草及芦竹等。

木质纤维素主要包含三种组分，即纤维素、半纤维素与木质素。纤维素与半纤维素为多糖化合物，通过水解可以生成葡萄糖、木糖、阿拉伯糖、甘露糖、半乳糖等单糖，进而通过生物发酵转化为醇类、酸类等高附加值有机化合物。纤维素与半纤维素或木质素之间通过氢键互相连接，而半纤维素与木质素则通过醚键、酯键等共价键及氢键相互连接，形成网状结构。纤维素大分子有序聚集形成纤维素微丝，构成骨架，形成复杂的网格状结构，半纤维素、木质素与果胶质则填充在孔隙之中，进而交联成坚固的细胞壁来抵抗自然界中外力及微生物的腐蚀作用。值得一提的是，部分糖类化合物可以和木质素通过共价键、氢键紧密连接，形成结构复杂的木质素-糖混合物（Lignin-Carbohydrate Complex，LCC)，这种结构难以通过简单的纤维素或木质素水解方法分离开，因此在提取后的木质素或半纤维素中经常检测到 LCC 片段的存在[21]。总体来讲，三部分组分中纤维素含量最多，占木质纤维素类生物质干重的 40%～60%，半纤维素占 15%～30%，木质素含量占 10%～25%（表 2-1）[22]。不同种类植物间细胞壁中三种组分含量也不同，而同种植物在不同生长时期内的组分含量也有所区别。因此，根据不同种类木质纤维素类生物质组成特征来选择相应的处理、转化方法对其生物炼制至关重要。

表 2-1 不同木质纤维素类生物质三种组分及提取物和灰分含量 单位：%

原料		纤维素	半纤维素	木质素	提取物	灰分
针叶木	华山松	48.4	17.8	24.1	9.5	0.2
	松木	46.9	20.3	27.3	5.1	0.3
	云杉	45.6	20.0	28.2	5.9	0.3
	冷杉	45	22	30	2.6	0.5
	柳杉	38.6	23.1	33.8	4	0.3
	铅笔柏	40.3	17.9	35.9	5.6	0.3
阔叶木	赤杨	45.5	20.6	23.3	9.8	0.7
	白杨	52.7	21.7	19.5	5.7	0.3
	柳木	41.7	16.7	29.3	9.7	2.5
	樱桃木	46	29	18	6.3	0.5
	山毛榉	45	33	20	2	0.2
	日本山毛榉	43.9	28.4	24.0	3	0.6

续表

原料		纤维素	半纤维素	木质素	提取物	灰分
草本类	水稻秸秆	37	16.5	13.6	13.1	19.8
	稻壳	37.0	23.4	24.8	3.2	17.2
	小麦秸秆	37.5	18.2	20.2	4.1	3.7
	玉米秸秆	42.7	23.2	17.5	9.8	6.8
	玉米芯	34.6	15.2	18.2	10.6	3.5
	竹	39.8	19.5	20.8	6.77	1.2
	芒草	34.4	25.4	22.8	11.9	5.5
	柳枝稷	40～45	31～35	6～12	5～11	5～6

2.3.3.1 纤维素

纤维素是由D-吡喃葡萄糖分子以β-1,4-糖苷键相互连接而成的天然线性高分子化合物（图2-1）。林木类木质纤维素中纤维素的含量在45%左右，而在棉花、亚麻及化学制浆中的含量可达80%～95%。纤维素的主要组成元素为碳、氢、氧，其化学式可表示为$(C_6H_{10}O_5)_n$，其中n表示纤维素的聚合度，也就是结构单元葡萄糖的数量，通常该数值介于3500～10000之间。棉花纤维中构成纤维素的葡萄糖分子数目可达15000个，木材中纤维素葡萄糖残基数目则为8000～10000个。纤维素的分子量较大，一般情况下为几十万左右；来源不同，纤维素的分子量也有较大的差异，有的纤维素的分子量可达几百万，不过经过特定的化学处理纤维素的聚合度，也就是化学式中的n会减小至1000左右。

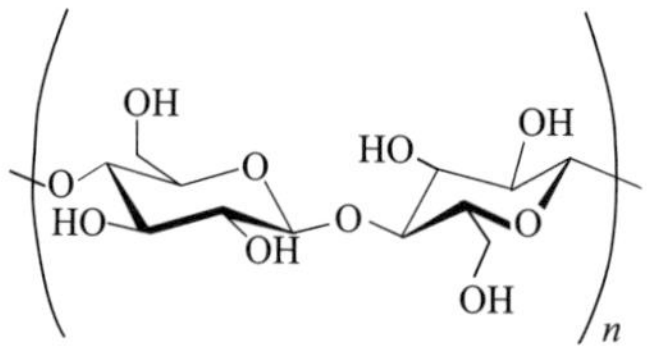

OH O HO OH O HO OH O O OH n

图2-1 纤维素结构

分析纤维素化学结构可以知道，其链末端含有两个葡萄糖残基。在纤维素中间葡萄糖分子残基中，每个葡萄糖残基含有三个游离羟基，即一个伯羟基、两个仲羟基，由于其位于不同位置的碳上，所以反应活性也各有差异。其中，伯羟基并不参与分子内氢键的构成，但是作用于分子间氢键的形成。在酸性条件下，纤维素中糖苷键被氢离子水解发生断裂，生成纤维二糖、寡聚糖以及葡萄糖。纤维素中的氢键可分为三种，其中两种是分子内氢键，而另一种则是分子间氢键。纤维素分子间氢键的存在可使纤维素结构更加稳定，而且抑制热量沿着纤维素链传递，木质纤维素整体的热稳定性也因此得以提高。此外，纤维素层结构中存在范德华力，这种作用力可显著提升纤维素微丝结构的稳定性。

通过分析纤维素长链结构的排列及分布方式可知，纤维素的超分子结构是由结晶区及非结晶区构成的体系。结晶区中的纤维素链排列有序、紧密，结晶区之间过渡结构是非结晶区，也就是无定形区，但是无定形区中的纤维素链也并不是完全杂乱、毫无规则性，而是取向一般与纤维轴平行，排列不整齐，较为松弛。值得一提的是，纤维素的结晶区与非结晶区之间并无明显的界限区分，纤维素链可穿插于多个结晶区与非结晶区之间。由于结晶区的纤维素链排列紧密、有序，因此热稳定性要好于非结晶区。纤维素的结晶区与非结晶区的相对含量比例可表示为结晶度，通常由X射线衍射法测得。结晶度不仅是表征纤维素物理结构的参数，还是化学处理中表征纤维素化学结构变化及处理强度的重要指标。结晶度、结晶区的完整程度等特征参数会随着纤维素种类的不同而有所差异，而在同种原料中的不同部位，结晶参数也会有所变化。林木类及农业废弃物木质纤维素类生物质中纤维素的结晶度通常为30%～60%，而微晶纤维素的结晶度可达80%左右。纤维素中除了结晶区及非结晶区外，还有大量的空隙，其大小通常为100～10000nm。

除了结晶度，还有一个表征纤维素结晶结构的重要参数就是纤维素同质异晶体。前文中已经提到纤维素大分子中存在着分子内氢键和分子间氢键，这些种类及含量上的差异导致纤维素结晶结构的排列方式发生变化（书后彩图1）。

纤维素的化学组成基本相同，都是由多个葡萄糖残基聚合而成的长分子链，但是在物理结构上存在着单元晶胞不同的结晶变体，也就是同质异晶体。研究人员已经通过XRD与固体^{13}C-NMR等方法检测出五种同质异晶体，即纤维素Ⅰ、纤维素Ⅱ、纤维素Ⅲ、纤维素Ⅳ和纤维素Ⅴ，比较常见的有三种，即纤维素Ⅰ、纤维素Ⅱ、纤维素Ⅲ（见书后彩图1）。其中，纤维素Ⅰ是在植物细胞壁中天然形成的，也是自然界中量最大的一种纤维素同质异晶体，其余结晶变体可通过各种处理方式来获得。纤维素Ⅰ是一种由分子内氢键连接的二维网状结构，可被细分为纤维素Ⅰα和纤维素Ⅰβ，其中，纤维素Ⅰα是一种单链三斜晶体，而纤维素Ⅰβ则是一种双链单斜晶体。此外，纤维素Ⅰα与纤维素Ⅰβ的含量会随着原料的种类不同而有所差异。例如，纤维素Ⅰα主要存在于低等生物中，如藻类和细菌中的含量在60%左右；纤维素Ⅰβ则主要存在于高等生物中，如棉花中的含量可达80%。在加热等条件下，纤维素Ⅰβ可逐渐转化为纤维素Ⅰα。纤维素Ⅰ、纤维素Ⅱ与纤维素Ⅲ之间可通过特定的处理条件改变纤维素分子层内及分子层间的氢键来实现相互转化。例如，纤维素Ⅱ可以通过处理纤维素Ⅰ来得到，主要的处理方法有两种，即再生法（溶解与重结晶）和丝光处理法（如碱处理）；纤维素Ⅲ则通常通过氨法处理纤维素Ⅰ与纤维素Ⅱ来获得[23-25]。

2.3.3.2 半纤维素

半纤维素在组成成分上与纤维素有很大的不同，纤维素基本只含有葡萄糖，而半纤维素则是由多种单糖聚合而成的非均一多糖聚合物，主要有己糖（葡萄糖、甘露糖、半乳糖）与戊糖（木糖、阿拉伯糖），此外还含有少量的鼠李糖与果糖。在结构上，半纤维素与纤维素也有较大的差异，与纤维素直链式结构不同，半纤维素的支链化程度较高，链较短，而且半纤维素中没有结晶结构（图 2-2）。半纤维素的聚合度较纤维素也普遍小很多，平均只有 200 左右。除此之外，半纤维素中还含有一些乙酰基和糖醛酸结构，例如 4-*O*-甲基-D-葡萄糖醛酸、D-葡萄糖醛酸以及 D-半乳糖醛酸等。原料种类不同，半纤维素的含量也不同，阔叶木、针叶木及草本植物中半纤维素的含量分别为 10%～15%、18%～23%与 20%～25%。

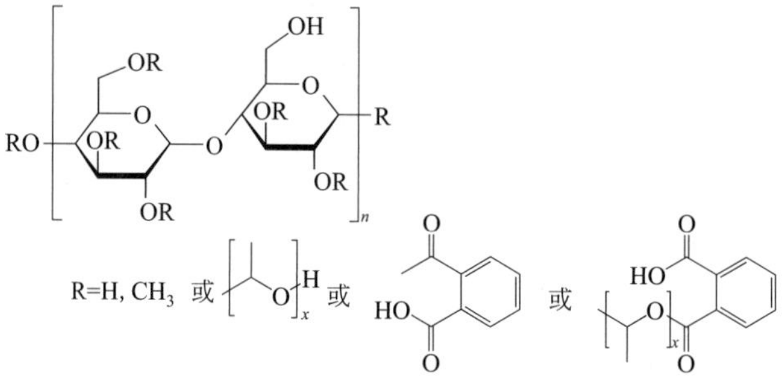

图 2-2 半纤维素

不仅半纤维素的含量随着木质纤维素原料种类的变化有差异，其组成成分也会随之改变，除此之外，半纤维素的化学性质、主链骨架结构、糖苷键种类、侧链基团、乙酰化程度以及聚合度等多种特征都会有所不同（表 2-2）[26]。

表 2-2 不同木质纤维素类生物质半纤维素中单糖组成含量 单位：%

原料		甘露糖	葡萄糖	半乳糖	阿拉伯糖	木糖	果糖	糖醛酸
阔叶木	柳桉	6.2	6.7	7.2	3.8	54.4	—	21.7
	水曲柳	8.0	2.7	7.0	3.2	62.7	—	23.6
	柽柳	—	1.9	8.1	3.8	73.6	—	11.1
	白杨	2.2～9.3	3.5～7.2	1.9～2.8	0.9～1.3	78.7～88.8	—	8.4～12.3
针叶木	欧洲赤松	29.9	22.9	9.4	8.0	18.4	—	11.5
	铁杉	39.4	21.6	11.8	7.5	10.0	—	9.9
	华山松	31.6	11.7	10.8	9.5	19.1	—	16.5
	赤松	22.6	21.2	10.1	5.7	17.5	0.7	20.7
	云杉	49	19	19	5	1	—	7
草本类	水稻秸秆	5.1	5.0	7.5	8.3	61.0	—	13.1
	玉米秸秆	5.4	7.2	7.9	9.9	59.9	—	9.7
	小麦秸秆	—	49	1	17	30	—	3
	玉米芯	—	43	2	7	43	—	4
	芒草	0.2	1.1	1.2	11.1	86.2	0.01	—

注："—" 表示含量极少，很难检测到。

阔叶木中半纤维素的主要多聚糖是 *O*-乙酰基 4-*O*-甲基葡萄糖醛酸木聚糖，其含量为 15%～30%，骨架是由 β-1,4-糖苷键连接的 β-D-木糖。葡萄糖醛酸基与 4-*O*-甲基葡萄糖醛酸基通过 α-1,2-糖苷键连接到主链上。阔叶木中葡萄糖醛酸木聚糖的聚合度在 200 左右，且大多数木糖残基的 C-2 或 C-3 位置上含有一个乙酰基。

针叶木半纤维素的主要多糖组成为半乳糖葡萄糖甘露聚糖，含量为 10%～25%，聚合度为 40～100，主链由 β-D-葡萄糖与 β-D-甘露糖以 β-1,4-糖苷键连接，侧链则主要是 α-1,6-半乳糖残基。类似于阔叶木，针叶木中的半纤维素在结构单元上的 2 号位和 3 号位也发生乙酰化，其乙酰基含量约为 6%，平均 3～4 个已糖单元连接到 1 个乙酰基上。

农业废弃物中半纤维素的主要多糖组成为阿拉伯糖葡萄糖醛酸木聚糖，β-1,4-D-木聚糖构成主链，聚合度为 50～185，4-*O*-甲基-α-D-吡喃葡萄糖醛酸和 α-L-阿拉伯呋喃糖分别以 α-1,2-糖苷键和 α-1,3-糖苷键连接到主链上。

半纤维素中的多糖单元含有多种羟基，因此，与纤维素类似，半纤维素也可以进行降解、醚化、酯化、交联、热解及接枝共聚等反应。此外，由于半纤维素结构不规则、糖残基种类多，因此半纤维素相较于纤维素更容易进行多种反应，这也是人们通常将半纤维素视为木质纤维素类生物质中最容易受到外界条件影响、最易发生结构变化和反应的一种多糖组分的原因（图 2-3）。

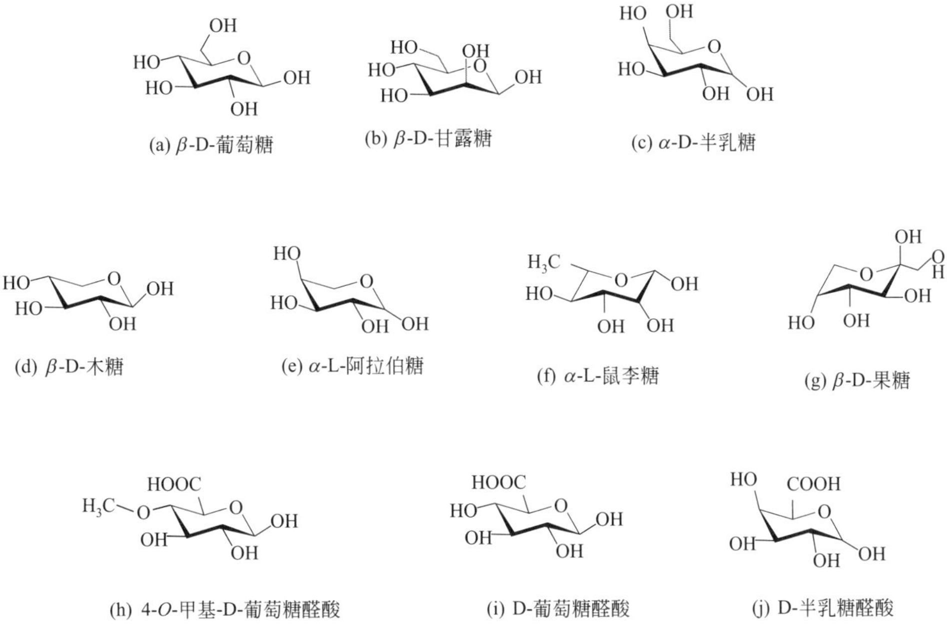

(a) β-D-葡萄糖　(b) β-D-甘露糖　(c) α-D-半乳糖

(d) β-D-木糖　(e) α-L-阿拉伯糖　(f) α-L-鼠李糖　(g) β-D-果糖

(h) 4-*O*-甲基-D-葡萄糖醛酸　(i) D-葡萄糖醛酸　(j) D-半乳糖醛酸

图 2-3　半纤维素单糖组分结构

研究发现，大部分植物细胞壁中的半纤维素与纤维素之间并不存在共价键，其连接方式主要是氢键。纤维素与半纤维素结构中的葡萄糖、木糖、阿拉伯糖、甘露糖、半乳糖与 4-*O*-甲基葡萄糖醛酸等均可与木质素通过醚键或酯键连接形成木质素-多糖复合物（LCC），只是其中的多糖组成随植物种类不同而发生变化。林木类细胞壁中的半纤维素通过葡萄糖醛酸侧链上的羧基与木质素反应生成酯键；禾本科植物细胞壁中的木质素则通过酯键及芳基醚键与半纤维素中的阿拉伯糖基和木糖基相连接；麦草植物细胞壁中的部分苯甲基醚键在木质素分子侧链上的 α-C 发生醚化，这种结构在碱性条件下难以被降解。

半纤维素中支链结构较多，主链与侧链上均含有大量的亲水性的羟基，加之没有结晶区域，因此半纤维素的吸湿性要比纤维素强且溶胀能力较大，这些游离的羟基还有利于半纤维素热压过程中发生黏结作用。对半纤维素中的多种官能团进行衍生化改性，可生产具有特殊性能的材料产品。半纤维素的改性方法主要分为氧化、醚化与酯化等，根据取代基种类的不同则可分为阳离子半纤维素、阴离子半纤维素与非离子半纤维素。取代度是半纤维素改性过程中一个重要的特征参数，指的是单糖结构上被取代的基团平均数目，值越大，表明半纤维素的改性程度越高，也就意味着越多的取代基连接到了半纤维素上。半纤维素结构单元与基团的丰富性使得改性方法与产物也多种多样，这也为半纤维素成为新型可降解功能性聚合物材料提供了巨大的可能性。

2.3.3.3 木质素

木质素主要含有 C、H、O 三种元素，含量分别约为 60%、6%与 30%，此外还含有 0.67%的 N 元素。与纤维素和半纤维素不同，木质素并不是多糖类聚合物，而是芳香环化合物，在植物细胞壁中主要起到提供强度与韧性的作用。不同种类的植物细胞中木质素的含量也不尽相同，例如阔叶木细胞壁中木质素的含量为 20%～25%，针叶木中含量为 25%～35%，而草本类木质纤维素中木质素含量较低，仅为 10%～15%。木质素中不存在结晶区，是由氧代苯丙醇及其衍生物构成的三维聚合物，其主要结构单元分为三种，即对香豆醇、松柏醇与芥子醇，也经常被称为对羟基苯基（*p*-hydroxyphenyl，H）、愈创木基（guaiacyl，G）与紫丁香基（syringyl，S）。如图 2-4 所示。

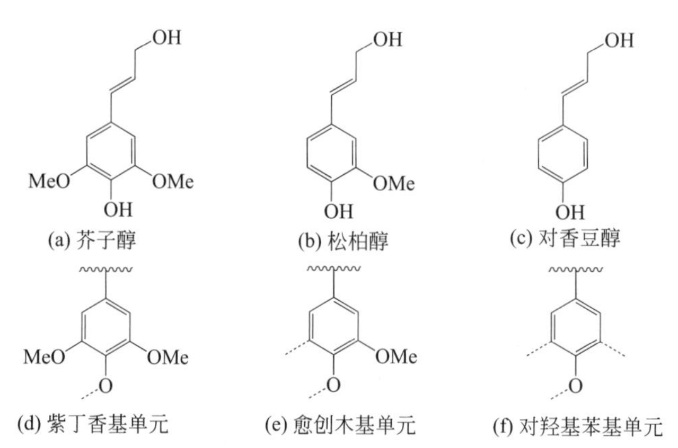

图 2-4 木质素三种前驱体及相应结构单元

三种结构单元之间的差异主要是甲氧基连接到苯环上的位点及数目有所不同，具体来说，H 型单元中不含有甲氧基，而 G 型与 S 型单元中则分别含有一个与两个甲氧基。木质素的三种组成单元中均包含一个苯基与一个丙基侧链，因此木质素的结构单元又被统称为苯丙基单元。木质纤维素类生物质种类不同，木质素中三种单元 H、G、S 的相对比例也会产生差异，例如针叶木中的 G 型结构含量较高，阔叶木中的木质素单元主要为 G 型与 S 型，而草本类生物质中木质素含有全部三种单元（表 2-3）[27,28]。根据木质素中主要组成单元的种类，可将木质素分为三类，即 G 型（针叶木木质素）、G-S 型（阔叶木木质素）与 H-G-S 型（草本类木质素）。

表 2-3　木质素结构单元含量　　单位：%

单元类型	针叶木	阔叶木	草本类
紫丁香基(S)	0～1	50～75	25～50
愈创木基(G)	90～95	25～50	25～50
对羟基苯基(H)	0.5～3.4	—	10～25

注：“—”表示含量极少，很难检测到。

木质素结构单元通过多种连接键相互连接，苯环及侧链上含有多种官能团，共同组成复杂的木质素结构（图 2-5）。

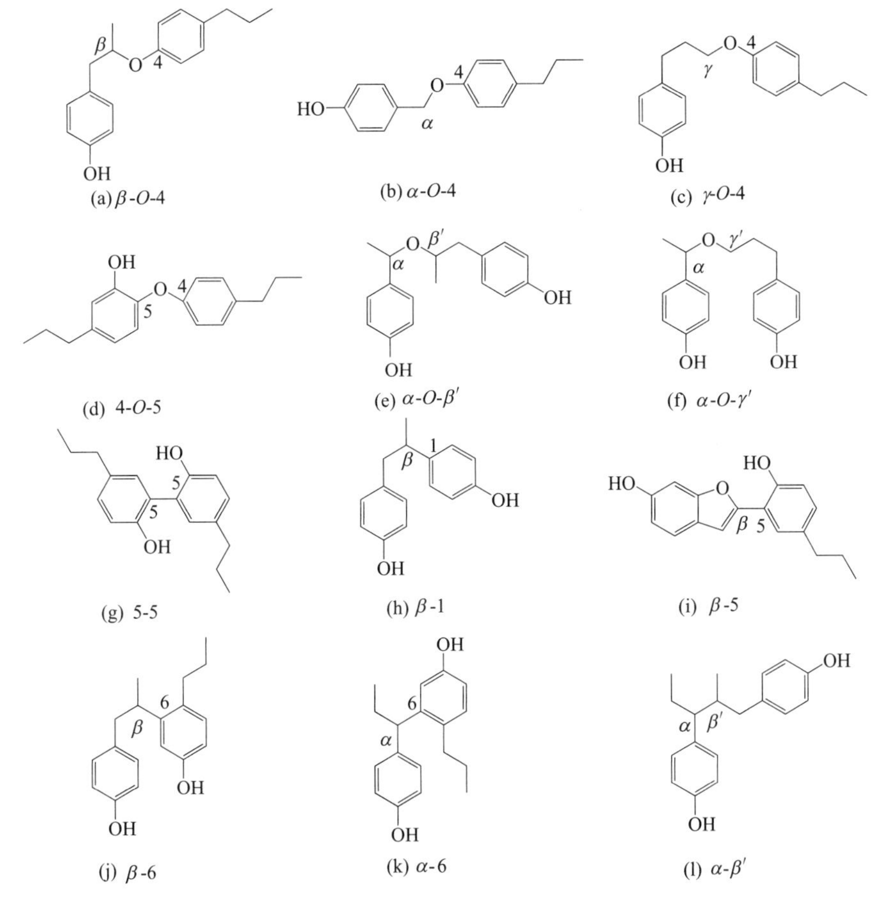

图 2-5　木质素连接键示意

如表 2-4 所列，连接键主要分为酯键、醚键与碳碳键三种。其中醚键是木质素中含量最多的，占 60%～70%；碳碳键的含量较少一些，为 30%～40%；而酯键的含量最少，且多存在于草本类木质纤维素中。醚键主要形成于苯环与苯丙基侧链（β-O-4、α-O-4、γ-O-4）、苯环间（4-O-5）及苯丙基侧链间（α-O-β'、α-O-γ'）；碳碳键则主要包含 5-5、β-1 与 β-5 等。木质素来源不同，连接键的种类与数量也会有所差异，但是总体来说，β-O-4 是木质素中含量最多的连接键，在林木类生物质中为 43%～60%，远高于其他连接键的含量。对于碳碳键，5-5 则是主要的存在形式，尤其是在林木类生物质中；此外，针叶木木质素中的 β-5 与 5-5 的含量要高于其在阔叶木中的含量，原因是相较于阔叶木，针叶木木质素中的 S 型单元含量少，G 型单元数量多，其 5 号位可与相邻苯环或侧链形成碳碳键，而 S 型单元中 5 号位被甲氧基取代，无法形成上述两种类型碳碳键，针叶木木质素也因此具有较高的缩合度。S 型单元苯环上的甲氧基所产生的空间位阻效应使得阔叶木木质素较针叶木木质素具有更多的线性结构。

表 2-4　木质素结构中连接键含量（每 100 个 ppu 中含有的数目）

连接键	针叶木	阔叶木
β-O-4	43～50	50～65
β-5	9～12	4～6
α-O-4	6～8	4～8
β-β'	2～4	3～7
5-5	10～25	4～10
4-O-5	4	6～7
β-1	3～7	5～7
其他	16	7～8

注：ppu 为木质素苯丙烷结构单元。

对木质素直接进行加热，可发现不同连接键所展现出的热稳定性也有所差异，总体来讲，醚键的裂解温度要低于碳碳键。β-O-4、α-O-4 是所有连接键中裂解温度最低的，为 200～250℃，断裂后生成大量的酚类化合物；苯环与侧链间形成的碳碳键，如 β-1 与 β-5 的裂解温度高于醚键，但是低于苯环间的碳碳键，如 5-5（图 2-6）。

（1）官能团

木质素含有多种官能团，如甲氧基、醇羟基、酚羟基、羧基与羰基等，这些官能团的种类和数目会随着植物种类、生长时期、部位等因素的改变而产生差异。木质素结构上的官能团还会因提取、分离方法的不同而变化，由于木质素包含数量巨大、种类繁多的官能团，其也就具有多种化学性质，可进行多种化学反应与改性。

（2）甲氧基

甲氧基是木质素结构中含量较大的特征官能团之一，通常情况下，针叶木中木质素甲氧基含量为 14%～16%，阔叶木木质素中的含量略高，为 19%～22%，草本

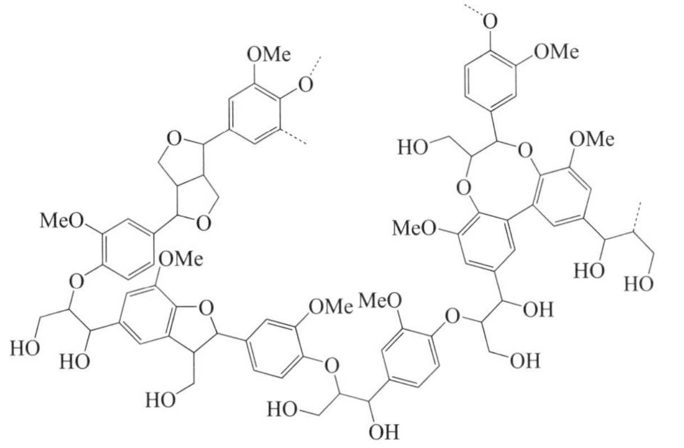

图 2-6　木质素结构

类植物中甲氧基含量类似于针叶木，为 14%～15%，前文已提到过，阔叶木木质素中的紫丁香基单元含量比针叶木高，且含有较多的愈创木基单元，因此甲氧基的含量比针叶木木质素高一些。林木类生物质在幼龄阶段与成熟阶段的木质素甲氧基含量也会有所区别，例如杉木的幼龄材甲氧基含量为 13.63%，而成熟期的杉木木质素甲氧基含量略有升高，为 14.44%。木质素中的甲氧基理论上存在连接在苯环或脂肪族侧链的两种可能性，而通过氢碘酸特异性氧化去甲基化反应可以推断出，木质素结构中的甲氧基是连接在苯环上的，排除了连接在侧链上的可能性。木质素苯环上的甲氧基化学性质非常稳定，需要较为强烈的氧化条件才能将其断裂分离，例如在高温高压条件下，通过碱蒸煮，甲氧基从苯环上断裂下来转化为甲醇。在木质素苯丙烷结构单元的元素含量经典表达式中，甲氧基通常按 C、H、O 元素含量来换算，以便于比较。

（3）羟基

木质素结构中另一种含量较多的官能团是羟基，这是一种较为重要的化学基团，直接影响了木质素的多种物理性质与化学性质，使得木质素在材料改性、燃料及化学品的制备方面具有多种可能性。

木质素中的羟基具有两种存在形式：一种是连接在脂肪族侧链上，即醇羟基；另一种则是连接在苯环上，形成酚羟基。其中，醇羟基分布位点较为多样，可以在 α、β 及 γ 碳原子上形成游离羟基，也可以与邻近的苯环或脂肪族链连接形成醚键。木质素酚羟基的连接位点较为单一，主要分为游离型及缩合型。在原生木质素结构中，酚羟基主要以缩合形式存在于苯环与相邻苯环或侧链的醚键中，而这种醚键也正是扮演着将木质素结构单元与片段连接起来的角色，含量较游离型羟基高。经过提取、分离，木质素中的醚键发生断裂，释放出游离型羟基，但是木质素分子间又会发生缩合反应，形成大量碳碳键。在未经任何处理的原生木质素中，虽然游离型羟基的数目较少，但是其含量是影响木质素化学结构及性质的一个重要的参数。木质素游离羟基的数目不仅能够影响其醚化、缩合度，还能决定其反应的多样性及溶解能力。

为判断木质素结构中的羟基属于醇羟基还是酚羟基，研究人员通常采用甲基化的方法。例如重氮甲烷只能将木质素中游离型酸性酚羟基甲基化，而无法使脂肪族侧链上的醇羟基甲基化；硫酸二甲酯可以将木质素几乎所有游离羟基甲基化。这样，人们便可以通过甲基化反应来推断羟基的存在，还可以测定两种羟基的相对含量。

（4）羰基

木质素羰基位于脂肪族侧链上，通常被分为两大类：一类是共轭型羰基；另一类则是非共轭型羰基。其中，在四种共轭型羰基中，两种与苯环共轭，而另两种则与双键共轭。这两种类型羰基的加和称为全羰基量，这一参数可以通过硼氢化钠还原，以容量分析法算出氢消耗量的方法来测定。

（5）羧基

通常情况下，未经任何处理的原生木质素结构中的羧基含量极少，但是经过提取分离后，由于处理条件使得木质素侧链上的羟基、羰基发生氧化反应而产生羧基。例如，磨木木质素中就会检测出羧基，经过碱蒸煮后的木质素中羧基含量大幅提升，其含量的增加有助于提高木质素在碱性溶液中的溶解度，增强表面活性。

（6）其他成分

1）灰分

未经任何处理的木质纤维素类生物质中通常含有一些无机化合物，一般通过充分燃烧后称重、测定其剩余物来获得，被称为灰分。经过抽提，部分可溶性无机盐会溶解于抽提溶剂中，不溶的灰分主要是二氧化硅，残留于抽提原料剩余物中。经过检测，灰分含量会因原料种类、生长地域、生长时间等因素发生改变。林木类生物质中灰分含量为0.3%～0.5%，而农业废弃物中灰分量则较多一些，为2%～5%。

2）抽提物

这是一种可以被水或有机溶剂，如乙醇、乙醚、丙酮、正己烷等抽提出来的混合物。农业废弃物中的抽提物成分较为单一，主要是蜡，而林木类生物质中的抽提物成分则要复杂很多，主要包含单宁、色素、蜡、脂肪、树脂、生物碱等。

3）果胶

这也是一种多糖，在植物细胞初生细胞壁中的含量仅次于纤维素和半纤维素，其结构支链化程度较高，主要成分是半乳糖醛酸与半乳糖醛酸甲酯。相较于其他部位，果胶在植物的鲜嫩组织和果实中的含量较高。

4）蛋白质

在植物细胞中，蛋白质存在形式多种多样，并且扮演着不同的角色，具有多种功能。例如，植物细胞壁中的蛋白质可以调控细胞的生长、扩张和物质运输；光合作用、酶与激素系统也需要蛋白质的参与才可以行使正常的功能。通常情况下，通过测定总氮含量和丰度最高的氨基酸的相对氮含量来计算木质纤维素生物质中蛋白质的含量。

2.3.4 预处理方法[29-32]

木质纤维素生物质具有非常复杂的结构，这种结构是植物长期进化以来形成的对自然界中外力与微生物腐蚀的屏障，保护其成长，但是这种复杂的结构对当今人们将其分离与转化造成了障碍。

木质纤维素类生物质对生物酶及化学品的抗降解屏障主要表现如下。

① 植物表面通常有一层由有机酸和脂肪物质构成的角质层或蜡质层，这种结构与细胞壁中的木质素和纤维素一同组成坚固的屏障。

② 纤维素葡萄糖残基含有大量的羟基与含氧基团，这些基团很容易在纤维素大分子间及内部形成大量的氢键，被平行连接在一起的纤维素链具有相同的极性，排列成立体晶格状，人们通常称之为纤维素微团，这些微团又组合成纤维素微丝。纤维素微丝大量聚集，形成排列有序、结构紧致的结晶区，此区域内的纤维素大分子不仅呈现出刚性与水不溶性，而且分子链中部无法接触到酶或化学品分子。

③ 当植物完成伸展生长时，后续由木质化过程来增强植物的强度与韧性。根据木质化程度的不同，植物细胞壁的胞间层、初生壁与次生壁中的木质素含量不同。木质素与半纤维素通过酯键、醚键、氢键等相互连接，填充在纤维素骨架结构之间，形成对抗微生物腐蚀的屏障。

由于上述木质纤维素生物质中抗降解屏障的存在，对其进行生物炼制必须先采用一定的预处理方法来除去植物体表面的蜡质、打乱纤维素的结晶结构及分离提取木质素，以破坏木质纤维素对后续生物酶或化学品的屏障。

目前，预处理方法主要分为四大类，即物理法、化学法、物理-化学结合法以及生物法。

2.3.4.1 物理法

（1）机械粉碎研磨法

机械粉碎研磨通常作为木质纤维素类生物质原料转化利用过程中第一个预处理步骤，主要是通过削片、粉碎与球磨等方法将原料处理为尺寸较小的颗粒，经机械粉碎研磨法处理后的木质纤维素原料的尺寸一般集中在0.2～30mm范围内。不仅原料的尺寸会显著减小，其结晶度也会降低，聚合度减小，所含水溶性组分增加，酶解效率也会因此而有所提高，但是由于机械粉碎研磨法并没有使木质纤维素组成成分发生改变，木质素与半纤维素对纤维素水解所造成的阻碍依然存在，所以纤维素水解速度及糖化率依然不高。此外，机械粉碎研磨法还有一个明显的缺点就是耗能大、成本高。

（2）挤出法

挤出法是指将木质纤维素原料进行混合、加热、剪切，可获得类似于机械粉碎研磨法的效果，原料经挤出法处理后，尺寸、结晶度及聚合度减小，纤维素水解效果小幅提升。

挤出法具有多种优点，如处理时间短、温度适中、无糠醛等副产物生成、无需水洗、固体损失率低、易放大以及可连续操作等。此外，挤出法不产生废水，也因此无需增加后续污水处理等步骤。

（3）微波法

微波法可以视为对传统加热法的改良，其加热速度快、效率高，而且可以改变纤维素超分子结构、打乱植物表面的蜡质层，还能去除少量木质素与半纤维素，这些特点均可以帮助改善处理后纤维素的酶解效果。与传统的加热方式不同，微波加热是靠内部分子振动产生热量，在这个过程中电介质极化引起的分子碰撞可以导致部分纤维素连接键发生断裂。微波法具有处理时间短、均匀性和选择性高以及耗能少等优点，但是使用此方法预处理木质纤维素类生物质目前还仅局限于实验室规模。

（4）热解法

对木质纤维素直接进行加热也是一种预处理方法，当加热温度升至300℃以上时，纤维素会发生分解，释放出气体并形成部分固体残留。降低加热温度，其分解速率就会减慢，同时还会生成一些挥发性较低的副产物。

2.3.4.2 化学法

（1）酸法

酸法预处理木质纤维素的主要机理是在酸性环境中，纤维素分子层间及其内部的氢键断裂、结晶结构也遭到破坏，同时半纤维素发生水解，木质素与半纤维素间的部分连接键也发生断裂。酸法主要使用 H_2SO_4，其浓度并没有严格的界定，使用低浓度的酸往往要提高预处理体系的温度，而增加酸的浓度可以在相对较低的温度下进行处理。通常情况下，使用高浓度酸、低温是较为经济的方式，但是酸的腐蚀性、回收、中和、废水处理等步骤均提高了该方法的成本。除此之外，酸性条件还会引起单糖的水解副反应，生成醛及小分子酸类物质，这些物质会对后续的微生物酶解及发酵造成抑制，需要额外的步骤来纯化预处理后的底物，耗水量大且进一步增加了酸法预处理的成本。

（2）碱法

利用碱性环境去除木质素、乙酰基以及糖醛酸取代物等阻碍纤维素水解的结构及官能团，可以使碱法预处理后的纤维素酶解效果得以改善。碱性条件可以使半纤维素与木质素间的酯键发生皂化反应进而断裂，分离出木质素结构，但是并不会造成半纤维素与纤维素的大量水解。随着酯键的断裂，纤维素的孔隙率得以提高且发生溶胀，内表面积增加，而且结晶度与聚合度均减小，进而提升纤维素的水解率。此外，碱法预处理木质纤维素类生物质的操作温度较低，这样就减少了加热能耗。但是碱法处理体系的原料固液比较低，如果物理浓度过高，会导致搅拌困难、传热效率低等问题，而且此方法也需要中和，也就会产生大量无机盐废水，需要配套后续废水处理系统。

（3）离子液体法

离子液体由阳离子与阴离子构成，通常情况下是大分子的有机阳离子盐与小分子的无机阴离子盐，该盐类混合物在室温下呈液态。离子液体具有多种特点，如不会发生燃烧反应，对无机物与有机物均有较好的溶解性，室温下不挥发，较好的导电性以及较高的离子迁移、扩散速度，还可以通过改变其组分的构成比例来调节其酸性及其他物理、化学特征参数。离子液体可以同时溶解木质纤维素的三种组分，因此也被人们用于其预处理环节。通过形成大量氢键，纤维素可以溶解于氯化物、甲酸盐、乙酸盐或烷基磷酸盐等多种离子液体，与此同时，半纤维素糖残基上的羟基也与离子液体无水离子间形成氢键，进而导致三种组分的溶解。

相较于其他预处理方法，离子液体的腐蚀性小，有较宽的液体温度范围，热稳定性高，处理条件温和，但是离子液体的价格偏高、重复使用黏度增大以及回收性等问题限制了其大规模的使用。

(4) 有机溶剂法

该方法中用到的有机溶剂一般为甲醇、乙醇、丙酮、乙酸乙酯、甘油等，还含有一些有机、无机酸碱类催化剂，在高温条件下木质素与半纤维素间的连接键发生断裂，木质素自身结构也发生变化，从木质纤维素原料中被分离出来。木质素的分离率及纯度都较高，预处理后的纤维素孔隙率增加、结晶度与聚合度降低，没有木质素的阻碍，纤维素与酶或化学试剂的接触面积随之增加，水解效率得以提升。但是有机溶剂预处理法中的试剂挥发性多较强，且具有一定的毒性，成本高，这也是将其用于木质纤维素类生物质预处理过程中的一些不足。

(5) 氧化法

氧化法指的是利用氧化剂，如氧气、臭氧或过氧化氢，对木质素进行氧化，在这种条件下半纤维素往往会被溶解，而纤维素仍呈固体状，这样就可以将其分离，进行后续水解糖化。通过对臭氧氧化处理秸秆的研究，可以发现其主要机理是：臭氧对共轭双键和高电子密度的功能基团具有较高的活性，通过攻击木质纤维素中碳碳双键含量最高的木质素，将其分解为片段从原料中分离。

该方法所产生的小分子有机酸类副产物较少，而且强酸、强碱性条件的使用，降低了后续废弃物处理的难度。

2.3.4.3　物理-化学结合法

(1) 蒸汽爆破法

蒸汽爆破法指的是木质纤维素类生物质原料与水（水蒸气）在高温高压条件下维持一定的时间，之后瞬间释放压力，产生爆破。通常温度会升至150～260℃，压力维持在0.6～5MPa范围内，时间从几秒钟至几分钟不等，经过蒸汽爆破处理后的原料中的纤维素酶解接触面积明显增加，水解效率也得到大幅提升。具体机理是在高温高压条件下，水蒸气进入纤维素结构内部，维持一段时间后，瞬间释放压力时高压蒸汽从纤维素孔隙内释放出来，对纤维素产生机械切割作用。与此同时，高温高压的反应条件还可使纤维素内部的氢键被破坏，结晶区域也被打乱，暴露出更多的游离型羟基，有利于纤维素酶的吸附，半纤维素在此过程中被溶解，纤维素的酶接触面积进一步提升。

近年来的多项研究趋向于向木质纤维素类生物质原料中事先添加化学品，如无机酸、SO_2、碱等，进行浸润，之后再经过蒸汽爆破处理。这种改良的方法为蒸汽爆破法融入了化学法处理的多种优势，纤维素的分离率与纯度均有显著的提高。不过蒸汽爆破预处理法也会生成多种副产物及酶解发酵抑制物，而且此方法用到的高温高压条件对反应装置的要求较高。

（2）氨纤维爆破法

氨纤维爆破法处理木质纤维素是指在高温高压条件下，用液氨处理，温度为60～120℃，压力1.72～2.06MPa，维持几分钟后瞬间释放压力。经该方法处理后的木质纤维素中木质素-多糖复合物结构被破坏，纤维素的结晶区域也被打乱，酶解效率显著提高。

与蒸汽爆破法或化学试剂浸润后再进行蒸汽爆破处理不同的是，氨纤维爆破法不会造成半纤维素的水解，也就降低了木质纤维素多糖物质的损失率，而且体系中的酶解发酵抑制物的量较少。值得一提的是，氨纤维爆破法基本只对木质素含量较低的草本类植物作用明显。此外，该方法除了蒸汽爆破法中的高温高压装置外，还需要氨的压缩回收设备，成本也随之提高。

（3）CO_2 爆破法

CO_2 爆破法与前文提到的两种爆破法类似，也用到了高温高压的处理条件，但是与之不同的是，CO_2 对人体及设备无毒害、腐蚀作用，而且所需温度及压力较低。

该方法中的 CO_2 以碳酸的形式存在，具有酸水解连接键及氢键的作用，但是酸性又没有常用酸的酸性强，因此经 CO_2 爆破处理后的体系中抑制物含量较低。该方法也无需后续复杂处理及回收装置，但是其处理效果并没有传统的蒸汽爆破法或氨纤维爆破法好，因此 CO_2 爆破法预处理木质纤维素类生物质并没有被大规模广泛应用。

（4）热水法

热水法预处理木质纤维素主要是在160～220℃温度下，加压使水维持液态，反应15min左右，过程中无额外化学试剂或催化剂的加入。这种方法可以溶解80%以上的半纤维素，去除半纤维素后的纤维素酶解率随之提升。

该方法对农作物废弃物类木质纤维素作用更加明显，处理后固体得率高且抑制物含量低。

2.3.4.4 生物法

生物法预处理木质纤维素主要是利用微生物，如白腐菌、软腐菌与褐腐菌等降解木质素，木质素被分离后，纤维素水解的阻碍减少。不同于化学法及物理-化学结合法，生物法预处理过程中无需添加化学试剂或催化剂。微生物降解木质素具有处理条件温和、特异性高、去除率高等优点，处理后的底物无需经过复杂的纯化、废水处理等步骤，但是该方法的处理时间长，受原料尺寸、水分及处理温度、湿度的影响大，因此多停留在实验室研究阶段（图2-7）。

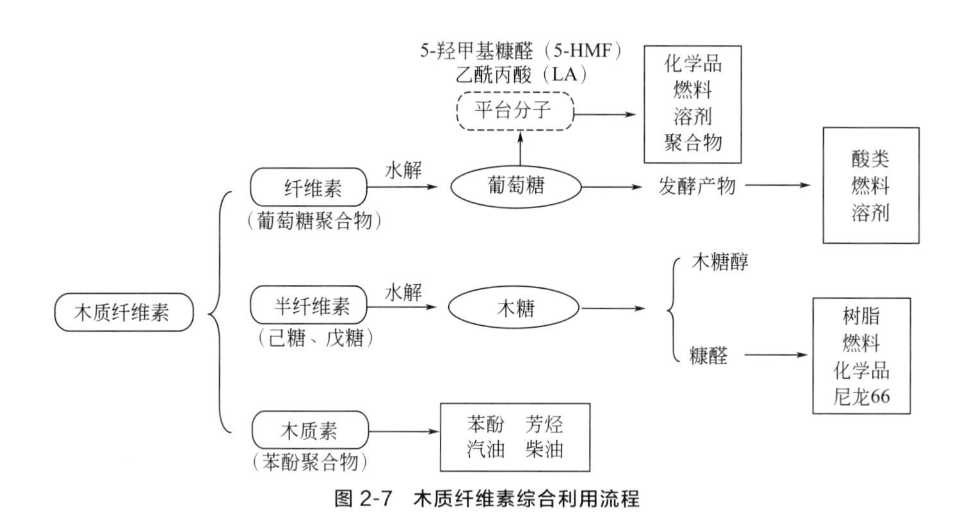

图 2-7　木质纤维素综合利用流程

2.3.5　胁迫因子的产生及消除

木质纤维素的预处理过程，在实现其有效降解、提高可发酵糖收率的同时也会产生其他产物，如呋喃醛、有机酸和酚类化合物等。这些物质会对微生物细胞生长产生毒害作用，因此被称为“胁迫因子”。

预处理过程产生的胁迫因子种类与生物质种类和预处理条件（如温度、时间、压力、pH 值、氧化还原条件、催化剂添加）有关[33]。糠醛是戊糖的降解产物，其形成与预处理过程的酸浓度和温度有关[34]。而已糖在极端的酸条件下会降解为羟甲基糠醛（HMF）等物质[35]。乙酸在半纤维素水解产物中普遍存在[33]。木质素可通过溶解和水解或氧化裂解形成酚类物质[33]。预处理过程中，在氧化酸性条件下，更有利于酚醛形成；而苯丙烷衍生物在生物质酸性水解条件下容易形成；碱性湿氧条件下麦秆可产生肉桂酸衍生物[33]。Clark 等[36] 指出，基于木质素的降解产物如酚类化合物，相对于碳水化合物的降解产物来说，虽然含量较低，但是其抑制程度更强。

预处理过程中产生的胁迫因子会抑制酶的活性和菌体生长，因此在进一步水解或发酵前要进行脱毒处理。胁迫因子的去除方法有萃取[36]、活性炭吸附或者过量石灰沉淀[37,38]、阴离子交换或漆酶处理[39] 等。

2.3.6　木质纤维素的有效利用

木质纤维素在很多方面都有很大的用处，除了直接焚烧、作为饲料和肥料外，还可以利用热化学转化、生物催化转化和化学催化转化等途径，将木质纤维素转化为可燃气、燃料乙醇、有机酸、高分子材料、建材和固定化载体等[37]。

2.3.6.1　木质纤维素的热化学转化

木质纤维素的热化学转化方式有生物质燃烧、生物质气化和生物质液化等。

（1）生物质燃烧

燃烧是生物质利用最广泛也是一种最直接的方式。木质纤维素的燃烧可分为直接燃烧、固化成型燃烧和与煤混燃。

① 直接燃烧是利用炉灶或锅炉来将生物质中的化学能转化成热能或进一步转化成电能的过程[37]。

② 固化成型燃烧是在一定温度和压力下，将秸秆等木质纤维素压缩成高密度的固体块状燃料进行燃烧。固化成型后有利于储存和运输，燃烧性能也有所改善[40]。

③ 生物质燃料由于水分较多会影响燃料的点火，而且生物质燃料热值较低，燃烧过程中可能存在火焰不稳定的问题。与煤混燃可以提高火焰的稳定性，而且有利于减少 CO_2、SO_2 等气体的排放[41]。

（2）生物质气化

气化可有效扩大生物质的利用范围。在有限的氧供应下（空气、氧气或水蒸气），生物质发生热化学转化，生成一氧化碳、氢气和其他中低能量值产物。生物质气化是一种高潜力的技术，可以提供电力、热能和生产化学品等，但是目前它的应用主要局限在热、电等领域[42]。

（3）生物质液化

生物质液化是将木质纤维素等生物质转化成液态燃料的过程，主要有三种液化技术，分别是高压液化、常压催化液化和快速热解液化。液化将低品位生物质转化为高品位的液体燃料，主要是生物油，部分替代化石能源，减少二氧化硫等的排放所带来的污染[37,43]。

2.3.6.2 木质纤维素的生物催化转化

木质纤维素的生物催化转化，一般是指利用纤维素酶等酶制剂对预处理后的木质纤维素（主要指纤维素）进行酶法水解（简称酶解）、获得葡萄糖等可发酵糖的过程。未经预处理的天然木质纤维素的生物降解非常缓慢，且可降解的木质纤维素成分一般不到20%。因此，技术和经济上具有可行性的木质纤维素酶解工艺通常都是以预处理后的木质纤维素为底物。作为一种多相催化反应，木质纤维素酶解反应的典型特点是一种不溶性的反应物（纤维素）与一组可溶性的催化剂（纤维素酶系）的反应。酶解法的最大特点是没有副产物生成，且酶解条件温和、水解效率高。因此，木质纤维素的酶解相关方法与实践目前已经受到世界各国研究者的高度关注。一般而言，木质纤维素有效利用的酶法水解全流程包括四个主要的单元过程（见图2-8），即木质纤维素预处理、核心纤维素酶及辅助酶的制备、用于木质纤维素预处理产物的酶解反应以及以木质纤维素酶解液为底物的微生物发酵过程[44]。

木质纤维素的预处理过程是木质纤维素底物有效利用的首要环节，已经在前文进行了比较详细的介绍，这里就不再赘述。木质纤维素的高降解效率及低胁迫因子产生率是预处理过程的主要指标。

可高效降解纤维素底物的纤维素酶的开发与制备是木质纤维素有效利用的第二个关键过程。针对木质纤维素的复杂结构，纤维素的酶解涉及多种不同酶的协同作

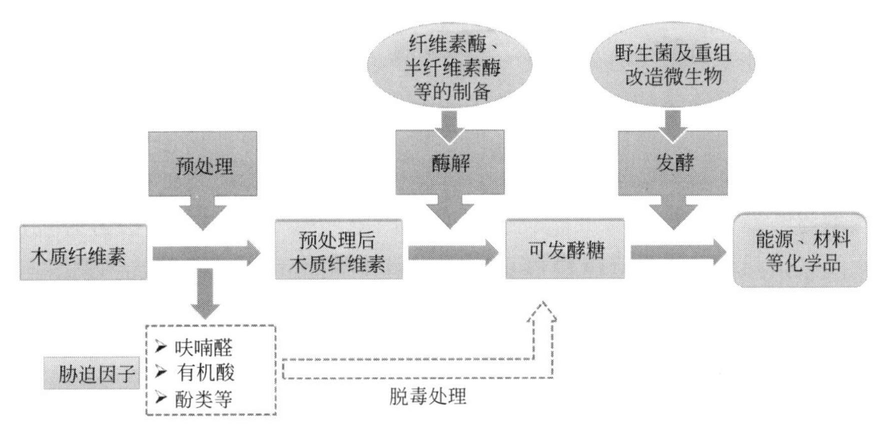

图 2-8　木质纤维素有效利用过程示意

用，主要包括内切葡聚糖酶、外切葡聚糖酶和纤维二糖酶。

① 内切葡聚糖酶随机作用在纤维素无定形区域的 β-1,4-糖苷键，将长的 β-1,4-D-葡聚糖链切割成带有非还原性末端的短链。

② 外切葡聚糖酶作用于 β-D-葡聚糖链的非还原末端释放出纤维二糖。

③ 纤维二糖酶进一步将纤维二糖和水溶性纤维糊精彻底水解为葡萄糖，如图 2-9 所示。

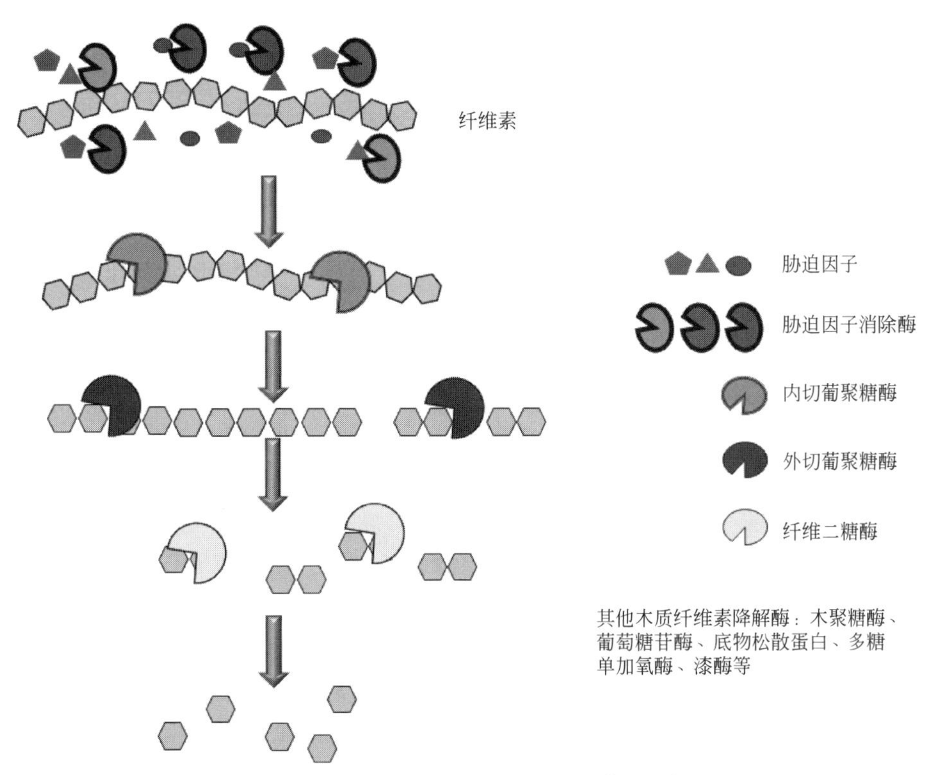

图 2-9　纤维素酶与胁迫因子消除酶的作用示意

通常，内切葡聚糖酶和外切葡聚糖酶会受到纤维二糖抑制，因此纤维二糖酶的作用步骤是纤维素底物有效降解的限速步骤[45]。此外，木聚糖酶、葡萄糖苷酶以及有利于提高降解效率的底物松散蛋白和多糖单加氧酶等，也都属于木质纤维素降解酶系。以提高木质纤维素降解效率为目标，众多研究者利用比较基因组学、计算系统生物学、分子酶工程等前沿工具及方法，正在开展木质纤维素降解酶系中新元件的挖掘与已有元件的设计改造研究。再有，木质素是全球最丰富的芳香族聚合物，有研究指出利用热嗜碱性漆酶可以有效降解木质素，产生大量的对羟基苯甲醛和香草醛等高价值化学品[46]。也有研究利用漆酶对木质素进行降解从而提高木质素的抗氧化活性，给开发木质素为天然抗氧化剂提供了参考[47]。漆酶新元件的挖掘与改造，也逐渐成为当前研究的新热点。

木质纤维素水解液中作为副产物生成的呋喃醛、有机酸、酚类化合物等“胁迫因子”，对后续酶解过程及微生物发酵生长过程都有比较严重的抑制作用，因此必须通过多种辅助酶进行氧化或还原反应进行消除，例如具有胁迫因子氧化功能的漆酶或过氧化物酶以及具有胁迫因子还原功能的醛酮还原酶或醇脱氢酶等。木质纤维素酶解与胁迫因子消除过程的耦合及其相应的新酶挖掘与性能改造，是当前木质纤维素类低劣生物质有效转化利用研究的热点。结合不同目标产品合成途径对碳源的需求，研究人员正在致力于采用前沿的合成生物学和生物信息学工具，结合基因多片段组装技术、细胞表达和细胞表面展示技术，构建木质纤维素高效降解及胁迫因子消除的功能模块。

木质纤维素预处理产物的酶解反应过程是木质纤维素有效降解的核心过程。针对不同来源和组成的木质纤维素底物，纤维素酶系中各种酶的优选配比、处理条件与作用方式也有所不同。例如，可以通过增加纤维二糖酶的量、分离出水解过程中的糖以及通过在酵母表面展示表达内切葡聚糖酶和β-葡萄糖苷酶等，来提高木质纤维素的酶解反应效率[48]。

在木质纤维素利用的整个过程中，最重要的成本之一就是纤维素酶的成本。这是因为，预处理木质纤维素完全降解所需的酶量大约是预处理淀粉完全降解所需酶量的100倍，且酶解效率低、酶解时间长[44]。在降低纤维素酶成本的研究中，提高酶的生产效率、改进酶的复配、提升酶的活性及高温稳定性等措施，都不同程度地受到了关注并已初见成效。但直至现在，纤维素酶的性能和成本问题仍未得到根本解决，制约了木质纤维素利用技术的发展。

木质纤维素经预处理、酶解反应之后，可获得50～150g/L的可发酵糖，以合适的方式用于后续的微生物发酵转化过程。以纤维素乙醇的生产为例，酿酒酵母利用木质纤维素降解产物为碳源发酵生产乙醇，是目前最受关注，也是相对最为成熟的木质纤维素利用产品。除生产工艺优化外，针对微生物生产菌株性能的重组改造研究被广泛报道。例如，工业中用到的野生型酿酒酵母无法利用木糖，限制了乙醇产量的进一步提高。基因改造后的重组菌则可以利用木糖（但是乙醇产量较低）。Cai等[49] 则利用玉米芯酸水解后的产物作为乙醇发酵的原料，固体残留物进一步用酶水解作为乙醇生产的原料，使葡萄糖和木糖同时得到了有效的利用。仍以纤维素乙醇为例，降低生产成本的另一个策略就是使酶解糖化和发酵过程同步进行。在这个过程中，需要在高温环境下使用产乙醇的工程菌，且该工程菌可以利用来自半纤维素成分的五碳糖。

有研究人员进一步提出了新的降低成本的解决方案，即生物转化过程的整合。例如，将预处理过程以及酶解过程统一在一个过程中实现，称为同步糖化发酵；又如，将纤维素的酶解、已糖发酵和戊糖发酵同步进行，称为同步糖化共发酵；最后，将纤维素酶的产酶过程、木质纤维素的酶解过程以及后续的微生物发酵利用可发酵糖的过程有机结合起来，实现产酶、酶解及微生物转化过程的耦合，称为联合生物加工。由于木质纤维素的酶解往往是多种酶协同作用的结果，仅表达纤维素分解有关的酶无法达到充分利用木质纤维素的目的。然而，即使微生物的基因改造方法已经越来越先进，利用单一微生物使菌株具有多种酶催化的功能仍然比较困难。因此，新的研究方案是采用多酶挖掘及设计改造、微生物重组改造以及多种微生物（如 3 个以上人工细胞）共培养融为一体的方法。Davidi 等[50] 通过设计含漆酶、纤维素酶和半纤维素酶的纤维小体同时对小麦秸秆进行脱木质素和糖化，得到的还原糖量比不含漆酶的对照增加 2 倍。Xu 等[51] 利用热线梭菌和热解乳糖梭菌共培养生产乙醇，以葡萄糖、木糖、纤维素和微晶纤维素等为原料，充分利用了热线梭菌强的纤维素降解能力以及热解乳糖梭菌强的半纤维素降解能力，共培养的乙醇产量比单一乙醇产量增加高达 2 倍。

此外，在纤维素酶系降解纤维素的过程中，研究人员也致力于将胁迫因子消除酶系同时引进来，以尽可能降低具有胁迫作用的降解产物的量、减轻胁迫因子可能产生的对后续发酵过程的负面影响。

总之，木质纤维素的酶解及利用过程是一个多相、多底物、多酶、多反应的复杂催化过程。为了提高上述复杂反应过程的效率，更多的新思路和新方法将进一步整合进来，以尽快实现木质纤维素等低劣生物质的有效利用。

2.3.6.3 木质纤维素的化学催化转化

纤维素和半纤维素还可以通过化学催化转化成一系列的生物基材料和化学品。例如，纤维素可以先水解为葡萄糖再经化学催化转化为乙二醇、山梨糖醇和葡萄糖酸等平台化合物[52]。糠醛是重要的化工原料，在酸和热的条件下，半纤维素可以水解为戊糖并进一步生成糠醛[34]。

由于木质素的结构复杂，其利用相对困难。目前，大部分木质素最终通过直接燃烧的方式利用[53]；还有一部分木质素被用来改善可降解材料的热稳定性等性能，或者作为环保的木头胶黏剂及腐蚀抑制剂等[54]。近来，利用木质素聚丙烯等制备木塑复合材料，用于建材家具等行业也引起了广泛关注[55,56]。

综上所述，可以预期，在生物基经济时代，木质纤维素预处理费用高及酶解效率低下等问题将逐步得到解决。作为来源广泛、取之不尽的天然可再生资源，木质纤维素在未来将获得越来越有效、越来越广泛的应用。一系列基于木质纤维素底物且有竞争力的生物基产品将逐步开发，形成可持续发展的木质纤维素生物炼制产品体系。

2.4 油脂类化合物

2.4.1 油脂类化合物简介

在化学工业可持续发展的道路上，重新利用大自然产生的原材料引起了人们越来越多的关注。由动植物或微生物产生的油脂是一种可再生原料，可以为化学工业提供很有价值的产品[57]，其既是食物资源又是化学工业生产的基本原料，可广泛应用于医药、日用化工、能源等诸多行业。生物炼制中油脂类底物的有效利用问题，近年来也引起了研究人员的重视。

油脂类化合物，主要是指以甘油二酯（DAG）、甘油三酯（TAG）等为代表的、分子中含较长碳链的脂类或类脂化合物。其中，甘油酯是由若干个脂肪酸分子和甘油分子通过酯键形成的油脂类化合物。根据甘油酯分子中的脂肪酸个数可以分为甘油一酯、甘油二酯、甘油三酯；根据甘油酯分子中脂肪酸种类，可以分为单纯甘油酯和混合甘油酯。而类脂化合物主要包括磷脂、胆固醇、胆固醇酯和糖脂等。

由于甘油三酯分子中含有三个脂肪酸分子和一个甘油分子，所以被用作生物炼制原料。甘油三酯可以通过酸/碱水解法、酶法、超临界法等方法水解为脂肪酸和甘油，也可以在催化剂作用下与醇类物质进行酯交换反应生成甘油和脂肪酸酯，脂肪酸酯可以进一步水解为脂肪酸，如图 2-10 所示，其水解产物包括脂肪酸和甘油，可以被用作生物炼制原料。

$$
\begin{array}{l} CH_2—OOC—R_1 \\ | \\ CH—OOC—R_2 \\ | \\ CH_2—OOC—R_3 \end{array} + 3ROH \rightleftharpoons \begin{array}{l} R—OOC—R_1 \\ | \\ R—OOC—R_2 \\ | \\ R—OOC—R_3 \end{array} + \begin{array}{l} CH_2—OH \\ | \\ CH—OH \\ | \\ CH_2—OH \end{array}
$$

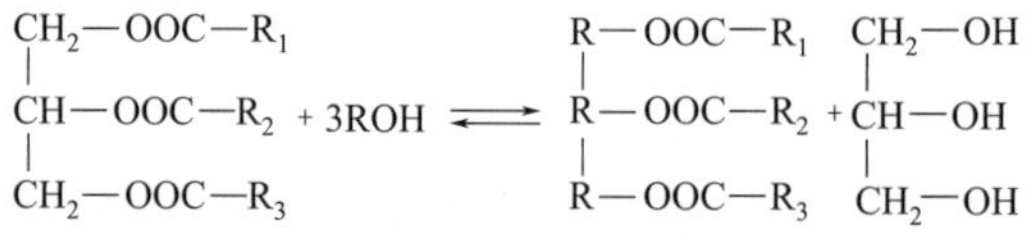

图 2-10　甘油三酯水解和酯交换反应式

脂肪酸是指一端含有羧基的长链脂肪族化合物，直链饱和脂肪酸的通式为 $C_nH_{2n}O_2$。

脂肪酸根据饱和度分类，可以分为饱和脂肪酸与不饱和脂肪酸两大类。其中不饱和脂肪酸再按不饱和程度分为单不饱和脂肪酸与多不饱和脂肪酸。单不饱和脂肪酸在分子结构中仅有一个双键，被称为一烯酸；多不饱和脂肪酸在分子结构中含两个或两个以上双键，被称为一烯酸、二烯酸、三烯酸、四烯酸和多烯酸[29]。

根据碳链长度，脂肪酸可以分为短链脂肪酸、中链脂肪酸、长链脂肪酸，短链脂肪酸碳链上碳原子数小于 6，中链脂肪酸碳链上碳原子数为 6～12，而长链脂肪酸碳链上碳原子数大于 12。

另外，根据是否能在体内自行合成，还可以将脂肪酸分为必需脂肪酸和非必需脂肪酸。甘油又名丙三醇，其分子中含有三个羟基，具有很强的吸水性，常被用来作为保湿剂和甜味剂。

2.4.2 油脂类化合物原料来源

自然界中，油脂类化合物来源广泛。其中，可被用于生物炼制的油脂类化合物主要来源于动植物油脂、微生物油脂和废弃油脂三大类。动植物油脂包括大豆油、菜籽油、棉籽油、牛油、猪油、鱼油、米糠油等，主要来源于产油植物和动物，来源广泛，但由于与人食用相冲突，故不适合作为生物炼制的主要原料。微生物油脂，又被称为单细胞油脂，主要来源于可在体内合成油脂的产油微生物（可在体内积累超过自身细胞总量20%油脂的微生物），其代表是酵母油、微藻油等。微生物油脂生产周期短，不与人争粮和争地，生产不受季节和环境的影响等，是生物炼制的理想原料。废弃油脂主要指餐饮废油、地沟油等无用废油。在我国，废弃油脂产量巨大，而且废弃油脂成本较低，这也使得废弃油脂成为主要的生物柴油生产原料油。但废弃油脂的缺点较多，例如废弃油脂成分复杂、黏度大、难处理等，这也阻碍了以废弃油脂为原料生产生物油脂的发展。

这三大类油脂类化合物的来源及优缺点如表2-5所列[58]。

表2-5　油脂类化合物的来源及优缺点

原料油种类	代表实例	优点	缺点	产业化情况
植物油脂	大豆油(草本)	能大规模生产、技术较成熟	占用大量耕地、与粮争地	已产业化
	棕榈油(木本)	不占用大量耕地、产油量大	产地较为分散	
动物油脂	鱼油	来源较广泛	来源分散、原料易腐败	研究、小试
微生物油脂	微藻油	不与粮争地、生产周期短	技术要求严格	研究、中试
废弃油脂	地沟油	成本低、来源广、环保	产品质量不稳定、杂质较多、工艺复杂	大规模产业化

以下仅对植物油脂、动物油脂和微生物油脂给予阐述。

（1）植物油脂

植物油脂是指以植物为原料得到的油脂，包括草本和木本。

① 可可脂是以可可豆为原料获得的植物油脂，主要在热带盛产，其脂肪酸组成为棕榈酸（25.5%）、硬脂酸（34.0%）、油酸（35.1%）、亚油酸（3.4%）及其他（2.0%）[59]。可可脂有两大显著特征：一是其可塑性范围窄，低于熔点时其表面光滑，具有良好的脆性；二是其在稳定状态下熔点为34～36℃，室温下呈固态，而进入人体后呈完全融化状态。

② 类可可脂是指甘油三酯组分和天然可可脂十分相似的代用脂，目前主要采用酶改性油脂制备类可可脂。

③ 棉籽油是指棉籽加工的副产品，棉籽中含油量为17%～26%。棉籽油的脂肪酸主要包括棕榈酸（22%）、油酸（18%）和亚油酸（56%），其成分与花生油脂肪酸组成相似，但其还含有一定量的环丙烯酸，对生物体不利。除此之外，棉籽油中还含有1%左右的棉酚，具有抗氧化作用，但是对动物和人类具有抑制生育的作用，所以一般不作为食用油食用，但是可被用作生物炼制的原料合成多种化学品。

④ 豆油在全世界生产和消费量都很高，主要通过大豆压榨而得，其主要成分为亚油酸（50%～55%）、油酸（22%～25%）、棕榈酸（10%～12%）和亚麻酸（7%～9%）[60]。

⑤ 玉米油又称为玉米胚芽油，来源于玉米胚芽或者玉米粒，其成分为亚油酸（55%～60%）、油酸（25%～30%）、软脂酸（10%～12%）、硬脂酸（2%～3%）和亚麻酸（2%以下）。

⑥ 棕榈油的开发时间较短，来源于棕榈果肉，含量在50%左右。棕榈油的脂肪酸组成较为简单，主要包括棕榈酸（44.0%）、油酸（39.2%）、亚油酸（10%）、硬脂酸（4.5%）、豆蔻酸（1.1%）、亚麻酸（0.4%）、月桂酸（0.2%）和棕榈油酸（0.1%）[60]。

⑦ 米糠油由新鲜米糠制得，其含油量为20%左右。米糠油的脂肪酸组成为油酸（40%～50%）、亚油酸（29%～42%）、棕榈酸（12%～18%）、硬脂酸（1%～3%）、豆蔻酸（0.4%～1.0%）和棕榈油酸（0.2%～0.4%）等[60]。

在所有植物油脂中，根据不同国家的饮食习惯和植物品种不同，一些不适合食用的植物油脂常被用作生物炼制的原料，例如棉籽油、棕榈油和米糠油。在大豆和玉米油产量较高的国家和地区，也将豆油和玉米油作为生物炼制的原料，如美国、巴西等。

（2）动物油脂

动物油脂指一切以动物体为原料得到的油脂，其产量占总油脂产量的30%。在国内，动物油脂主要以食用为主，但随着食品结构的调整和社会的不断发展，将动物油脂用于工业的比例日渐提高。

① 乳脂是来源于动物奶中的油脂，其成分和结构十分复杂，来源于不同动物的乳脂成分也不尽相同，其中以人乳脂组成和结构最为复杂。

② 猪脂又称猪油，来源于猪的特定内脏、皮下组织等器官及组织，工业上猪脂色泽差、酸值较高，含有许多杂质。

③ 牛脂通常称为牛油，主要来源于牛的含油组织及器官，其成分和猪脂相似。

④ 鱼油是指储存在鱼类体内的油脂。与其他动物油脂相比，鱼油是一类特殊油脂，其成分与其他动物油脂不同，主要体现在其多不饱和脂肪酸含量非常丰富，其二十碳五烯酸（EPA）、二十二碳六烯酸（DHA）等含量特别丰富，拥有非常好的抗氧化功效，常被添加到奶粉中促进婴幼儿脑部发育。另外，鱼油中的鱼肝油可以保护心血管、健脑益智，具有十分重要的功效。

(3) 微生物油脂

许多微生物，如酵母、细菌、藻类在一定条件下，在体内可以积累大量油脂，其中超过自身生物量 20%的微生物称为油脂微生物。微生物油脂成分与一般植物油脂相似，常见的微生物油脂脂肪酸组成如表 2-6 所列[60]。

表 2-6 常见的微生物油脂脂肪酸组成

名称	脂肪酸组成/%							
	≤12∶0	14∶0	16∶0	16∶1	18∶0	18∶1	18∶2	18∶3
假丝酵母	—	—	36	1	14	36	8	—
圆红冬孢酵母	—	1	25	1	13	46	12	2
红酵母	—	2	30	—	9	40	16	3
衣藻	—	3.1	16.0	2.2	3.5	22.1	3.1	24.5
小球藻	—	—	22.6	1.97	2.09	35.7	18.5	7.75

注："—"表示痕量或者未发现。

作为重要的产油微生物，酵母和藻类有其各自的优势。酵母生长速度快，能够利用多种底物，如废水、甘蔗糖蜜、秸秆水解物、淀粉等在体内积累大量油脂，酵母中脂肪酸分布和组成为：

① 软脂酸（棕榈酸 16∶0）占 15%～20%；

② 油酸（18∶1）在酵母油脂中含量最多，最高可达 80%；

③ 其余脂肪酸，如棕榈油酸（16∶1）、硬脂酸（18∶0）、亚油酸（18∶2）、亚麻酸（18∶3）和长链脂肪酸等含量均在 5%～10%[32]。

油脂含量较高的酵母菌主要包括红酵母、假丝酵母等。其中，红酵母在体内合成油脂的同时还可以积累 β-胡萝卜素，而常见的酿酒酵母则可通过基因工程和合成生物学手段改造，在体内合成大量不同种类的油脂化合物。藻类能吸收光能进行光合作用，进而在体内积累油脂，同时固定二氧化碳，起到碳固定的作用，但藻类生长速度慢，生物量较低，这也是藻类微生物油脂的限制因素。其中，研究较多的藻类主要包括小球藻、硅藻、栅藻、金藻等。藻类油脂成分与酵母油脂成分相对集中不同，藻类中脂肪酸种类非常丰富，其中长链脂肪酸和多不饱和脂肪酸含量较多，如 EPA、DHA 等，这也使藻类油脂可以用于营养补充和保健品。

微生物油脂的开发和应用时间较短，但其发展十分迅速。随着基因工程和合成生物学的迅速发展和不断成熟，通过基因操作提高微生物油脂产量和质量的目的已经实现。开发油脂微生物同时也对社会经济发展和环境保护有深远意义。一方面，油脂微生物可以利用许多廉价碳源，如废水中的有机质、木质纤维素水解物等，通过技术革新和降低成本，势必可以解决特定条件下的油脂危机问题，同时也是废物利用的一种形式，有助于环境保护和可持续发展；另一方面，通过基因工程和合成生物学手段，可以定向生产某些高价值油脂化合物，如可可脂、EPA、DHA 等，可促进经济发展和国家经济结构转型。

虽然微生物油脂的开发和利用已经得到迅速发展，某些领域已经实现工业化，但总体来说仍处于研究阶段，大规模利用和产业化发展还存在许多问题：

① 菌种改造后油脂产量仍难满足工业化要求，油脂含量达到70%以上仍然较难；

② 原料转化率低，成本较高，只有生产高价值微生物油脂才具有工业化的可能性；

③ 菌种改造技术和工具缺乏，现阶段研究仍集中在模式菌株的开发，对于特定菌株的改造和开发仍亟待发展；

④ 大规模发酵产油脂过程较为复杂，除菌株改造外，还需要对碳源、氮源、温度等条件进行优化，后期还需要进行分离提纯，过程较为烦琐。

2.4.3 油脂类化合物制备油脂化学品

以油脂为原料，可以进行裂解及化学合成反应，从而获得不同的目标产品。例如，不饱和脂肪族化合物可以通过原位过氧甲酸反应获得工业化规模的环氧化产品。脂肪酶与过氧化氢耦合催化，也可以实现油脂的环氧化；通过自由基加成、热加成等反应，不饱和脂肪族化合物可以形成新的C—C键；饱和脂肪族化合物同样可以用于化学合成，例如其C—C键的自由基耦合、C—H键的官能团化等；而油脂裂解后可以获得脂肪酸甲酯、脂肪酸、甘油和脂肪醇等。这些油脂衍生物在高分子材料、工业及日化产品等领域具有广泛的应用。例如，来源于不饱和脂肪酸的环氧化合物、多元醇和二聚体可以用作塑料添加剂或聚合物单体；脂肪酸酯已经被证实是传统矿物润滑油的良好替代品；基于植物油衍生的表面活性剂、乳化剂、润肤剂等产品，具有突出的性能优势，等等。

近年来，油脂底物的生物转化已经成为工业生物技术领域的研究热点之一，其生物炼制及部分衍生产品如图2-11所示[57,61]。其中，以脂肪酶催化转化为特征的酶促反应逐渐成为油脂底物生物炼制的重要方式。脂肪酶是目前最重要的工业酶制剂品种之一。它同时具备多种催化能力，可用于催化酯水解、酯交换、酯合成等不同类型的反应，从而在油脂加工、食品和医药以及日用化学品生产等领域具有非常广泛的应用。例如，脂肪酶作用于甘油三酯的酯键，可以使甘油三酯降解为甘油二酯、甘油一酯、甘油和脂肪酸。其中，甘油-酯是来源于油脂化学的最重要的表面活性剂之一，可作为乳化剂广泛用于食品领域。研究还发现，一些微生物，如假单胞菌（*Pseudomonas*）、诺卡氏菌（*Nocardia*）、红球菌（*Rhodococcus*）、棒状杆菌（*Corynebacterium*）、微球菌（*Micrococus*）等，具有天然的水合酶，可以水合不饱和脂肪酸为（*R*）-10-羟基硬脂酸。还有一些微生物，如酵母热带念珠菌（*Candida tropicalis*），可以对脂肪酸进行ω-氧化，合成二羧酸。以葡萄糖和植物油为底物，经不同的微生物发酵，还可以生成2-葡萄糖-β-糖苷脂、糖脂以及脂肽等性能优越的生物表面活性剂。

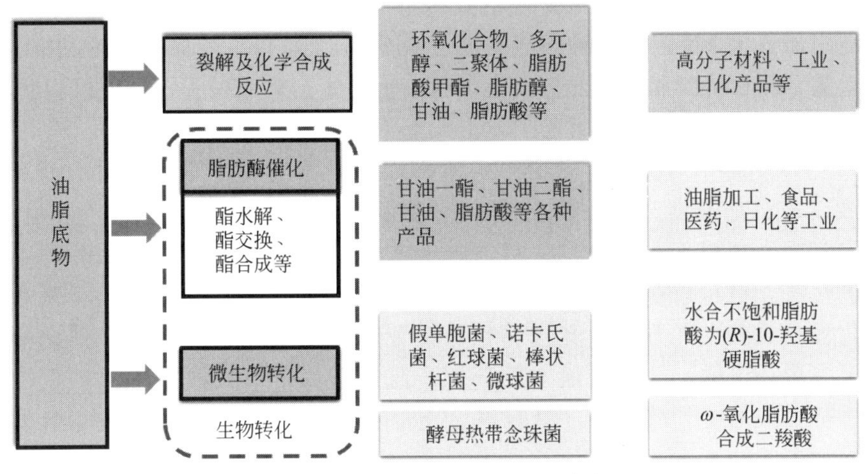

图 2-11 油脂的生物炼制及部分衍生产品

油脂类化合物可以作为生物炼制原料制备多种油脂化学品，这些化学品主要包括脂肪酸酯、二元酸、羟基酸、脂肪醇、脂肪酰胺、油脂改性产品等[62]。

2.4.3.1 脂肪酸酯

脂肪酸酯中，一大类是脂肪酸甲酯和脂肪酸乙酯。脂肪酸甲酯和脂肪酸乙酯是脂肪酸的衍生物，工业上称为生物柴油，具有广泛的用途，是工业柴油的重要替代品。

目前，生物柴油的制备方法主要包括化学催化法和酶法催化法。

① 化学催化法即采用化学催化剂在高温条件（230～250℃）下，甲醇与甘油三酯进行反应，从而生成脂肪酸甲酯和甘油，再经洗涤干燥即可获得生物柴油。该法的缺点是需要高温，且产生副产物甘油。

② 酶法催化法即采用脂肪酶作为催化剂，低碳醇与甘油三酯进行酯交换反应，从而合成生物柴油。酶法催化法主要缺点是转化率较低，酶使用寿命有限，且副产物甘油难以回收。

除脂肪酸甲酯外，脂肪酸酯还包括聚甘油脂肪酸酯。聚甘油脂肪酸酯由不同脂肪酸与不同聚合度的聚甘油反应形成，外观为油状或近乎固体状，不同脂肪酸和不同聚甘油形成不同的产物，拥有不同的性质和用途。聚甘油脂肪酸酯的合成主要分为两步：第一步是在高温条件下合成不同聚合度的聚甘油；第二步是不同聚合度的聚甘油与多种不同脂肪酸进行酯化，从而合成聚甘油脂肪酸酯。聚甘油脂肪酸酯耐热性和耐水性较好，稳定性强，有非常广泛的应用性，可以作为食品添加剂、乳化剂、保湿剂等，广泛应用于食品工业、日化行业及医药行业等。

2.4.3.2 二元酸和羟基酸

（1）二元酸

二元酸是指脂肪酸分子中羟基被替换为羧基，从而包含两个羧基的分子。二元酸由于分子中含两个羧基官能团，由脂肪酸衍生而来，主要由脂肪酸或油脂氧化制得。二元酸的应用十分广泛，是重要的精细化工中间体，用于合成香料、特种尼龙等高附加值化学品。二元酸碳链长度一般在 11 个碳以下，又被称为长链二元酸，工业上重要的长链二元酸主要包括己二酸、壬二酸、癸二酸等，主要以脂肪酸为原料。其中，壬二酸和癸二酸是目前工业上大量生产的主要二元酸。

壬二酸是一类重要的化工中间体，可用于聚酯的增塑剂、润滑剂和聚合物中间体以及尼龙等生产，在国内生产厂家很少，其生产严重不足，工业生产率低，尚未实现大规模工业化生产。目前，壬二酸合成方法主要通过油酸等不饱和脂肪酸氧化法，也可以通过微生物法将脂肪酸转化为壬二酸。其中，臭氧法是唯一工业化的壬二酸生产方法，其选择性较高，利用臭氧作为催化剂，催化油酸断链合成壬二酸和壬酸；该方法成本较低，产品质量好，所以成为壬二酸生产的主流方法。癸二酸与壬二酸相似，具有许多重要的应用，主要由蓖麻酸裂解制得，是一种深加工产品。

(2) 羟基酸

羟基酸是指分子中同时包含羟基和羧基两种官能团的脂肪酸衍生物。羟基酸分子中的羟基使其拥有特别的性质，相比脂肪酸有更高的反应活性，广泛用于表面活性剂、化妆品等领域。更重要的是，由于分子内同时包含羟基和羧基两种官能团，所以可以进行分子内聚合和分子间聚合，从而合成高分子聚合物，被称为聚羟基脂肪酸酯。由于聚羟基脂肪酸酯具有生物可降解性，绿色环保，所以受到广泛关注和研究。工业上生产羟基酸，主要以不饱和脂肪酸为原料，通过甲酸和过氧化氢的作用进行环氧化，生成相应的单环或双环氧酸，随后通过环氧乙烷实现分子催化开环，进而在脂肪酸分子中加入羟基官能团，即合成羟基酸。此过程需要有水或氢供体和催化剂存在，转化温度为 80～200℃。除化学法制备羟基酸外，还可以通过生物法合成羟基酸，人们通过筛选各种微生物生产羟基酸，目前研究集中在细胞色素 P450 单氧合酶的研究，细胞色素 P450 酶系统是一种广泛存在于动物、植物和微生物中的单氧合酶，可以催化多种反应，应用十分广泛。

2.4.3.3 脂肪醇和氨基脂肪酸

(1) 脂肪醇

脂肪醇是指脂肪酸分子中羧基官能团被羟基所取代而形成的脂肪酸衍生物。根据其生产原料不同，可以分为天然脂肪醇和合成脂肪醇，分别以油脂和石油为原料生产。其中，碳链超过 6 个碳原子的醇被称为高级醇，高级醇有非常广泛的应用，常用作合成洗涤剂、塑料生产、润滑剂、表面活性剂、抗氧化剂及化学品中间体。天然脂肪醇的合成主要以棕榈油等为原料，通过加氢制得，主要有皂化法、钠还原法和催化加氢法。除此之外，也有通过生物法转化脂肪酸合成脂肪醇的报道，通过筛选相应的酶将脂肪酸分子的末端羧基转化为羟基，从而制得脂肪醇。

(2) 氨基脂肪酸

氨基脂肪酸是指一端为羧基官能团，而另一端为氨基的脂肪酸类衍生物。由于分子中同时包含两种官能团，多个氨基脂肪酸分子能在一定条件下进行聚合反应，从而生成聚氨基脂肪酸，因为氨基脂肪酸可以来源于羟基酸的末端氨基化，故聚氨基脂肪酸也是一种生物可降解的聚合物，可被用于多种尼龙的合成及生物可降解塑料的制备，其拥有生物环保、可降解、无毒无害等诸多优点。

2.4.3.4　脂肪酰胺

脂肪酰胺是指脂肪酸分子中的羟基官能团被胺取代的脂肪酸衍生化合物，因为其具有熔点高、稳定性能好等优点，广泛应用于防水材料制备、纺织、橡胶工业、包装材料等诸多领域，主要包括单酰胺、双酰胺等化合物。

脂肪酰胺的制备可以通过脂肪酸等原料与氨进行反应而制得，也可以通过置换法等方法制备。

2.4.3.5　油脂改性产品

油脂改性，是指利用不同脂肪酸的物理化学性质不同，将液态油脂转化为固态脂肪，或者采用改变晶体结构等方法制备相应的熔点或可塑性油脂，进而提高其利用价值的过程。油脂改性主要包括分提、氢化和酯交换三种方法。

（1）油脂分提

油脂分提是指利用不同脂肪酸或甘油三酯的熔点及溶解度差异，将其分离为固态和液态两相，从而实现不同熔点甘油酯分离的方法，是一种不可缺少的油脂改性和加工方法。

（2）油脂氢化

油脂氢化是指不饱和脂肪酸分子在催化剂作用下，分子中的双键发生加成反应，进而转化为饱和脂肪酸的过程。油脂氢化是一种十分有效的油脂改性方法，可以提高油脂的熔点，并增强抗氧化能力，有很高的应用价值。

（3）酯交换

酯交换是除了油脂氢化和分提外的一类重要的油脂改性方法，是指通过改变甘油三酯分子中的脂肪酸组成进而改变甘油三酯的性质的手段，发生于甘油三酯分子内或不同甘油三酯分子间，主要包括化学法催化酯交换和酶促酯交换。

① 化学法酯交换是指利用化学催化剂催化酯交换反应，主要的催化剂包括酸、碱、金属盐等。

② 酶促酯交换是指利用生物酶作为催化剂催化酯交换反应，其中以脂肪酶为代表，可以实现绝大多数酯交换反应。相比于化学法酯交换，酶促酯交换可以克服化学法的诸多缺点，酶相比化学催化剂来说也拥有更多的优点，如其拥有催化活性高、专一催化、副产物少、反应条件温和、减少环境污染的特点。脂肪酶是底物油脂转化为改性油脂的重要基础，其来源广泛，广泛存在于动植物和微生物中，其中来源于微生物的脂肪酶是重要的商业脂肪酶，微生物脂肪酶具有热稳定性好、催化性能好等优点，受到广泛关注和使用。游离脂肪酶由于不耐热，不稳定，在液体环境中活性容易降低或者丧失，且与产物分离困难，所以在使用过程中通常将脂肪酶尽量固定化，以实现脂肪酶的重复使用，也可减少产物与酶分离过程，从而降低成本，促进其产业化发展。酶的固定化是指通过物理或化学方法将酶与载体连接或者包埋

于载体中，使其保留活性但不呈游离状，常用的酶固定化方法有化学法和物理法。

酶促油脂改性有非常广泛的应用，可以生产多种多样的工业产品，如类可可代用脂、婴儿人乳代用脂、甘油二酯、鱼油产品、磷脂产品等。类可可代用脂是以棕榈酸中间物、茶油或者橄榄油等为原料，通过与专一性催化 sn-1,3 酸解反应的脂肪酶反应，生成类可可脂的过程。除此之外，酶促酯交换制备婴儿人乳代用脂也是通过同样的方法，催化不同位点的酯交换反应，进而获得与人乳结构相似的脂类产品。

油脂改性作为重要的油脂加工方法，具有十分重要的地位。油脂改性的目标，从长远看：一是生产高附加值产品；二是大幅度降低原料成本和生产成本。另外，则是通过基因工程或分子生物学的方法对植物和微生物进行改造，主要进行油料改良。由于基因工程和合成生物学的快速发展，目前已经鉴定了关于碳链延伸的基因组、产生双键的基因组以及决定酰基位置的基因组，后续通过克隆这些基因，对微生物或植物进行进一步改造，可以生产多种目标油脂，提高油脂产量，或者改变油脂组成，增加油脂的可利用性和价值。

2.4.4 油脂类化合物中的非甘油三酯成分

除甘油三酯以外，油脂类化合物中还有一部分非甘油三酯成分，被称为类脂化合物，主要包括磷脂、甾醇、胆固醇酯和糖脂等。

根据类脂化合物的性质差异和结构特点，类脂化合物可以分为简单脂质和复杂脂质。

(1) 简单脂质

简单脂质以角鲨烯、蜡、甾醇及色素为代表。

① 角鲨烯首先发现于鲨鱼肝油，又名三十碳六烯，在油中起抗氧化作用。

② 蜡成分较为复杂，主要为高级脂肪醇和脂肪酸形成的酯，其化学性质比较稳定，且具有防水性，故常被用于磨光剂及各种材料的上光。

③ 甾醇又名类固醇，如动物体内的胆固醇、植物中的植物甾醇和微生物中的麦角固醇等，在生物体内具有重要的生理功能。

④ 色素以叶绿素和类胡萝卜素为代表。叶绿素为二氢卟吩衍生物，有叶绿素 a、叶绿素 b 两种，具有多种生理功能；类胡萝卜素由多个异戊二烯单元组成，可以淬灭体内活性氧自由基，对光氧化有抑制作用。

(2) 复杂脂质

复杂脂质是指简单脂质和非脂类物质组成的化合物，主要包括磷脂、糖脂、鞘脂类等。其中，磷脂是生物膜的重要组成部分，分为甘油磷脂和鞘磷脂两种，分子中分别含有甘油和鞘氨醇两种不同结构。磷脂分子中一端为亲水头部，另一端为疏水尾部，故而经常形成磷脂双分子层，存在于许多生物膜结构中。根据磷脂分子中与甘油和鞘氨醇结合的物质不同，可以分为磷脂酰胆碱、磷脂酰丝氨酸、磷脂酰乙醇胺、磷脂酰肌醇等。鞘脂类主要包括鞘磷脂和鞘糖脂，主要区别是取代基团为磷酸胆碱和糖基。复杂脂质在生物体内起着重要的作用，均是生物膜的重要组成部分，参与多种细胞代谢。除此之外，磷脂可以用作表面活性剂，可以与水形成乳化作用，具有良好的乳化特性，还可以形成双分子层或胶束，在中间可以包裹药物，用于药物载体和递送。

2.5 含碳气体

2.5.1 含碳气体简介

碳水基化合物是几乎生产所有生物技术产品的原料，生物科学研究发现，一些细菌可以利用CO、CO_2等碳基化合物以及H_2作为碳源和能源供应其生长和代谢产物的合成代谢。这里所介绍的含碳气体主要是指分子中含一碳的氧化物和氢化物，例如一氧化碳、二氧化碳、甲烷等气体。

（1）一氧化碳

一氧化碳分子为极性分子，分子内存在反馈π键，导致极性很弱。一氧化碳的分子形状为直线形，在成键过程中，碳原子最外层的两个单电子进入氧原子的p轨道，然后和氧原子的两个单电子形成两个共价键，同时氧原子外层的一个电子对与碳原子作用形成一个配位键，共同组成了一氧化碳分子的碳氧三键[63]。

（2）二氧化碳

二氧化碳常温常压下是一种无色无味或无色无臭而略有酸味的气体，是一种常见的温室气体，作为空气的组分之一其约占大气总体积的0.03%。在物理性质方面，二氧化碳的熔点为−78.5℃，沸点为−56.6℃，密度比空气大（标准条件下），微溶于水。在化学性质方面，二氧化碳的化学性质不活泼，热稳定性很高（2000℃时仅有1.8%分解），不能燃烧，通常也不支持燃烧，属于酸性氧化物，具有酸性氧化物的通性，因与水反应生成碳酸，所以是碳酸的酸酐。

二氧化碳一般可由高温煅烧石灰石或由石灰石和稀盐酸反应制得，主要用于冷藏易腐败的食品（固态）、作制冷剂（液态）、制造碳化软饮料（气态）和作均相反应的溶剂（超临界状态）等。低浓度的二氧化碳没有毒性，高浓度的二氧化碳则会使动物中毒。

（3）甲烷

甲烷（系统名为“碳烷”，但只在介绍系统命名法时会出现，一般用习惯名“甲烷”），分布很广。天然气的主要成分就是甲烷。它是含碳量最小的烃类化合物，可用作燃料及生产氢、炭黑、乙炔、甲醛等物质的原料[64]。

2.5.2 含碳气体来源

工业生产中，含碳气体来源广泛。目前，可被利用的含碳气体主要有石油工业、工业废气和生物炼制气三大类来源。

① 石油工业产生的含碳气体主要来源于天然气和石脑油等轻质烃类制取以及重油的部分氧化，这些传统石油工业生产过程存在资源依赖和污染环境等问题，不符合绿色可持续的发展理念，故不适合作为生物转化的主要原料。

② 现代工业生产中的废气中也含有大量的一氧化碳、二氧化碳等碳氧化物。相比石油化工和生物炼制所产生的含碳气体，工业废气成分复杂，往往含有二硫化碳、硫化氢、氟化物、氮氧化物、氯、氯化氢、硫酸（雾）铅汞、铍化物、烟尘及生产性粉尘等对生物有毒害的物质，所以工业废气不能直接用于微生物发酵，通常需要经过多级预处理，导致其在生物利用中有较大困难。

③ 生物炼制气主要是指以农作物秸秆、林木废弃物、食用菌渣、禽畜粪便、污水污泥等含有生物质的物质为原料，在高温下生物质热解或者气化分解产生的一种可燃性气体。资源性气体组分为氢气、一氧化碳和少量低分子碳氢气等，其他成分为氮气、二氧化碳、水分、焦油和颗粒物等，生物质受热刚产生时的生物质气还含有一定热量。生物质热解或气化产生粗燃气，经净化、组分调变获得高质量的合成气。

气化技术诞生于一个世纪前，最早是进行煤、泥炭的气化生产气体燃料、民用燃气等。第二次世界大战期间，开始利用气化技术转化木屑为燃料用于发电。20 世纪 70 年代，全球能源危机爆发，生物质气化技术又得到了世界范围内的广泛关注[65]。最近几十年，包括农林废物、工业垃圾在内的原料广泛用于生物质气化技术的转化研究。近期研究主要集中在海洋和水生生物质的气化转化技术。

生物质气化实质是生物质的不完全燃烧过程。因为燃烧环境缺乏氧气，不完全燃烧会产生 CO、CO_2 和 H_2，而不是水和 CO_2。实际上这是一个复杂的过程，包括干燥、热裂解、焦炭气化、氧化等多个反应阶段，最终转化为含有 CO、H_2、CH_4 以及其他碳基氢化物等含能气体，此外还需要尽量降低焦油、污染物、氧化物和多环芳烃的生成。

生物质气体转化技术是基于热化学转化的过程，其关键在于生物质原料以及转化过程中的副产物气化。水热法、高温裂解法、热分解法以及燃烧法等也被应用于生物质气化。气化炉是目前生物质气化反应的主要设备，按运行方式不同分为固定、流化和旋转三种床式反应器。国内目前生物质气化过程所采用的气化炉主要为固定床气化炉和流化床气化炉[66]。固定床气化炉运行温度大约为 1000℃，按照吸入方式不同可以分为上吸式、下吸式和横吸式气化炉。相对于固定床气化炉，流化床气化炉采用了先进的流化燃烧技术，温度一般在 750～800℃ 范围内，有能力处理气化水分含量大、热值低、着火困难的生物质物料，但对原料粒度有较高的要求。按照气固流动特性不同，流化床气化炉分为鼓泡床气化炉、循环流化床气化炉、双流化床气化炉和携带床气化炉[67]。

为了得到尽可能多的 CO 和 H_2，减少 C 和 H 以 CO_2 和 H_2O 的方式流失，俄克拉荷马州立大学对柳枝稷和百慕大群岛草，通过空气气化、高温裂解和蒸汽裂解气化三种反应器操作方式进行气化。对于柳枝稷的三种气化方法，平均 CO 浓度从 20%提高到 47%，平均 H_2 浓度从 6%提高到 18%。而对于百慕大群岛草，平均 CO 浓度从 16%提高到 34%，H_2 浓度从 6%提高到 28%。其中，以柳枝稷为原料，操作温度为 770℃，氧气和生物质进料质量比为 0.33 的条件下得到的典型合成气组分为：50%～60% N_2，14%～19% CO，15%～18% CO_2，3%～5% H_2，4%～5% CH_4，少量 NO_x、二碳化合物和焦油。采用蒸汽裂解气化对于提高乙醇产量更具有优势。气化过程应防止过热产生大量灰渣，在氧不足的条件下气化可以防止过分燃烧且合成气中含有 O_2 影响后面的发酵过程[68]。

2.5.3 含碳气体的生物化利用

许多厌氧微生物可以很好地利用生物质合成气生产乙醇、丁醇、丙酮等次级代谢产物作为商业产品，如图 2-12 所示。

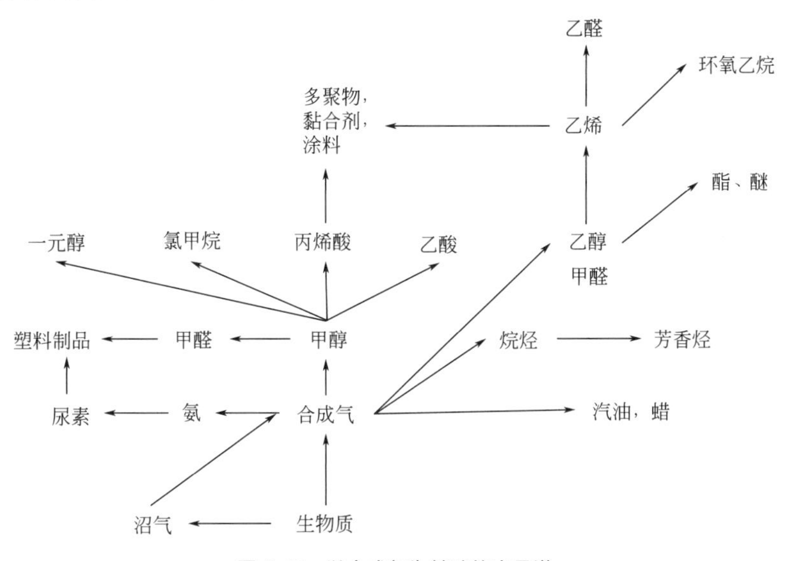

图 2-12　以合成气为基础的产品谱

相比利用其他生物质原料，如淀粉质粮食以及纤维素水解液类，含碳气体不存在粮食的消耗问题，并且其制备过程中避免了木质纤维素酸、酶水解技术难以实现全组分利用的问题，能有效减少溶剂消耗，避免了酸预处理和生物质酸水解过程中产生的有毒污染物[64]。

2.5.3.1 含碳气体的生物法转化

比较典型的有杨氏梭菌（*Clostridium ljungdahlii*）P7、MSU1。其中*Clostridium ljungdahlii*由阿肯色大学Barik从鸡粪中分离得到，能够利用合成气生成乙醇和乙酸；P7的重要特点是对氧气有一定的耐受性，对高浓度的乙醇也具有耐受性，能够利用合成气生产乙醇和乙酸；密西西比州立大学Brown博士分离得到的嗜温菌MSU1同样具有合成气乙醇发酵能力[6]。具有合成气乙醇发酵能力的典型微生物还有如表2-7所列的几种[69]。

表2-7 用于合成气乙醇发酵的典型微生物

微生物	最适温度/℃	最适pH值	倍增时间/h	产物
产乙醇梭菌(*Clostridium autoethanogenum*)	37	5.8~6.0	未报道	乙酸、乙醇
杨氏梭菌(*Clostridium ljungdahlii*)	37	6	3.8	乙酸、乙醇
锌元素调控厌氧食气梭菌(*Clostridium carboxidivorans*)	38	6.2	6.25	乙酸、乙醇、丁酸、丁醇
甲基营养丁酸杆菌(*Butyribacterium methylotrophicum*)	37	6	12~20	乙酸、乙醇、丁酸、丁醇
普氏产醋杆菌(*Oxobacter pfennigii*)	36~38	7.3	13.9	乙酸、正丁醇
产生消化链球菌(*Peptostreptococcus productus*)	37	7	1.5	乙酸
伍氏醋酸杆菌(*Acetobacterium woodii*)	30	6.8	13	乙酸
李氏真杆菌(*Eubacterium limosum*)	38~39	7.0~7.2	7	乙酸
C2A嗜酸甲烷菌(*Methanosarcina acetivorans* strain C2A)	37	7	24	乙酸、甲酸、甲烷
热醋穆尔氏菌(*Moorella thermoacetica*)	55	6.5~6.8	10	乙酸
热自养梭菌(*Moorella thermoautotrophica*)	58	6.1	7	乙酸
库氏脱硫肠状菌(*Desulfotomaculum kuznetsovii*)	60	7	未报道	乙酸、H_2S
脱硫杆菌(*Desulfotomaculum thermobenzoicum* subsp. *thermosyntrophicum*)	55	7	未报道	乙酸、H_2S
闪烁古生球菌(*Archaeoglobus fulgidus*)	83	6.4	未报道	乙酸、甲酸、H_2S

合成气发酵微生物通过乙酰辅酶A途径来利用CO、CO_2、H_2发酵产生乙醇和乙酸。在乙醇形成过程中，三个主要参与的酶为一氧化碳脱氢酶（关键酶）、甲酸脱

氢酶（FDH）和氢化酶，催化生成乙酰辅酶 A。在细胞生长阶段乙酸作为最终电子受体并产生大量 ATP 用于细胞生长，在细胞非生长阶段乙醇为最终电子受体并产生少量 ATP[68]。

2.5.3.2 微生物利用含碳气体产乙醇

乙醇可直接作为液体燃料，又能作为添加剂与汽油混合使用，具有含氧、无水、高辛烷值等特点。乙醇可以代替甲基叔丁基醚（MTBE）作为汽油添加剂，从而避免因使用 MTBE 对地下水造成的污染。经实验证明，汽油中乙醇的添加量不超过 15%时，对发动机的性能没有明显影响，但尾气中烃类化合物、NO_x 和 CO 的含量明显降低。燃料乙醇作为一种清洁、可再生的能源，具有优秀的发展前景和广阔的市场空间[70]。

发酵生产乙醇的优势在于以下几个方面：从原料角度来看，化学合成法生产主要以石化类产品作为反应底物原料，石油类资源的不可再生性以及生产过程的环境污染问题，违背了可持续发展和环保的原则。一方面，传统利用糖基质（淀粉质）进行直接发酵和间接发酵均存在产业化需要国家进行财政补贴的问题；另一方面，生产过程中淀粉质水解需要高成本的水解酶，且酸预处理和生物质酸水解过程中产生有毒化合物废液；此外，当利用生物质时，10%～40%（质量分数）的木质素不能被降解成可发酵化合物。与之相比，理论上，含碳气体发酵的全部生物质可以通过多种气化裂解过程转化成合成气，供给发酵菌株利用转化生产乙醇；相较于传统发酵，既提高了生物质的利用率，也解决了木质素废液的处理问题。

在气体发酵工艺中，经整合后的合成气进入发酵设备后通过微生物发酵的作用转化成乙醇。发酵生产过程中生物反应器的类型、尺寸、培养基成分、菌种、合成气成分以及操作条件均会影响乙醇产率。气液传质效率是合成气发酵过程中主要的限制因素，提高气液流量比例、扩大气液界面、加压、添加表面活性剂等可以增加气液溶解度，提高发酵效率。

2.5.4 含碳气体化学法转化

2.5.4.1 一氧化碳（CO）

CO 具有可燃性、还原性、毒性和极弱的氧化性。CO 可作为还原剂，在高温或加热条件下能将许多金属氧化物还原成金属单质[71]。

CO 可以通过物理化学方法转化为合成气，利用合成气可以合成一系列的化学品。

（1）甲醇及其产品

甲醇可以通过一氧化碳和氢气反应制得。甲醇经氧化脱氢可得甲醛，进一步可生产乌洛托品；甲醇羰基化合成醋酸是生产醋酸的主要方法。

（2）CO 费托合成产品

合成气可以在催化剂铁的作用下加压产生烃，也可以作为原料生产汽油和丙酮、醇等产品。

(3) CO 氢甲酰化产品

合成气可以与直链和支链的 C_2～C_{17} 烯烃进行氢甲酰化反应。通过羰基合成可以产生醛，然后进一步催化加氢生成醇。它们都可以用来制备增塑剂。

现在正在探索用合成气直接合成乙二醇、1,4-丁二醇等化工产品。

2.5.4.2 二氧化碳（CO_2）

温室气体 CO_2 是全球变暖的主要贡献者，主要来自矿物燃料的燃料过程，其中以矿物燃料为主要能源的电力生产排放的 CO_2 占全球总排量的很大一部分[38]。

CO_2 化学是 C_1 化学的重要组成部分。CO_2 分子为线性结构，因为碳氧双键的键能很大，CO_2 具有很高的热稳定性。CO_2 的化学利用需要预先活化其惰性分子。目前活化 CO_2 的方法主要有生物法、光化学还原、电化学还原、非均相和均相热还原以及与过渡金属配位等，也可以将上述方法中的几种联合使用。

CO_2 是潜在的重要碳源，其化学固定和利用不仅能减轻因 CO_2 过度排放引起的“温室效应”，而且可以降低人类对不可再生化石资源（煤、石油和天然气）的依赖，对全球可持续发展具有重要意义。CO_2 可以用来合成有机材料，目前利用 CO_2 合成甲醇、无机碳酸盐和有机碳酸酯等项目比较成熟。此外，还发展了许多新的合成工艺，例如利用 CO_2 为原料合成酯、内酯以及作为高分子合成单体合成高分子材料等[72]。

CO_2 合成的小分子化合物主要有尿素、甲醇、水杨酸、无机碳酸盐和有机碳酸酯等。

(1) CO_2 合成尿素

尿素合成是在高温高压条件下以氨和二氧化碳为原料进行的。

$$CO_2 + 2NH_3 \longrightarrow CO(NH_2)_2 + H_2O$$

工艺流程如图 2-13 所示。

(2) CO_2 加氢合成甲醇

CO_2 加氢主要存在 3 个竞争反应：

$$CO_2 + 3H_2 \longrightarrow CH_3OH + H_2O$$

$$CO_2 + H_2 \longrightarrow CO + H_2O$$

$$CO_2 + 4H_2 \longrightarrow CH_4 + 2H_2O$$

适用的催化剂主要有铜基催化剂、负载贵金属催化剂及其他催化剂（如 Fe_3C 等）三类。

(3) CO_2 合成水杨酸

水杨酸的分子式是 $C_7H_6O_3$，在有机合成中广泛应用，也可以作为植物激素。用苯酚及液体烧碱制成苯酚钠盐溶液，真空干燥，然后于 100℃ 下慢慢通入干燥的 CO_2，当压力达到 0.7～0.8MPa 时，停止通入 CO_2，升温至 140～180℃。反应完毕后加清水，待水杨酸钠盐溶解后进行脱色、过滤，再加硫酸酸化，即析出水杨酸，经过滤、洗涤、干燥即得成品。

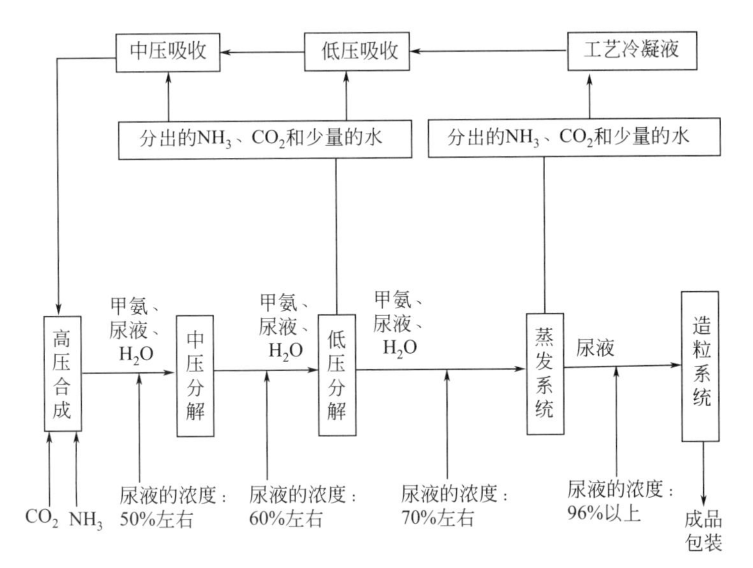

图2-13　二氧化碳合成尿素工艺路线

(4) CO_2 合成线型碳酸酯

线型碳酸酯主要有碳酸二甲酯（DMC）、碳酸二乙酯（DEC）和碳酸二苯酯（DPC），其中DPC在工业上主要用于替代光气来生产双酚A聚碳酸酯，可通过DMC与苯酚的酯交换反应和歧化反应制得。

碳酸二乙酯的合成原理和方法：

$$2C_2H_5OH + CO_2 \longrightarrow C_2H_5OCOOC_2H_5 + H_2O$$

该反应的Gibbs自由能大于零，阻碍反应的正向进行，通过控制反应的温度或者提高反应的压力均不能有效地提高反应的转化率。

为了提高反应的转化率，目前主要从两个方面进行了探索：

① 提高反应系统中 CO_2 压力，并移除反应中产生的水；

② 开发高活性的催化剂。

目前研究合成碳酸二乙酯的催化剂还不多，但是研究合成碳酸二甲酯的催化剂比较多。

(5) CO_2 合成环状碳酸酯

环状碳酸酯主要有碳酸丙烯酯和碳酸乙烯酯，广泛应用于纺织、电池以及高分子合成等方面。

合成环状碳酸酯的路线如图2-14所示。

2.5.5　含碳气体的市场化进程和展望

美国生物工程公司（Bio-Engineering Resources Inc，BRI）研发出的合成气发酵技术，成功地用纤维质垃圾高产快速地生产乙醇。BRI能够利用每吨干生物质生产

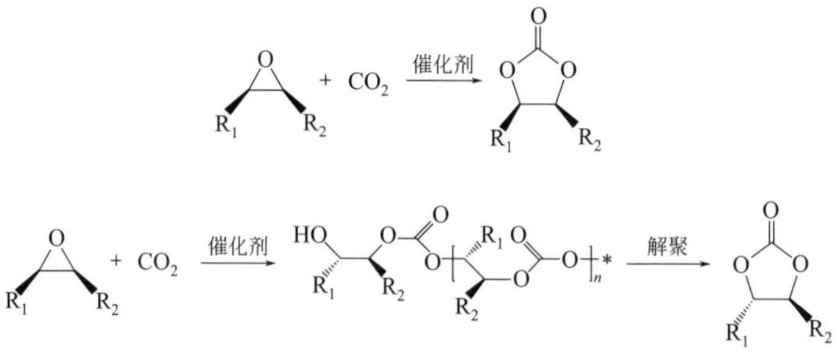

图 2-14 环状碳酸酯的合成路线

75US gal 或是每吨废弃的轮胎或烃类化合物生产 150US gal（1US gal＝3.785L）的乙醇[65]。在该过程中，所有水含量低于 30%的废旧轮胎和塑料在 1200℃以上缺氧条件下发生裂解，有机物转化成简单的 CO、CO_2 和 H_2 生物质合成气。为了提高能量的利用率，在通入发酵罐之前应该冷却到 36℃，这个过程会产生大量的热量，用来产生高温蒸汽以驱动涡轮发电机发电。通过完整的工艺流程，绝大部分原料，除了灰分和金属以外都可以转化成乙醇，因此产率非常高，只有部分无机成分不能转化，从气化炉里出来的无害剩余物可以作为垃圾进行填埋或制成水泥预制块或铺路料等产品。

生物质合成气发酵生产乙醇是一项颇具应用前景的实用技术。

世界范围内，由于目前存在的技术和经济问题，合成气发酵技术并未大规模工业化。为进一步发展该技术，还需在以下几个方面进行改进：

① 改进生物质的气化过程，通常 CO 和 H_2 的产率不高，这将直接影响生产运行的经济性；

② 虽然目前已有的菌株具有将生物质合成气转化成为乙醇等目的产品的能力，但经济性、转化效率还有待改善，可以利用基因工程等手段，对菌株进行分子水平的改造，以期达到更好的效果；

③ 合成气中个别物质抑制氢的利用或是影响细胞生长和乙醇生产的理论机制尚不完善；

④ 高效、稳定、连续的气体发酵反应器的开发尤其重要[68]。

今后我国科研人员可以介入这项研究，同时也有必要对该新技术进行深入研究，国内生物质气化发电技术日臻成熟，在利用生物法将生物质原料合成液体燃料方面也积累了很多成功经验[73]，这两方面的研究工作都为进行生物质合成气发酵生产技术做了充分的技术储备。

以可再生的生物质为基础，以糖类（单糖和双糖）、淀粉、木质纤维素、油脂以及含碳气体等资源为底物，进行各种能源、材料和化学品的生物炼制生产，对于解决我国的资源危机、实现经济可持续发展，具有重要的战略意义。糖类和淀粉是目前工业生物技术规模化生产中普遍使用的生物质底物，应用合成生物学前沿技术，进一步提高其利用效率，建立更多新产品、更经济的生物合成路线，是近期生物技术应用研究的重点。木质纤维素是自然界中可大规模再生的有机碳源。秉持“不与人争粮、不与粮争地”的发展理念，以木质纤维素为原料高效生产各种清洁能源和化学化工产品，是世界范围内的重大战略需求。然而，在木质纤维素转化成可发酵糖的过程中还有一系列技术和工程问题尚未解决，因此木质纤维素转化为可发酵糖的大规模商业化利用迄今为止仍未实现。其中，木质纤维素预处理过程的技术可行性和经济性面临很大的挑战，纤维素酶的性能、高成本问题以及面向工业生产的微生物菌株对抗胁迫、高产率等性能的迫切需求等问题也急需解决。油脂类底物的有效利用，进一步丰富了生物质产品链。

通过化学工程技术与生物技术的交叉，通过过程强化策略显著提升原料预处理、反应、产物分离与纯化等不同单元过程的生产效率，最终实现各种生物质底物的有效利用，也是生物炼制工业的研究重点。

参考文献

[1] 波吉特 · 卡姆，帕特里克 · R · 格鲁勃，迈克 · 卡姆. 生物炼制——工业过程与产品（上卷）[M]. 马延和，段作营，李雪，等译. 北京：化学工业出版社，2007.

[2] 波吉特 · 卡姆，帕特里克 · R · 格鲁勃，迈克 · 卡姆. 生物炼制——工业过程与产品（下卷）[M]. 欧阳平凯译. 北京：化学工业出版社，2007.

[3] Dias Marina Oliveira de Souza，Maciel Filho Rubens，Mantelatto Paulo Eduardo，et al. Sugarcane processing for ethanol and sugar in Brazil [J]. Environmental Development，2015，15：35-51.

[4] Lakshmanan Prakash，Geijskes R Jason，Aitken Karen S，et al. Sugarcane biotechnology：The challenges and opportunities [J]. In Vitro Cellular & Developmental Biology Plant，2005，41(4)：345-363.

[5] Martinelli Luiz A，Filoso Solange. Expansion of sugarcane ethanol production in Brazil：Environmental and social challenges [J]. Ecological Applications，2008，18(4)：885-898.

[6] Srikaeo Khongsak. Starch：Introduction and structure-property relationships [R] //Starch-based Blends，Composites and Nanocomposites. Royal Society of Chemistry，2015：17-59.

[7] M Visakh P. Starch：State of the art，new challenges and opportunities [R] //Starch-based Blends，Composites and Nanocomposites. Royal Society of Chemistry，2015：1-16.

[8] 袁美兰. 淀粉结构和性质的研究概况 [J]. 畜牧与饲料科学，2011，32(1)：108-110.

[9] Tester Richard F，Karkalas John，Qi Xin. Starch—composition，fine structure and architecture [J]. Journal of Cereal Science，2004，39(2)：151-165.

[10] 张斌，罗发兴，黄强，等. 不同直链含量玉米淀粉结晶结构及其消化性研究 [J]. 食品与发酵工业，2010，36(8)：26-30.

[11] 刘勤生，刘丽娜，徐璐璐，等. 3 种淀粉黏度特性的比较 [J]. 农业机械，2011(8)：78-81.

[12] 王彦超，郝再彬，李子院，等. 直、支链木薯淀粉的分离纯化及检测 [J]. 东北农业大学

学报，2009，40(3)：53-57.

[13] Saengchan Kanchana，Nopharatana Montira，Lerdlattaporn Ruenrom，et al. Enhancement of starch-pulp separation in centrifugal-filtration process：Effects of particle size and variety of cassava root on free starch granule separation [J]. Food and Bioproducts Processing，2015，95：208-217.

[14] 余平，石彦忠. 淀粉与淀粉制品工艺学 [M]. 北京：中国轻工业出版社，2011.

[15] 朱新涛. 玉米芯生产木糖清洁工艺研究 [D]. 北京：北京化工大学，2013.

[16] Heaton Emily A，Flavell Richard B，Mascia Peter N，et al. Herbaceous energy crop development：Recent progress and future prospects [J]. Current Opinion in Biotechnology，2008，19(3)：202-209.

[17] Keoleian Gregory A，Volk Timothy A. Renewable energy from willow biomass crops：Life cycle energy，environmental and economic performance [J]. Critical Reviews in Plant Sciences，2005，24(5-6)：385-406.

[18] Pan Xuejun，Arato Claudio，Gilkes Neil，et al. Biorefining of softwoods using ethanol organosolv pulping：Preliminary evaluation of process streams for manufacture of fuel-grade ethanol and co-products [J]. Biotechnology and Bioengineering，2005，90(4)：473-481.

[19] Anderson William F，Akin Danny E. Structural and chemical properties of grass lignocelluloses related to conversion for biofuels [J]. Journal of Industrial Microbiology & Biotechnology，2008，35(5)：355-366.

[20] Plaza Pedro E，Gallego-Morales Luis Javier，Peñuela-Vásquez Mariana，et al. Biobutanol production from brewer's spent grain hydrolysates by *Clostridium beijerinckii* [J]. Bioresource Technology，2017，244：166-174.

[21] Rahikainen Jenni Liisa，Evans James David，Mikander Saara，et al. Cellulase-lignin interactions—The role of carbohydrate-binding module and pH in non-productive binding [J]. Enzyme and Microbial Technology，2013，53(5)：315-321.

[22] Vassilev Stanislav V，Baxter David，Andersen Lars K，et al. An overview of the organic and inorganic phase composition of biomass [J]. Fuel，2012，94：1-33.

[23] Ju Xiaohui，Bowden Mark，Brown Elvie E，et al. An improved X-ray diffraction method for cellulose crystallinity measurement [J]. Carbohydrate Polymers，2015，123：476-481.

[24] Kolpak Francis J，Weih Mark，Blackwell John. Mercerization of cellulose：1. Determination of the structure of mercerized cotton [J]. Polymer，1978，19(2)：123-131.

[25] Habibi Youssef，Lucia Lucian A，Rojas Orlando J. Cellulose nanocrystals：Chemistry，self-assembly，and applications [J]. Chemical Reviews，2010，110(6)：3479-3500.

[26] Peng Feng，Peng Pai，Xu Feng，et al. Fractional purification and bioconversion of hemicelluloses [J]. Biotechnology Advances，2012，30(4)：879-903.

[27] Vanholme Ruben，Demedts Brecht，Morreel Kris，et al. Lignin biosynthesis and structure [J]. Plant Physiology，2010，153(3)：895.

[28] Guerra Anderson，Filpponen Ilari，Lucia Lucian A，et al. Toward a better understanding of the lignin isolation process from wood [J]. Journal of Agricultural and Food Chemistry，2006，54(16)：5939-5947.

[29] Badiei Marzieh，Asim Nilofar，Jahim Jamilah M，et al. Comparison of chemical pretreatment methods for cellulosic biomass [J]. APCBEE Procedia，2014，9：

170-174.
[30] Van Dyk J S，Pletschke B I. A review of lignocellulose bioconversion using enzymatic hydrolysis and synergistic cooperation between enzymes—Factors affecting enzymes，conversion and synergy [J]. Biotechnology Advances，2012，30 (6)：1458-1480.
[31] Jon Evans. Biofuels，bioproducts and biorefining [J]. Technology News，2018，12 (1)：11.
[32] Toquero Cristina，Bolado Silvia. Effect of four pretreatments on enzymatic hydrolysis and ethanol fermentation of wheat straw. Influence of inhibitors and washing [J]. Bioresource Technology，2014，157：68-76.
[33] Klinke H B，Thomsen，A B，Ahring B K. Inhibition of ethanol-producing yeast and bacteria by degradation products produced during pre-treatment of biomass [J]. Applied Microbiology and Biotechnology，2004，66 (1)：10-26.
[34] Dunlop A P. Furfural formation and behavior [J]. Industrial & Engineering Chemistry，1948，40 (2)：204-209.
[35] Taherzadeh Mohammad J，Eklund Robert，Gustafsson Lena，et al.Characterization and fermentation of dilute-acid hydrolyzates from wood [J]. Industrial & Engineering Chemistry Research，1997，36 (11)：4659-4665.
[36] Clark Thomas A，Mackie Keith L. Fermentation inhibitors in wood hydrolysates derived from the softwood *Pinus radiata* [J]. Journal of Chemical Technology and Biotechnology. Biotechnology，1984，34 (2)：101-110.
[37] 朱晨杰，张会岩，肖睿，等. 木质纤维素高值化利用的研究进展 [J]. 中国科学：化学，2015，45：454-478.
[38] Sun Ye，Cheng Jiayang. Hydrolysis of lignocellulosic materials for ethanol production：A review [J]. Bioresource Technology，2002，83 (1)：1-11.
[39] Larsson Simona，Reimann Anders，Nilvebrant Nils-Olof，et al. Comparison of different methods for the detoxification of lignocellulose hydrolyzates of spruce [J]. Applied Biochemistry and Biotechnology，1999，77 (1)：91-103.
[40] 袁海荣. 秸秆固化成型燃料助燃剂研制及燃烧特性试验与模拟研究 [D]. 北京：北京化工大学，2010.
[41] 张坡. 生物质焦和煤混合燃烧及排放特性研究 [D]. 合肥：中国科学技术大学，2018.
[42] Kirkels Arjan F，Verbong Geert P J. Biomass gasification：Still promising? A 30-year global overview [J]. Renewable and Sustainable Energy Reviews，2011，15 (1)：471-481.
[43] 田原宇，乔英云. 生物质液化技术面临的挑战与技术选择 [J]. 中外能源，2014，19 (2)：19-24.
[44] 姜岷，曲音波，等. 非粮生物质炼制技术 [M]. 北京：化学工业出版社，2018.
[45] Lee Jeewon. Biological conversion of lignocellulosic biomass to ethanol [J]. Journal of Biotechnology，1997，56 (1)：1-24.
[46] Yang Youri，Song Woo Young，Hur Hor Gil，et al. Thermoalkaliphilic laccase treatment for enhanced production of high-value benzaldehyde chemicals from lignin [J].International Journal of Biological Macromolecules，2019，124：200-208.
[47] 覃理. 漆酶降解木质素及其抗氧化性能的研究 [D]. 南宁：广西大学，2017.
[48] Yanase Shuhei，Hasunuma Tomohisa，Yamada Ryosuke，et al. Direct ethanol

production from cellulosic materials at high temperature using the thermotolerant yeast *Kluyveromyces marxianus* displaying cellulolytic enzymes [J]. Applied Microbiology and Biotechnology，2010，88(1)：381-388.

[49] Cai Di，Dong Zhongshi，Wang Yong，et al. Biorefinery of corn cob for microbial lipid and bio-ethanol production：An environmental friendly process [J]. Bioresource Technology，2016，211：677-684.

[50] Davidi Lital，Moraïs Sarah，Artzi Lior，et al. Toward combined delignification and saccharification of wheat straw by a laccase-containing designer cellulosome [J]. Proceedings of the National Academy of Sciences，2016，113(39)：10854.

[51] Xu Lei，Tschirner Ulrike. Improved ethanol production from various carbohydrates through anaerobic thermophilic co-culture [J]. Bioresource Technology，2011，102(21)：10065-10071.

[52] Geboers Jan A，Van de Vyver Stijn，Ooms Roselinde，et al. Chemocatalytic conversion of cellulose：opportunities，advances and pitfalls [J]. Catalysis Science & Technology，2011，1(5)：714-726.

[53] Boudet Alain M，Kajita Shinya，Grima-Pettenati Jacqueline，et al. Lignins and lignocellulosics：A better control of synthesis for new and improved uses [J]. Trends in Plant Science，2003，8(12)：576-581.

[54] Brosse Nicolas，Mohamad Ibrahim Mohamad Nasir，Abdul Rahim Afidah. Biomass to bioethanol：Initiatives of the future for lignin [J]. ISRN Materials Science，2011.

[55] 谭天伟，苏海佳，杨晶. 生物基材料产业化进展 [J]. 中国材料进展，2012，31(2)：1-6.

[56] 董晓莉. 聚丙烯/木质素复合材料的制备及性能研究 [D]. 杭州：浙江工业大学，2010.

[57] 钱特尔·伯杰龙，丹尼尔·朱莉·卡里尔，施里·拉马斯瓦米. 生物炼制产品与技术 [M]. 鲍杰，高秋强，张建，等译. 上海：上海科学技术出版社，2013.

[58] 王成，刘忠义，陈于陇，等. 生物柴油制备技术研究进展 [J]. 广东农业科学，2012，39(1)：113-118.

[59] Wei Yongjun，Siewers Verena，Nielsen Jens. Cocoa butter-like lipid production ability of non-oleaginous and oleaginous yeasts under nitrogen-limited culture conditions [J]. Applied Microbiology & Biotechnology，2017，101(9)：3577-3585.

[60] 何东平，陈涛. 微生物油脂学 [M]. 北京：化学工业出版社，2005.

[61] 刘文献，刘志鹏，谢文刚，等. 脂肪酸及其衍生物对植物逆境胁迫的响应 [J]. 草业科学，2014，31(8)：1556-1565.

[62] 毕艳兰. 油脂化学 [M]. 北京：化学工业出版社，2005.

[63] 刘定华. 铜配合物催化剂制备及其羰基合成碳酸二甲酯性能的研究 [D]. 南京：南京理工大学，2010.

[64] 刘国钧，陈绍业. 有机化学基础 [M]. 北京：清华大学出版社，2008.

[65] 蒋剑春. 生物质能源应用研究现状与发展前景 [J]. 林产化学与工业，2002，22(2)：75-80.

[66] 杨红斌. 生物质化工产品拓展开发和应用 [J]. 中国新技术新产品，2012(16)：208-209.

[67] 郑昀，邵岩，李斌. 生物质气化技术原理及应用分析 [J]. 热电技术，2010(2)：7-9.

[68] 李东，袁振宏，王忠铭，等. 生物质合成气发酵生产乙醇技术的研究进展 [J]. 可再生能源，2006(2)：57-61.

[69] 徐惠娟，许敬亮，郭颖，等. 合成气厌氧发酵生产有机酸和醇的研究进展 [J]. 中国生物工程杂志，2010，30(3)：112-118.
[70] 徐惠娟，梁翠谊，许敬亮，等. CO 一步法 *C. autoethanogenum* 发酵产乙醇的工艺研究 [J]. 农业工程学报，2017，33(23)：254-259.
[71] 刘凤良. N_2 环境下 NO 脉冲放电解离过程 [D]. 保定：河北大学，2010.
[72] 王湘波. 二氧化碳加氢合成低碳烯烃催化剂的研究 [D]. 长春：长春工业大学，2012.
[73] 王忠铭，袁振宏，吴创之，等. 生物质合成气发酵生产乙醇技术的研究进展 [C] //2005 年中国生物质能技术与可持续发展研讨会论文集. 2005：336-341.

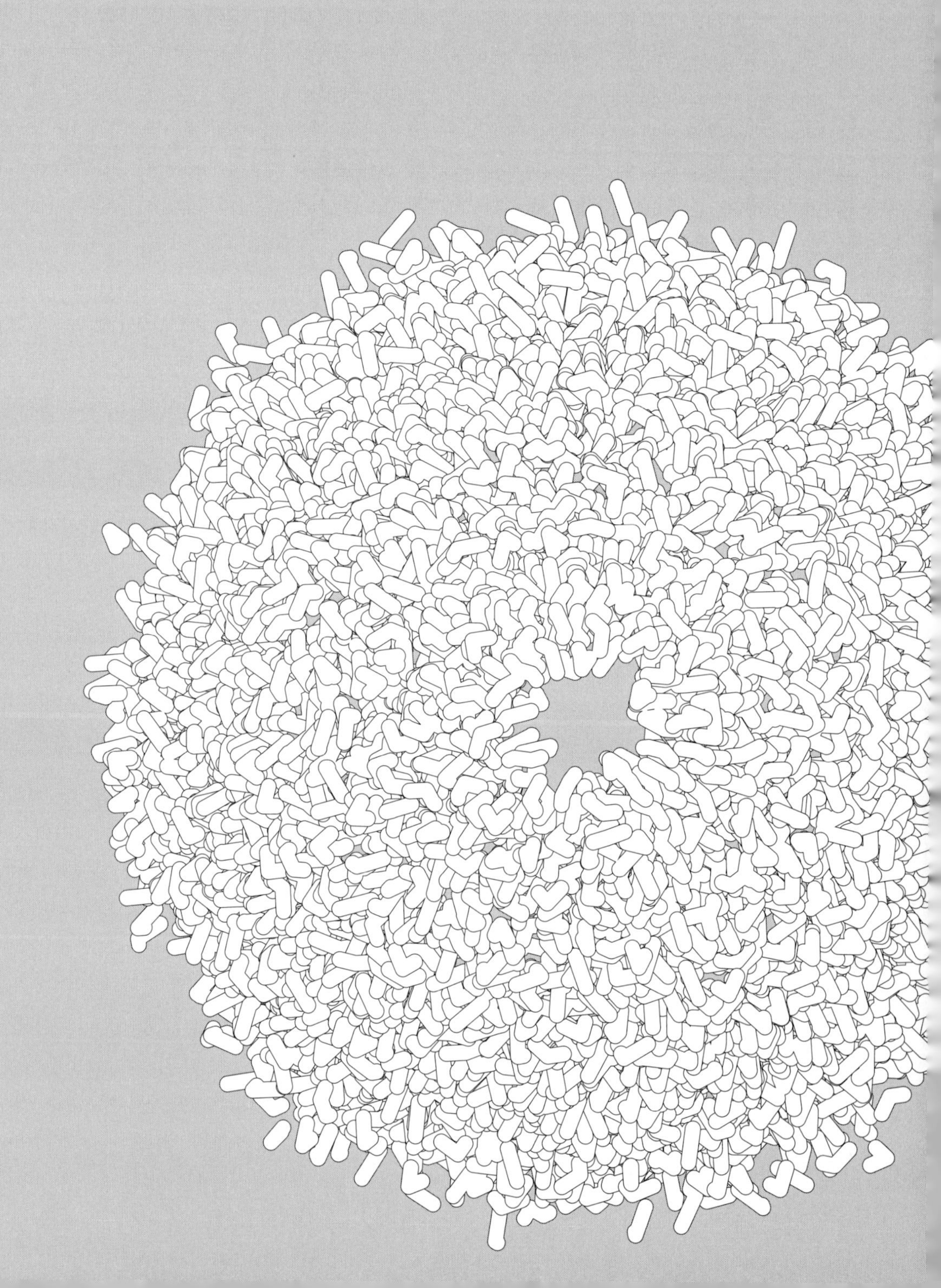

第3章

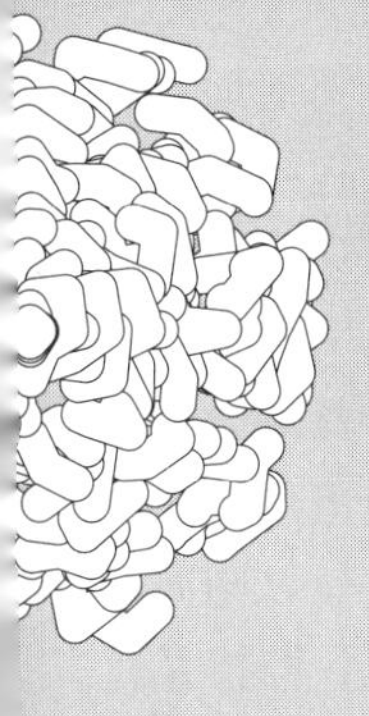

生物炼制过程物质流强化

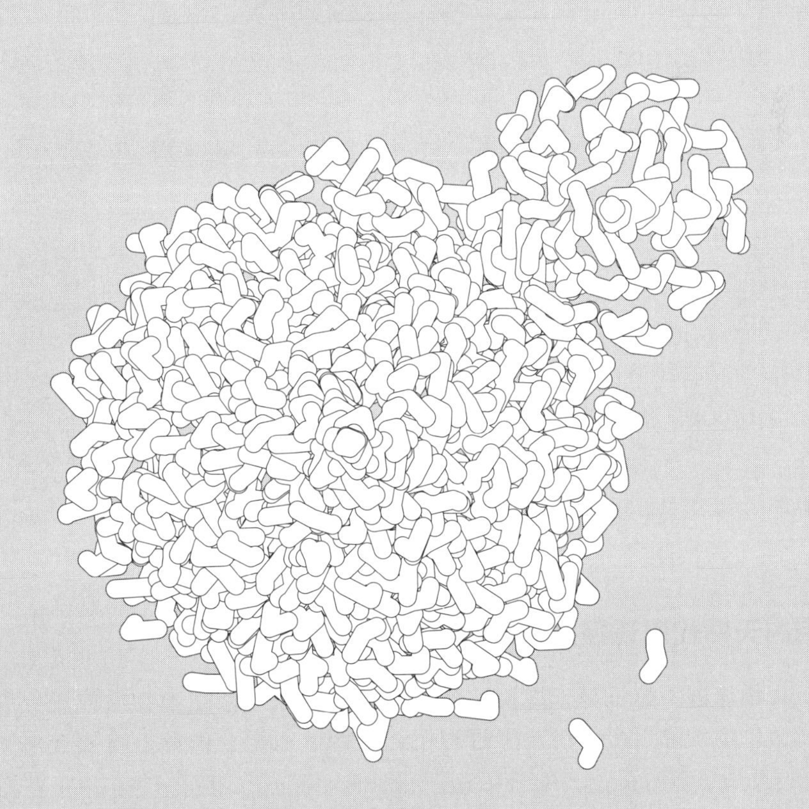

3.1 胞内物质流强化

生物炼制过程中，物质流从底物出发，经过微生物细胞代谢过程，分别流向菌体自身生长、目标产物合成以及其他代谢副产物合成等不同途径。微生物细胞中的天然物质流途径，一般是微生物经过长期进化后形成的，可将绝大部分物质转化用于微生物自身的生长和繁殖，以及用于抵御外界各种不利的环境因素。当我们利用微生物进行生物炼制时，为了更高效地利用底物并获得更高的目标产物产量，就需要对微生物胞内物质流进行强化改造：一方面可以从细胞中的天然代谢途径入手，强化天然代谢途径中的底物利用途径以及目标产物合成途径，敲除或弱化副产物生成途径，同时平衡菌体自身生长；另一方面则可以引入全新的异源代谢途径，进一步重构、调控及优化底物的合成途径、细胞的代谢过程以及新建产物合成途径。

为了实现上述目标，通常采用的胞内物质流强化方法包括基因层面的基因强化表达及基因敲除或弱化、转录层面的转录过程调控及 mRNA 结构调控以及翻译层面的翻译过程调控及蛋白酶分子结构改造等。近年来发展起来的动态代谢调控技术，也为微生物胞内物质流强化提供了新方法。

本节重点阐述的微生物胞内物质流强化策略及方法框架图如图 3-1 所示。

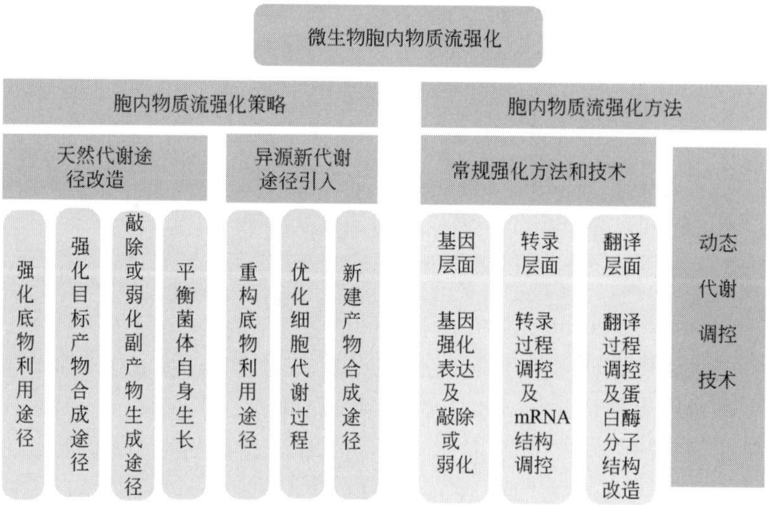

微生物胞内物质流强化
胞内物质流强化策略
天然代谢途径改造
强化底物利用途径
强化目标产物合成途径
敲除或弱化副产物生成途径
平衡菌体自身生长
异源新代谢途径引入
重构底物利用途径
优化细胞代谢过程
新建产物合成途径
胞内物质流强化方法
常规强化方法和技术
基因层面
基因强化表达及敲除或弱化
转录层面
转录过程调控及mRNA结构调控
翻译层面
翻译过程调控及蛋白酶分子结构改造
动态代谢调控技术

图 3-1 微生物胞内物质流强化策略及方法框架图

3.1.1 胞内天然代谢途径改造

生物炼制一般是基于淀粉、纤维质或油脂等可再生生物质或废弃物为主要底物进行微生物发酵生产。在发酵过程中，碳源、氮源、磷源、重要金属离子、微量元素等底物物质流首先从微生物胞外转运到胞内，再进入胞内代谢通路被利用，用于菌体生长、产物合成以及其他副产物合成。通常而言，微生物菌株中天然存在的底物利用及目标产物合成途径的效率不会很高，所以需要通过基因工程、蛋白质工程以及代谢工程等手段进行改造，将更多的物质和能量供应给产物生产过程。

对微生物胞内天然底物利用途径（包括底物跨膜转运过程）和产物合成途径（包括产物跨膜转运过程）进行强化、对主要副产物合成途径进行敲除或弱化以及对菌体自身生长与产物合成之间的代谢流进行平衡调控和优化，是提升生物炼制产能的几个基本改造策略，如图3-2所示。

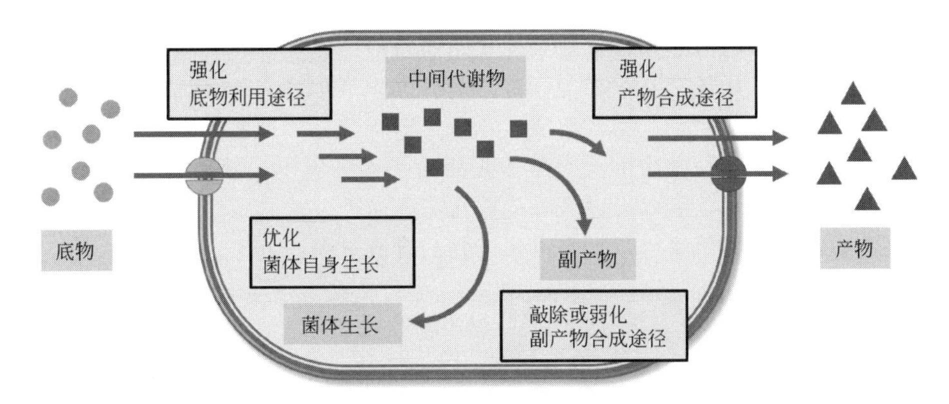

图3-2　胞内天然代谢途径的基本改造策略

3.1.1.1　底物利用途径与产物合成途径强化

微生物细胞对底物的利用过程直接影响流入细胞的物质流和能量流强度。强化底物跨膜转运进入细胞的过程以及进入代谢通路的途径可以提高底物的利用效率。在底物利用制约产物合成的条件下，针对底物利用途径进行强化改造，可以有效提高目标产物的产量。

例如，在谷氨酸棒杆菌中，葡萄糖的吸收形式除了主要的磷酸烯醇式丙酮酸-葡萄糖磷酸转移酶（PTS^{Glc}）系统之外，还存在不依赖PTS^{Glc}系统的葡萄糖转运途径。该途径由肌醇透性酶IolT1/IolT2和葡萄糖激酶PpgK/GlK组成。在谷氨酸棒杆菌中过量表达不依赖PTS^{Glc}系统的葡萄糖转运途径相关基因，强化葡萄糖的转运过程，可以将赖氨酸产量从38g/L提高到47g/L[1]。

针对产物合成途径相关基因直接进行强化改造是胞内物质流强化的有效手段，产物合成途径包括从底物代谢后形成中间代谢物、中间代谢物转化为目标产物的一系列反应过程。过量表达产物合成相关的关键酶基因或限速步骤基因，优化表达产物合成途径中的各步合成基因，或者强化表达产物转运蛋白，都可以使胞内物质流更多地流向产物合成途径，因此是产物合成途径强化的常见方法。

以产油酵母利用可再生资源高效合成油脂为例：产油酵母中天然存在较好的油脂合成途径，在产油酵母中过表达甘油三酯（TAG）合成途径中最后一步的关键催化酶——甘油二酸酯酰基转移酶（DGA1），其脂质产量比对照增加了4倍，达到了干细胞重量（DCW）的33.8%[2]。

表面活性素是一种具有广泛应用前景的芽孢杆菌脂肽。它可以通过跨膜蛋白主动转运进行跨膜运输。通过高表达枯草芽孢杆菌 *Bacillus subtilis* THY-7 的表面活性素转运蛋白 YerP，强化表面活性素的转运过程，表面活性素的产量从 0.55g/L 提高到 1.58g/L，提高约 2 倍[3]。

L-苏氨酸是人体必需的八种氨基酸之一，已被广泛应用于食品、饲料、医药等方面。在谷氨酸棒杆菌中过量表达苏氨酸合成基因 *hom-thrB* 及苏氨酸胞外运输基因 *thrE*，发酵结果显示，苏氨酸产量从原来的 1.81g/L 提高到了 3.35g/L[4]。

3.1.1.2 敲除或弱化副产物生成途径或平衡菌体自身生长

微生物细胞内天然存在着复杂的代谢通路网络。在以一种代谢物为目标产物时，产物的天然合成途径必然存在竞争途径，用于其他代谢物（包括细胞生长必需代谢物以及非必需的代谢副产物）合成。竞争途径会与目标产物的合成竞争物质和能量，所以在竞争途径不是细胞生长繁殖的必需途径或细胞生长繁殖对竞争途径代谢物的需求不高的条件下，可以通过敲除或弱化竞争途径，减少副产物的合成（见图 3-3），提高物质流的利用效率以及提高目标产物的合成效率。

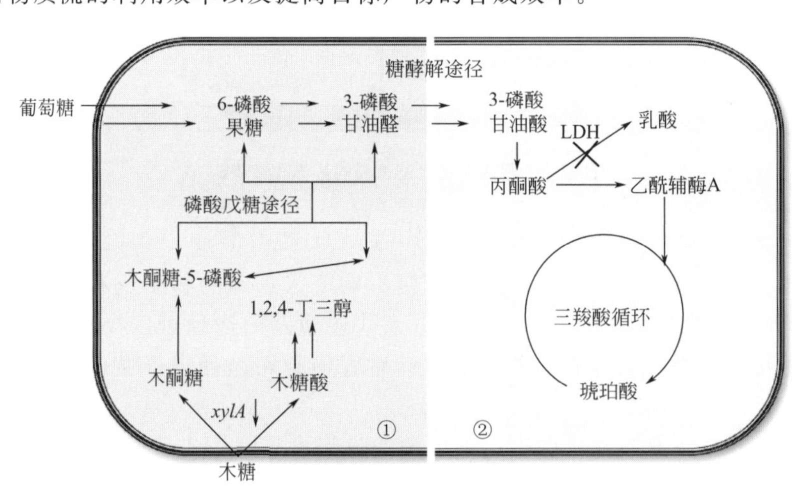

图 3-3 竞争性途径敲除后的代谢通路

①—1,2,4-丁三醇生产敲除竞争途径；②—琥珀酸生产敲除竞争途径；
LDH—L-乳酸脱氢酶；*xylA* —木糖异构酶基因

例如，谷氨酸棒杆菌是微生物发酵生产氨基酸工业的经典菌种。琥珀酸是一种 C_4 平台化合物，它可以合成一些重要的化工产品，如 γ-丁内酯、丁二醇等。通过敲除谷氨酸棒杆菌支路代谢基因 L-乳酸脱氢酶基因（*ldh*）来强化琥珀酸合成，琥珀酸产量达到了 54.4g/L[5]。

与此类似，D-1,2,4-丁三醇被认为是一种重要的非天然 C_4 平台化合物。在大肠杆菌中进行发酵生产时，木糖代谢支路不利于产物合成。但若木糖分支途径缺失，则不利于生物量积累。为此，可以采用反义 RNA 技术弱化表达木糖异构酶基因（*xylA*），以平衡菌体生长及产物合成（见图 3-3）。经过弱化表达后，菌体生物量及 D-1,2,4-丁三醇产量均得到相应提高，产物最高产量达到 3.9g/L，比对照菌株提高 200%[6]。

3.1.2 异源新代谢途径引入

微生物细胞中，天然的代谢通路一般都是为了满足菌体本身的生长繁殖需要而进化出来的，因此在不同环境中生存的微生物细胞内，往往广泛存在着众多具有不同催化效率和不同底物特异性的生物酶系，以及相应的具有不同效率的代谢物合成与分解途径。当以微生物为细胞工厂、以高效生物炼制为目标进行特定产品的生物法生产时，微生物胞内天然代谢途径的物质和能量利用效率以及目标产物的合成产率往往不能满足工业生产的需要，有时从天然途径出发甚至不能直接获得目标产物。因此，在微生物细胞中常常会引入新的异源代谢途径，来强化乃至重构物质流的流入、代谢和流出。

异源新代谢途径引入的基本策略如图 3-4 所示。

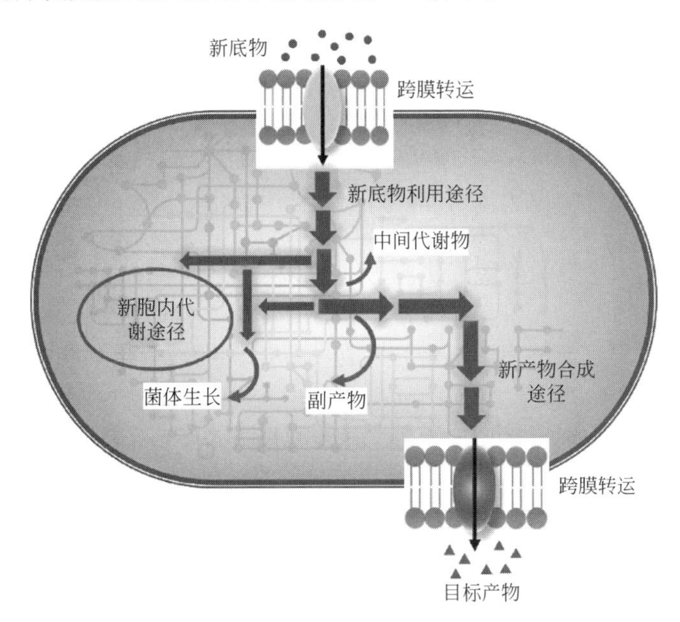

图 3-4 异源新代谢途径引入的基本策略

3.1.2.1 引入新的底物利用途径

常规微生物细胞大多以葡萄糖、蔗糖作为碳源，通过糖酵解、戊糖磷酸途径（PPP）和三羧酸循环（TCA）进行物质和能量的代谢，从而维持生长和繁殖。而有一些真菌或细菌天然存在可以利用非常规碳源的能力，如白腐真菌具有强大的降解木质素的能力，能够以木质素为唯一碳源进行生长；蓝细菌以及植物具有固定二氧化碳的能力；大肠杆菌、毕赤酵母等还可以使用木糖等其他糖类进行发酵生产。引入新的底物利用途径，通常是指在工业微生物中引入新的碳源利用途径，如木质素、二氧化碳、木糖等非常规碳源以及甘油等有机碳源的利用途径。

（1）木质素

木质素是仅次于纤维素的第二丰富的有机物，但与纤维素不同，木质素属于芳香族化合物，比纤维素更难以利用。经过稀酸法或水热法等不同方法预处理，木质素可被来自白腐真菌的木质素降解酶系降解，转化成β-酮己二酸，接下来与辅酶A（CoA）反应生成乙酰辅酶A（AcCoA）和琥珀酸（Suc），一同进入微生物细胞的TCA循环。将木质素降解酶系的木质素过氧化物酶基因（*LiP*）、锰过氧化物酶基因（*MnP*）和漆酶基因（*Lac*）转入毕赤酵母中，新的毕赤酵母工程菌可在24h内降解利用底物中78%的木质素[7]。

（2）二氧化碳

二氧化碳是含量丰富的一碳物质，微生物利用二氧化碳合成目标产物近年来受到普遍关注。在大肠杆菌（*E.coli*）中引入蓝藻开尔文循环中的磷酸核酮糖激酶（PRK）和二磷酸核酮糖羧化酶（Rubisco）两种酶后，在PRK的作用下，PPP途径中的5-核酮糖磷酸（Ru5P）磷酸化为核酮糖二磷酸（RuBP），然后经由Rubisco催化和外源二氧化碳结合转变为3-磷酸甘油酸（3PG），进入糖酵解过程。新引入的固定二氧化碳旁路途径的通量可占中心碳代谢途径的13%，固碳效率达到了19.6mg/(L·h)[8]。

（3）木糖

除葡萄糖以外，木糖是生物质处理后最常见的单糖。大肠杆菌利用木糖主要依靠木糖异构酶基因（*xylA*）与木酮糖激酶基因（*xylB*），木糖经木糖异构酶转变为木酮糖，再由木酮糖激酶磷酸化成为5-磷酸木酮糖（Xu5P），进入PPP途径。将大肠杆菌*E.coli*的*xylA*和*xylB*引入本不能使用木糖的高产油脂的红球菌*R.oposus* PD630中，可构建能够使用木糖为底物的重组菌株，生产的脂质产物高达细胞干重的68.3%[9]。

引入新的底物利用途径后的代谢通路如图3-5所示，图中实线为原有代谢通路，虚线为新构建代谢通路。

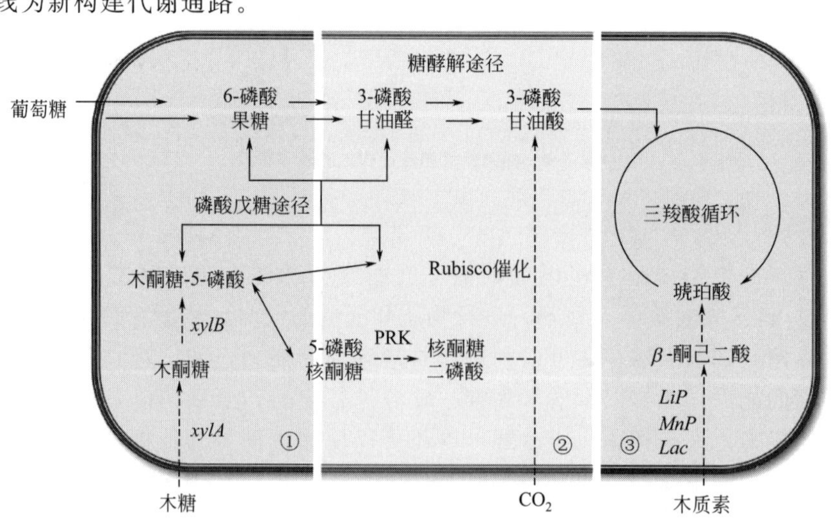

图3-5 引入新的底物利用途径后的代谢通路

①—木糖利用途径；②—CO_2利用途径；③—木质素利用途径

3.1.2.2 引入新的胞内代谢途径

引入新的胞内代谢途径一般以优化细胞代谢过程中的物质流而提高原子经济性为目标。如前所述，微生物细胞自身的天然代谢途径只是为了使其能够在一定环境中更好地存活并生长繁殖而存在。而对于高产工业菌株来说，需要将胞内物质流进行调整，将更多的物质和能量都用于目标产物的合成上。因此可以在微生物细胞内通过基因工程和代谢工程手段人工搭建更加简单高效的代谢途径，来增加底物的利用效率；或者搭建副产物的再利用途径，进而提高产物的合成效率。

例如，大肠杆菌原有的木糖代谢途径是通过磷酸戊糖途径进行的，得到的α-酮戊二酸（AKG）的理论摩尔产率只有83%，而通过搭建新途径，木糖在经过木糖氧化酶、木糖酸内酯酶、木糖酸脱水酶、2-酮-3-脱氧木糖酸脱水酶和2,5-二氧戊酸脱氢酶五步催化后直接产生AKG，如图3-6所示，原子利用率可以达到100%[10]。图3-6中，实线为原有代谢通路，虚线为新构建代谢通路。

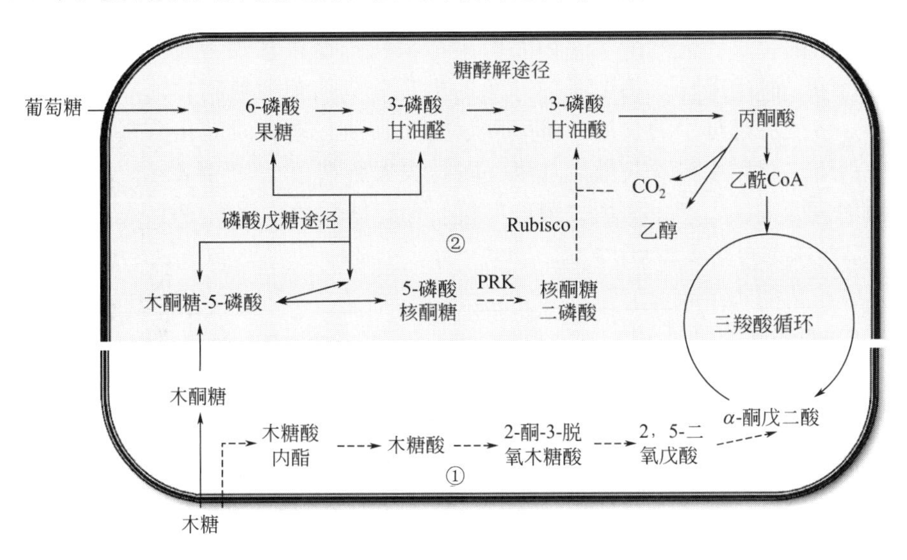

图3-6　引入新的胞内代谢途径后的代谢通路

①—木糖新代谢途径；②—CO_2新代谢途径

微生物代谢底物进入糖酵解和TCA循环之后都会产生二氧化碳，造成碳原子的流失。上文中提到的Rubisco酶，不仅可以固定外源二氧化碳，还可以将胞内产生的CO_2重新固定下来。将PRK和Rubisco两种酶的基因引入酿酒酵母（见图3-6），将生产乙醇产生的副产物CO_2重新固定，可将细胞产生的CO_2/C_2H_5OH比值从1.34下降至1.12，同时C_2H_5OH产量提高了10%[11]。

3.1.2.3 引入新的产物合成途径

在采用生物炼制方法、以微生物细胞工厂生产非菌体自然代谢的产物时，就需要在微生物细胞内引入新的产物合成途径。通过新的产物合成途径的引入，既可以生产生物柴油、1,3-丙二醇等大宗化学品，也可以生产透明质酸（HA）、硫酸软骨素、聚羟基脂肪酸酯（PHA）等精细化学品，还可以生产青蒿素、紫杉醇等重要的植物天然产物。在微生物细胞中引入新的产物合成途径时，要根据不同细胞的代谢特性，选择合适的细胞工厂以及具有较高经济价值的产品。举例说明如下所述。

（1）大宗化学品

1）生物柴油

生物柴油是绿色环保的重要生物质能源，其主要成分为脂肪酸甲酯或脂肪酸乙酯。生物柴油的两个组成部分为脂肪酸和低碳醇类。所以需要选择的微生物细胞工厂，其脂肪酸合成和醇类发酵途径的效率都应该比较高。以酿酒酵母为细胞工厂，在酿酒酵母中引入高产油脂的假丝酵母的脂肪酶*Lip2* 基因，就可以将酿酒酵母产生的乙醇和油脂在胞内催化转化成脂肪酸乙酯，产生的生物柴油可达细胞干重的 14.55%[12]。

2）1,3-丙二醇

1,3-丙二醇是一种广泛应用的有机溶剂，还可用于新型聚酯、医药中间体及新型抗氧剂的合成。天然的 1,3-丙二醇生产菌株都是以甘油为底物，没有直接从葡萄糖生产丙二醇的菌株。将 1,3-丙二醇的生产分成从葡萄糖到甘油和从甘油到丙二醇两步。将酿酒酵母中的甘油三磷酸脱氢酶和甘油三磷酸磷酸化酶基因与克氏肺炎杆菌中的丙二醇脱水酶及其激活基因，同时在大肠杆菌 K12 中表达，就可以得到能够利用葡萄糖直接生产 1,3-丙二醇的菌株，葡萄糖质量转化率可达 0.34，发酵产物 1,3-丙二醇浓度可达 129g/L[13]。

（2）精细化学品

1）透明质酸（HA）

在精细化学品中，多糖类产品的应用较广，经济附加值高。HA 就是由 D-葡萄糖醛酸及 *N*-乙酰葡糖胺组成的多糖。将链球菌的透明质酸合成酶基因 *hasA*，引入其他高产糖/氨基酸的菌株如谷氨酸棒杆菌中，可以得到产透明质酸的重组菌株。重组菌株在经过代谢改造和优化之后，透明质酸产量可以达到 20g/L 以上[14]。

2）硫酸软骨素

硫酸软骨素（CS）是由 D-葡萄糖醛酸和 *N*-乙酰半乳糖胺组成的多糖。在枯草芽孢杆菌中引入大肠杆菌 K4 的 *N*-乙酰基葡萄糖胺异构酶 *kfoA* 和软骨素聚合酶基因 *kfoC*，并强化前体合成过程，硫酸软骨素产量可达 7.15g/L[15]。肝素（HP）主要是由葡萄糖胺和艾杜糖醛酸聚成的多糖。同样在枯草芽孢杆菌中引入大肠杆菌 K5 的肝素前体聚合酶基因 *kfiA* 和 *kfiC*，就能生产肝素前体[16]。

3）聚羟基脂肪酸酯（PHA）

PHA 是一类重要的生物合成塑料，具有良好的生物降解性和生物相容性，其中聚 β-羟基丁酸酯（PHB）就是其中最常见的一种。PHB 的生产主要是将真养产碱杆菌 *R. eutropha* H16 中的产 PHB 基因簇 *phbCAB*，克隆到大肠杆菌中，以葡萄糖为底物进行发酵生产，在进行代谢优化后 PHB 产量可高达 215.9g/L，PHB 含量可占细胞干重的 89%以上[17]。

（3）植物天然产物

植物天然产物的微生物合成近年来受到研究者的广泛关注。

1）青蒿素

青蒿素是植物青蒿产生的一种倍半萜烯酯类内过氧化物，是目前治疗疟疾的特效药。青蒿素生物合成途径包括甲羟戊酸途径模块、前体法尼基焦磷酸合成模块和紫穗槐-4,11-二烯合成模块，3 个模块合成前体青蒿酸，然后进一步合成青蒿素，参见图 3-7。将青蒿酸合成途径中的各关键酶编码基因、酵母菌甲羟戊酸途径中的 3-羟基-3-甲基戊二酸单酰辅酶 A（HMG-CoA）合酶和 HMG-CoA 还原酶基因转入大肠杆菌中，实现了用微生物生产青蒿素前体青蒿酸[18]。在酿酒酵母中引入青蒿酸合成基因和其他相关基因如植物脱氢素、第二细胞色素等后，可将青蒿酸产量提高到 25g/L[19]。

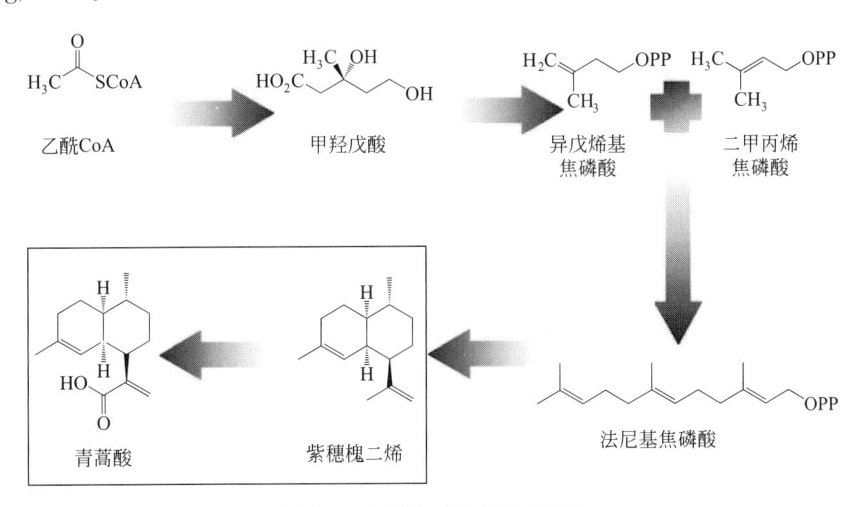

图 3-7　青蒿酸的微生物合成途径

2）紫杉醇

紫杉醇是紫杉次级代谢产生的双萜类物质，是临床上治疗乳腺癌和卵巢癌的一线药物。紫杉醇与青蒿素类似，来源稀缺，结构复杂，化学合成路线长，成本高，也是合成生物学研究的重要活性物质。目前，紫杉醇尚未实现微生物体内的全合成，但其重要前体紫杉二烯在大肠杆菌、酵母等体系中都已实现了高表达合成。将紫杉二烯代谢途径分成甲基赤藓糖醇磷酸上游途径和异源萜类下游合成途径两个模块导入大肠杆菌中，进行发酵优化后紫杉二烯产量可达 1020mg/L[20]。

3.1.3　胞内物质流强化的方法

在生物炼制过程中，从底物分子到产物分子的代谢路径确定后，便可以通过调控不同路径的强弱程度来重新分配细胞中的物质流，实现产物分子的合成强化。在细胞中，代谢反应是通过蛋白酶的催化实现的。根据遗传中心法则，可以在微生物的基因复制元件和基因/基因组结构、转录过程和 mRNA 分子结构以及翻译过程和蛋白酶分子结构三个不同层面来调控目标代谢途径中不同蛋白酶的酶活水平，进而调控物质流在代谢路径中的分配，如书后彩图 2 所示。

3.1.3.1 基因层面调控：基因复制元件和基因/基因组结构

无论是对胞内天然代谢途径的强化，还是新异源代谢途径的引入，都需要对底物利用或目标产物合成途径中的一个或多个关键酶基因进行表达或过表达，以及对副产物途径的主要合成基因进行敲除或弱化改造。因此，在基因层面上就需要考虑基因的表达载体（复制元件）或基因/基因组结构的编辑调控。

（1）基因复制元件

基因在微生物细胞内的存在方式一般有基因组和质粒载体上两种：位于基因组上的基因，通常只有一个拷贝；而由质粒载体携带的基因，则可以有几个、数十个甚至上百个拷贝。质粒是微生物细胞内固有的且能独立于宿主染色体而自主复制，并被稳定遗传的一类核酸分子。根据在每个细胞中的质粒分子数（也称为拷贝数）的差异，质粒一般可分为严紧型质粒和松弛型质粒两种不同的复制类型[21]；其中，严紧型质粒的拷贝数一般为 1～5，松弛型质粒的拷贝数一般为 10～200 乃至更多。有时也将拷贝数为几十个的松弛型质粒称为中等拷贝数质粒，而拷贝数更高的，则称为高拷贝数质粒。例如，在大肠杆菌中，低拷贝数质粒有 pSC101、中等拷贝数质粒有 pBR322、高拷贝数质粒有 pUC18 等。基因拷贝数的不同，会引起表达量的显著差异。通过调整质粒拷贝数可以直接影响基因的表达强度，即目标酶的酶活性。以 β-半乳糖苷酶在大肠杆菌中表达为例，质粒拷贝数与目标酶表达量的关系大致如图 3-8 所示。

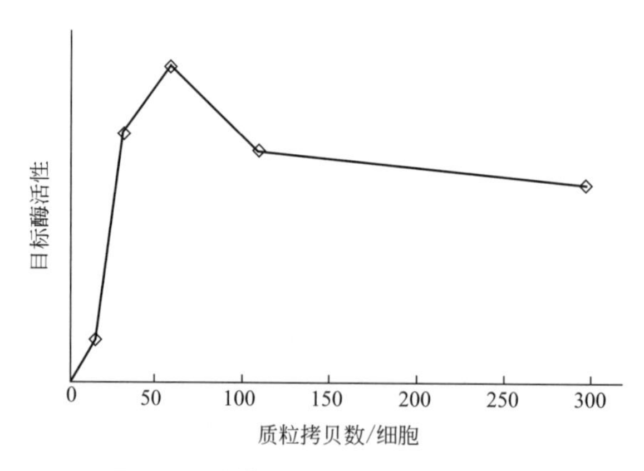

图 3-8 质粒拷贝数对目标酶表达量的影响

由图 3-8 可见，拷贝数为 50～70 之间时目标酶活性最高。说明质粒拷贝数并不是越高越好，高拷贝质粒对细胞造成的生理负担有时会带来负面影响。

基因在采用基因组表达的方式时，一般遗传比较稳定。因此，对于一些不需要很高表达量的目标基因，以及产物会对细胞产生毒害作用的目标基因，都可以考虑基因组表达方式。如果需要增加目标基因的表达强度，在基因复制水平上，可以通过人为添加多个拷贝转入基因组，近年来发展起来的各种基因组编辑方法为在基因组上多拷贝表达目标基因提供了技术保障。

基因在以质粒携带方式表达时，通常需要考虑质粒的遗传不稳定性问题，即质粒在无筛选压力条件下容易在传代过程中发生质粒丢失的现象。质粒不稳定性主要是由质粒在子代细胞中的不均匀分配导致的，有时则是由质粒上的某段结构基因发生突变造成的。抗生素筛选压力是在实验室中广泛使用的、保证质粒稳定性的有效方法。但在工业生产中，为了避免抗生素在环境中的扩散、降低生产成本或保证目标产品满足质量标准，一般不会添加抗生素来维持质粒的稳定遗传。缺少了抗生素的筛选压力，带有目标基因的质粒载体就有可能在工业发酵生产过程中出现在子代细胞中不均匀分配从而丢失的问题。研究发现，在质粒载体中引入质粒载体的主动分配基因，一般可以有效地解决质粒稳定性问题。

在实际应用过程中，需要根据微生物细胞特性、基因的特性以及研究工作的具体目标来选用合适的基因表达方式进行目标基因的高效表达。

此外，还有一些特殊功能的质粒，可以实现不同的用途，包括温敏型质粒、自杀型质粒等。

① 温敏型质粒在不同的温度下拷贝数不同。例如，在红球菌中使用温敏型质粒pB264，在28℃培养时可正常表达蛋白，将温度调整为37℃时就会导致质粒丢失[22]。

② 自杀型质粒，其缺少能够在宿主中进行复制的复制子，所以无法在宿主菌中进行复制，只能通过将质粒上携带的基因整合到基因组上的方式才能让质粒基因在宿主菌中留存下来，所以常用于基因组编辑。

（2）基因/基因组结构

基因表达强度的调控，不仅需要考虑拷贝数控制以及表达方式，通常还需要对基因的起始密码子、转录区（开放阅读框）中的高度稀有密码子以及终止子等序列信息进行综合考虑，即基因本身的结构有时也会显著影响目标酶分子的表达效果。

在微生物细胞重组改造过程中，对于非必需代谢途径，尤其是主导副产物合成的关键代谢途径，都可以通过在基因组层面采用基因敲除的方式进行调控。基因敲除的常规方法一般基于同源重组原理来实现。同源重组是指含有同源序列的DNA分子之间或分子之内的重新组合。无论是真核生物还是原核生物都会在基因组层面发生同源重组。以大肠杆菌为例，同源重组主要依靠RecA和RecBCD两类酶进行[23]：RecA是DNA重组酶，它能促进各类DNA分子间的同源联会和配对；而RecBCD（由RecB、RecC和RecD组成的复合体）则具有DNA内切酶活性、外切酶活性和解旋酶活性。RecBCD复合体能与双链切口结合解开DNA链，并在特定位点形成单链，然后由RecA蛋白协助促进外源DNA分子的同源重组（同源序列长度需要大约1kb）。同源重组的结果就是同源序列之间发生片段交换。

最常用的基因编辑手段就是基于自杀质粒的同源重组单交换和同源重组双交换。同源重组单交换，就是在需要敲除的目标基因中部选取1kb左右长度的同源序列（有时称作同源臂），将其克隆在自杀质粒上，并在质粒上同时插入筛选标记（如抗生素抗性基因），转入细胞后进行抗生素平板筛选。可以在筛选压力下存活的菌落，即为质粒上含有筛选标记的基因序列与基因组上的目标同源序列发生同源重组，从而成功插入到基因组中的阳性重组菌株。其中，由于自杀质粒无法在宿主细胞中进行复制，所以其在阳性重组细胞中通过同源重组整合入基因组一同复制。在筛选标记的作用下，质粒丢失的细胞和未发生同源重组整合入质粒基因（含筛选标记）的细胞都不能存活。

采用同源重组单交换方法，以自杀质粒辅助进行基因敲除的原理如图 3-9 所示。

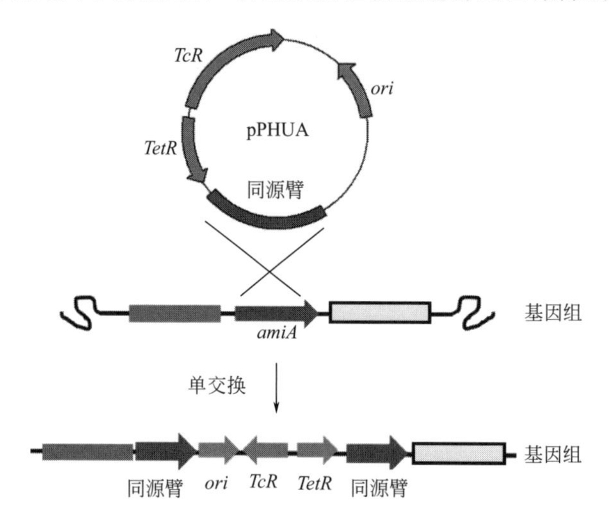

图 3-9　同源重组单交换基因敲除方法基本原理示意

amiA—目标敲除基因；*TcR*，*TetR*—抗性筛选标记基因

同源重组双交换是在同源重组单交换的基础上，采用新的致死性筛选标记，再进行第二次同源重组。其主要目标是进一步去除在单交换同源重组中引入基因组中的基因筛选标记，从而实现目标基因的“无痕”敲除。同源重组双交换方法主要用于针对目标菌株中多个目标基因的叠加敲除。同源重组双交换的第一步是在目的基因上下游选取 1kb 左右长度的同源臂放置在一起，然后在自杀质粒上加入正筛选标记（一般为抗生素抗性基因）和负筛选标记。负筛选标记是指携带有该标记基因的细胞无法在某种条件下存活，如枯草芽孢杆菌的 *sacB*（分泌型蔗糖果聚糖酶基因），它可以在含 10%～15%蔗糖的培养基中导致细胞死亡。接下来，利用正筛选标记基因进行同源重组单交换，得到质粒片段和正筛选标记插入基因组的单交换阳性菌株；最后，在负筛选压力条件下进行致死筛选。在致死压力下，基因组可以通过再次进行同源重组，将含有负筛选基因的自杀质粒排出。由于同源臂有两段，所以可以排出原质粒或含有目标基因的新质粒，进而通过菌落 PCR 方法验证得到成功实现目标基因无痕敲除的新菌株。同源重组双交换的基因敲除原理如图 3-10 所示。根据其基本原理，经过双交换同源重组后有 50%的概率可以无痕敲除目标基因。

在某些微生物中，采用自杀质粒载体的同源重组单交换方法基因敲除效率低，且非法重组严重；而同源重组双交换方法则进一步存在缺乏合适的负筛选标记的问题。因此，以线性 DNA 片段（同源臂长度仅需 35～50bp）为对象，在外源重组酶

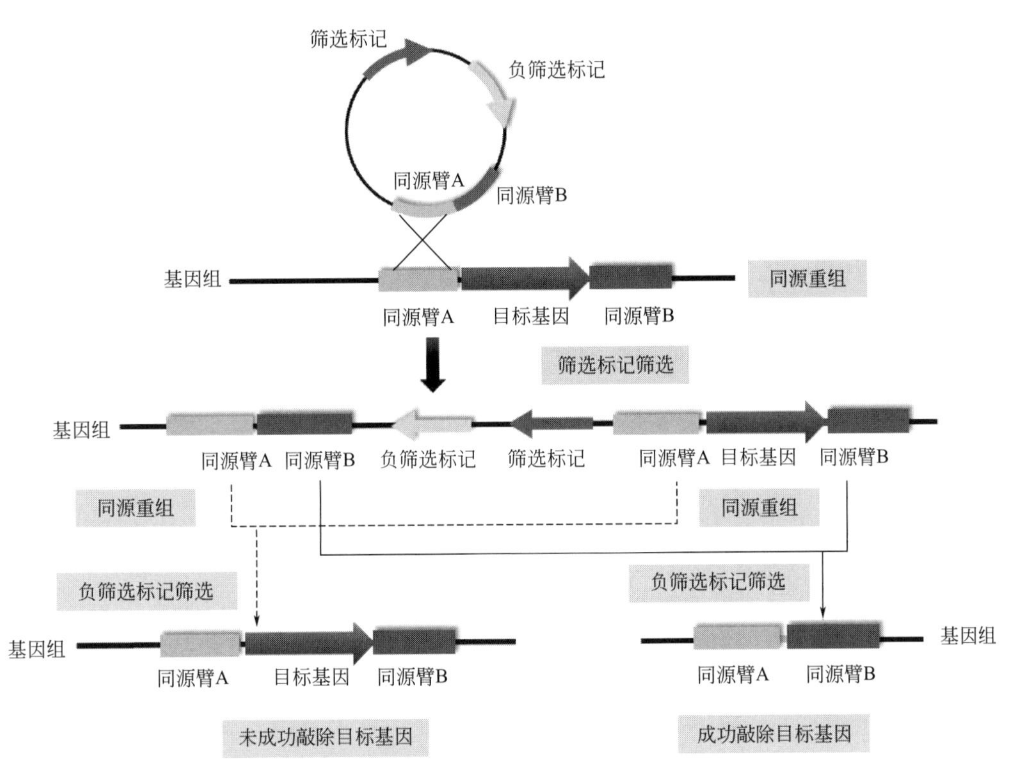

图 3-10　同源重组双交换的基因敲除原理示意

辅助下直接进行高效同源重组的方法逐渐发展起来。所述外源重组酶，基本上都来自噬菌体，如 λ 噬菌体的 Red 重组系统、Rac 原噬菌体的 RecE/T 重组系统[24]、P1 噬菌体的 Cre/loxP 重组系统[25] 和分枝杆菌噬菌体 Che9c 的 gp60-61 系统等[26]。外源重组酶辅助的 DNA 片段同源重组敲除的基因原理如图 3-11 所示。

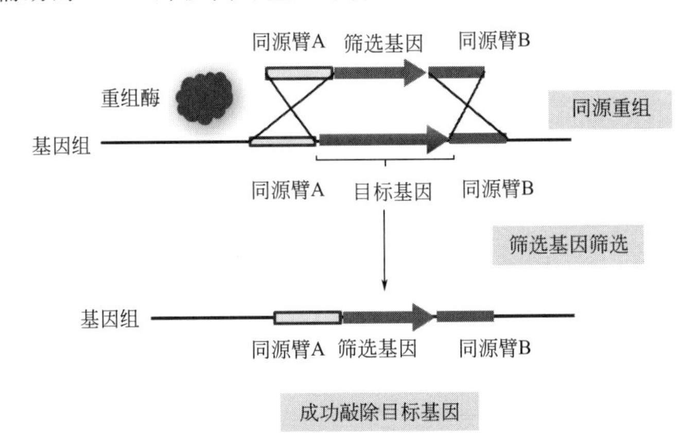

图 3-11　外源重组酶辅助的 DNA 片段同源重组实现基因敲除（Red/RecET 系统）

带有目标基因上下游同源臂（约 50bp）和筛选标记基因的 DNA 片段，在重组酶的帮助下，通过两次同源重组，实现基因组上的目标基因和与带有同源序列的筛选标记基因的互换，从而实现基因敲除。

目前，采用DNA片段重组方法进行基因敲除和基因编辑的研究已经越来越普遍，如Red系统和单链DNA片段用于大肠杆菌的多重自动化基因组工程(MAGE)[27]。然而，与同源重组单交换一样，上述Red/ET等同源重组方法无法做到目标基因的无痕敲除。

近年来兴起的规律成簇间隔回文重复（Clustered Regularly Interspaced Short Palindromic Repeats，CRISPR)-Cas9基因组编辑方法可以有效实现目标基因的无痕敲除、叠加敲除乃至基因的插入和替换[28]。CRISPR系统是在大肠杆菌等细菌和古细菌中发现的规律成簇间隔短回文的重复序列，它是细菌的一种有效获得性免疫防御机制[29]。在Cas9蛋白切割了双链DNA后，就相当于形成一种负筛选标记，需要通过胞内同源重组来进行DNA修复，从而实现目标基因敲除。早期的CRISPR-Cas9系统主要是利用crRNA（CRISPR-derived RNA）通过碱基配对与tracrRNA（*trans*-activating RNA）结合形成tracrRNA/crRNA复合物，此复合物引导核酸酶Cas9蛋白在与crRNA配对的基因编辑靶位点剪切双链DNA[30]。此后，更高效的CRISPR-Cas9基因组编辑方法逐渐发展起来。具有引导作用的sgRNA（single guide RNA）被直接用来引导Cas9进行对基因编辑靶位点的结合与切割。当利用Cas9和sgRNA对目标基因进行定位与切割后，加入带有上下游同源臂的双链DNA作为模板，在重组酶的作用下进行胞内同源重组，就能获得目标基因实现无痕敲除的重组菌株。CRISPR-Cas9技术的基因敲除原理如图3-12所示。应用CRISPR技术在原核细胞和真核细胞中，都可以实现基因编辑，如大肠杆菌、谷氨酸棒杆菌、红球菌、乳酸菌等。

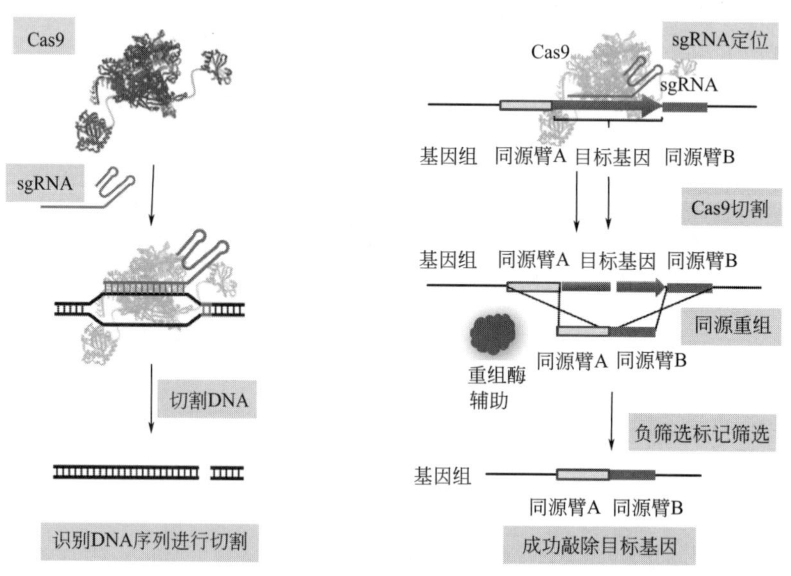

(a) 在Cas9蛋白和sgRNA的帮助下进行目标基因的切割　(b) 在重组酶的帮助下进行同源重组修复，实现基因无痕敲除

图3-12　CRISPR-Cas9基因组编辑方法的基本原理

近年来，基因组编辑方法的新进展层出不穷。除了在准确度上不断降低CRISPR系统的脱靶率，同时以CRISPR为基础，还衍生出各种功能丰富的新技术。例如，可以做到不依赖于DNA断裂就能将DNA单碱基进行替换的碱基编辑器[31]；在不改变DNA结构的情况下，对RNA进行单碱基替换的RNA编辑技术[32]。除此之外，还有不依赖于CRISPR的基因编辑系统，如LEAPER（Leveraging Endogenous ADAR for Programmable Editing of RNA）系统，可以通过直接表达sgRNA来招募细胞内源脱氨酶实现靶向目标RNA的编辑[33]。

3.1.3.2 转录层面调控：转录过程元件和mRNA分子调控

（1）转录过程元件

基因转录是指以DNA的一条链为模板，在RNA聚合酶（RNA Polymerase，RNAP）的作用下，识别不同的目标基因启动子，开始不同强度的转录进程，最终按照碱基互补配对的原则将双链DNA对应转录合成单链的mRNA。转录过程一般分为转录识别与启动、转录的起始、RNA链的延伸以及转录的终止等几个主要阶段。其中，启动子是基因转录的起始信号。RNA聚合酶是实现基因转录的分子机器，它识别不同目标基因的启动子，使基因启动转录并得以最终获得表达。转录因子（Transcription Factor）是在转录起始过程中RNA聚合酶所需要的一类辅助因子。终止子则是DNA分子上具有终止转录功能的特定核苷酸序列，是转录的终止信号。启动子、RNA聚合酶、转录因子以及终止子等是研究人员进行转录过程调控的常用主要元件。

1）启动子

启动子是基因开放阅读框前存在的一段特殊的核苷酸序列，细胞内的RNA聚合酶复合体通过识别并结合启动子序列来启动基因mRNA的转录合成。在原核生物中，转录水平上的调控是影响基因表达水平最基础也是最重要的因素，其中启动子在转录水平调控中居于核心地位[34]。通过启动子的发掘、表征和改造或替换以实现特定基因的差异化表达，可调节关键代谢途径中重要功能酶的转录强度和转录时机，从而实现物质流的重新分配以及目标产物的高效产出，对于生产菌株中目标产物的获得至关重要。例如，通过将原始的表面活性素合成酶启动子*PsrfA*替换为强的诱导型启动子Pg3，枯草芽孢杆菌*B. subtilis* THY-7合成表面活性素的产量从0.55g/L提高到9.74g/L[35]。

在启动子序列中，能够被RNA聚合酶σ因子识别从而启动转录的区域具有高度保守性。其中，在转录起始位点（Transcription Start Site，TSS）上游大约10nt及35nt处的两段序列对于σ因子的识别起着决定性的作用，这两段区域被称为—10区和—35区，也被称为核心启动子区[36]。如图3-13所示，在大肠杆菌中，σ^{70}因子所识别的—10区和—35区的保守序列分别为“TATAAT”和“TTGACA”。这两个区域间被17个核苷酸间隔区连接。虽然间隔区的序列不具有保守型，然而17个核苷酸的长度对于RNA聚合酶和启动子区域的结合十分重要。此外，有些启动子—35区上游还含有一段富含A+T的区域，该区域被称为

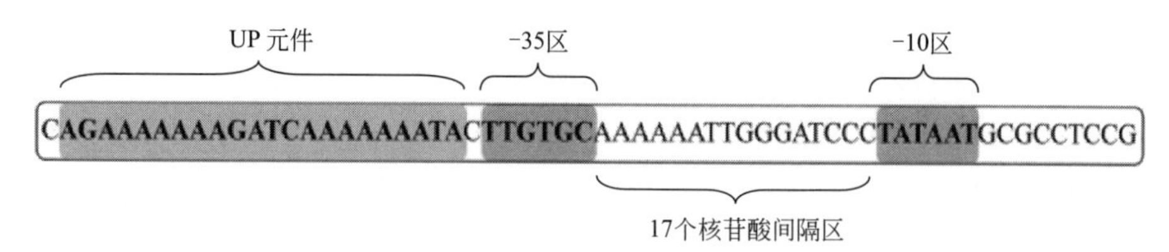

图 3-13 大肠杆菌启动子结构示意[37]

UP 元件（UP Element）。RNA 聚合酶的亚基能够识别 UP 元件，并使启动子的基础转录量提升 1.5～90 倍。

根据启动子作用强度不同，可分为强启动子、中等强度启动子和弱启动子。通常情况下，强启动子和中等强度启动子常用于目标基因的高表达，而弱启动子则用于启动特定的基因以实现细胞内物质和能量的平衡。

通过改变特定基因的启动子序列，可以对该基因的转录强度进行上调和下调，甚至沉默其表达。梯度启动子库是启动子工程的基础工具。随着高通量测序技术的发展，可以方便快捷地获得微生物在不同培养条件和不同生长期的转录组信息，进而利用实时定量 PCR 技术（qPCR）或者报告基因（β-半乳糖苷酶、氯霉素乙酰基转移酶、荧光蛋白等）来建立内源启动子库[38]。

如前所述，启动子的核心序列包含—10 区、—35 区、UP 元件等，它们能直接与 RNA 聚合酶进行识别结合。针对启动子的碱基序列（尤其是核心序列），利用易错 PCR、DNA 洗牌术、饱和突变等技术来创建突变库，并利用报告基因进行评价，可以获得原位梯度启动子库，如图 3-14 所示。相比从内源启动子库挑取启动子进行更换来调控代谢途径，原位启动子库可以更好地保留核心区周围的顺式调节元件，从而保证只在转录强度上调控代谢途径[39]。

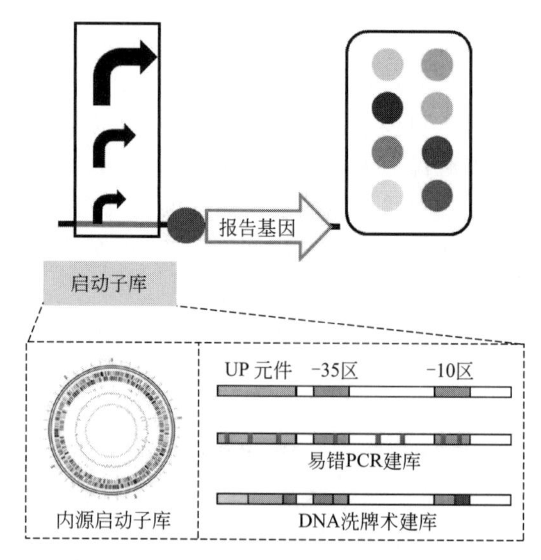

图 3-14 启动子库的建立和评价方法示意

2）RNA 聚合酶

细菌 RNA 聚合酶（RNAP）是一种复合酶，具有合成各种信使 RNA（mRNA）、转运 RNA（tRNA）和核糖体 RNA（rRNA）的多种功能。可以将 RNAP 看作是细胞体内的一台高性能、多功能的“转录机器”（Transcription Machinery/Vehicle）——这台机器可以将遗传物质 DNA 转录为 RNA，并进一步翻译成为具有生物功能的蛋白质[40]。

细菌 RNA 聚合酶全酶（Holoenzyme）由 α、β、β'、ω 和 σ 这 5 种不同的亚基构成：其 α 亚基主要负责进行 RNAP 的连接与装配，同时还可能参与 RNAP 全酶与启动子上游序列和激活子序列的识别与结合；β 亚基主要负责与底物结合，并进行碱基聚合反应；β' 亚基则负责与 DNA 模板进行结合；ω 亚基的功能目前尚不清楚；σ 亚基的功能特别重要，它能够特异性地识别并结合基因启动子的—35 核心区和—10 核心区，从而激活基因的转录过程（见图 3-15）[40]。σ 亚基结合之前的 RNAP，通常称为核心酶；σ 亚基结合之后的 RNAP，才称为全酶。

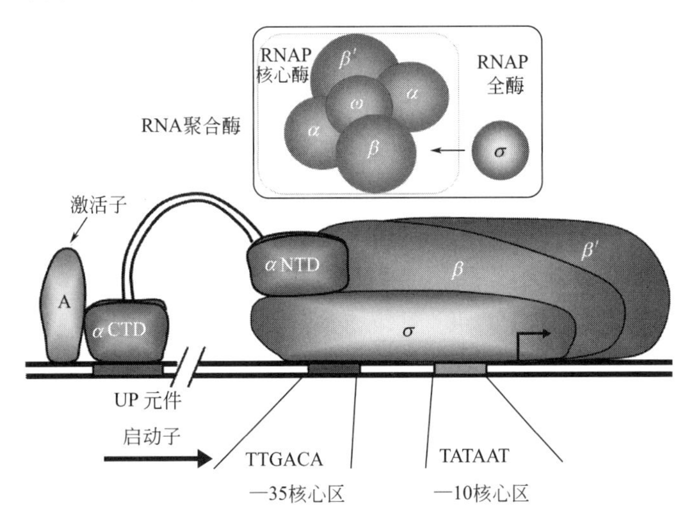

图 3-15　大肠杆菌 RNAP 的亚基组成及几个主要亚基的功能

3）转录因子

RNAP 的 σ 亚基也被称为 σ 因子（Sigma Factor），它们与不同启动子的识别-结合强度的不同，决定了该启动子对后续结构基因的启动强度。例如，大肠杆菌基因组中大约有 4000 多个基因。这些基因的转录特异性全都受到两步调控：第一步就是 RNAP σ 因子的转录识别；第二步是 240～260 个其他转录因子的识别。

目前大肠杆菌中发现的 σ 因子有 7 种[40]：

① σ^{D} 因子，也称为 σ^{70} 因子，是最主要的 σ 因子（Primary/Housekeeping σ Factor），它通常负责与细胞生长相关的超过 1000 多个基因的转录识别；

② σ^{N} 因子，也称为 σ^{54} 因子，与氮代谢调控和压力响应有关；

③ σ^{S} 因子，也称为 σ^{38} 因子，负责细胞稳定期与压力响应相关的大约 100 多个基因的转录识别与调控；

④ σ^{H} 因子，也称作 σ^{32} 因子，负责调控与细胞的热应激响应和压力响应相关的40多个基因；

⑤ σ^{E} 因子，也称 σ^{24} 因子，则控制着约5个与极端热应激响应及外细胞质相关的基因；

⑥ σ^{F}（σ^{28}）与鞭毛排列相关；

⑦ σ^{fecI} 则与柠檬酸铁代谢调控相关。

通过构建 σ 因子过表达突变库，并对目标产物高产突变株进行高通量筛选，获得优选菌株，即可在转录水平实现胞内物质流的调控。例如，在引入透明质酸合成代谢途径的大肠杆菌中构建 σ 因子过表达的突变库，并利用半透明圈法对重组菌株进行高通量筛选，优选菌株的透明质酸产量最高提升了近40%[41]。类似地，对RNAP的其他亚基（如 α 亚基）、对RNA酶（RNase）的剪切位点、对与激活或抑制转录因子相关联的锌指蛋白结构模序以及其他不同转录调控功能的转录因子进行突变并筛选突变株，也可以实现对目标产物产量的有效调控。上述转录水平的改造，可以在全局范围内引起成百上千个受调控基因的转录水平的波动，从而产生细胞内全转录组范围内的转录突变库，经过简便有效的高通量筛选就可以获得性能显著提升的细胞表型——这即是通常所说的、可以进行胞内物质流调控的全局转录机器工程方法。

针对RNAP对基因的转录过程设置“分子障碍”，弱化目标基因转录水平，也可以实现对单个或多个目标基因进行转录抑制调控，从而调节不同代谢途径中的物质流分配。CRISPRi-dCas9（i即interference，干扰；dCas9代表失去了核酸酶活性的Cas9蛋白）方法即是在CRISPR-Cas9技术上发展起来的、可以实现目标基因转录弱化调控的新方法。其中dCas9蛋白是Cas9经过定点突变后失去了核酸内切酶活性，但是依旧保留了sgRNA介导的DNA结合活性。通过设计结合能力不同的sgRNA序列，dCas9蛋白可以不同程度地结合到被调控的基因上，阻止RNA聚合酶复合体向该基因下游移动，从而在转录过程水平实现目标基因表达的梯度弱化，如图3-16所示。

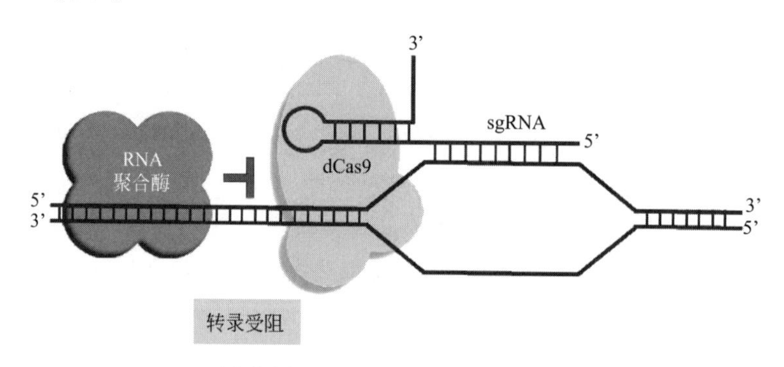

图3-16　CRISPRi-dCas9方法示意

4）终止子

终止子序列对于转录过程调控也非常重要。强终止子的应用通常可以提高目标基因的翻译效率和目标酶的表达量；弱终止子或“转录通读”现象则一般会加以避免。但近年来，利用转录通读现象，实现不同目标基因的不同强度表达的研究也开始引起关注[42]。

（2）mRNA 分子调控

在转录层面对目标基因表达进行调控的对象，除启动子、RNAP、终止子以及转录因子等元件外，还包括转录后生成的 mRNA 分子。

对转录后的 mRNA 进行编辑和调控，最常用的方式就是利用反义 RNA（Antisense RNA，asRNA）。反义 RNA 是与 mRNA 互补的 RNA 片段，根据 asRNA 的作用机制可将其分为 3 类：

Ⅰ类 asRNA 直接作用于靶 mRNA 的 SD 序列（Shine-Dalgarno Sequence）或部分编码区，直接抑制后续翻译效率；

Ⅱ类 asRNA 与靶 mRNA 结合形成双链 RNA，从而易被 RNA 酶Ⅲ降解；

Ⅲ类 asRNA 与 mRNA 的非编码区结合，引起 mRNA 构象变化，进而抑制翻译效率。

利用反义 RNA 进行基因敲低或沉默，主要是通过在启动子后插入 asRNA 的 DNA 序列（通常长度为 100～300bp）、从而在细胞内自动表达出 asRNA 的方式，如图 3-17 所示。目标 DNA 序列可以采用质粒载体表达或整合到基因组中进行表达。在原核细胞中，asRNA 针对 SD 序列的抑制效果最好；而在真核细胞中，以 5’端非编码区为标靶更为有效。

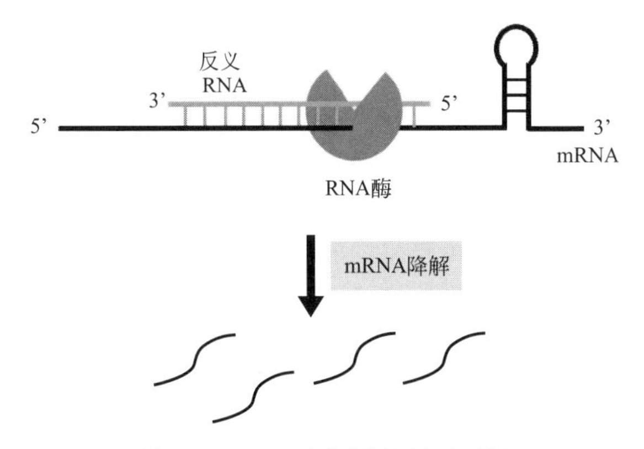

图 3-17　asRNA 抑制基因表达示意

核糖开关（Riboswitches）的研究和应用近年来也受到越来越多的关注。核糖开关实际上是指 mRNA 的 5’非编码区内一些序列折叠后所形成的特殊构象——这些构象在细胞内与某些代谢分子（如特定的代谢产物）结合后可以发生改变，因此可以通过代谢物应答来调控这些构象的改变从而实现 mRNA 转录调节、进而调控与代谢产物的生物合成与转运相关的基因表达。也就是说，核糖开关可以作为代谢物传感器调节相关基因表达。

核糖开关通常由两部分组成，如图 3-18 所示：一是可以感受并和外界配体相结合的适体结构域（也称为配体结合域，Aptamer Domain，AD）；二是可以调控目标基因表达的结构域，也称作表达平台（Expression Platform，EP，或称为作用平台）。

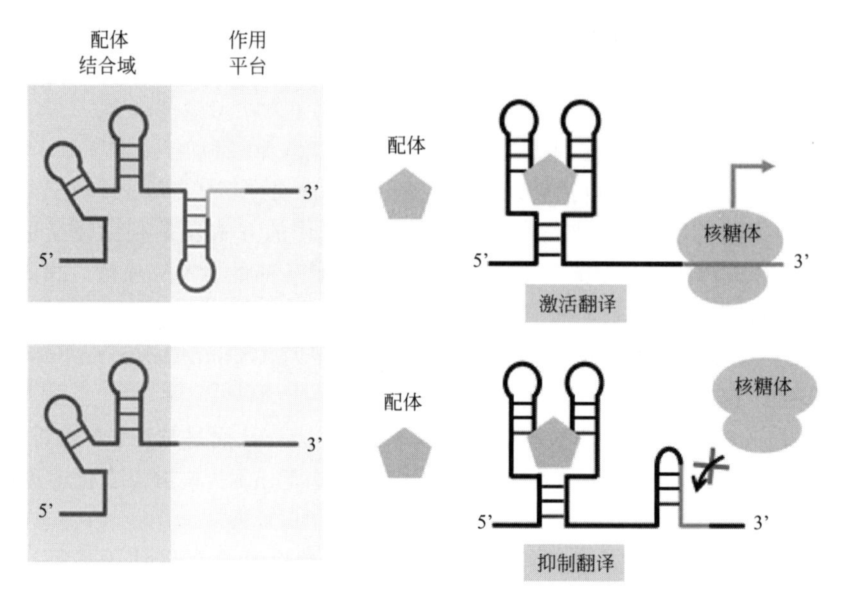

图 3-18 核糖开关调控基因表达的方法示意

适体域在与相应的配体结合后，引起其构象变化，从而影响到表达平台的核苷酸二级结构发生改变。这种改变可以是激活基因的表达，或者产生茎环结构抑制基因的表达，也可能导致 RNA 发生自我剪切，进而更容易被 RNA 酶水解，减少基因的表达。更多核糖开关知识及利用核糖开关进行物质流调控的研究和应用实例会在下一部分动态代谢调控中进行具体介绍。

3.1.3.3 翻译层面调控：翻译过程元件和蛋白酶分子结构

基因表达调控对于代谢工程来说具有举足轻重的地位，尤其是一些关键代谢路径中重要功能酶的精准表达和调控对于目标产物的产量具有重要影响[37]。针对目标酶的翻译过程以及酶分子本身的序列（三维结构）进行调控，可以调节目标酶的表达水平及活性，从而调控微生物的胞内物质流分配。

（1）翻译过程元件

在转运 RNA（tRNA）和核糖体 RNA（rRNA）以及许多酶和蛋白质因子的参与下，核糖体将 mRNA 中由 4 种核苷酸序列（A、G、C、U）编码的遗传信息，通过遗传密码破译的方式，解读为蛋白质一级结构中由 20 种氨基酸所形成的特定肽链的过程，称为翻译。

在蛋白质的翻译过程中，蛋白质翻译的分子机器——核糖体首先会结合到 mRNA 非编码区，然后 tRNA 携带着氨基酸单体在核糖体中依照 mRNA 编码区的序列合成蛋白质。基因在宿主细胞中的高效表达，经常与 mRNA 的翻译起始效率直接相关。一般而言，mRNA 的翻译起始效率主要由其 5’端的一段被称为核糖体结合位点（Ribosome Binding Site，RBS）的特殊序列决定。

以大肠杆菌为例，大肠杆菌核糖体结合位点（RBS）包括下列 4 个特征结构要素[21]。

1）Shine-Dalgarno（SD）序列

通常位于翻译起始密码子上游6～8个碱基处，其特征序列为5'-UAAGGAGG-3'。在大肠杆菌核糖体16SrRNA小亚基中的3'端区域，有一段3'AUUCCUCC5'特征序列，mRNA的SD序列可以与其专一性结合，从而将mRNA定位于核糖体上并启动翻译。一般而言，SD序列与16SrRNA上特征序列的碱基互补性越高，mRNA与核糖体的结合程度就越强，则目标基因的翻译起始效率越高。通常，SD序列中的GGAG 4个碱基最重要。对于很多不同的目标基因，上述4个碱基中的任何一个突变为C或T碱基，都会使得后续目标基因的翻译效率大幅度降低。

2）翻译起始密码子

众所周知，大肠杆菌中的翻译起始密码子，通常为AUG。但实际上，GUG和UUG也可作为起始密码子被大肠杆菌的tRNA识别，只是其识别频率较低。通常GUG的识别频率仅为AUG的50%，而UUG则只有AUG的25%，因此大肠杆菌的绝大部分结构基因都以AUG作为起始密码子。

3）SD序列：翻译起始密码子所间隔的距离和碱基组成

一般而言，SD序列和翻译起始密码子之间的距离具有特殊的意义。其精确距离可以保证mRNA在核糖体上的精确定位从而有效启动翻译过程。研究发现，SD序列通常位于起始密码子AUG之前大约7个碱基的距离处，在这一间隔区间内的碱基数量增多或减少都会导致翻译起始效率产生不同程度的下降。此外，SD序列下游的碱基组成也影响翻译效率，通常，若SD序列下游碱基为AAAA或UUUU，则后续结构基因的翻译效率最高；而若SD序列下游碱基为CCCC或GGGG，则后续结构基因的翻译效率会显著下降，分别只有最高值的50%及25%左右。

4）基因编码区5'端若干密码子的碱基序列

对于一条结构基因，研究发现，从其起始密码子AUG开始，其5'端的前几个密码子的碱基序列也对其翻译效率影响很大。一般而言，基因编码区5'端附近的前几个密码子不能与其mRNA的5'端非编码区恰好形成茎环结构；否则就会干扰到转录后mRNA在核糖体上的定位过程，从而影响翻译效率。

总之，不同的RBS序列对应着不同的核糖体结合强度。通过改变RBS序列即可调控基因的表达。目前，一些互联网在线服务器可以帮助研究人员针对不同种属来源目标基因的表达强度需要，进行优化的RBS序列设计，从而保证目标基因的精准表达（https://www.denovodna.com/software/）。在谷氨酸棒杆菌中，通过在线多次迭代优化5-磷酸谷氨酸激酶和脯氨酸4-羟化酶基因前的RBS序列，使得羟脯氨酸的产量提高了1倍[43]。进一步构建RBS序列库还可以实现对不同基因的梯度代谢调控。

蛋白质的翻译过程由多肽链合成的起始、延伸和终止3个环节组成。其中，肽链的延伸，取决于起始和终止密码子之间各密码子位点的有效识别、核糖体的移动速度以及tRNA有效搬运氨基酸等过程的效率。在微生物胞内代谢反应中，执行催化功能的生物酶通常是蛋白酶。蛋白酶分子的基本组成单位是氨基酸。氨基酸的密码子偏好性控制是决定肽链延伸效率的一个关键因素，也是进行酶分子翻译效率调控的常用方法。生命体中的密码子使用表是简并性的，即一种氨基酸可以对应多种密码子。但实际上，不同物种之间甚至同种生物的不同蛋白质之间，其对密码子的使用偏好性都会有所不同。一般而言，对于一条目标基因，可以根据其表达宿主的不同，利用密码子的简并性设计更换密码子，基本原则是根据新宿主的密码子使用偏好性，减少其基因序列中的稀有密码子。简单地说，对于目标基因的异源表达，应通过外源基因全合成策略设计获得新的关键酶基因，该基因序列中应剔除对宿主而言属于高度稀有的密码子，从而大幅提高目标酶的翻译效率，进而强化该功能酶所在的代谢途径。反之，如果将微生物本身的常用密码子替换为稀有密码子，其蛋白翻译水平通常会下调。值得一提的是，如果反向利用这一思路，将质粒上编码抗生素抗性基因中亮氨酸的常用密码子替换成稀有密码子，并导入大肠杆菌突变库。利用含有抗生素的亮氨酸匮乏培养基培养突变库中的大肠杆菌，生长速率较快的即为潜在亮氨酸高产突变株[44]。此外，同步表达相关 tRNA 的编码基因，也可以实现翻译过程的调控。

大肠杆菌的密码子使用频率如图 3-19 所示，图中，每种氨基酸使用的不用密码子频率总和为 1；白色标注的频率所对应的密码子为该氨基酸所使用的最高频密码子；* 为终止密码子。

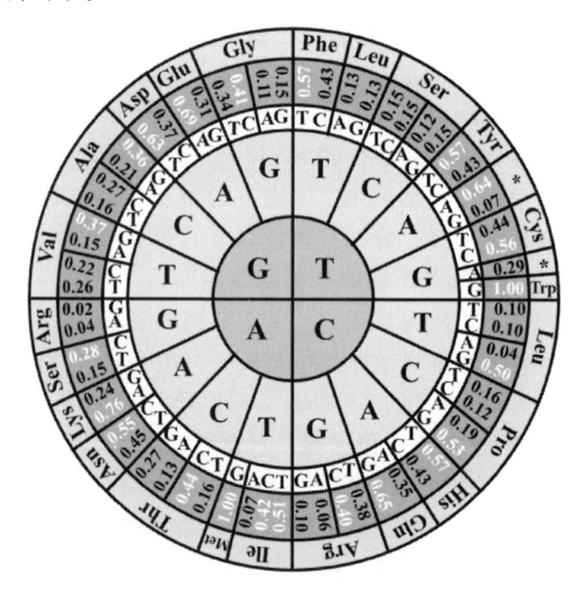

图 3-19　大肠杆菌的密码子使用频率

（2）蛋白酶分子结构

在蛋白质分子层面对细胞内代谢路径的调控主要体现在蛋白酶分子结构的设计和改造上。主要的调控方式分为两类，即酶的体外定向进化（Directed Evolution of Enzyme *in vitro*）和理性设计（Rational Design）。

1）酶的体外定向进化

20 世纪 90 年代初，美国加州理工学院的 Frances H. Arnold 教授提出了“定向进化”这一蛋白质工程的重要策略，用于设计新的和更好的酶。该项技术让生物酶在实验室中“繁殖”，以获得研究人员期望的性状。该方法生产出的酶，被广泛地用于制造消费品和医学诊断。Arnold 教授认为：进化是世界上最强大的工程方法，应该利用它来寻找问题的新的生物解决方案。

简单地说，酶的体外定向进化属于蛋白质的非理性设计，是一种模拟并加速大自然的进化机制（即产生随机突变、发生重组以及随后进行自然选择），从而高效获得改造酶分子的过程。对于一条目标酶基因，通过特定的人工反应条件，首先在体外快速产生大量基因突变，随后进一步通过一定的检测方法，进行高通量筛选或定向选择，快速获得具有改进功能乃至全新功能的目标酶（见图 3-20），可以使原来几百万年的自然进化过程得以在几个月、几周乃至几天内实现。所谓的特定人工反应条件，一般是在待进化酶基因的 PCR 扩增反应中，以很低的比率向目的基因中引入随机突变，构建大规模突变文库。而后续的高通量筛选或定向选择方法，则是定向进化的另一个关键步骤，它决定了酶的“进化”过程是否能够获得成功。可以说，酶的体外定向进化技术，极大地拓展了蛋白质科学与酶工程的研究和应用范围。它不需事先了解酶的空间结构和催化机制，从而可以解决酶的理性设计（需要事先获得酶的结构信息）所不能解决的问题，因此为酶的结构与功能研究开创了全新的途径，并且正在生物医药、生物制造和农业、食品等领域发挥巨大的作用。2016 年，Arnold 教授及其同事使用定向进化方法使细菌产生硅碳键[45]。2017 年，她的课题组又成功利用表达细胞色素 c 的大肠杆菌体系高效合成了手性有机硼化合物[46]。2018 年，瑞典科学院宣布，2018 年诺贝尔化学奖将其一半授予 Arnold 教授，以表彰其使“酶定向进化”。

2）酶的理性设计

近年来，随着生物信息学的发展和蛋白质晶体结构解析水平的提高，人们可以更全面地掌握蛋白酶在分子结构水平的信息，进而进行理性设计和改造。

酶的理性设计，通常是指利用计算生物学方法设计具有全新性能的酶分子或进行酶的改造。理性设计突变的基本策略，包括酶分子的定点突变、片段取代以及从头设计三种。其中，酶分子三维结构的获取是进行理性设计的前提。

在谷氨酸发酵生产赖氨酸的过程中，通过同源建模的方式，将谷氨酸棒杆菌中原有的甘油醛 3-磷酸脱氢酶进行定点突变，导致其辅因子由 NAD 改变为 NADP，进而通过辅因子工程，使得赖氨酸产量提高了 60%[47]。在脯氨酸的发酵生产中，5-磷酸谷氨酸激酶是其合成途径上的第一个酶，但是其受到产物脯氨酸的严格抑制。利用大肠杆菌中 5-磷酸谷氨酸激酶的晶体结构，在谷氨酸棒杆菌中引入脱敏突变，使得 5-磷酸谷氨酸激酶的负反馈抑制得到解除，脯氨酸合成代谢途径得以上调[48]。

相比定点突变，片段取代法对酶分子的改造幅度更大。在腈水合酶催化丙烯腈生成丙烯酰胺这一反应过程中，腈水合酶的活性会因为反应产生的热量而有所损失。研究发现腈水合酶的热不稳定区域主要集中在蛋白质分子的 C 末端；另外，嗜热蛋白中存在大量的盐桥结构。将嗜热蛋白中的盐桥结构引入腈水合酶的 C 末端，可以使得腈水合酶的热稳定性显著提高[49]。

蛋白质分子的从头设计则更依赖计算机辅助来模拟全新蛋白质的结构。David Baker 实验室在蛋白质分子从头设计的工作上取得了许多成就。通过组装拼接一些基

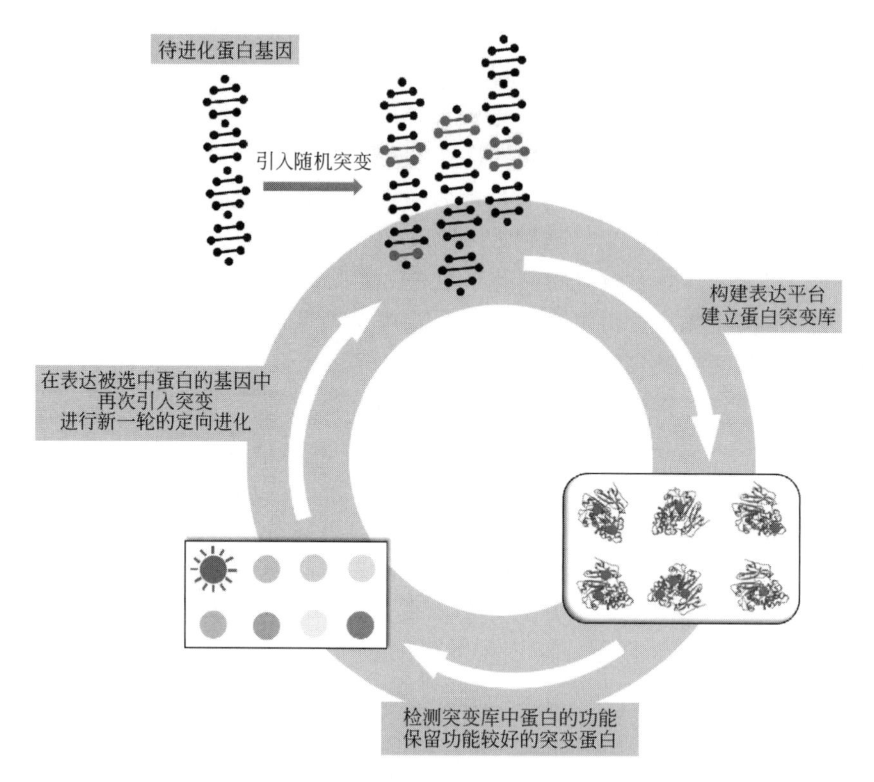

图 3-20　蛋白酶分子定向进化的示意

本的氨基酸二级结构，即可获得具有特定功能的蛋白质。例如将组氨酸残基有规律地埋入氢键网络中，利用静电作用和空间位阻效应，可以得到对 pH 值响应的结构可变蛋白分子[50]；或者通过 β 桶状的二级结构，可以使蛋白质分子像绿色荧光蛋白一样对荧光有所响应[51]。另外，Baker 实验室还开发了一个名为 Foldit 的全球数据共享软件（https://foldit.en.softonic.com/），来鼓励更多的科研工作者设计不同的蛋白质三维结构，如书后彩图 3 所示[70]。该软件通过分析稳定性或者其他评价参数来给出评分。评分最高的蛋白质三维体将被上传至互联网，与全球的科研工作者共享。

此外，蛋白质分子设计与定向进化的耦合也受到越来越多的关注。可以采用理性设计的蛋白质分子为起点进行定向进化，也可以对定向进化后的位点进行理论分析，并设计饱和突变策略对酶分子进行进一步改造，从而获得性能显著提升的新酶分子[53]。

3.1.3.4　动态代谢调控（Dynamic Metabolic Regulation）技术简介

随着合成生物学、工业生物技术、酶工程以及代谢工程等学科的快速发展，越来越多的研究者投入将酶改造为“催化机器”，来进行工业生物催化、将微生物细胞改造成高效细胞工厂来进行生物炼制，从而将生物原料转化为人类所需要的各种精细或大宗化学品以及能源或医药、健康产品的研究中来。在生物炼制过程中，采用常规的代谢工程策略，如基因的过表达、敲除或弱化表达（下调）进行胞内的代谢流调控，主要是通过在基因组或者质粒上引入相应的目标基因，并且在需要的时候调控相应的基因表达并发挥功能。这种调控方式往往是静态的，即相应的元件在成功表达并开启相应功能后，其作用效果是基本恒定不变的。但由于生物体中的代谢途径错综复杂，各种代谢物的浓度随着时间不断变化，这种静态的调控方式在微生物的动态生长过程中可能会造成某个阶段代谢流的失衡、或有毒中间代谢产物的积累，从而不利于菌体的生长，最终使得目标产物的转化率以及整个生物合成过程的生产强度并不理想。

近年来，动态代谢调控方法开始兴起并在生物炼制过程中获得越来越多的应用[54,55]。所谓动态代谢调控，是指将微生物自身随着胞内代谢物水平以及环境因素的变化而发生应答响应并产生代谢流量动态分配调整的机理和元件进行解析及修饰改造，并进一步用于对微生物代谢途径的动态平衡与重构，从而更好地协同分配用于菌体生长、产物合成以及副产物阻断的代谢流，进而达到目标产物产量高、底物转化率高以及生产强度高等重要指标的统一[56]。

动态代谢调控方法的核心是动态调控元件的开发。目前，已经报道的动态代谢调控元件主要有微生物在转录及转录后水平对于外界环境以及胞内代谢物浓度变化的响应元件（如核糖开关、群体感应信号系统、生长调节型启动子、转录因子、siRNA、碳源/光/温度诱导调控系统等）以及微生物在蛋白质水平实现代谢动态调控的别构酶元件、蛋白质降解速率调节元件等[56,57]。

所述动态代谢调控方法的基本策略和主要元件如图 3-21 所示。

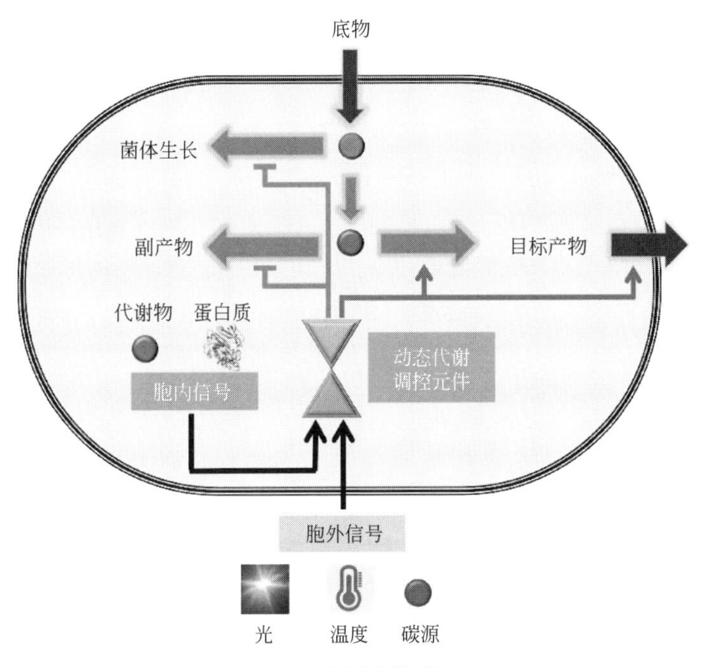

图 3-21　动态代谢调控示意

在进行动态代谢调控的过程中，研究者经常通过设计人工的基因回路使得细胞能够感应外部环境条件变化或者关键中间代谢物的浓度变化，从而在适当的时间随之开启或关闭目标基因的表达，实现代谢通路的动态反馈调控。这不仅可以避免有毒中间代谢物的过量积累，还可以精细平衡细胞生长所需的前体供应与目标产物的高效合成[54]。因此，动态代谢调控元件一方面具备生物传感器的功能；另一方面也具备执行代谢调控的功能。例如，此前提到的核糖开关便是一个很好的例子。枯草芽孢杆菌中存在着可以感知赖氨酸浓度的核糖开关。在胞内赖氨酸浓度较低时，mRNA 上的核糖开关处于正常状态，核糖体和 mRNA 上的 RBS 结合，可以进行蛋白质的正常翻译；当胞内赖氨酸浓度处于较高浓度时，核糖开关的配体结合域与赖氨酸结合，导致 mRNA 的二级结构发生改变，RBS 序列被封锁在茎环结构中，核糖体无法正常翻译蛋白质，从而实现代谢流量下调。将这个核糖开关引入高产赖氨酸的谷氨酸棒杆菌柠檬酸合酶基因的调控序列中，如图 3-22 所示。当胞内赖氨酸不断积累时，柠檬酸合酶表达水平不断下调，使得合成赖氨酸的底物草酰乙酸不断增加，进而合成更多的赖氨酸，最终达到正反馈的动态调节作用[58]。

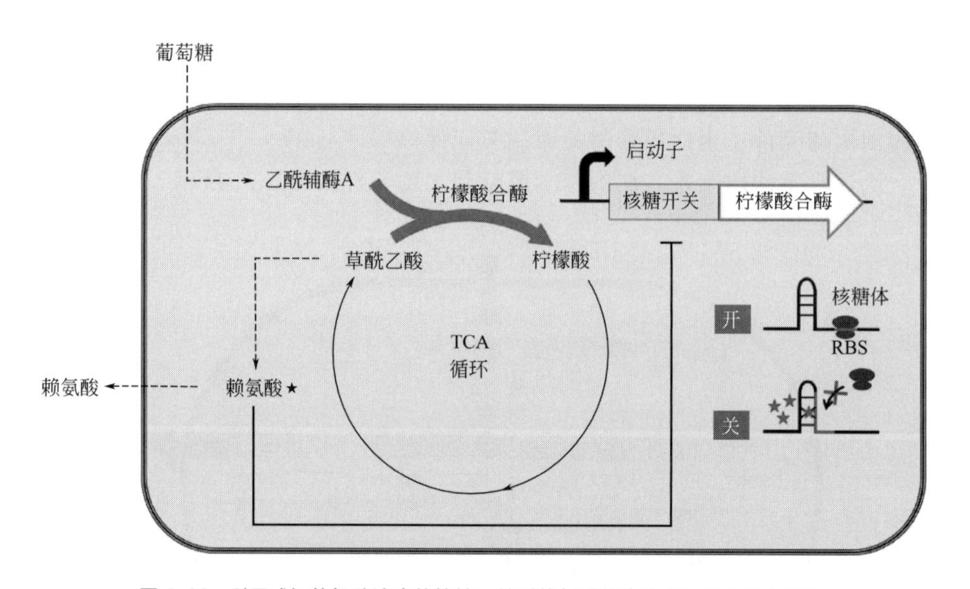

图 3-22 利用感知赖氨酸浓度的核糖开关对赖氨酸的生产进行动态代谢调控

在微生物体内也存在着群体感应信号系统，可以帮助微生物感知群体密度，进而调控基因表达。将费氏弧菌的群体感应系统 lux 引入大肠杆菌中，并将其制成了一个受群体密度控制的拨动开关。当菌体不断积累时，胞内柠檬酸合酶的活性降低，菌体生长变慢；同时胞内异丙醇合成途径上调，产物异丙醇积累加快[59]。Ma 等则在谷氨酸棒杆菌中筛选出了一个生长调节型响应的启动子 P_{CP_2836}。受该启动子调控的基因在菌体对数生长期正常表达，而在稳定期则表达量大幅度下降。将柠檬酸合酶的启动子替换为这个生长调节启动子，菌体在对数生长期正常积累，而在稳定期生长速度减缓。同时稳定期的缬氨酸产物合成代谢途径上调，产量提高了27%[60]。

本节主要介绍了生物炼制过程中胞内物质流强化改造的基本策略和方法。其中，在胞内物质流强化的基本策略方面，重点介绍了针对底物利用、细胞生长以及产物合成过程的细胞内天然代谢途径的强化以及新异源代谢途径的引入；在胞内物质流强化改造的方法，则分别针对基因复制、转录和翻译层面的基因强化表达及基因敲除/弱化、转录过程及mRNA结构调控以及翻译过程和蛋白酶分子结构改造等进行了阐述。

在实际研究过程中，研究人员往往会采用多种物质流强化策略来进行胞内物质流的强化改造，例如同时强化产物合成途径及弱化/敲除竞争途径，或是引入多个外源基因并进行强化等。可以根据基因组规模代谢网络模型分析、细胞转录组分析、实验结果验证等多方面进行综合考虑，寻找合适的胞内物质流强化方式，再根据情况使用合适的基因编辑和改造方法来进行基因的强化、弱化、敲除、引入等。

此外，对细胞代谢途径进行动态调控，可以有效避免常规的“静态”基因改造策略所造成的微生物细胞中间代谢物积累或辅因子失衡以及细胞生长抑制等问题，因此对高效微生物细胞工厂的开发具有重要意义，具有广阔的发展前景。

3.2 胞外物质流强化

生物炼制过程是利用细胞在生物反应器中代谢生产各种产物的过程，该过程可以生产出人们所需要的医药、食品、化工、农业、能源等领域的各类用品[61]，而在生物反应过程中各种营养物质的按需供给将是实现高效生物炼制过程的保障。各类营养物质流的供应情况均会对细胞代谢产生重要的影响，影响生物反应过程的效率，尤其是以碳水化合物（各类糖作为基础原料）为主体的生物炼制过程，高效利用可再生资源、解析生物炼制过程中复杂生命代谢的主体——细胞生理代谢机理、最终实现生物过程的优化与放大，生产出低成本的各类产品已成为生物炼制过程优化研究的主要内涵。

3.2.1 胞外物质流强化原理

① 生物炼制过程中细胞生物反应是一个具有复杂代谢特性的过程，细胞在生物

反应器中的生理代谢状态研究和调控是生物过程优化的核心，如何快速获取细胞生理代谢特性、同时结合理性的生物反应器设计是生物过程优化和放大的前提[61]。

② 在生物反应过程优化研究中，外界环境条件的改变会显著影响细胞内生化代谢反应；与此同时，在细胞宏观代谢层面也会发生变化。因此，为实现生物炼制过程的强化，可以通过开展细胞微观/宏观代谢流研究，从而在微观和宏观层面上对细胞代谢特性进行认知，并结合跨尺度多参数相关分析，在生物反应器水平实现细胞微观代谢的宏观观测和调控[62]。

③ 生物炼制过程的放大关键在于以工业规模生物反应器重现实验室规模生物反应器中细胞的最优生理代谢状态。通过对大型和小试生物反应器流场特性进行研究，从而获取细胞在不同生物反应器设计、外界环境条件下的代谢特性变化，能够为生物炼制过程的放大强化提供坚实的基础。

生物炼制过程的关键技术路线见图 3-23。

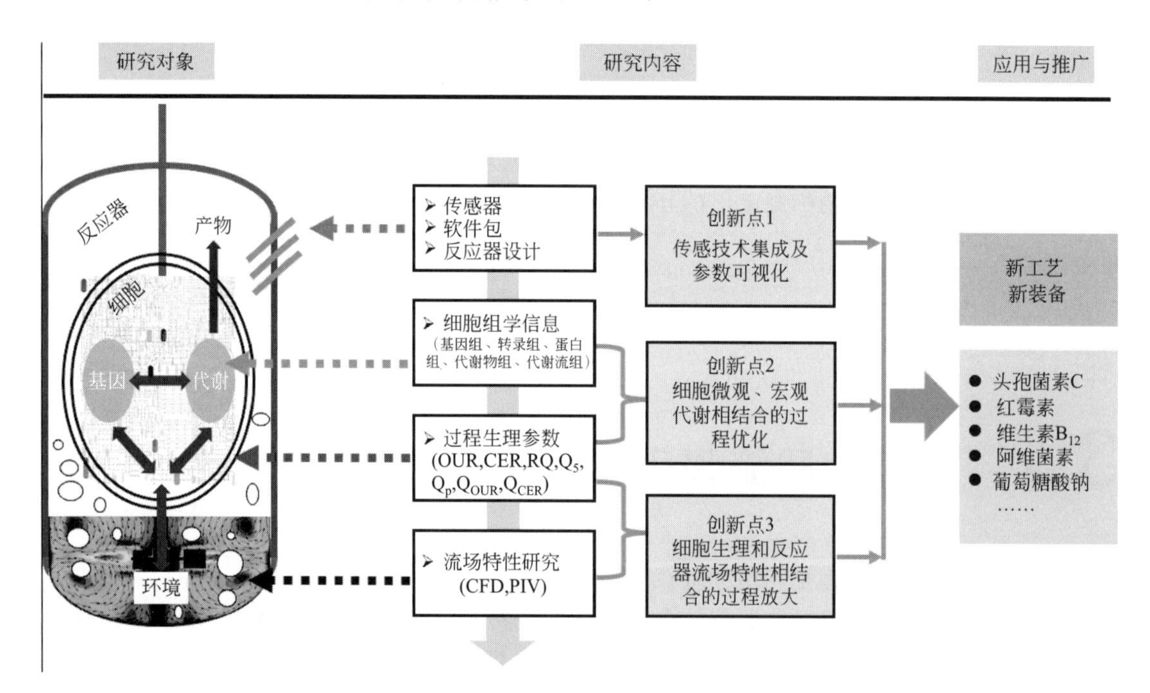

图 3-23　生物炼制过程关键技术路线

3.2.2　生物炼制过程细胞外物质流代谢特性检测技术

生物反应器中细胞代谢是一个精密调控的复杂过程：一方面，细胞代谢基本特性主要由微生物菌种特性所决定；另一方面，细胞外环境条件，包括生物反应器结构、培养过程操作条件等亦会对细胞代谢性能产生显著影响。因此，针对生物炼制过程，张嗣良等提出其存在基因、细胞、反应器三个尺度，同时各尺度之间形成多输入、多输出的复杂系统，为了实现生物炼制过程的优化与放大，应在多尺度之间实现跨尺度观测与调控[61]。

由于生物炼制过程是在生物反应器中进行的，所以如何在反应器尺度了解细胞在反应器中的生理代谢特性是生物反应过程强化的关键，如大多数的细胞代谢过程是伴随着氧消耗的，如果对生物反应过程中氧的消耗或二氧化碳的生成进行检测，则可了解反应器中细胞的胞外宏观物质流代谢特性。

张嗣良等根据细胞外宏观物质代谢流所需检测参数，自主设计用于全面了解细胞生理代谢特性的全参数检测生物反应器，其体积可以是实验室规模的50L，也可以是工业规模的500t以上[62,63]。除了常规生物反应器配置的环境检测参数外，包括转速、温度、pH值、溶解氧（DO）、通气量等，全参数检测生物反应器还引入了用于检测更多细胞生理代谢特性参数的传感器，例如过程尾气质谱仪能够在线检测尾气中O_2和CO_2的含量，从而在线计算得到细胞氧消耗速率（OUR）、二氧化碳释放速率（CER）、呼吸商（RQ）等；此外，活细胞传感仪和电子鼻能够分别实现生物反应器中活细胞量的在线检测以及过程挥发性物质的在线测定，从而为深入认识细胞宏观生理代谢特性提供基础[63]。

3.2.3　海量数据处理（过程参数可视化）方法

生物反应器在生物反应过程中均配置了计算机数据自动采集系统，实现各类过程参数在线数据检测与采集。一方面，生物炼制过程中对于生物反应器的控制以及过程数据的采集由计算机形成自动完整的控制系统；另一方面，如何从海量的过程数据中快速寻找到影响关键性能指标的敏感参数是研究人员最为关心的内容[62,63]。因此，张嗣良研究团队根据生物炼制过程中细胞生理代谢过程特性以及生物反应器的特点，开发了能够适应多种生物炼制过程的多尺度工艺分析和优化操作软件包，定名为BIOSTAR[64]，由此实现生物炼制过程优化与放大所需关键敏感参数的获得。

书后彩图4为头孢菌素C发酵过程中，应用BIOSTAR软件包实时获得过程关键在线检测参数（OUR、CER、RQ等）和离线测定参数（细胞量、底物消耗量、头孢菌素C产量等）的变化趋势，并结合多尺度参数相关分析理论，有可能在反应器尺度实现细胞微观代谢流的跨尺度观测，并最终实现生物炼制过程的优化[62]。

3.2.4　反应器宏观生理代谢特性、胞外物质流研究——多尺度参数相关分析

从生物炼制过程多尺度系统理论来看，宏观水平观察到的参数变化可能只是发生在基因、细胞和反应器尺度中某一层次，也可能是多个尺度间的相互作用，因此通过单一尺度或者简单的线性分析难以对宏观现象进行阐释。参数相关是指

生物炼制过程中在线参数或离线参数、直接参数或间接参数、状态参数或过程参数之间表现出的某些相关联的特征，其内在反映的是细胞内、细胞和生物反应器之间、生物反应器内信息流、物质流、能量流的变化。虽然通过传感器只能检测到细胞外环境参数或者宏观细胞生理代谢参数的变化，但是通过参数相关分析，有可能利用这些参数对基因、细胞、反应器水平发生的信息、物质、能量平衡不平衡等问题进行跨尺度观察，进而实现跨尺度调控。一般来说，生物炼制过程中理化相关和生物相关是最主要的两种参数相关类型：前者是由单纯的理化性质变化而引起的参数相关变化，包括传热、传质、传动等；后者则是由于细胞代谢引起的参数相关变化，例如细胞快速生长会造成细胞发酵液的流变特性的变化、细胞代谢途径的改变会导致不同代谢物生成的变化等。在具体的生物炼制过程中，需要对不同参数变化过程进行具体化分析，并针对性地开发最优的过程调控工艺，实现生物炼制过程的优化。

3.2.5 生物反应器流场与生理相结合的放大研究

搅拌式生物反应器是生物炼制过程中应用最为广泛的反应器装备之一，其内部结构较为简单，但是搅拌桨、空气分布器、挡板、冷却蛇管等结构形式以及位置会对生物反应器的内部流场产生极大的影响。在早期的生物过程研究中，工业生产搅拌生物反应器中采用最多的是径流式 Rushton 搅拌桨的单个或多个组合的搅拌系统。Nienow 等[65,66] 对这种搅拌桨形成的气液两相流场进行了详细的研究，发现在安装单层 Rushton 桨的反应器中随着搅拌转速和通气速率的变化存在着三种不同的流场结构，即气泛状态（Gas Flooding）、气载状态和完全分散态（Complete Dispersion）。当转速固定、增加通气流量时，反应器内流场状态从完全分散态向气泛状态发展；当固定通气流量、增加转速时，反应器内流场发展则反之。同时，Nienow 研究团队还建立了定量描述各种状态下临界转速与通气流量之间的关系式。此外，对于多层桨组合的研究发现：多层 Rushton 桨组合形成的流场结构具有分层的特点，而且随着搅拌桨间距的增大这种分层效果变得越为明显。

继 Rushton 桨的成功应用之后，又出现了一大批径流型搅拌桨在搅拌生物反应器中应用的研究，对这些桨的研究发现径流桨流型的一个共同特点，就是典型的分层结构流型。另外，由于桨叶后方气穴的影响，这种搅拌桨通气情况下功率降低明显，为通气搅拌发酵罐的设计带来了困难，即配套电机功率的选择问题，选择过大功率在通气阶段造成电能浪费，而选择小功率则有可能在开车时使电机过载。随着这一问题在高黏度发酵液应用中的凸显，工程学家开始开发新型的搅拌桨形式，其中有代表性的是 Prochem 公司的 Maxflo T 桨及 Lightnin 公司的 A315 桨[67]，这两种桨都属于轴流桨。

通过对轴流桨气液两相流场的研究发现，其气体分散方式与径流桨明显不同。Warmoeskerken 等[68] 对轴流式斜叶桨的研究发现轴流桨对气体分散存在两种状态，即间接装载态（Indirect Loading）和直接装载态（Direct Loading），当转速固定通气增加时，流场特性由间接装载态向直接装载态转变；反之则相反。轴流桨的流型不存在径流桨的分层，而是轴向射流占主体，进而形成轴向的大循环。这种流型结构将有助于生物反应器内底物的混合和气体的分散。但是对气液两相流场的研究还发现这种搅拌桨从直接装载状态到间接装载状态的临界转速相对很高，而从间接装载态到直接装载态的临界通气量相对却很低，这就使得这种搅拌桨的气体分散能力很低。另外，还有研究发现两种状态发生转化时轴的扭矩及轴功率发生很大波动[69]，这对轴的机械强度也将造成危害。细胞在小试生物反应器获得优化工艺后，在放大到大型生物反应器时往往难以达到预期的目标，这是因为细胞的最优生理代谢状态无法在大型生物反应器中进行重现。通过应用各种在线传感技术，对生物炼制过程中关键敏感参数进行在线检测和控制，从而获得小试生物反应器中同样的细胞生理代谢状态，那么就有可能在大型生物反应器中实现最优工艺的放大；反之，则需要对小试和大型生物反应器的流场特性进行模拟，通过生物反应器构造以及过程工艺的调整，从而达到最佳的细胞生理代谢状态。

3.3 生物炼制过程胞外物质流优化与放大案例

3.3.1 基于细胞生理和流场特性的头孢菌素C发酵过程优化与放大

国家生化工程技术研究中心（上海）研究团队在进行头孢菌素C发酵过程优化和放大过程中发现，将实验室50L规模上开发的优化工艺直接应用到工业规模160m^{3}生物反应器时，生产规模（30000U/mL）始终无法达到小试规模中头孢菌素C的产量（40000U/mL），而且两种生物反应器内细胞RQ的过程变化趋势也有明显区别。在发酵过程前30h，两者的RQ值较为接近，但是在30h以后小试生物反应器中的RQ值一直处于较低水平，而大型生物反应器中的RQ值则开始上升，到发酵过程中后期阶段，大型生物反应器的RQ值开始下降并维持在一定水平，不过其值仍要低于小试生物反应器。这些现象就表明小试生物反应器中细胞对于底物油的利用程度要显著高于大型生物反应器。而且通过将发酵液离心后发现大型生物反应器的发酵液上层存在明显的油层，从而进一步说明底物油在大型生物反应器中的混合和利用可能是限制头孢菌素C产量的一个重要原因。

另外，从头孢菌素C的合成反应中可以得知，这是一个高耗氧的过程，因此大型生物反应器中供氧水平也可能是限制细胞高效生产的因素之一。通过对比两种生物反应器中DO的变化可以发现，小试生物反应器能够一直维持DO水平在30%以上，而大型生物反应器 DO 在 100h 以后会降到 20%以下。为此研究团队采用计算流体力学技术，对 160t 发酵罐的流场特性进行了计算，结果表明：现行生产 160t 发酵罐搅拌设计不合理，造成发酵罐内无菌空气分布不均匀（见书后彩图 5），导致发酵液存在着明显的分层。工业规模发酵罐中空气分布不均导致过程中从发酵罐上部流加进入的豆油的混合严重不匀、供氧不足成为制约工业规模发酵罐头孢菌素 C 发酵水平提高的主要问题。

针对上述底物油混合利用不均匀以及设备供氧能力有限的问题，研究团队将原大型生物反应器配置的四层径流式 Rushton 桨改为底层 Rushton 桨组合中上层轴流式翻叶桨，并通过计算流体力学（CFD）技术对其进行流场模拟和中试验证[70]，最终在 160m^3 工业规模生物反应器上实现了发酵单位 35000U/mL 以上的目标（图 3-24）。

图 3-24 头孢菌素 C 发酵工业化放大装置

3.3.2 基于细胞微观和宏观物质代谢流的维生素 B_{12} 过程优化与放大

维生素 B_{12} 是有效治疗恶性贫血症的重要物质，利用脱氮假单胞菌深层液态耗氧发酵是工业生产维生素 B_{12} 的主要技术。近年来，针对其发酵过程优化的研究包括菌种特性、培养基质优化、辅助因子调节、前体物质控制、金属离子的添加浓度等多个方面，国家生化工程技术研究中心（上海）研究团队通过开展微观与宏观相结合的优化研究，并基于细胞生理与反应器流场特性相结合的放大方法，实现维生素 B_{12} 的高效生产。

首先，研究团队对脱氮假单胞菌发酵生产维生素 B_{12} 的细胞基本生理代谢特性进行了研究和分析。通过考察培养基氮源（玉米浆）的组成成分以及对产物生产的影响，找到了玉米浆中影响维生素 B_{12} 合成的关键因素，为玉米浆质量的确立和发酵培养基调整奠定了基础，同时廉价的糖蜜也被用于维生素 B_{12} 发酵生产。李昆太等在金属离子、前体等优化的基础上，在工业规模开发了 pH-stat 和过程甜菜碱浓度调控策略，实现了维生素 B_{12} 发酵水平从 90mg/L 到 176mg/L 的跨越[71-73]。

其次，为进一步提升和稳定发酵生产水平、降低生产成本和提升产品质量，实现脱氮假单胞菌胞内微观代谢与生理特性参数相关的过程优化控制策略，研究团队开展了基于微观代谢流分析的碳代谢机理研究。在开发的全合成培养基及其对应培养工艺的基础上，通过建立细胞内微观代谢通量研究方法，并结合^{13}C同位素标记技术构建了脱单假单胞菌细胞碳代谢中心网络，阐明了重要前体物质-甜菜碱的作用机理，同时根据^{13}C同位素标记丰度信息在脱单假单胞菌细胞中验证了 C4 途径和 C5 途径在维生素 B_{12} 合成中的作用[74]（见书后彩图 6）。

最后，研究团队针对细胞氧代谢特性形成了基于微观与宏观相结合的过程氧调控策略。在分批发酵研究的基础上，通过恒化培养系统研究了脱氮假单胞菌细胞的氧代谢生理特性，结果表明脱氮假单胞菌细胞具有非常高的氧亲和力，其最大比氧消耗速率（Q_{O_2}）和氧亲和常数 K_{O_2} 分别为 10.38mmol/(g·h) 和 0.104，而且在发酵过程中细胞呼吸代谢受到影响时的临界氧浓度为 2.4～2.7mg/L。基于此，通过进一步探索生物反应器水平不同供氧水平对细胞宏观代谢的影响，开发了以在线生理参数 OUR 为指导的多阶段氧调控策略，并在 $120m^3$ 工业规模生物反应器中成功实施，使得发酵单位达到 206mg/L 以上[75-77]。因此，在生物炼制过程中，通过检测并综合利用胞内外微观和宏观代谢信息，从而深入了解细胞代谢机理，能够成功实现工业微生物脱单假单胞菌维生素 B_{12} 发酵过程的优化。

3.3.3　谷胱甘肽联产麦角固醇和 SAM 过程优化与放大

北京化工大学北京市生物加工重点实验室研究了一种具有应用推广意义的基于标志代谢物反馈和计算流体力学的好氧发酵过程优化与放大平台技术。针对酵母和细菌的好氧发酵产品，选取酵母和细菌微生物代谢途径中主要无氧代谢途径标志物作为控制参数，通过控制微生物发酵过程的流加速度并结合计算流体力学的方法改善氧传递，从而使无氧代谢途径处于较低水平，并可直接实现发酵反应器设计及发酵过程放大。

开发了在线检测乙醇浓度并反馈流加葡萄糖的技术用于酵母高密度发酵，过程中通过在线或者快速离线装置对发酵副产物检测，并控制其浓度或者浓度变化在一定范围内。自动控制泵速，流加葡萄糖。该系统可以将副产物乙醇浓度控制在 0.5% 以下，避免了烦琐的直接取样测量，且重复性良好。

结合计算流体力学方法，设计改造了空气分布器，设计适合高细胞密度的发酵设备，使得发酵过程的气含率明显提高（见书后彩图 7），从而解除氧供给不足的影响，大大提高了谷胱甘肽、腺苷蛋氨酸和麦角固醇的产量。并且利用计算流体力学方法改造发酵反应器搅拌桨，改造前的空气分布情况差，而改造后的气含率比原先装置高出很多，同时搅拌功率并没有升高。

书后彩图 8 为设计采用组合桨形式（上层桨为单螺带和螺杆组合的方式，下层桨为斜叶圆盘涡轮桨叶）相应的空气分布图比较。

通过代谢流分析，从整个物质流和能量流的角度研究了细胞处于不同生理状态下物质/能量流的分配情况，以及外界条件变化（溶氧、营养物质的添加、异常刺激等）对物质/能量流分配的影响，从过程层面研究酵母发酵过程的调控手段，建立了中间代谢物控制流加机制。成功地用于其他酵母发酵如谷胱甘肽的发酵，谷胱甘肽发酵水平已达到 2400mg/L，突破了我国十年来谷胱甘肽发酵水平一直徘徊在 880mg/L 的问题，这些成果解决了我国谷胱甘肽多年一直依靠进口的问题。

参考文献

[1] 刘冬冬，张伟国，徐建中，等. 不同葡萄糖转运途径相关基因的过表达对菌株葡萄糖代谢及产物合成的影响［J］. 食品与发酵工业，2017（07）：32-39.

[2] Tai Mitchell，Stephanopoulos Gregory. Engineering the push and pull of lipid biosynthesis in oleaginous yeast *Yarrowia lipolytica* for biofuel production［J］. Metabolic Engineering，2013，15：1-9.

[3] Li Xu，Yang Huan，Zhang Donglai，et al. Overexpression of specific proton motive force-dependent transporters facilitate the export of surfactin in *Bacillus subtilis*［J］. Journal of Industrial Microbiology & Biotechnology，2015，42（1）：93-103.

[4] 吕扬勇. 谷氨酸棒杆菌产 L-苏氨酸重组子的构建及发酵初步研究［D］. 广东：华南理工大学，2011.

[5] 于芳. 谷氨酸棒杆菌产琥珀酸研究［D］. 无锡：江南大学，2012.

[6] 景培源. 多策略强化 1, 2, 4-丁三醇的生物合成［D］. 无锡：江南大学，2018.

[7] 董冰雪. 白腐真菌木质素降解酶的合成、定点突变、毕赤酵母表达以及它们对造纸工业中木质纤维原料降解的研究［D］. 广州：中山大学，2008.

[8] Gong Fuyu，Liu Guoxia，Zhai Xiaoyun，et al. Quantitative analysis of an engineered CO_2-fixing *Escherichia coli* reveals great potential of heterotrophic CO_2 fixation［J］. Biotechnology for Biofuels，2015，8（1）：86.

[9] Xiong Xiaochao，Wang Xi，Chen Shulin. Engineering of a xylose metabolic pathway in *Rhodococcus strains*［J］. Applied and Environmental Microbiology，2012，78（16）：5483-5491.

[10] Rossoni Luca，Carr Reuben，Baxter Scott，et al. Engineering *Escherichia coli* to grow constitutively on D-xylose using the carbon-efficient Weimberg pathway［J］.Microbiology（Reading，England），2018，164（3）：287-298.

[11] Xia Pengfei，Zhang Guochang，Walker Berkley，et al. Recycling carbon dioxide during xylose fermentation by engineered *Saccharomyces cerevisiae*［J］. Acs Synthetic Biology，2017，6（2）：276-283.

[12] 杨实权. 生物柴油基因工程菌的构建及酿酒酵母产油脂条件研究［D］. 北京：北京化工大学，2010.

[13] 刘德华，刘宏娟，程可可. 微生物发酵法生产 1, 3-丙二醇研究进展［C］. 全国工业生物技术在资源与能源领域应用发展研讨及成果交流会，武夷山，2005.

[14] Cheng Fangyu，Luozhong Sijin，Guo Zhigang，et al. Enhanced biosynthesis of hy-

aluronic acid using engineered corynebacterium glutamicum *via* metabolic pathway regulation [J] . Biotechnology journal，2017，12 (10)：1700191.

[15] Zhou Zhengxiong，Li Qing，Huang Hao，et al. A microbial-enzymatic strategy for producing chondroitin sulfate glycosaminoglycans [J] . Biotechnology and Bioengineering，2018，115 (6)：1561-1570.

[16] Jin Peng，Zhang Linpei，Yuan Panhong，et al. Efficient biosynthesis of polysaccharides chondroitin and heparosan by metabolically engineered *Bacillus subtilis* [J] . Carbohydrate Polymers，2016，140：424-432.

[17] Yu Huimin，Shi Yue，Zhang Yanping，et al. Effect of *Vitreoscilla* hemoglobin biosynthesis in *Escherichia coli* on production of poly (β -hydroxybutyrate) and fermentative parameters [J] . FEMS Microbiology Letters，2002，214 (2)：223-227.

[18] Martin Vincent J J，Pitera Douglas J，Withers Sydnor T，et al. Engineering a mevalonate pathway in *Escherichia coli* for production of terpenoids [J] . Nature Biotechnology，2003，21 (7)：796-802.

[19] Paddon C J，Westfall P J，Pitera D J，et al. High-level semi-synthetic production of the potent antimalarial artemisinin [J] . Nature，2013，496：528-532.

[20] Ajikumar Parayil Kumaran，Xiao Wen-Hai，Tyo Keith E J，et al. Isoprenoid pathway optimization for Taxol precursor overproduction in *Escherichia coli* [J] . Science，2010，330 (6000)：70-74.

[21] 赵亚华. 基础分子生物学教程 [M] . 北京：科学出版社，2006.

[22] Lessard Philip A，O' Brien Xian M，Currie，Devin H，et al. pB264，a small，mobilizable，temperature sensitive plasmid from *Rhodococcus* [J] . BMC Microbiology，2004，4 (1)：15.

[23] Anderson Daniel G，Kowalczykowski Stephen C. The translocating RecBCD enzyme stimulates tecombination by directing RecA protein onto ssDNA in a χ-regulated manner [J] . Cell，1997，90 (1)：77-86.

[24] Wang J P，Sarov M，Rientjes J，et al. An improved recombineering approach by adding RecA to lambda red recombination [J] . Molecular Biotechnology，2006，32 (1)：43-53.

[25] Gu H，Marth J D，Orban P C，et al. Deletion of a DNA polymerase beta gene segment in T cells using cell type-specific gene targeting [J] . Science，1994，265 (5168)：103-106.

[26] van Kessel Julia C，Hatfull Graham F. Recombineering in *Mycobacterium tuberculosis* [J] . Nature Methods，2007，4 (2)：147-152.

[27] Wang Harris H，Isaacs Farren J，Carr Peter A，et al. Programming cells by multiplex genome engineering and accelerated evolution [J] . Nature，2009，460：894-898.

[28] Qi Lei S，Larson Matthew H，Gilbert Luke A，et al. Repurposing CRISPR as an RNA-guided platform for sequence-specific control of gene expression [J] . Cell，2013，152 (5)：1173-1183.

[29] Ishino Y，Shinagawa H，Makino K，et al. Nucleotide sequence of the iap gene，responsible for alkaline phosphatase isozyme conversion in *Escherichia coli*，and

identification of the gene product [J]. Journal of Bacteriology, 1987, 169(12): 5429-5433.

[30] Jinek Martin, Chylinski Krzysztof, Fonfara Ines, et al. A programmable Dual-RNA-Guided DNA Endonuclease in adaptive bacterial immunity [J]. Science, 2012, 337 (6096): 816-821.

[31] Gaudelli Nicole M, Komor Alexis C, Rees Holly A, et al. Programmable base editing of A · T to G · C in genomic DNA without DNA cleavage [J]. Nature, 2017, 551: 464-471.

[32] Cox David B T, Gootenberg Jonathan S, Abudayyeh Omar O, et al. RNA editing with CRISPR-Cas13 [J]. Science, 2017, 358(6366): 1019-1027.

[33] Qu Liang, Yi Zongyi, Zhu Shiyou, et al. Programmable RNA editing by recruiting endogenous ADAR using engineered RNAs [J]. Nature Biotechnology, 2019, 37 (9): 1059-1069.

[34] Keasling Jay D. Synthetic biology for synthetic chemistry [J]. Acs Chemical Biology, 2008, 3(1): 64-76.

[35] Jiao Song, Li Xu, Yu Huimin, et al. In situ enhancement of surfactin biosynthesis in *Bacillus subtilis* using novel artificial inducible promoters [J]. Biotechnology and Bioengineering, 2017, 114(4): 832-842.

[36] McClure William R. Mechanism and control of transcription initiation in prokaryotes [J]. Annual Review of Biochemistry, 1985, 54(1): 171-204.

[37] Blazeck John, Alper Hal S. Promoter engineering: Recent advances in controlling transcription at the most fundamental level [J]. Biotechnology Journal, 2013, 8 (1): 46-58.

[38] Jiao Song, Yu Huimin, Shen Zhongyao. Core element characterization of *Rhodococcus* promoters and development of a promoter-RBS mini-pool with different activity levels for efficient gene expression [J]. New Biotechnology, 2018, 44: 41-49.

[39] Zhang Shuanghong, Liu Dingyu, Mao Zhitao, et al. Model-based reconstruction of synthetic promoter library in *Corynebacterium glutamicum* [J]. Biotechnology Letters, 2018, 40(5): 819-827.

[40] 于慧敏，王勇. 全局转录机器工程——工业生物技术新方法 [J]. 生物产业技术，2009,(04): 42-46.

[41] Yu Huimin, Tyo Keith, Alper Hal, et al. A high-throughput screen for hyaluronic acid accumulation in recombinant *Escherichia coli* transformed by libraries of engineered sigma factors [J]. Biotechnology and Bioengineering, 2008, 101(4): 788-796.

[42] Liang Xiao, Li Chenmeng, Wang Wenya, et al. Integrating T7 RNA polymerase and its cognate transcriptional units for a host-independent and stable expression system in single plasmid [J]. Acs Synthetic Biology, 2018, 7(5): 1424-1435.

[43] Zhang Yu, Zhang Yun, Shang Xiuling, et al. Reconstruction of tricarboxylic acid cycle in *Corynebacterium glutamicum* with a genome-scale metabolic network model for trans-4-hydroxyproline production [J]. Biotechnology and Bioengineering, 2019, 116(1): 99-109.

[44] Zheng Bo, Ma Xiaoyan, Wang Ning, et al. Utilization of rare codon-rich markers for

screening amino acid overproducers [J] . Nature Communications, 2018, 9 (1): 3616.

[45] Kan S B. Jennifer, Lewis, Russell D. , Chen, Kai, et al. Directed evolution of cytochrome c for carbon-silicon bond formation: Bringing silicon to life [J] . Science, 2016, 354 (6315): 1048-1051.

[46] Kan S. B. Jennifer, Huang, Xiongyi, Gumulya, Yosephine, et al. Genetically programmed chiral organoborane synthesis [J] . Nature, 2017, 552:132-136.

[47] Wu Wenjun, Zhang Ye, Liu Dehua, et al. Efficient mining of natural NADH-utilizing dehydrogenases enables systematic cofactor engineering of lysine synthesis pathway of *Corynebacterium glutamicum* [J] . Metabolic Engineering, 2019, 52: 77-86.

[48] 张宇. 谷氨酸棒杆菌新基因组规模代谢网络模型的构建及其应用 [D] . 北京: 中国科学院微生物研究所, 2017.

[49] 陈杰. 微生物法生产丙烯酰胺的红球菌细胞-腈水合酶协同改造 [D] . 北京: 清华大学, 2015.

[50] Boyken Scott E, Benhaim Mark A, Busch Florian, et al. De novo design of tunable, pH-driven conformational changes [J] . Science, 2019, 364 (6441): 658-664.

[51] Dou, Jiayi, Vorobieva Anastassia A, Sheffler William, et al. De novo design of a fluorescence-activating β -barrel [J] . Nature, 2018, 561 (7724): 485-491.

[52] Koepnick Brian, Flatten Jeff, Husain Tamir, et al. De novo protein design by citizen scientists [J] . Nature, 2019, 570 (7761): 390-394.

[53] Altamirano Myriam M, Blackburn Jonathan M, Aguayo Cristina, et al. Directed evolution of new catalytic activity using the α/β -barrel scaffold [J] . Nature, 2000, 403 (6770): 617-622.

[54] Holtz William J, Keasling Jay D. Engineering dtatic and dynamic control of dynthetic pathways [J] . Cell, 2010, 140 (1): 19-23.

[55] Chubukov Victor, Gerosa Luca, Kochanowski Karl, et al. Coordination of microbial metabolism [J] . Nature Reviews Microbiology, 2014, 12: 327-340.

[56] 武耀康, 刘延峰, 李江华, 等. 动态调控元件及其在微生物代谢工程中的应用 [J] . 化工学报, 2018, 69: 280-289.

[57] 周萍萍, 叶丽丹, 于洪巍. 合成生物学中动态代谢途径调控策略的研究进展 [J] . 生物产业技术, 2019, 69: 56-62.

[58] Zhou Libang, Zeng Anping. Exploring lysine riboswitch for metabolic flux control and improvement of l-lysine synthesis in *Corynebacterium glutamicum* [J] . Acs Synthetic Biology, 2015, 4 (6): 729-734.

[59] Soma Yuki, Hanai Taizo. Self-induced metabolic state switching by a tunable cell density sensor for microbial isopropanol production [J] . Metabolic Engineering, 2015, 30: 7-15.

[60] Ma Yuechao, Cui Yi, Du Lihong, et al. Identification and application of a growth-regulated promoter for improving l-valine production in *Corynebacterium glutamicum* [J] . Microbial Cell Factories, 2018, 17 (1): 185.

[61] Zhang Siliang, Chu Ju, Zhuang Yingping. A multi-scale study of industrial fermenta-

tion processes and their optimization//*Biomanufacturing* [M]. Heidelberg: Springer, 2004: 97-150.

[62] 庄英萍，田锡炜，张嗣良. 基于多尺度参数相关分析的细胞培养过程优化与放大 [J]. 生物产业技术，2018，63 (1): 50-56.

[63] 田锡炜，王冠，张嗣良，等. 工业生物过程智能控制原理和方法进展 [J]. 生物工程学报，2019，35: 2014-2024.

[64] 华东理工大学. 基于生物信息的发酵过程工艺分析软件（简称发酵之星）[CP/CD]，著作权登记号: 2009SR027762.

[65] Nienow A W，Chapman C M，Middleton J C. Gas recirculation rate through impeller cavities and surface aeration in sparged agitated vessels [J]. The Chemical Engineering Journal，1979，17 (2): 111-118.

[66] Nienow A W. Gas dispersion performance in fermenter operation [J]. Chemical Engineering Progress，1990，86 (2): 61-71.

[67] Bakker A. The use of profiled axial flow impellers in gas-liquid reactors [C]. IChem. E. Symposium Series，1990: 153-166.

[68] Warmoeskerken Marijn M C G，Speur J A N，Smith John M. Gas-liquid dispersion with pitched blade turbines [J]. Chemical Engineering Communications，1984，25 (1-6): 11-29.

[69] Balmer G J，Moore I P T，Nienow A W，Aerated and unaerated power and mass transfer characteristics of prochem agitators [R]. AMERICAN INSTITUTE OF CHEMICAL ENGINEERS，1987.

[70] Yang Yiming，Xia Jianye，Li Jianhua，et al. A novel impeller configuration to improve fungal physiology performance and energy conservation for cephalosporin C production [J].Journal of Biotechnology，2012，161 (3): 250-256.

[71] Li Kuntai，Liu Donghong，Li Yongliang，et al. Improved large-scale production of vitamin B12 by *Pseudomonas denitrificans* with betaine feeding [J]. Bioresource Technology，2008，99 (17): 8516-8520.

[72] Li Kuntai，Liu Donghong，Chu Ju，et al. An effective and simplified pH-stat control strategy for the industrial fermentation of vitamin B12 by *Pseudomonas denitrificans* [J]. Bioprocess and Biosystems Engineering，2008，31 (6): 605-610.

[73] Li Kuntai，Liu Donghong，Zhuang Yingping，et al. Influence of Zn^{2+}，Co^{2+} and dimethylbenzimidazole on vitamin B_{12} biosynthesis by *Pseudomonas denitrificans* [J]. World Journal of Microbiology and Biotechnology，2008，24 (11): 2525.

[74] Wang Zejian，Wang Ping，Liu Yuwei，et al. Metabolic flux analysis of the central carbon metabolism of the industrial vitamin B_{12} producing strain *Pseudomonas denitrificans* using ^{13}C-labeled glucose [J]. Journal of the Taiwan Institute of Chemical Engineers，2012，43 (2): 181-187.

[75] Wang Huiyuan，Wang Zejian. Enhance vitamin B_{12} production by online CO_2 concentration control optimization in 120 m^3 fermentation [J]. Journal of Bioprocessing & Biotechniques，2014，4 (4): 159-166.

[76] Wang Zejian，Wang Huiyuan，Li Yongliang，et al. Improved vitamin B_{12} production by step-wise reduction of oxygen uptake rate under dissolved oxygen limiting level

during fermentation process [J] . Bioresource Technology，2010，101 (8)：2845-2852.

[77] Wang Zejian，Wang Ping，Chu Ju，et al. Optimization of nutritional requirements and ammonium feeding strategies for improving vitamin B_{12} production by *Pseudomonas denitrificans* [J] . African Journal of Biotechnology，2011，10 (51)：10551-10561.

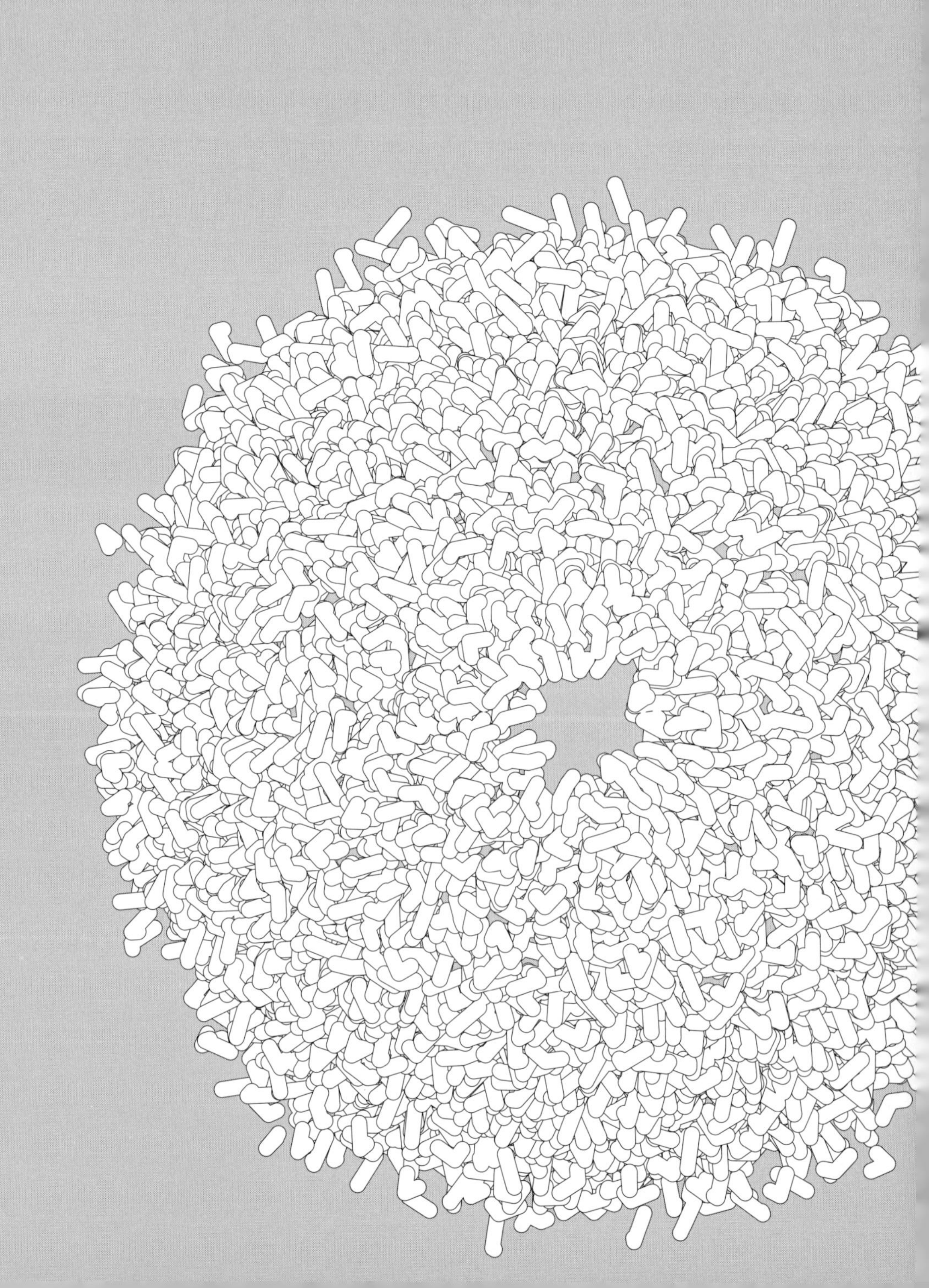

第4章

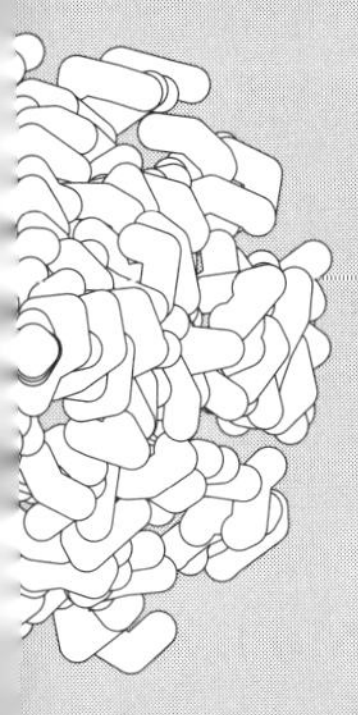

生物炼制过程能量流强化

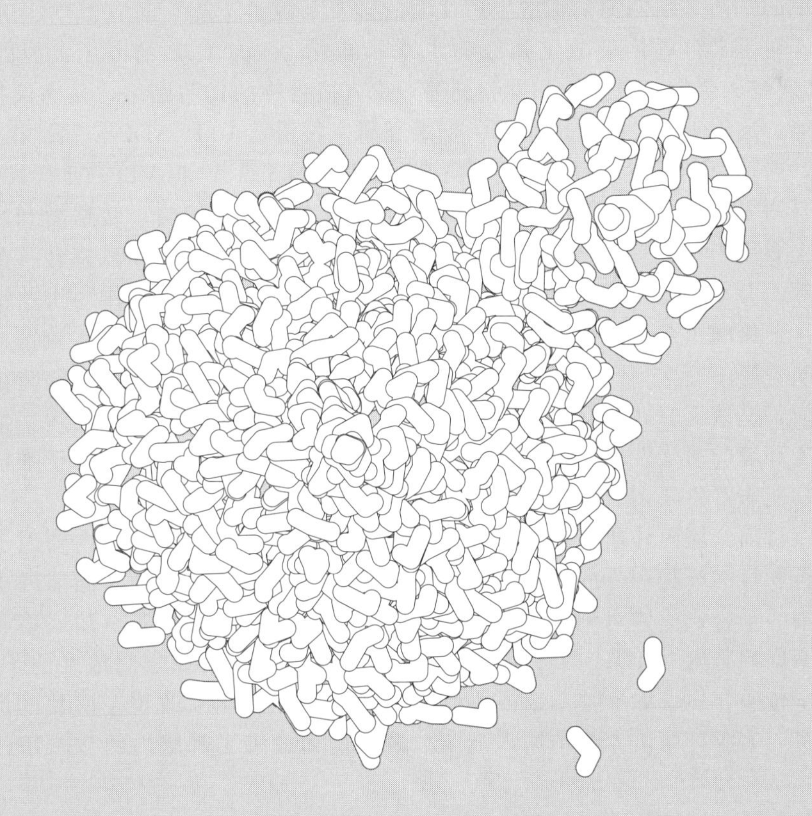

4.1 胞内能量流强化——辅因子调控系统

4.1.1 胞内辅因子及其调控系统的简介

辅因子是一类可以和蛋白结合并对蛋白行使正常催化功能所必需的非蛋白质类化合物[1]，这类化合物在微生物细胞生长和目的产物合成中起着至关重要的作用。辅因子调控是指借助于生化工程和代谢工程手段，对胞内的辅因子合成与降解途径效率进行理性协调，达到改善目标产物合成和细胞生理功能的高效策略。微生物细胞中的重要辅因子包括 AMP/ADP/ATP、NAD^+/NADH、$NADP^+$/NADPH、乙酰辅酶 A 及其衍生物、维生素和微量元素等[2]。这些辅因子为生物合成和分解代谢反应提供氧化还原载体，并作为细胞能量转移的重要因子。前期研究表明 NADH/NAD^+ 和 NADPH/$NADP^+$ 辅因子分别参与微生物细胞的众多生化反应，并分别与 524 个和 582 个酶相互作用（图 4-1）[1]。NADH/NAD^+ 和 NADPH/$NADP^+$ 依赖性相关酶主要集中于氧化还原酶。NADH/NAD^+ 与 NADPH/$NADP^+$ 辅因子对作为参与细胞代谢最重要的氧化还原载体，不仅在物质分解过程中作为电子受体，而且在氧化还原反应过程中提供细胞所需的还原力。因此，维持这些核苷酸的氧化与还原速率的平衡是维持细胞正常生理代谢的必要条件[3,4]。

对于来自氧化磷酸化和底物水平磷酸化 ATP/ADP 辅因子，能够以多种方式（如底物、产物、激活剂和抑制剂等）进入微生物的代谢网络，从而调控细胞的生理功能，参与细胞骨架合成系统。据最新研究报道，ATP/ADP 依赖性相关酶达到 504 个，包括 ADP 依赖性酶 18 个、ATP 依赖性酶 125 个和 ATP/ADP 共依赖性酶 361 个［图 4-1（c）］。ATP/ADP 依赖性相关酶主要是连接酶、转移酶和水解酶。转移酶主要用于一些基团（如一碳基团、含磷基团）的转移，如酰基转移酶、糖基转移酶等。而水解酶主要是水解一些物质的酯键和碳氮键，而不作用于肽键和酸酐的水解。连接酶主要催化物质之间形成碳氮键、碳碳键、碳氧键、碳硫键、磷脂键和氮金属键等[4]。ATP 作为细胞代谢过程中的“能量货币”，可直接参与细胞众多生化反应，这些反应涉及众多重要的生理过程，如细胞生长、物质转运、信号传导和对恶劣环境的耐受性等。因此，理性调控胞内 ATP/ADP 比例，对于维持细胞正常生理功能非常重要[5]。

目前，国内外研究者们通过大量研究进一步证实了调控胞内辅因子平衡对细胞生长和目的产物积累的重要性。有研究已经报道了外源添加不同辅因子合成抑制剂或辅因子合成前体对细胞生理功能的影响[6]。例如，添加脱氢酶底物和脱氢酶抑制剂来影响胞内 NADH 的可用性，使羧酸杆菌培养物中积累高浓度的丁酸盐。另外，电子传递介质，如甲基紫精或中性红，也被研究者用来改善丁酸盐的产量。有研究报道向大肠杆菌培养基中加入吡啶核苷酸前体改善了其胞内的 NADPH 库，进而也

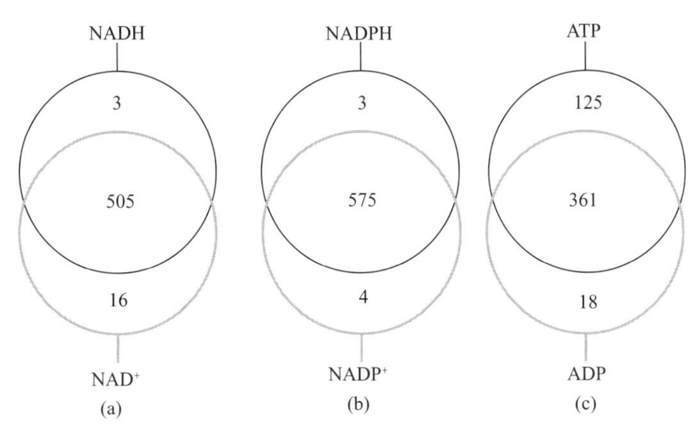

图 4-1　不同辅因子依赖性酶的数量

改善了其合成手性药物中间体的效率。同时，对于辅因子合成途径的挖掘与解析工作也相继被报道。如大部分研究报道胞内 NADPH 主要来源于细胞的磷酸戊糖途径，而有研究团队通过建立菌株全基因组代谢模型，并运用该代谢模型来分析该菌株产 NADPH 的代谢途径，最终发现甘油-DHA 的无效循环途径能够为细胞提供额外的 NADPH。此外，也有研究通过代谢工程手段来调控胞内辅因子水平来研究其对目的产物合成的影响。例如，为了改善丙酮酸的胞外积累效率，过量表达 NADH 氧化酶来改善胞内 NAD^+ 库，缓解细胞内 NADH 对菌株糖酵解途径中关键酶的反馈抑制，最终达到了改善光滑球拟酵母高效积累丙酮酸的目的[3]。因此，理性调控微生物胞内辅因子水平对于改善微生物细胞的目标代谢流和能量流具有实质性的影响。

4.1.2　辅因子在维持细胞生理代谢过程中的重要性

4.1.2.1　ATP/ADP 对细胞生理代谢的影响[7]

ATP 是细胞的重要高能化合物和辅因子，可以直接参与细胞生理代谢过程中的许多生化反应，这些反应包括细胞生长、酶催化反应和物质转运系统等过程[8]。根据先前文献报道，ATP/ADP 的生理代谢功能主要体现在 6 个方面：

① 参与细胞代谢；

② 影响酶活性；

③ 参与物质运输；

④ 影响胞内信号转导；

⑤ 影响胞内微环境；

⑥ 改善细胞对胞外环境的适应性。

因此，理性调节胞内 ATP/ADP 分布水平是一种改善微生物生理特性和目标产物积累效率的高效策略。

（1）参与细胞代谢

在菌株的正常生理代谢过程中，ATP 可以作为底物或产物直接参与胞内物质的合成、分解及转运等生理代谢过程。如糖酵解过程中的己糖激酶催化 ATP 中的磷酸酸基与葡萄糖来生成 ADP 和葡萄糖-6-磷酸，从而使物质进入下一步代谢反应过程。另外，H^+-ATPase 通过催化将 ATP 转化为 ADP，为胞内 H^+ 向胞外转运提供能量，从而维持胞内酸碱环境的平衡。随着转录组学的快速发展，对胞内酶进行转录水平上的调控策略也越来越多地被人们所熟知，并受到了国内外学者的关注[9]。ATP 作为重要的辅因子，在细胞转录水平的调控中发挥着重要的作用。ATP 不仅为 RNA 的合成、降解及组装等复杂的生理过程提供直接能量供给，还作为底物参与 RNA 的合成，直接参与转录水平的代谢过程，从而影响菌株的生理代谢机制[10]。

（2）影响酶活性

一方面 ATP 作为底物在其他酶的催化作用下使胞内酶分子磷酸化，从而达到激活或抑制酶活性的目的；另一方面，ATP 作为别构调节物，改变胞内酶的结构，从而调节酶活性。ATP 通过上述两种方式，调节代谢途径中关键酶活性，影响代谢途径的效率，进而调节菌株生理特性。例如，ATP 作为别构调节物来调节 6-磷酸果糖激酶的活性，从而调节糖酵解代谢途径的效率。有研究通过分析磷酸糖激酶的分子结构，发现其进化保守区中含有 ATP/AMP 的别构调节位点。其中，AMP 作为别构激活剂增加磷酸糖激酶活性，而 ATP 作为别构抑制剂可以降低该酶的活性。因此，当菌株的胞内 ATP 水平降低时可以改善磷酸果糖激酶的活性，从而强化糖酵解途径。这一调控机理在前期的研究中已经被应用于丙酮酸等有机酸的生产中，其研究通过内外源调控策略降低胞内 ATP 水平，有效地改善了有机酸的生产强度。此外，有研究利用 ATP 还可以作为抑制剂来抑制海藻糖酶的活性，从而降低了胞内海藻糖的浓度和菌株的鲁棒性[11]。

（3）参与物质运输

维持细胞内外物质和信号交流的基本方式是跨膜转运。在多数情况下，跨膜转运需要 ATP 为之提供能量。因此，当胞内的 ATP 水平升高时物质跨膜运输的效率也随之增强，进而加快细胞生长速度。ATP 结合盒（ABC）超家族是广泛分布于生物体内的一类膜结合蛋白，该结合蛋白在实现物质跨膜转运的过程需要 ATP 为其提供能量。如细胞膜上的 H^+-ATPase，通过分解 ATP 提高能量，将质子泵出胞外来维持胞内微环境稳态，进而改善细胞活性。当胞内 ATP 水平不足时，胞内质子无法及时高效地分泌到胞外而持续积累，最终打破菌株的胞内微环境稳态，使得细胞活性降低，这也是酸胁迫下菌株生长性能低的原因之一。Ycf1p 作为 ABC 超家族的另一成员，通过促使细胞内的膜泡融合来完成物质的膜泡转运。有研究通过敲除酿酒酵母中的 *Ycf1p* 的编码基因，发现菌株胞内的膜泡融合效率下降了 40%，膜泡运输效率也明显下降。而利用表达质粒回补表达 *Ycf1p* 的编码基因时，膜泡融合情况得到了改善。因此，ATP 可以通过调节 *Ycf1p* 的表达水平影响物质膜泡运输的效率[12]。

(4) 影响胞内信号转导[13]

胞内信号转导系统是细胞内各种调控手段有效实施的重要保障，而信号转导系统受到胞内 ATP/ADP/AMP 的严谨调节。例如，AMPK 途径作为细胞内全局性调控体系之一，能够统筹协调细胞内能量与物质代谢过程，调控菌株的生理代谢性能。有研究发现酿酒酵母中 AMPK 激酶含有三个腺苷酸的结合位点，其中两个腺苷酸的结合位点被 AMP 和 ATP 竞争性结合来决定 AMPK 激酶的活性，因此 ATP 水平变化可以显著影响 AMPK 途径的活性。在胁迫条件下，胞内 ATP 水平降低，导致 AMP 能高效结合 AMPK 激酶的腺苷酸结合位点，从而使得 AMPK 途径被激活。此时，AMPK 通过对目标基因进行磷酸化修饰来调节下游基因的活性和减少细胞的耗能过程，从而最大限度地改善细胞的活性。当胞内 ATP 水平的提高，与 AMP 竞争性地结合到 AMPK 激酶的腺苷酸结合位点来抑制 AMPK 途径活性，使得下游耗能反应增加，最终使得胞内更多的能量被用于胞内物质的合成和细胞的生长。

(5) 影响胞内微环境[5]

影响胞内微环境的因素主要包括：

① 由菌株自身基因型所决定的信号转导途径与代谢网络；

② 微生物细胞所处的外环境条件；

③ 细胞所处于的不同生长阶段[14]。微生物细胞自身的代谢网络对细胞面对不同的外界环境时所做出的胞内微环境的响应机制起决定作用。

胞内微环境与微环境中的代谢网络、信号转导和物质转运密切相关，因此维持胞内微环境的稳定对于细胞生长及目标产物积累都具有重要意义。胞内亚细胞结构的完整性是细胞生长和特定产物积累的基础，也是维持胞内微环境的必要因素。破坏亚细胞结构会强烈抑制细胞生长和目标产物积累，甚至引发细胞死亡，从而使得细胞无法高效积累目标产物。因此，对目的基因理想改造或改变胞外环境可以有效调控胞内微环境稳态，从而使得微生物细胞的代谢网络在更有利于目标产物的合成与积累的环境中进行。在影响胞内微环境的诸多因素中，ATP 供给水平是最为重要的。ATP 的高效供给是细胞生长和目标产物合成的前提条件。微生物细胞只有在 ATP 供给充足的情况下才能合成细胞膜和膜上的转运蛋白，进而实现胞内微环境最基本的亚细胞区间的区隔和维持各区间内的微环境。在此基础上，众多依赖于 ATP 的转运蛋白对胞内各种离子进行选择性跨膜转运，从而维持胞内微环境[14]。在这一装运过程中需要大量的 ATP 为其提供能量。此外，ATP 还是很多依赖于 ATP 的信号转导途径的能量来源和重要信号，并通过一系列信号转导途径对胞内微环境进行全局性的调控。

(6) 改善细胞对胞外环境的适应性[15]

在微生物发酵生产目标产物的过程中，产物反馈抑制是生化反应中影响产物生产强度和产物浓度的主要因素。有效消除或缓解这种由代谢产物引起的反馈抑制可以显著提高目标产物的生产效率。例如，在有机酸的发酵过程中，随着有机酸的不断积累使得发酵液 pH 值逐渐降低，最终导致细胞停止生长和代谢物合成减少。实际上，酸胁迫耐受机制和细胞响应是工业生物技术领域中研究最为广泛的常见胁迫之一，整个酸胁迫耐受机制和细胞响应过程的机制已研究得较为明确。真核微生物的酸胁迫耐受机制主要是细胞主动将胞质 H^+ 转运至胞外与液泡中，使得液泡 pH 值和胞质 pH 值处于一个适宜且稳定的范围内。这个过程需要质膜 ATP 酶和液泡 ATP 酶的参与，整个转运和酸胁迫耐受过程都会消耗大量的 ATP。当胞外 pH 值下降时，细胞需要主动转运 H^+ 到目标细胞亚区间来维持胞内外和液泡内外的 pH 值梯度（ΔpH），这一过程需要消耗大量的 ATP。因此，增加 ATP 的供应可以增强细胞维持 pH 值梯度的能力，来应对酸胁迫的环境，维持细胞的活力。

4.1.2.2 NADH/NAD⁺ 调控对细胞生理代谢的影响

微生物胞内的 NADH 生理代谢功能主要体现在以下几个方面。

（1）调控胞内能量代谢

微生物胞内 ATP 主要来源于糖酵解的底物水平磷酸化和呼吸链的氧化磷酸化[8,16]。对于好氧微生物，胞内 ATP 主要来源于细胞的氧化磷酸化途径。氧化磷酸化发生在真核细胞的线粒体内膜或原核生物的细胞质中，是高能化合物在体内氧化时释放的能量通过呼吸链供给 ADP 与无机磷酸合成 ATP 的偶联反应。参与呼吸链传递的起始物质主要是 NADH。在糖酵解和 TCA 循环中产生的 NADH 在多种呼吸链复合体的催化作用下，将自身携带的电子传递给氧气，同时伴随着大量 ATP 的合成，而 NADH 自身被氧化成 NAD^+。因此，胞内 $NADH/NAD^+$ 的比率是表征胞内能量状态的重要参数。调控胞内 $NADH/NAD^+$ 的比例是调控胞内能量代谢的重要手段。Heux 等在酿酒酵母中过量表达来源于乳酸乳球菌中编码 NADH 氧化酶的基因 *nox E*，使得胞内 NADH 下降 5 倍，而葡萄糖消耗速度提高了 10%。此外，Vemuri 等在酿酒酵母的线粒体内过量表达氧化更高效率的 NADH 氧化酶，将 NADH 氧化途径从电子传递链转移至选择性氧化酶途径，显著降低了菌株胞内的 $NADH/NAD^+$ 比率和 ATP 含量[2,17]。

（2）调节胞内氧化还原水平

微生物细胞内发生的各种生物化学反应都是在特定的氧化还原范围内发生和完成的。因此，胞内的氧化还原状态对微生物细胞的生长和产物的合成非常重要。而参与胞内氧化还原反应的氧化剂与还原剂的活性与相互间的比例决定细胞内的氧化还原状态。吡啶核苷酸辅酶（$NADH/NAD^+$）广泛存在于各种生物体细胞中，这些辅酶参与生物体内大量氧化还原反应，并对氧化还原反应的进行起决定性的作用。同时也有研究报道胞内 $NADH/NAD^+$ 比率是反映胞内氧化还原状态的一个重要参数。因此，通过调控胞内 $NADH/NAD^+$ 比率可以达到调节细胞内氧化还原水平的目的，从而达到改善目的代谢途径和产物合成的效率。此外，前期研究表明，通过在培养基中添加外源电子受体可以加速 NADH 的氧化，从而使细胞维持在最佳氧化还原状态（合适的 $NADH/NAD^+$ 比率）[18,19]。例如，向乳酸菌发酵已糖生产有机酸的培养基中添加一定量的外源电子受体可以加速菌株胞内 NAD（P）H 代谢效率，并降低副产物甘油与赤藻糖醇的积累和显著加速乳酸菌的生长[20]。

（3）调控中心碳代谢流流向与流量

NADH 及其氧化所产生的 ATP 可以激活或抑制目标代谢途径中关键酶的活性，达到对碳代谢流流向及其通量的调控。

（4）影响线粒体功能

NADH 可通过控制线粒体膜上的阴离子通道、影响线粒体通透性和增加线粒体膜电位等方式改变线粒体活性。

（5）调控细胞生命周期

有研究对 NADH 的生理功能分析表明，调节微生物细胞的生长及其代谢功能可通过调控 NAD^+/NADH 代谢水平来实现[2]。由于 NADH 与中心代谢途径的关系非常密切（图 4-2），使得大量的研究集中在了解 NADH 对工业微生物中心代谢途径的影响，如糖酵解与 TCA 循环[3]。

4.1.2.3　NADH/NAD^+ 对糖酵解途径的调控

NADH 和 NAD^+ 可通过调节糖酵解中关键酶活性及其基因表达水平而精细地调节糖酵解途径效率，该调节过程在葡萄糖代谢过程中发挥重要作用。在糖酵解过程中，胞质 NAD^+ 在特定的酶促催化下可以先转化为等量 NADH，生产的 NADH 是 EMP 途径中关键酶的别构抑制剂。为了提高细胞糖酵解的碳通量，必须快速将胞内 NADH 氧化为 NAD^+，一方面改善的 NAD^+ 再生效率；另一方面解除 NADH 对关键酶的抑制作用。在有氧条件下，微生物细胞可以利用线粒体外膜 NADH 脱氢酶、3-磷酸甘油脱氢酶或乙醇脱氢酶、氧化磷酸化途径等途径，可将 NADH 氧化为 NAD^+。微生物胞内 NADH 主要产生于糖酵解途径和三羧酸循环途径，但由于真核微生物细胞存在亚细胞结构，使得 NAD^+/H 不能自由穿过线粒体内膜，NADH 必须分别在不同的“区室”（胞质和线粒体）中实现氧化与再生；当 NADH 的氧化过程发生在细胞质中时，会导致来自底物的碳代谢流被分流到糖酵解途径的其他代谢支路（甘油合成途径、乙醇合成途径）。而当 NADH 的氧化过程发生在线粒体中时，即使 NAD^+/H 不能自由地直接进入细胞质对糖酵解产生影响，但 NADH 通过氧化磷酸化途径产生大量 ATP，大量胞内 ATP 对糖酵解产生的影响也是不容忽视的。高 ATP 浓度会对糖酵解过程中的一些关键酶活性产生别构抑制，从而抑制糖酵解速率及其代谢流通量。

微生物胞内 NAD^+/NADH 水平在葡萄糖代谢过程中起着至关重要的作用，糖酵解以 NAD^+ 等作为辅因子将底物葡萄糖氧化为丙酮酸，而 NAD^+ 则被还原成等量的 NADH。总的来说，胞内 NAD^+ 与 NADH 的总量一般是恒定的，因此，将胞内 NADH 快速氧化成 NAD^+，并使得胞内 NAD^+ 维持在一定水平对细胞生长及其物质代谢有着至关重要的作用[21]。Vemuri 等[17] 在酿酒酵母中过表达 NADH 氧化酶水解 NADH 来降低胞内 NADH/NAD^+ 比率，最终加快了比葡萄糖消耗速率和比氧消耗速率。但是，Brambilla 等在酿酒酵母中过表达乳酸脱氢酶（NADH 依赖性），在好氧条件下并不能有效改善糖酵解速率，可能的原因是在好氧条件下乳酸并不是

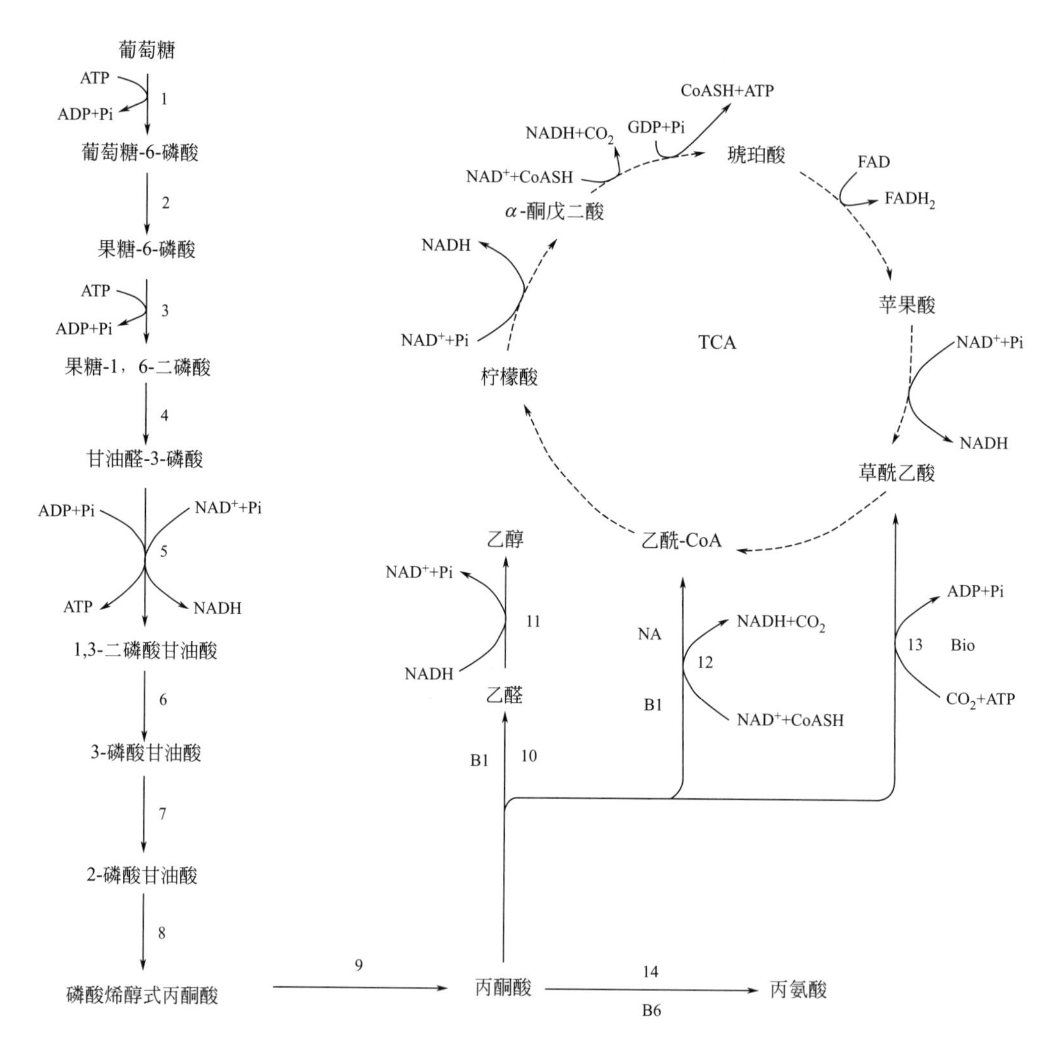

图 4-2　NAD^+/H 辅因子与中心碳代谢途径的关系

B1—维生素 B_1；Bio—生物素；NA—烟酸；B6—吡哆醇；

1—己糖激酶；2—葡萄糖-6-磷酸异构酶；3—磷酸果糖激酶；4—醛缩酶；5—3-磷酸甘油醛脱氢酶；6—磷酸甘油酸激酶；7—磷酸甘油酸激酶；8—烯醇化酶；9—丙酮酸激酶；10—丙酮酸脱羧酶；11—乙醇脱氢酶；12—丙酮酸脱氢酶；13—丙酮酸羧化酶；14—转氨酶

酿酒酵母的主要代谢产物，因此，过量表达乳酸脱氢酶并不会显著降低菌株胞内 NADH 水平和改善 NAD^+ 的供给。研究人员在先前的研究中提出，依赖于 NADH/NAD^+ 比率的 3-磷酸甘油醛脱氢酶是控制糖酵解途径的关键酶，并且是几乎绝对地控制了糖酵解途径的流量。但是，研究人员通过构建一系列的 3-磷酸甘油醛脱氢酶活性增加的突变株（活性提高的范围在 14%～210%之间）发现，糖酵解的代谢流水平并没有随 3-磷酸甘油醛脱氢酶活性的增加而加快；且在 3-磷酸甘油醛脱氢酶活性降低为原来的 25%以下时，对糖酵解流量也几乎没有任何影响。在有氧条件下，胞内 NADH 通过氧化磷酸化途径合成大量的 ATP。在这种条件下，NADH 转变为另外一种能量形式（ATP）来调控糖酵解途径及其酶水平。先前研究者通过破坏菌株的线粒体电子传递链或者过量表达F0F1-ATPase抑制因子INH1均能有效地降低菌株胞内ATP水平，从而显著改善糖酵解速率和丙酮酸生产强度[22]。

4.1.2.4　NADH/NAD^+对TCA循环途径的调控

丙酮酸在丙酮酸脱氢酶复合体的催化作用下合成乙酰辅酶A，进而进入TCA循环进行氧化分解代谢。NADH是调控丙酮酸脱氢酶复合体活性和TCA循环强度的关键物质之一[6]。NADH和乙酰辅酶A能竞争抑制丙酮酸脱氢酶复合体的活性部位来调控其活性，其中，NADH抑制脱氢酶复合体中的二氢硫辛酰胺脱氢酶，而乙酰辅酶A抑制脱氢酶复合体中二氢硫辛酰胺转乙酰酶。NADH对TCA循环的调控，主要表现为对TCA循环关键酶（柠檬酸合成酶、异柠檬酸脱氢酶和α-酮戊二酸脱氢酶）的活性水平进行调控。柠檬酸合酶活性受到高比率的NADH/NAD^+、ATP/ADP和乙酰辅酶A/辅酶A抑制。异柠檬酸脱氢酶活性受NADH与ATP变构抑制，而受ADP变构激活。此外，异柠檬酸脱氢酶与NAD^+、ADP、Mg^{2+}和异柠檬酸等的结合有协同作用。在较低ATP浓度条件下，提高NAD^+水平，不仅能改善异柠檬酸脱氢酶催化活性，同时也能改善其他依赖NAD^+的酶促反应效率。α-酮戊二酸脱氢酶复合体包括α-酮戊二酸脱氢酶（E1）、二氢硫辛酰转琥珀酰酶（E2）和二氢硫辛酰脱氢酶（E3）3个亚基。NADH与NAD^+竞争二氢硫辛酰脱氢酶（E3）活性位点。高浓度NADH能降低该催化反应的最大反应速度和增加α-酮戊二酸脱氢酶对底物α-酮戊二酸的$S_{0.5}$[23]。

研究者们通过在*S. cerevisiae*中表达选择性氧化酶来降低线粒体NADH浓度，使得所有TCA循环途径中的相关酶基因表达上调，蛋白质组分析同样表明，过量表达选择性氧化酶改善了TCA效率。此外，研究者在光滑球拟酵母的胞质和线粒体中分别过表达NADH氧化酶、选择性氧化酶和亚磷酸脱氢酶，并进一步调控了丙酮酸合成相关途径的基因表达水平，增强了*T. glabrata*的糖酵解途径效率。研究结果表明通过NADH的亚细胞分布水平来调控以*T. glabrata*丙酮酸合成途径为代表的生化途径是一种有效的策略[24]。

4.1.3　辅因子调控策略

4.1.3.1　微生物辅因子系统的自我调控

微生物通过有氧呼吸作用将葡萄糖氧化分解成CO_2的过程，伴随着将胞内的NAD^+还原成NADH。在真核生物中，这一过程发生在不同的亚细胞中，同时涉及一些代谢途径，如糖酵解、脂肪酸氧化和三羧酸（TCA）循环。由于胞内NAD^+/NADH的化学计量总数基本保持不变，因此细胞为了维持自身生理代谢的稳定性，必须能存在自身的辅因子平衡系统[1,3,25]。在酿酒酵母细胞中存在三条辅因子自平衡胞内氧化还原水平的途径，分别是代谢溢出、呼吸链和线粒体氧化还原穿梭途径。例如，葡萄糖在产乙酸和甘油的发酵过程中被分解，这一过程被认为是氧化还原平衡的[26]。因为乙酸的合成涉及重新氧化 NADH 的过程，因此平衡了 NAD^+/NADH 的比率。而甘油的形成维持了胞内 NAD (P)$^+$/NAD (P) H 并且补偿了合成 NADH 的反应[27]。在另外一个例子中，线粒体内膜两侧的 NADH 氧化酶系形成的呼吸链。线粒体中的 NADH 能被呼吸链中的复合物氧化成 NAD^+，而细胞质 NADH 可以通过外部 NADH：泛醌氧化还原酶或氧化还原穿梭进入线粒体被氧化，如甘油-3-磷酸穿梭途径。酿酒酵母的线粒体氧化还原穿梭路径包括乙醇-乙醛氧化还原穿梭、苹果酸-草酰乙酸穿梭，苹果酸-天冬氨酸穿梭和柠檬酸-氧代戊二酸穿梭，这些穿梭路径对细胞的有氧呼吸生长非常重要，因为这些途径可以平衡胞质和线粒体内的 NAD^+/NADH 比率[28]。

4.1.3.2 基于生化工程的辅因子调控

生化工程策略来改善微生物细胞内的辅因子平衡主要包括两个方面：一是添加外源电子受体和 NAD^+ 的前体物质；二是改变微生物的发酵培养条件，如温度、溶解氧、碳源等。在培养基中添加适量的电子受体或 NAD^+ 前体类似物可以通过改善 NADH 氧化途径来影响呼吸链上的电子传递，从而影响胞内辅因子的水平而实现辅助因子的平衡[1]。其中一个典型的例子就是甘油的厌氧发酵过程。在这一发酵过程中，以两种方式保持胞内的氧化还原平衡，分别是将电子转移到胞内形成的有机化合物和将电子转移到还原性产物。另外，一些底物（如有机酸、乙偶姻、硝酸盐、乙醛和吩嗪）可以作为外源电子受体添加到培养基中来改善 NADH 的氧化效率，进而实现胞内 NADH/NAD^+ 和 ATP 水平的平衡。例如，研究者在研究酿酒酵母以木糖为碳源来发酵生产乙醇的过程中，发现通过外源添加乙偶姻（甲基乙酰甲醇）作为电子受体，可以高效地改善酿酒酵母胞内 NAD^+ 的水平，从而强化了产物乙醇的合成。此外，改善微生物细胞内的 NADH/NAD^+ 和 ATP/ADP 水平平衡可以通过改变培养条件来实现。

4.1.3.3 ATP/ADP 水平的调控策略

ATP 是微生物细胞内重要的辅因子和能源物质，直接参与胞内大量生物化学反应和一些重要的生理过程[5]。研究者发现通过调控胞内 ATP 水平能有效提高目标代谢产物的产量、产率和生产强度，并能扩大菌株的底物谱和提高其抵御环境胁迫的能力[14]。这些指标的改善能显著提高工业生物技术过程的经济性，并且也是发酵过程优化和菌种改造过程中需要考虑的一个重要经济指标。胞内的 ATP 主要产生于氧化磷酸化和底物水平磷酸化途径（图 4-3，其中Ⅰ～Ⅳ为复合体）。对于好氧微生物来说，绝大部分 ATP 产生于氧化磷酸化途径。因此，如何理性地调控胞内氧化磷酸化途径是调控好氧微生物胞内 ATP 水平及其形式的关键因素。氧化磷酸化途径由电子传递链和 ATP 合成酶两部分组成，并以 $FADH_2$ 或 NADH 作为电子供体，来源于 $FADH_2$ 或 NADH 的电子通过电子传递链的过程产生跨膜电势，驱动 F_0F_1-ATP 合成酶催化 ADP 合成 ATP。因此，胞内 F_0F_1-ATP 合成酶活性、电子受体的供给、NADH 供给及电子传递链都是通过调节氧化磷酸化途径来调控胞内 ATP 水平及其

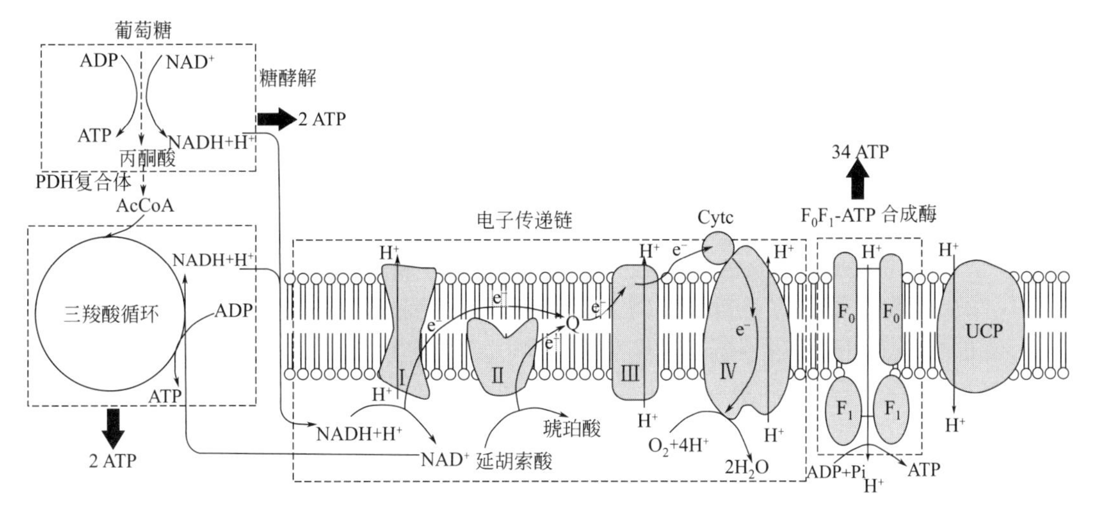

图 4-3　真核微生物中的 ATP 合成途径

分布的潜在位点。

（1）调控胞内 NADH 的供给水平

NADH 作为氧化磷酸化途径中重要的电子供体，其在 ATP 合成中发挥着至关重要的作用。目前，研究者们围绕调控胞内 NADH 供给水平来调控胞内 ATP 水平的研究主要集中在两个方面：

① 敲除或过表达与 NAD^+ 代谢密切关联的代谢途径的关键酶，如乙酸激酶、丙酮酸甲酸裂解酶、甲酸脱氢酶、醛脱氢酶、乳酸脱氢酶，以调控 NADH 生成与代谢效率；

② 添加促进 NADH 合成的底物（柠檬酸和甲酸），强化 NADH 的合成可以有效提高胞内 ATP 水平，同时还可以诱导与能量代谢相关的关键酶或其酶系的过表达，进而促进胞内 ATP 合成[29]。

（2）调控电子传递链活性水平

电子传递链是将 $FADH_2$ 和 NADH 中存储的能量转化为跨膜电势的关键步骤。电子传递链由复合体Ⅰ、Ⅱ、Ⅲ和Ⅳ四部分组成。电子传递链是一个完整的系统，该系统涉及数十个调控基因和结构基因，因此，很难通过过表达该系统中某个或一些电子传递链中的相关基因来改善 ATP 的合成。但是，若破坏电子传递链的任一环节都可以显著降低电子传递链活性水平，进而显著降低胞内 ATP 水平。目前，研究者围绕电子传递链活性的研究主要集中在向培养基中加入一些电子传递链抑制剂（氰化物、抗霉素、鱼藤酮）。其中，鱼藤酮可以阻断 Fe-S 中心到泛醌的电子传递；抗霉素可以阻断细胞色素 b 到细胞色素 c1 的电子传递；氰化物可以抑制细胞色素氧化酶[30]。

（3）调控电子受体供给水平

在微生物发酵过程中，通过改变发酵条件（如搅拌转速、通气量等）的策略改变电子受体氧的供给水平是调控胞内 ATP 供给水平最为直接的方法。研究者通过分析微生物生长不同阶段对 ATP 需求的差异，建立了适用于产物积累的分阶段溶氧控制策略来调节 ATP 的生成与供给水平，以满足不同发酵阶段细胞生长和目标产物积累对 ATP 供给的不同需求。另外，研究者们在培养基中添加氧载体也在很大程度上改善了发酵体系中的氧传递效率和增强氧的供给，从而提高对微生物细胞的 ATP 供给水平[31]。

(4) 调控跨膜电势

呼吸链中的 ATP 的合成效率紧紧依赖于跨膜电势，而跨膜电势依赖于胞内 pH 值及线粒体膜的通透性。因此，细胞生长所处于的外环境 pH 值和其胞内 pH 值都对跨膜电势存在一定影响，进而影响电子传递过程中的 ATP 合成。研究者发现在发酵培养基中添加一些化学物质（如二甲苯、乳酸链球菌肽、2,4-二硝基苯酚等），可以很好地改变细胞膜对质子的通透性，并且该通透性的改变严重影响跨膜电势和抑制 ATP 的合成。此外，研究者也发现微生物细胞自身会合成一些解偶联蛋白（Uncoupling Protein，UCP），使质子不通过 ATP 合成酶而直接由 UCP 形成的离子通道穿过膜，破坏跨膜电势分布，进而严重影响 ATP 合成和降低胞内 ATP 水平[32]。

4.1.3.4 NAD^+/NADH 的调控策略

研究者通过分析 NADH 的生理功能，发现调控 NAD^+/NADH 代谢能有效地调节微生物细胞的生长及其相关代谢功能。目前研究者调控 NAD^+/NADH 代谢主要包括外源和内源两种方式：

① 外源调节 NAD^+/NADH 代谢主要是采用生化工程的方法（如通过添加外源电子受体、不同还原态碳源和 NAD^+ 前体物，改变溶解氧、温度及胞外氧化还原电位等）来实现对 NADH 代谢的调控；

② 内源调节 NAD^+/NADH 代谢是指通过代谢工程和合成生物学的策略调节与 NAD^+/NADH 代谢相关酶的活性水平（如删除 NADH 竞争代谢途径或构建 NAD^+/NADH 代谢途径）；

而基于生化工程策略的 NADH 代谢调控策略，微生物好氧条件下以分子氧为最终电子受体，NADH 通过线粒体内的电子传递链被氧化为 NAD^+，而在微氧或者厌氧条件下，NADH 氧化则主要通过发酵途径（EMP 途径）实现。相对于电子传递链，发酵途径氧化 NADH 效率较低，因此，使得胞内 NADH/NAD^+ 比率相对升高[33]。研究者们为了在微氧或厌氧条件下能维持微生物细胞内的 NADH/NAD^+ 比率处于最佳的水平，或为了在微氧或厌氧条件下进一步调节微生物代谢功能，以强化目标代谢产物的合成，通常采用改变底物氧化还原状态、添加电子受体和调节胞外环境条件等策略以实现对胞内 NADH/NAD^+ 比率的理性调节[2]。

(1) 添加外源电子受体调控 NADH 代谢

先前研究已经报道一些底物（如醛、酮、酸、分子氮或硝酸盐）能作为外源电子受体加入培养基中来加速 NADH 氧化，最终维持细胞处于最佳氧化还原状态（合适的 NADH/NAD^+ 比率）。研究者在利用乳酸菌发酵底物己糖生产有机酸的过程中，向培养基中添加一定的外源电子受体（如丙酮酸、果糖或柠檬酸等）加速了NAD（P）H代谢速率，降低了副产物甘油和赤藻糖醇的胞外积累，显著改善了乳酸菌的生长。此外，研究者在利用酿酒酵母TMB3001和尖孢镰刀菌发酵底物木糖生产乙醇的过程中，向培养基中添加乙偶姻作为外源电子受体，显著改善了胞内NAD^+水平，提高了乙醇的产率。光滑球拟酵母的呼吸缺陷型突变菌株在电子传递链阻断条件下，在其培养基中添加4mmol/L乙醛作为外源电子受体，使其NADH/NAD^+比率降低到0.22，进一步导致葡萄糖消耗速度和丙酮酸产量分别提高了26.3%和22.5%[34]。有研究也表明致病菌绿脓杆菌PA14能以吩嗪作为外源电子受体来有效降低胞内NADH水平[35]。

（2）添加不同还原态底物对NADH代谢的调控

研究者根据碳源在代谢过程中所产的NADH量不同而将其分为－1、0和＋1氧化态（图4-4）。

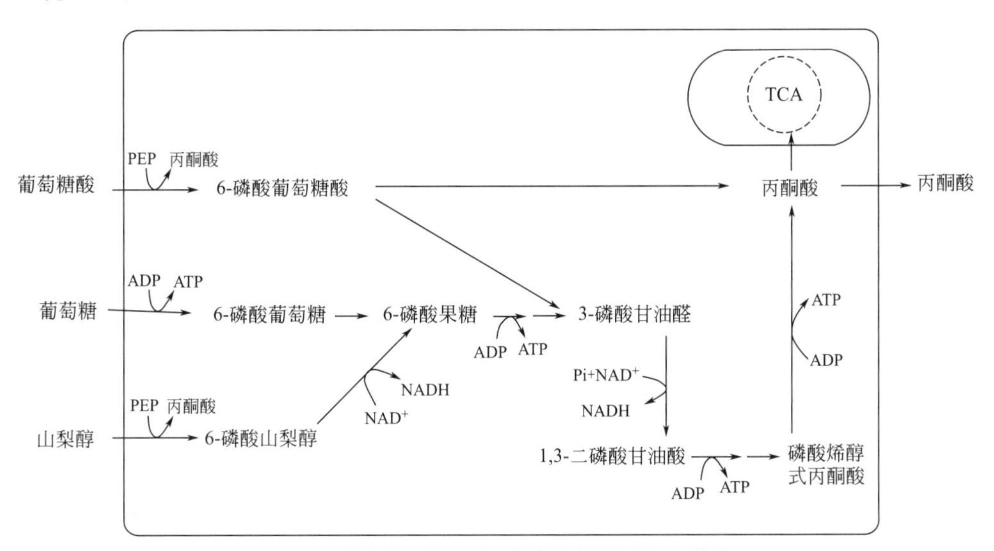

图4-4 葡萄糖、山梨醇及葡萄糖酸的氧化还原状态

San等在稀释率为$0.1h^{-1}$的恒化厌氧培养系统中发现，当底物碳源氧化态逐步增大，菌株胞内的NADH/NAD^+比率也从0.51（葡萄糖酸）增加到0.75（葡萄糖）或0.94（山梨醇），进而使得中心碳代谢流产物乙醇（消耗2mol NADH）对乙酸（不消耗NADH）的比率随之改变。该研究也表明，当分别以葡萄糖、葡萄糖酸和山梨醇为碳源时，乙醇对乙酸（Et/Ac）比率分别为1.0、0.29和3.62。然而，在好氧发酵条件下，该比率依次为0、0和0.81[36]。基于这些发现，Sánchez等在恒化培养系统中，通过利用不同氧化态碳源来调节NADH含量以研究NADH对碳代谢流流向和通量的影响。而在琥珀酸发酵过程中添加山梨醇，增加重组大肠杆菌（*Escherichia coli*）胞内NADH的含量，使琥珀酸的产量和产率分别提高了96%和81%[37]。

（3）NAD^+合成前体促进胞内NAD^+/H代谢

微生物细胞可以利用自身合成的烟酸、烟碱或从培养基中吸收的烟酸、烟碱作为合成前体，在其胞内磷酸核糖转移酶的催化作用下经3步反应合成NAD^+。为此，刘立明等在光滑球拟酵母发酵生产丙酮酸过程中，向其培养基中添加了8mg/L烟酸作为NAD^+合成前体，最终使得底物葡萄糖的消耗速度和丙酮酸的产量分别增加了48.4%和29%。另外，烟碱核糖通过烟碱核糖激酶和腺苷裂解酶的磷酸化作用与腺苷酰作用可以直接合成NAD^+，这一代谢途径从而为研究者提高微生物胞内NADH和NAD^+水平提供了新的思路（图4-5）[38]。

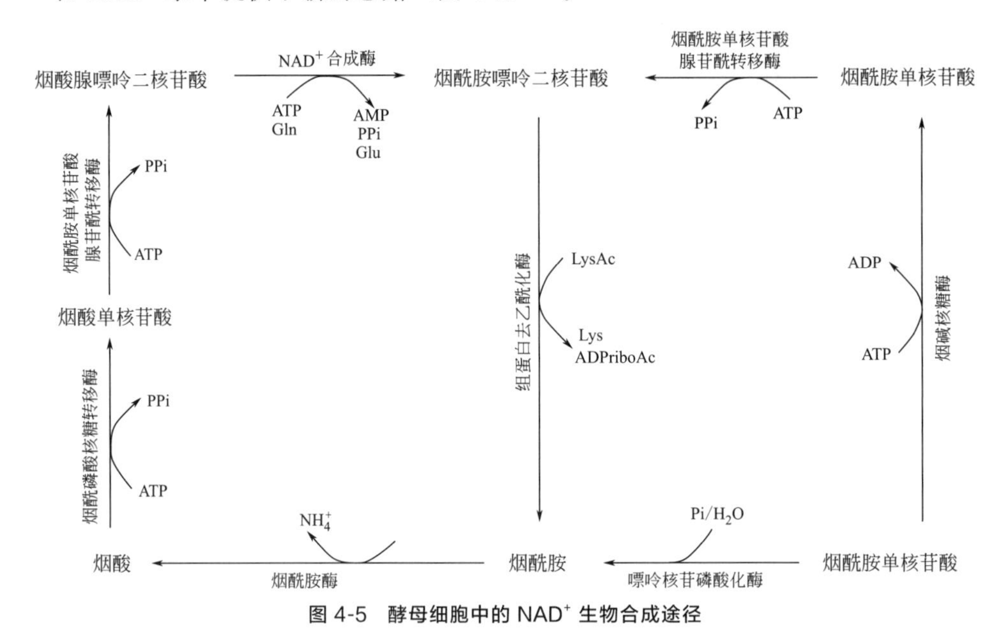

图4-5 酵母细胞中的NAD^+生物合成途径

（4）环境条件对NADH代谢的调控

微生物细胞所处的胞外环境条件（如溶解氧、温度）的变化会导致与之相关的ATP、NADH合成和消耗，从而进一步使得微生物胞内的中心代谢途径发生显著变化。有研究表明在胞外溶氧限制的条件下，黑曲霉主要通过甘露醇-1-磷酸脱氢酶（该酶依赖于NAD^+）来实现NADH的氧化[39]。另外，当*T. glabrata* IFO 0005的胞外溶氧水平从1%提高到10%时，该菌株胞内NADH浓度提高了50%，然而继续增加溶氧水平，则不能增加胞内NADH含量[40]。而在高溶氧的条件下，菌株胞内的苹果酸酶、6-磷酸葡萄糖脱氢酶和依赖$NADP^+$的异柠檬酸脱氢酶活性及其表达水平均明显上调，然而TCA循环中合成NADH的相关酶的活性明显抑制。Singh等发现，在高溶氧条件下荧光假单胞菌通过调整自身的NAD^+激酶和$NADP^+$磷酸化酶，以增加胞内NADPH的供给水平，同时限制胞内NADH的合成。刘立明等根据不同溶氧条件下细胞代谢对NADH的需求，在高浓度溶氧条件下向菌株培养基中添加外源电子受体乙醛，发现该电子受体对细胞的碳和能量代谢并不产生影响，但在低溶氧条件下（＜20%）会显著降低菌株胞内$NADH/NAD^+$的比率，并导致丙酮酸产量、产率和生产强度分别提高了68%、44%和45%。在温度调控胞内NADH

方面，王翠华等发现较低的发酵温度能维持较高的胞内 $NADH/NAD^+$ 比率[41]。

（5）氧化还原电位对 NADH 代谢的调控

氧化还原电位是反映微生物培养环境中氧化还原状态的物理参数。胞外氧化还原电位主要通过影响胞内电子传递链中关键酶（这类酶具有金属活性位点）的活性，影响自身的 $NADH/NAD^+$ 比率，进而影响微生物自身的中心代谢途径。研究者通过改变肺炎克雷白氏杆菌发酵液氧化还原电位，使肺炎克雷白氏杆菌得胞内 $NAD^+/NADH$ 比率大于 4，并显著提高了 1,3-丙二醇产量和细胞比生长速率[42]。

4.1.3.5　基于代谢工程的辅因子调控

在典型的微生物代谢路径中，$NAD(P)H/NAD(P)^+$ 可在一定程度上反映胞内的氧化还原状态。当胞内辅因子的产生与消耗速率趋近于相等时，胞内的氧化还原状态处于平衡。然而，不平衡的胞内氧化还原状态会浪费细胞的代谢能量、消耗中心碳代谢流，甚至破坏细胞自身，导致代谢休克。幸运的是，菌株胞内的不平衡氧化还原路径能够通过调节辅因子代谢重新达到平衡。这些措施包括：

① 启动子工程，精细辅因子依赖性基因的表达；

② 全基因组代谢模型工程；

③ 蛋白质工程，改善辅因子依赖性酶的特异性；

④ 结构合成生物技术，增强辅因子在合成路径中的传输效率；

⑤ 系统代谢工程，系统地探索与优化辅因子对细胞的影响；

⑥ 辅因子工程，重构辅因子的代谢路径[1,25]。

（1）启动子工程

目前，微生物发酵法生产重要化学品的方法引起了国内外研究者的广泛关注。然而，由于微生物合成目标产物的代谢路径大多数是由多个基因共同编码的，因此，重要化学品的产量及其得率很容易受到微生物胞内辅因子不平衡的限制，其主要原因为目标合成路径中辅因子依赖性酶的不平衡表达[43]。为解决此问题，启动子工程在合成生物学上的应用已经呈现出巨大的潜力，特别是在精细控制基因表达与调控方面[44]。启动子工程在控制基因表达方面的策略主要包括调控启动子自身的强度、性质和核糖体结合位点。改造启动子性质方面的策略已经在前期的研究中用于脂肪酸甲酯的生产[45]。在该应用实例中，研究者们通过采用动力学敏感器控制系统，有效地改善了菌株自身脂肪酸甲酯生物合成路径的效率。研究者将该脂肪酸甲酯合成路径分为 3 个主要的模块，其中模块 B 包括丙酮酸羧化酶和乙醇脱氢酶两个酶，主要用于生产脂肪酸甲酯的合成前体——乙醇。当模块 B 中的关键酶处于低表达水平时，脂肪酸甲酯的产量可达到 1.5g/L。该结果表明模块 B 的低水平表达有利于平衡高水平表达乙醇脱氢酶所造成的辅因子过剩，同时也有利于改善辅因子积累所造成的代谢流失衡。此外，另一个启动子工程应用实例也与菌株合成脂肪酸相关。该实例中，研究者将外源引入菌株的脂肪酸合成路径分成 ACA 模块、GLY 模块［含有 $NAD(P)^+$ 依赖性的还原反应］和 FAS 模块［含有 NAD（P）H 依赖性的氧化反应］3 个模块。研究者通过调节 GLY 模块和 FAS 模块中基因的核糖体结合位点，有效地改善了GLY模块和FAS模块中相关基因的表达效率和水平，最终显著提高了脂肪酸的产量。研究者还发现，当借助中等强度的核糖体结合位点来表达GLY模块中的相关基因时，脂肪酸的产量随着FAS模块核糖体结合位点强度的增强而提高。该结果表明：GLY模块中NAD（P）$^+$依赖性的还原反应，能够促进FAS模块中NAD（P）H依赖性的氧化反应，从而高效地将胞内丙二酰-ACP成功转化为脂肪酸。

综合上述实例表明，借助启动子工程策略，能够精细化调控目标产物合成路径中辅因子依赖性基因的表达水平，可在一定程度上实现菌株胞内碳流与辅因子平衡的优化[46,47]。

（2）全基因组代谢模型工程

当前合成生物学的目标是合成高效的活细胞菌株，并使得该菌株能完成预先设计的一系列任务。这些任务包括从基因治疗到生物大分子合成和生物大分子的降解[48]。然而，从自然界中筛选获得的微生物通常不太满足研究工作者的期望，其部分原因与菌株自身的辅因子代谢与辅因子依赖性基因有关。为了解决这个问题，国内外研究者发现全基因组代谢模型工程在设计特定工业微生物菌株方面已经显示出了巨大潜力。这些潜力体现在：

① 自上而下，旨在通过去除非必需基因进一步简化细胞的代谢通路；

② 自下而上，试图通过合成细胞的基本成分来创造特定功能的细胞[49]。

如作为使用自上而下方法的一个例子，从大肠杆菌菌株MGF-01（该菌株的基因组大小为3.62Mbp）开始，通过代谢工程手段产生缺失1429个基因的大肠杆菌DGF-298（该菌株的基因组大小为2.98Mbp），且该菌株并不是营养缺陷型菌株[50]。与基因组规模的代谢模型iAF1260相比，DGF-298缺乏298个基因，包括147个辅因子依赖性基因。然而，对大肠杆菌菌株MGF-01和大肠杆菌DGF-298菌株进行培养时，发现大肠杆菌DGF-298能更好地在营养丰富的培养基中生长。该结果表明并非所有辅因子（如NADH）都在基本代谢过程中使用，并且非必需辅因子依赖性基因的缺失可以产生新的氧化还原平衡并降低代谢负担。类似地，重组基因组减少了高达14.3%的大肠杆菌MDS42菌株（包括辅因子依赖性基因），达到了增加L-苏氨酸积累的目的。当缺失苏氨酸脱氢酶时，与野生型菌株MG-103相比，菌株MDS-203的L-苏氨酸产量增加89.2%[51]。设计出的只包含最小基因组的细胞的巨大潜力在于其简单性，不存在诸如无效氧化还原代谢等功能冗余。这些成果为代谢工程开辟了一条与传统基因工程不同的新途径，在构建高效生产化学品的理想细胞底盘方面具有巨大的前景。

微生物胞内最常见、最重要的辅因子主要包括ATP、ADP、NAD$^+$、NADH、NADP$^+$、NADPH、辅酶A和乙酰辅酶A等。这些辅因子可作为微生物胞内生化反应的底物、产物和催化剂，也可作为能量、还原力、电子、功能基团的载体。前期研究基于对KEGG数据库的统计，发现辅因子ATP、ADP、NADH、NAD、NADPH、NADP、辅酶A和乙酰辅酶A分别参与了由527个、407个、549个、563个、645个、646个、323个和139个酶催化的595个、421个、918个、931个、1197个、1199个、568个和203个生物化学反应。但是这些辅因子是如何产生、代谢、相互作用并调控碳氮代谢从而影响微生物生长的过程并不能通过这些反应和酶类来描述[52]。因此，需要构建一个高度连接各个反应过程的辅因子代谢平台，从全局角度来解析和描述辅因子生理功能及其对细胞自身代谢的影响。为了解微生物生理代谢，研究者的前期工作主要集中在某一微生物的 ATP、NAD（P）（H）和乙酰辅酶 A 代谢，多物种的 NAD 合成路径，特定细胞区间（线粒体）或代谢系统（中心代谢途径）的辅因子代谢，以及辅因子间的转变，如 NAD 和 NADP 等[53]。但这些研究是零散和局部的，或是基于特定的 GSMM（Genome-scale metabolic model）分析，没有从全局理解微生物的辅因子代谢特征。自 1999 年以来，国内外研究者已经对 116 种微生物的 169 个 GSMM 进行了构建，其中属于真核微生物 GSMM 包含 36 个、属于原核微生物 GSMM 包含 33 个。研究者设想，如果将这些 GSMM 全部统一，则可得到一个包含 115731 个基因、7570 个代谢物和 24312 个反应的总代谢模型，若从中提取与辅因子代谢密切相关的基因、反应和代谢物，则很有可能构建一个全局理解辅因子代谢的平台[52,53]。

基于上述考虑和分析，徐楠等从数据库中选取了 14 种典型工业微生物的 GSMM，从中提取与辅因子代谢相关的基因、反应和代谢物，成功构建了工业微生物基因组规模的辅因子代谢模型（GSCMM）icmNX6434。通过利用该代谢模型解析了辅因子代谢的亚细胞结构和酶学特征，以及常见辅因子的消耗、合成和相互转化方式[52]。该辅因子代谢模型 icmNX6434 主要包括氧化还原酶（487 个反应）、转运反应（202）、连接酶（130）、转移酶（292）、裂解酶（13）和水解酶（59）催化。这些辅因子反应分布于线粒体、过氧化物酶体、细胞质、胞外区间、周质空间，其中细胞质中的反应覆盖大部分辅因子代谢反应，线粒体中特有辅因子反应参与精氨酸和脯氨酸代谢、TCA 循环、自由脂肪酸降解以及泛酸和 CoA 生物合成。同时，通过进一步比较发现真核和原核微生物辅因子模型的基因覆盖率分别为 4.8% 和 12.9%，共有 63 个代谢途径和 533 个辅因子反应，特有辅因子代谢分别包括 20 个代谢途径的 77 个反应和 34 个代谢途径的 152 个反应。基于反应热力学和流量平衡分析，总结模型 icmNX6434 中 NADH、NADPH、ATP 和乙酰辅酶 A 的消耗和合成反应，主要参与生物大分子的合成或关联不同的代谢途径，而不同辅因子间的相互转化反应，通常作为全局调控胞内辅因子状态和浓度的靶点。该模型对于微生物的辅因子调控具有重要的指导意义[53]。

（3）蛋白质工程

随着合成生物学的发展，利用可再生资源作为底物生产高价值的化学品已经成为现实，如生物燃油、药品等[54]。但是，仅仅将自然界中的代谢途径简单组合在一起、在新的底盘微生物中构建目标合成产物生物学路径，不能很好地发挥其应有的生物学功能，部分原因可归结为辅因子代谢限制的影响。为有效实现底盘微生物细胞中的辅因子平衡，充分发挥目标合成代谢路径的生物学功能，研究者在蛋白质工程方面的研究主要集中在改变底物特异性、修饰辅因子特异性、改善酶的活性、创造生物径向氧化还原系统、构建多功能酶复合体[55-57]。例如：研究者通过修饰辅因子特异性来有效提高维生素 C 的生产[58]。该实例中，在来源于谷氨酸棒杆菌的 2,5-

二酮基-D-古龙酸还原酶的5个位点上通过一系列的定点突变扩大辅因子结合口袋，发现四重突变体2,5-二酮基-D-古龙酸还原酶-F22Y/K232G/R238H/A272G对辅因子NADH的亲和力提高了2倍，成功实现了2,5-二酮基-D-古龙酸还原酶的辅因子偏好性由NADPH向NADH的转变。该结果表明，借助蛋白质工程改变目标产物合成代谢路径中关键酶的辅因子偏好性，能够实现胞内辅因子的平衡，并能有效改善目标代谢产物的积累。另外，通过构建生物氧化还原系统也能够实现胞内辅因子的平衡。研究者将NAD^+依赖性苹果酸酶（ME）、苹果酸脱氢酶（MDH）和D-乳酸脱氢酶（DLDH）突变成ME-L310R/Q401C、MDH-L6R和DLDH-V152R，成功实现NAD^+依赖性酶的辅酶由NAD^+转变为NAD^+的结构类似物NFCD，而且能够保持该酶的活性不发生变化。由于构建的异源生物氧化还原系统能够消除菌株代谢路径中辅因子的影响，使得该系统在合成生物学和系统生物学中具有广阔的应用前景。

综上所述，通过改善目标产物合成路径中关键酶的辅因子偏好性，可以高效降低合成路径受到辅因子的影响，消除辅因子失衡所造成的负面效应，这对于构建高效的合成路径具有非常重要的意义[47]。

（4）结构合成生物技术

结构合成生物技术是一种补充和整合了结构生物学和合成生物学的方法和工具，是跨学科新兴技术[59]。利用合成生物学和结构生物学的理论方法与技术手段，以生物活性结构为基础，设计与控制细胞代谢或代谢路径的效率，为强化细胞氧化还原路径提供了新的渠道，同时也为理性控制辅因子介导的生物合成过程提供了借鉴[60]。

迄今为止，结构合成生物技术在辅因子相关的代谢路径改造的研究方面，已经取得了一定的研究进展，主要包括设计与合成DNA脚手架、RNA脚手架和蛋白质脚手架。研究者在利用重组大肠杆菌生产丁酸的过程中，充分计算能实现菌株胞内辅因子平衡的化学计量策略[61]。

首先，研究者改造菌株自身的辅因子再生系统，如敲除乳酸脱氢酶、乙醇脱氢酶和富马酸还原酶的编码基因。

其次，表达来自丙酮丁醇梭菌和齿垢密螺旋体的5个编码酶基因，构建异源的丁酸合成途径，该全新的路径特点是丁酸作为NAD^+再生的唯一最终电子受体。

虽然该策略重置了本源的辅因子再生系统，并借助还原力驱动丁酸的合成，但是该异源合成路径并不能有效地将碳流导向丁酸。因此，需要对丁酸合成途径进行进一步的优化，提高合成途径的效率。研究者最终借助蛋白质脚手架将丁酸合成途径中的关键酶3-羟基丁酰辅酶A脱水酶、3-羟基丁酰辅酶A脱氢酶和转脂酰辅酶A还原酶进行酶空间的定位，最终使得菌株的丁酸产量提高了3倍。该结果表明，蛋白质脚手架能够有效缩短多步代谢反应之间的距离，并驱动合成路径的高效进行，进一步降低中间代谢产物对细胞的毒害作用[62]。

研究者对上述策略的运用与实施，成功实现了对细胞代谢功能的三维空间调控，对代谢调控的发展具有重要的指导作用，对于控制辅因子影响范围方面，具有重要的参考意义。

（5）系统代谢工程

系统代谢工程是在整合合成生物学、系统生物学和系统进化工程的理论方法与技术手段的基础上，提出的一套概念性的技术操作框架，主要用于指导合成新的代谢途径，或者优化已存在的代谢路径，最终实现目标代谢物高效生产的技术手段[63]。因此，系统代谢工程可以在充分考虑胞内辅因子代谢的基础上，创造新的代谢路径及其代谢产物，理性控制细胞代谢回路。目前，系统代谢工程常用的技术手段包括两个方面：一是组学技术（转录组、蛋白组、代谢组）[64]；二是计算机技术（包括以理性设计为基础的计算方法和以化学结构为基础的计算方法）[63]。例如，研究者通过比较大肠杆菌在发酵木糖醇条件下与非生产条件下的转录组数据，并将下调的 56 个基因作为抑制 NADPH 供应的候选因子，通过进一步测定相应基因缺陷型菌株的木糖醇生产水平，发现只有 *yhbC* 缺陷型工程菌株高效地改善了木糖醇的生产并缩短了进入对数生长期的时间，其主要原因在于 *yhbC* 缺陷有效地提高了 NADPH 供应[65]。

另一个系统代谢工程的应用实例是丁醇的生产[66]。研究者采用生物代谢路径预测的计算机算法，清晰地阐释了多种基于不同代谢中间产物的丁醇生物合成路径。由于将 4-羟基丁酸转化为丁醇的过程需要脱氢酶催化两步还原反应，研究者利用限制性基因组规模代谢网络模型 iJR904 与 OptKnock 模拟算法，设计了一株以丁醇生产为唯一实现辅因子平衡的菌株，并保证该菌株能够在厌氧条件下生长和积累丁醇产物。首先，阻断自然发酵产物代谢路径（乳酸、琥珀酸、乙醇、甲酸），迫使菌株借助丁醇积累实现辅因子平衡。其次，采用一系列的代谢工程策略（替换 NADH 不敏感性的丙酮酸脱氢酶、过量表达 NADH 敏感性的柠檬酸合成酶、删除苹果酸脱氢酶等），并借助高 NADH 条件，将中心碳代谢流引入柠檬酸循环。上述策略表明，系统代谢工程能够在充分考虑辅因子平衡的基础上设计高效生产目标产物的菌株。

这些成果表明，将模型技术与组学技术相结合的系统生物学方法，有助于我们更加精确地理解细胞生理功能，扩大代谢工程的应用范围，并高效地解决目标代谢途径的关键代谢瓶颈问题（如氧化还原平衡）。

（6）辅因子工程

辅因子工程是采用分子生物学的手段，改造细胞内辅因子合成与分解途径，并理性调控微生物胞内辅因子的形式及其浓度，定向改变与优化微生物细胞的生理功能，实现目标代谢流最大化且快速化地导向目标代谢产物。辅因子工程为维持胞内的辅因子平衡提供了一条有效的路径。因此，线粒体选择性氧化酶（AOX1）、磷酸脱氢酶（PTDH）、胞质水合 NADH 氧化酶（NOX）、线粒体 NADH 激酶（POS5）、可溶性转氢酶（UdhA）和膜连接转氢酶（PntAB）等作为胞内辅因子状态预测器，这些酶的胞内表达水平能够直接影响细胞的 NAD(P)H/NAD(P)$^+$ 比率及胞内 ATP 水平。研究者通过在乳酸乳球菌中构建 noxE 启动子库来调控 *NOX* 基因的表达水平与 NADH/NAD$^+$ 比率，能够精确控制菌株的双乙酰与乳酸合成[67]。此外，研究者通过在酿酒酵母中引入异源 AOX1 有效地实现了胞内辅因子平衡并增强了电子传递速率，同时也克服了 Crabtree 效应、降低了乙醇代谢[17]。微生物细胞内的 PTDH 是一个不常用的生化反应，该反应利用 NADPH 或 NADH 作为氢化物供体来实现对辅因子的回收利用。对 PTDH 三维结构的解析有利于进一步改善其催化效率和扩展辅因子的功能。研究者通过过量表达*POS5* 改善了 NADPH 有效性，并能够有效提高鸟苷酸二磷酸 L-果糖的生产[68]。通过在 *E.coli* MBS602 中过量表达*UdhA* 高效地将 NADH 转变成 NADPH，提高 NADPH 的有效性，使得 (S)-2-氯丙酸酯的产量提高了将近 1.5 倍，而过量表达*PntAB* 却降低了 (S)-2-氯丙酸酯的产量[69]。

类似的，研究者在 *E.coli* GJT001 中过量表达*UdhA*，使得单位细胞聚羟基丁酸的得率和聚羟基丁酸的产量分别提高了 66%和 82.4%[70]。为了研究辅因子扰动与发酵动态变化特性的关系，研究者在酿酒酵母中分别表达 *POS5*、*UdhA*、*NOX*、*AOX1* 和 *PntAB* 基因，分析胞内 NADPH/NADP$^+$ 比率、NADH/NAD$^+$ 比率和 ATP/ADP 比率的变化范围对发酵动力学参数的影响，这些参数包括比葡萄糖消耗速率（γ_{glu}）、比甘油生成速率（γ_{gly}）、菌体最大比生长速率（μ_{max}）、比 CO_2 生成速率（γ_{CO_2}）和比乙醇生成速率（γ_{eth}）。最终结果表明：提高胞质 NADH/NAD$^+$ 比率的范围，改善了 γ_{gly}；提高线粒体 NADH/NAD$^+$ 比率的范围，改善了 γ_{eth}；提高 NADPH/NADP$^+$ 比率的范围，改善了 μ_{max}；提高 ATP/ADP 比率的范围，降低了 γ_{glu}[71]。上述研究初步实现了中心碳代谢流分布与辅因子变化的关联。此外，在利用工业微生物发酵生产目标代谢产物的过程中，研究者通常采用缺失竞争利用 NADH 途径来调控 NADH 代谢的策略来改善目标产物的合成。缺失或削弱 NADH 竞争代谢途径目的是为了将 NADH 有效且高效地导向目标代谢途径，从而改善目标合成途径的效率。例如，Geertman 等在葡萄糖发酵生产甘油的过程中，削弱宿主菌株中与甘油竞争 NADH 的代谢途径，并加强线粒体基质氧化分解速度，最终使得酿酒酵母积累甘油的产率突破理论值。

此外，研究者早在先前研究中通过降低细菌和酵母菌株胞内 ATP 含量的策略来改善目标合成途径和目标产物的积累。例如，刘立明等通过向光滑球拟酵母的丙酮酸发酵培养基中添加 F_0F_1-ATP 合成酶抑制剂来抑制 ATP 的合成过程，不仅有效降低了胞内 ATP 水平，同时也改善了丙酮酸产物的积累效率[72]。另外，一些对 F_0F_1-ATP 合成酶分子进行理性设计[73] 和随机突变[74] 的策略也被研究者们运用在光滑球拟酵母[75]、大肠杆菌[31] 和谷氨酸棒状杆菌[76] 菌株中，并达到了改善糖酵解效率的目的。尽管这些策略的应用降低了菌株胞内 ATP 水平并改善了目标产物的积累，但这些策略也带来了一些严重问题。例如：向发酵培养基中添加 F_0F_1-ATP 合成酶抑制剂来降低胞内 ATP 水平的策略，会产生严重的食品安全问题。此外，在真核微生物中对 F_0F_1-ATP 合成酶进行分子改造和随机突变会导致线粒体 DNA 的不稳定性，并进一步导致细胞生长异常和细胞代谢紊乱[77,78]。例如，有机酸的胞外积累会导致细胞内环境和外环境的酸化。细胞耐受这些恶劣环境的能力主要依靠液泡 ATP 合成酶来实现，这一过程需要消耗大量由 ATP 合成酶产生的 ATP[79,80]。因此，破坏 F_0F_1-ATP 合成酶功能会严重影响菌株的 ATP 依赖性生理过程，并且该策略可能并不是改善糖酵解效率和目标产物积累的高效方法[8]。

然而，在不破坏 F_0F_1-ATP 合成酶功能的情况下充分利用低水平的胞内 ATP 来改善糖酵解效率与目标产物积累对研究者们来说是一个非常大的挑战。光滑球拟酵母是一株多重维生素（硫胺素、生物素、烟酸、吡哆醇）营养缺陷型菌株[81]，这一特性使丙酮酸进入后续分解途径的通量受到一定的限制[8]。Luo 等在充分分析该菌株的生理特性的基础上，将两种酶促反应过程（丙酮酸羧化酶和磷酸烯醇式丙酮酸羧激酶）引入光滑球拟酵母的细胞质中，结合该菌株自身的生理特性构建 ATP 无效循环系统（ATP-FCS）[82]。首先，在丙酮酸羧化酶催化作用下丙酮酸转化为草酰乙酸；接着，在磷酸烯醇式丙酮酸羧激酶的催化作用下草酰乙酸进一步转化为磷酸烯醇式丙酮酸；最后，丙酮酸在丙酮酸激酶的催化下实现再生。根据能量反应计量关系的计算可知，整个物质循环过程净消耗一分子 ATP，最终达到降低胞内 ATP 水平的目的。通过测定胞内 ATP 水平发现 ATP-FCS 可将胞内 ATP 水平降低 51%[8]。ATP 水平的降低有效提升了丙酮酸产量和糖酵解效率。此外，进一步优化 ATP-FCS 以最大限度地积累丙酮酸，如通过敲除 *MOTp* 以阻断草酰乙酸进入线粒体，从而增加草酰乙酸在 ATP-FCS 中的利用率，过量表达来自酿酒酵母的丙酮酸激酶 *CDC19* 以增强 ATP-FCS 的效率。最后将 ATP-FCS 与代谢工程策略相结合，过表达来自枯草芽孢杆菌的 *NOX* 基因以增强 NAD^+ 的再生途径；敲除 *PDC* 基因以阻断丙酮酸向乙醇的转化途径，过表达来自酿酒酵母的 *YOR283W* 以最大化积累丙酮酸；最终在 500mL 摇瓶中得到 40.2g/L 丙酮酸，每克细胞干重得到 4.35g 丙酮酸，底物转化率为 0.44g/g，分别比原始菌株提高 98.5%、322.3%和 160%。

4.1.4 辅因子调控在工业微生物领域的应用

详细分析工业微生物胞内辅因子调控对菌株生理与中心代谢途径的影响可以发现，胞内辅因子水平与目标代谢产物的高效生产之间的关系至关重要[5]。例如，较低的 ATP 水平有利于一些目标代谢产物（如丙酮酸和谷氨酸）的合成与分泌[83]，而较高的胞内 ATP 水平会促进其他一些代谢产物（如聚氨基酸和多糖类物质）的合成[84]。此外，微生物在发酵生产某些特定代谢产物（如乳酸）的不同时期对胞内 ATP 的需求或高或低[85]。基于上述这些分析，研究者采取不同的辅因子调控策略来精细调控菌株胞内辅因子水平，最终实现了发酵过程优化的最终目标：高产率、高产量和高生产强度的统一。此外，一些研究也通过调控微生物胞内辅因子水平改善了菌株利用底物的范围和对胞外环境的适应性。

4.1.4.1 提高目标产物的产量

提高目标代谢产物的浓度是评价整个发酵过程经济性的关键指标之一。高产量不仅有利于产物后提取过程，还可以提高发酵设备利用率。有研究已经表明调控菌株胞内 ATP 的供给水平是提高目标代谢产物浓度的重要手段。在利用发酵法生产谷胱甘肽的过程中，ATP 的供给水平是影响 GSH 合成与分泌的关键因素。为提高 GSH 的产量，最为直接但成本极高的策略是在发酵过程中添加 ATP 来改善 GSH 合成和分泌过程，但这一策略因为不经济所以是不可行的。为了改善 GSH 合成效率的同时降低生产成本，Liao 等构建了一个 GSH 高效合成与 ATP 再生耦合系统，分别利用通透化处理的重组大肠杆菌和酿酒酵母合成 GSH 和 ATP，最终，在不添加外源 ATP 的条件下使 GSH 产量达到 8.92mmol/L[86]。此外，在利用野油菜黄单胞菌发酵合成黄原胶的过程中，研究人员通过改善胞外环境条件（如溶解氧、添加柠檬酸），显著提高胞内 ATP 水平，并有效提高了黄原胶产量和平均分子量[87]。类似地，研究人员在发酵生产聚-γ-谷氨酸过程中通过向发酵液中间歇地流加柠檬酸，有效地增强胞内 ATP 供给水平，使聚-γ-谷氨酸产率和产量分别达到 1g/(L·h) 和 35g/L[88]。另外，2019 年，陈修来等通过控制二磷酸腺苷依赖性磷酸烯醇丙酮酸羧激酶和 NAD^+ 依赖性甲酸脱氢酶的表达强度来组合调节辅因子平衡使得延胡索酸产量大幅提升至 18.5g/L[89]。

4.1.4.2 提高底物转化率

提高发酵过程中原料利用效率是评价整个发酵过程经济性的另一关键指标。提高底物利用率可有效降低环境负荷和原料消耗，简化后续分离纯化工艺，最终降低整个生产成本。微生物发酵中常见的副产物主要是有机酸类和醇类物质，这些物质形成的原因在于微生物细胞内的氧化还原状态或胞内 ATP 供给水平的失衡。因此，调控胞内 ATP 水平可在一定程度上有效降低副产物的积累和提高原料的转化率。前期研究表明，利用产黄青霉菌株来发酵合成青霉素的过程，菌株每合成 1mol 青霉素需消耗 73mol ATP。同时，青霉素分泌至胞外也需大量 ATP 来提供能量，当青霉素的合成过程存在 ATP 供给不足时会导致副产物积累[90]。为提高青霉素合成过程中底物葡萄糖的转化率，Harris 等额外地向培养基中添加甲酸，增强胞内 ATP 供给水平，使葡萄糖转化率提高了 62%[91]。另外，而在某些特定产物的发酵生产过程中，降低宿主胞内 ATP 的水平能有效降低或消除副产物的积累。例如，过量表达 NADH 代谢相关的交替氧化酶或 NADH 氧化酶，可以降低胞内 ATP 水平，进而限制乙醇和甘油等副产物的积累，提高底物转化率。Zhu 和 Shimizu 通过敲除宿主菌株胞内丙酮酸甲酸裂解酶基因，并利用氧供应策略限制 ATP 合成，最终将葡萄糖到乳酸的转化效率提高了 72.5%[92]。另外，Cordier 等在酿酒酵母的胞质中过表达编码 NAD^+ 依赖性的乙醛脱氢酶基因*ALD3*，实现了胞内 NADH 高效再生；与此同时，敲除宿主菌株中编码依赖 NAD^+ 的乙醇脱氢酶基因*ADH1*，有效地降低了胞内 NADH 消耗，最终使得菌株的甘油生产强度和产率在好氧条件下分别达到 3.1mmol/(g·g) 和 0.46g/g[93]。

4.1.4.3 提高目标产物的生产强度

在保证发酵结束时获得一定产率和产量的基础上加速底物消耗，提高目标产物的生产强度，可以缩短整个发酵时间，降低能耗，这对降低发酵产品的生产成本和提高产品的经济性非常重要。前期研究表明提高生产强度的核心就是提高中心代谢途径的速度，特别是糖酵解的效率。长期以来认为糖酵解的效率取决于其自身限速酶基因的表达水平，但有研究也发现单独或者共同过量表达多个限速酶的基因，并不能显著提高菌株的糖酵解速率[74]。此外，研究人员通过对整个 EMP 途径进行代谢控制分析，发现保证较低的细胞内 ATP 水平是提高酵解速度的最优条件。研究人员通过代谢工程手段将光滑球拟酵母中的 F_0F_1-ATP 合成酶活性降低为原来的 65%，导致胞内 ATP 水平降低 24%，最终使得糖酵解速率提高了 40%[75]。对于能量需求较高的代谢产物（如透明质酸），在其培养基中加入更多的有机碳源和氮源，可以提高用于产物合成所用 ATP 的比率和减少用于生物量合成的 ATP 比率，最终实现透明质酸的高强度生产[94]。

在利用工业微生物发酵生产目标代谢产物的过程中，如何缺失或削弱 NADH 竞争代谢途径（图 4-6），将 NADH 导向目标代谢途径，是代谢工程研究的主要内容之一[95]。研究人员在研究利用 *K. pneumoniae* 菌株发酵甘油合成 1,3-丙二醇的过程中，发现增加 NADH 导向 1,3-丙二醇氧化还原酶的通量和敲除竞争利用 NADH 的乙醛脱氢酶，可使菌株发酵生产 1,3-丙二醇的生产强度达到 14.05mmol/(L·h)[96]。然而，研究人员发现单独敲除 *K. pneumoniae* HR526 的乳酸脱氢酶基因 *ldhA*，可以使 1,3-丙二醇生产强度从 1.98g/(L·h) 提高到 2.13g/(L·h)[97]。

北京化工大学生物加工重点实验室研究了 *Klebsiella pneumoniae* 利用甘油合成 1,3-丙二醇的途径中辅因子水平对 1,3-丙二醇的合成过程的重要作用和影响规律，并对辅因子竞争分配系统进行了优化。在代谢途径分析的基础上，设计了三种不同

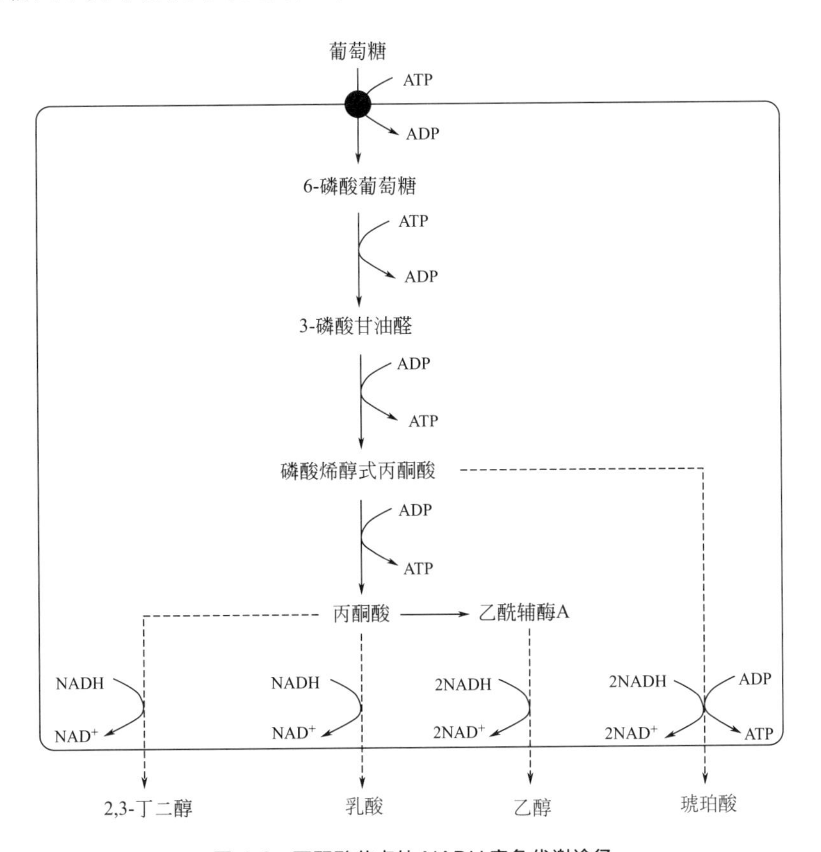

图 4-6　丙酮酸节点处 NADH 竞争代谢途径

的方法改变细菌体系的辅因子水平：a. 对 *Klebsiella pneumoniae* 甘油代谢途径辅因子相关关键酶基因进行 One-step 进化，强化 NADH 生成路径与 1,3-丙二醇合成途径，弱化其他 NADH 消耗途径，通过筛选，得到 1,3-丙二醇耐受提高至 150g/L、1,3-丙二醇产量提高 24.7%的生产菌株；b. 对底物与产物转运系统进行优化；提高甘油消耗速率，消除葡萄糖抑制胞内 NADH 水平提高，1,3-丙二醇产量进一步提高 12%；c. 添加外源辅因子再生系统调控胞内 NADH 水平，控制胞内代谢流，提高 1,3-丙二醇产量。最终 1,3-丙二醇产量达到 86g/L，生产能力达到 2.69g/(L·h)。

在葡萄糖发酵生产甘油的过程中，Geertman 等综合采用了维持磷酸丙糖异构酶活性和 1,6-磷酸果糖激酶、加强线粒体基质氧化分解速度和削弱与甘油竞争 NADH 的代谢途径等策略，以及向培养基中添加甲酸等物质促进胞质 NADH 再生效率，使得酿酒酵母生产甘油产率突破理论值（1mol/mol 葡萄糖），达到 1.08mol/mol 葡萄糖[95]。类似的，Sánchez 等通过过量表达丙酮酸羧化酶，并敲除大肠杆菌中竞争利用 NADH 的乙酸及乙醇合成途径，使菌株得琥珀酸产率达到 1.31mol/mol 葡萄糖[98]。在此基础上进一步“开启”对 NADH 需求较小的乙醛酸循环途径，将琥珀酸对 NADH 需求量从 2mol 降为 1.5mol，实现了葡萄糖到琥珀酸的高效转化[99]。

4.1.4.4 扩展底物利用范围

ATP 在底物跨膜转运、底物的磷酸化修饰等与底物代谢紧密相关的生理过程中发挥着极其重要的作用。研究人员已经发现调控胞内 ATP 水平是促进菌株对底物吸收、扩展菌株底物谱的有效策略。目前，工业微生物如何高效利用源于纤维素的戊糖作为底物生产大宗发酵产品成为工业生物技术的研究热点。Sampaio 等通过代谢工程策略提高汉氏德巴利氏酵母胞内能荷水平，能荷水平的提升显著提高了菌株对木糖的利用效率，最终使木糖醇产量和产率分别达到 76.6g/L 和 0.73g/g[100]。类似地，研究人员对酿酒酵母的磷酸戊糖途径进行代谢工程改造来改善胞内 ATP 再生效率，这一过程强化了阿拉伯糖转化为酒精的效率[101]。在环境生物技术领域，研究人员通过调控胞内 ATP 水平，发现其能够有效地提高微生物降解有毒有害物质的能力和效率。在苯和萘及其衍生物、2,4,6-三硝基甲苯（TNT）、甲基三丁基乙醚及其衍生物等有毒有害有机物的生物降解过程中充分考虑 ATP 的生理功能，将会有效促进相关菌种的代谢工程改造和有机废物降解工艺的优化[102]。此外，研究人员在酿酒酵母中过量表达本源苹果酸酶基因，实现了酿酒酵母中 NADH 和 NADPH 之间的自由转换，同时促进了木糖醇脱氢酶、木糖还原酶氧化还原的平衡，使酿酒酵母可以高效利用木糖为碳源发酵生产乙醇[103]。

4.1.4.5 改善细胞对环境胁迫的适应能力

在工业发酵过程中，微生物细胞会面临多种化学的、物理的或营养因素的胁迫作用（饥饿胁迫、低温胁迫、酸胁迫、氧胁迫和渗透压胁迫等）[104,105]。这些环境胁迫是影响菌株胞内微环境稳定的重要因素，对细胞的多种重要生理功能都有负面作用，影响整个发酵过程。因此，提高工业生物技术过程经济性的重要目标之一是增强微生物对环境胁迫的适应能力。前期研究发现调控胞内辅因子的形式或浓度（特别是 ATP 的水平），是改善工业微生物的整体生理性能的新手段。Sánchez 等在低 pH 值条件下向发酵液中补加柠檬酸，补加的柠檬酸促进胞内 ATP 的合成，最终增强了乳酸乳球菌细胞在低 pH 值（4.5）环境下的生长能力[106]。Zhang 等通过在酿酒酵母细胞中过量表达来源于拟南芥（*Arabidopsis thaliana*）的 F_0F_1-ATP 合成酶 *ATP6* 基因来改善菌株 ATP 合成能力，最终显著提高了酿酒酵母菌株对高渗胁迫和氧胁迫的适应能力[107]。

徐沙等在 *T. glabrata* Δ*ura3* 中表达 *noxE* 基因，用于研究 *T. glabrata* 对渗透压胁迫的影响[15]。研究发现在对照菌中并未测到该 NADH 氧化酶的活性，而在重组菌 NOX 中测到 NADH 氧化酶的活性，这一结果充分证明了 NADH 氧化酶可以在 *T. glabrata* 细胞中表达并具有相应的活性。同时，通过实验发现细胞生长阶段与 NADH 氧化酶的活性密切有关。当 *T. glabrata* 细胞进入稳定期时，NADH 氧化酶的活性达到最大值，为 34.8U/mg。此外，采用分批发酵培养方式来研究在 *T. glabrata* 中表达 *noxE* 对细胞生长的影响。正常渗透压条件下（203mOsmol/kg），重组菌 NOX 的生长速率低于对照菌 CON，表明在 *T. glabrata* 中表达 *noxE* 对细胞生长有一定的抑制作用。当胞外环境的渗透压提高到 2947mOsmol/kg 时，NOX 与 CON 菌株的细胞生长都有明显下降趋势。但是在相同的高渗透压条件下，NOX 的细胞生长高于 CON。当发酵液渗透压分别为 2018mOsmol/kg、2947mOsmol/kg 和 3824mOsmol/kg 时，重组菌 NOX 的最终细胞浓度比对照菌 CON 分别提高了 17.5%、33.2%和 71.8%。通过在不同稀释水平下菌落形成单位来进一步鉴定两株菌对于不同渗透压条件的耐受性，发现在渗透压为 7458mOsmol/kg 的培养条件下，工程菌 NOX 的存活率比对照菌 CON 高约 10 倍。这一系列实验结果表明，异源表达 NADH 氧化酶可以改善 *T. glabrata* 菌株抵御高渗胁迫的能力。

4.1.5 展望

研究已经证明，辅因子调控是改善工业微生物生产目标产物的高效策略，同时也被广泛应用到改善生物基产品的研究中，例如药物、生物燃料、游离脂肪酸和高级醇的合成。但传统的辅因子调控策略主要集中在通过扩增、添加或删除特定途径来操纵目标合成途径中的酶水平。目前，新兴生物技术，包括启动子工程、辅因子工程、蛋白质工程、结构合成生物技术、全基因组代谢模型工程和系统代谢工程，已经极大地拓展了调控微生物胞内辅因子系统的手段，并实现了辅因子控制与代谢途径理性设计的有效结合。然而，由于辅因子代谢及其自身功能的复杂性，导致现有报道的辅因子平衡供给调控策略并不能有效地控制与俘获胞内辅因子的整体代谢网络平衡，从而影响了目标代谢物的积累。因此，一方面，需要结合每种辅因子自身的代谢控制机制来开发更精确且高效的多重辅因子调控技术，来优化目标代谢流的多重辅因子动力学调控能力；另一方面，根据辅因子的生化特性与功能，设计辅因子关联性化学信号及其动态传导系统，通过实时检测发酵过程中的信号变化对目标产物合成的影响，建立辅因子变化与目标产物合成的动态关联的系统，实现辅因子对目标产物合成的高效调节[4]。

4.2 胞外能量流强化

4.2.1 发酵分离耦合技术

以生物质为原料、通过微生物批次发酵进行生物炼制时，通常存在产物抑制现象，降低了生产效率。例如，在梭菌发酵生产 ABE（丙酮、丁醇和乙醇）时，由于丁醇具有一定毒性，会抑制发酵液中微生物的生长和代谢活动，使得发酵液中丁醇浓度最终仅维持在约 13g/L[108]。此外，发酵液中较低的产物浓度增加了后续产物分离过程的能耗。例如，采用传统精馏法分离 ABE 发酵产物时，由于大量的水分参与到气-液相变过程中，导致溶剂产物分离能耗巨大，严重削弱了生物丁醇的经济性[109]。

为降低发酵后期的产物抑制，提高产物生产效率，可将新型分离技术与传统发酵模块进行耦合，实现产物产出和分离同步，降低发酵体系中的产物浓度，降低产物抑制；同时，与精馏等传统分离技术相比，新型分离技术可选择性地移除发酵体系中的产物，从而在一定程度上降低分离能耗。目前，用于同发酵过程耦合的分离技术主要包括膜分离、汽提、吸附、液液萃取、电渗析、离子交换和结晶等技术；其中，由于渗透汽化和汽提技术具有高效、无毒、不影响微生物生产等特点，成为最具潜力的挥发性有机物原位分离方式[109]。此外，由于上述单级分离技术的处理能力尚有不足，采用多种分离技术与发酵过程进行级联耦合，有利于进一步提高发酵分离耦合效率、降低系统能耗，加快其工业规模生物炼制应用进程。

4.2.1.1 膜分离技术

（1）渗透汽化分离技术

渗透汽化的分离过程如图 4-7 所示，在膜上游侧、下游侧蒸汽分压差的推动下，液体混合物中的挥发性有机物优先由膜上游侧溶解、扩散至膜下游侧，并以蒸汽形式离开膜下游侧表面进入真空系统，最后通过低温系统冷凝收集产物。渗透汽化过程操作温度相对较低（通常为室温至 90℃），且挥发性有机物组分优先透过渗透汽化膜，同时发酵液中大量存在的水无需经历液-气-液相变过程，因此，相较于传统精馏技术可显著降低分离过程能耗。此外，渗透汽化过程无需额外添加其他试剂，避免了因新成分引入对分离体系造成的影响，因而尤其适用于原位分离生物发酵体系中的挥发性产物[110]。

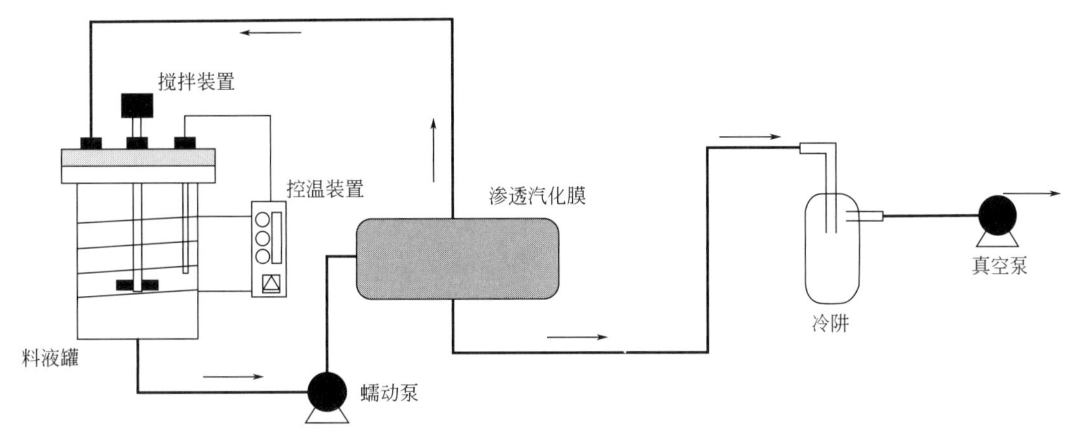

图 4-7　渗透汽化分离过程示意

渗透汽化分离过程的效率很大程度上取决于渗透汽化膜的性能。通俗意义上讲，我们希望单位时间内透过膜的目标产物越多、浓度越大，也即需要渗透通量大、选择性高的分离膜。对于微生物发酵液中的挥发性有机物，通常选择亲有机物的疏水性材料［例如聚二甲基硅氧烷（PDMS）、聚醚共聚酰胺（PEBA）等］制备优先透过挥发性有机物的渗透汽化膜，其中 PDMS 膜是目前研究最广的疏水渗透汽化膜[111,112]。不过，目前渗透汽化技术尚未大规模应用于生物炼制工艺。究其原因，主要是由于以下两个原因：

① 聚合物渗透汽化膜通量低、选择性差；

② 聚合物膜制备过程使用大量有机溶剂，导致制备过程效率低、成本高、危险性大。

针对第一方面的问题，目前业界多采用制备混合基质膜的策略，也即向膜材料中添加疏水性更高的多孔粒子，利用粒子的疏水性增加膜材料对挥发性有机物的亲和性，提高膜选择性；同时，利用粒子的多孔孔道降低目标分子透过膜的阻力，提高膜渗透通量。可选择使用的疏水粒子包括类沸石咪唑酯骨架材料（ZIF-8、ZIF-7、ZIF-67、ZIF-71）[113-118]、沸石分子筛（ZSM-5）[119-121]、碳纳米管[122,123]、硅沸石分子筛（silicate-1）[124]、多面体低聚倍半硅氧烷（POSS）[125] 及石墨烯[126] 等。

在上述多种材料中，ZIF-8 在制备疏水亲有机物混合基质膜方面获得较多研究。ZIF-8 由 Zn^{2+} 与二甲基咪唑配位形成，具有较高的比表面积（约为 1810m^2/g）、永久孔道和优异的热稳定性（降解温度约为 550℃）[129]。此外，ZIF-8 具有强疏水性和亲有机物性；如书后彩图 9（a）所示，在 3.5kPa 下，ZIF-8 对水的吸附量接近 0，对异丁醇的吸附量可到 360mg/g，是同等条件下 silicate-1 异丁醇吸附量的 4 倍[127,128]。需要指出的是，虽然 ZIF-8 结构中六元孔窗的直径仅为 0.34nm［书后彩图 9（b)］，常见挥发性有机物分子的直径多大于该尺寸（例如，异丁醇的分子直径为 0.50nm），但研究表明，当压力改变时，ZIF-8 结构表现出灵活性，如书后彩图 9（a）所示，当压力大于 0.5kPa 时，ZIF-8 对异丁醇的吸附能力迅速增加，表现出“开门”效应。因此，ZIF-8 用作膜分离材料时，允许分子直径大于其六元孔窗的分子通过。Liu 等[128] 采用物理共混法向聚苯基甲基硅氧烷中填充 ZIF-8 粒子制备了 ZIF-8/PMPS 混合基质膜。扫描电镜、XRD 等表征结果表明，ZIF-8 与 PMPS 相容性良好，ZIF-8 均匀地分布在聚合物基质层内；同时，该方法制备的混合基质膜保留了 ZIF-8 的物理结构（见书后彩图 10）。将上述混合基质膜用于分离丁醇/水溶液，其分离性能显著优于其他多孔粒子填充的渗透汽化膜。因此，ZIF-8 在有机物渗透汽化分离领域具有巨大潜力。

另外，研究表明，可在 ZIF-8 粒子表面引入强疏水性基团，进一步增加粒子的疏水性，从而提高混合基质膜对有机物的亲和性。由于 ZIF-8 表面缺少活性基团，Li 等[130] 利用多巴胺聚合特点，首先在 ZIF-8 表面形成一层具有化学反应活性的聚多巴胺层，然后利用聚多巴胺层表面的—OH 活性位点进行硅烷化处理，如图 4-8 所示。采用正辛基三乙氧基硅烷进行改性后，ZIF-8 粒子的疏水性显著增强，水接触角由 132.8°增加至 151.5°。与 ZIF-8/PDMS 膜相比，该疏水性粒子制备的混合基质膜在 1.5%丁醇水溶液中的溶胀度提高 2.1 倍，而水溶液中的溶胀度则基本与前者相同，因而该疏水粒子可显著提高混合基质膜的有机物/水选择性。将其用于分离 55℃、1.5%丁醇/水溶液（质量分数），丁醇分离因子和渗透通量可达 56 和 480g/(m^2 · h)；与 ZIF-8/PDMS 膜相比，分别提高 34%和 85%。

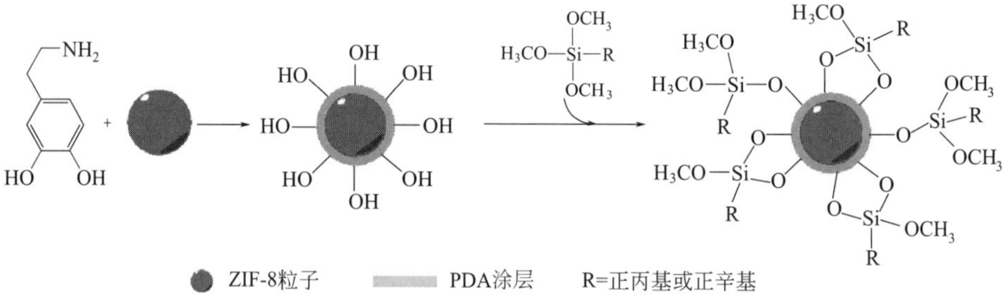

图 4-8 ZIF-8 疏水改性原理示意[130]

需要指出的是，由于质子可与 Zn^{2+} 竞争配位位点，ZIF-8 在酸性溶液中并不稳定[131]。由于 ABE 发酵过程可产生乙酸、丁酸等酸性物质，Si 等[132] 考察了 ZIF-8 在水、乙酸水溶液、丁酸水溶液及乙酸丁酸水溶液中的稳定性。将 ZIF-8 置于 25℃水中 2h 后，其结构与未处理的 ZIF-8 相同；将 ZIF-8 分别置于 25℃、4g/L 乙酸和 25℃、2g/L 丁酸水溶液中 2h，其结构发生塌陷，该现象表明 ZIF-8 结构塌陷与乙酸、丁酸进攻有关；相应地，将 ZIF-8 置于 25℃、4g/L 乙酸、2g/L 丁酸水溶液中 2h 后，其结构发生同样塌陷，并且，随浸没时间的延长和温度的升高，ZIF-8 结构的破坏程度越来越严重，最终 ZIF-8 结构塌陷成碎片，导致其比表面积大幅下降，多数孔道消失。

将 ZIF-8 填充的 PDMS 膜用于分离 ABE 模型液（不含乙酸、丁酸）时，ZIF-8/PDMS 膜的渗透汽化分离性能显著优于纯聚合物膜；但当用于分离 ABE 发酵液（含乙酸、丁酸）时，其性能大幅下降，甚至远低于纯聚合物膜。这是由于在酸作用下，ZIF-8 结构发生降解，在混合基质膜致密层中形成非选择性缺陷（包括界面间隙和结构坍塌引起的缺陷），如书后彩图 11 所示[132]。

针对上述问题，Si 等[132] 采用碳化策略，将 ZIF-8 置于氮气氛围下于 1000℃烧灼 8h，制备得到 ZNC。将 ZNC 分别置于水和含 4g/L 乙酸、2g/L 丁酸的溶液中，处理后 ZNC-2# 的氮气吸脱附曲线、孔径分布与 ZNC-1# 及未处理的 ZNC 基本一致，且其比表面积大于合成的 ZIF-8 粒子（图 4-9）[132]；因此，碳化处理可显著提高 ZIF-8 粒子的酸稳定性，同时可保留 ZIF-8 的孔道结构。将 ZNC 填充至 PDMS 中制得 ZNC/PDMS 膜并用于分离 ABE 发酵液，渗透通量和丁醇分离因子分别为 1853.7g/(m^2·h) 和 20.7，且在 100h 渗透汽化运行试验中表现出优良的稳定性。

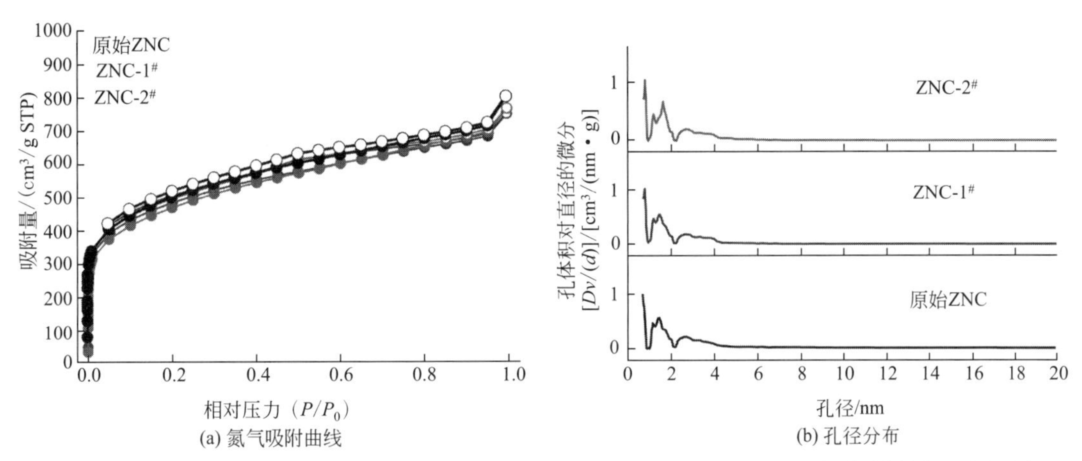

图 4-9 原始 ZNC 及其酸处理后相应产物的氮气吸脱附曲线（实心为吸附曲线；空心为脱附曲线）和孔径分布

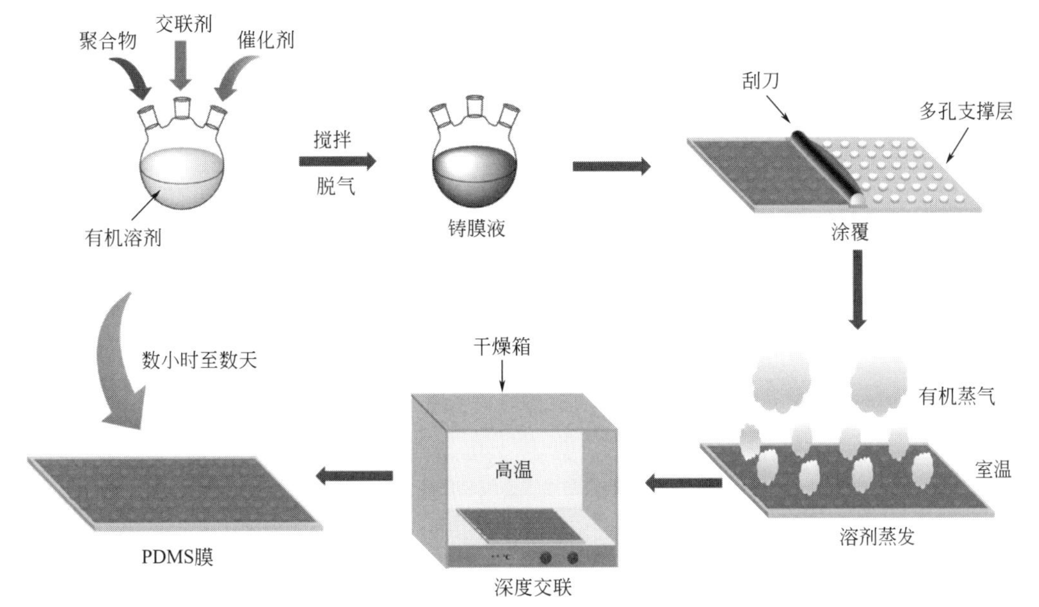

图 4-10 PDMS 渗透汽化膜的典型制备过程

第二方面问题则受限于传统聚合物膜制备方法的自身特点。图 4-10 所示为 PDMS 渗透汽化膜的典型制备过程[133]，将聚二甲基硅氧烷、交联剂、催化剂溶解在有机溶剂中得到铸膜液；然后，将其涂覆在多孔基膜上，铸膜液在室温下挥发掉溶剂后于高温下深度交联，获得 PDMS 渗透汽化膜。在制备上述铸膜液时，通常大量使用正己烷、正庚烷等有机溶剂。由于上述溶剂易燃、易爆，在铸膜液涂覆后，需要在室温下彻底挥发掉上述溶剂后才能在高温下进行深度交联；PDMS 膜的固化过程通常需要数小时至数天（表 4-1），进而导致极低的生产效率[133]。

表 4-1　文献报道的 PDMS 膜固化过程

渗透汽化膜	溶剂	固化过程	参考文献
PDMS	甲苯	室温，0.5h；100℃，3h	[134]
PDMS	正庚烷	室温，48h	[135]
PDMS	正己烷	室温，过夜；150℃，1h	[136]
PDMS/PVDF	正庚烷	室温，过夜；80℃，5h	[137]
PDMS/PVDF	正庚烷	室温，48h；80℃，5h	[138]
PDMS/PVDF	正己烷	室温，48h	[139]
PDMS/PVDF	甲苯	室温，12h；120℃，4h	[140]
PDMS/CA	正庚烷	室温，2h；60℃，4h	[141]
PDMS/PA	正己烷	室温，48h	[142]
PDMS/PA	正庚烷	室温，>1h；60℃，6h	[143]
PDMS/PEI	正己烷	室温，16h；80℃，1h	[144]

提高 PDMS 膜生产效率的一个思路是采用连续涂覆、连续收卷的连续化制备工艺（图 4-11）[133]。该工艺过程如下：在一台连续运行的刮膜机上，多孔基膜经过铸膜液槽底部，在基膜上形成一层厚度均一的涂层（厚度可通过刮刀与基膜之间的间隙进行控制），涂层在干燥箱干燥后，将 PDMS 膜收集至收卷辊上。该工艺要求涂层在达到收卷辊前必须干燥，以防止收卷后涂层与相邻的基膜发生粘连。由于刮膜机的转速通常约为 1.5m/min[145]，而表 4-1 所列出的 PDMS 膜制备过程至少需要 3.5h，也就意味着至少需要长度为 315m 的刮膜机，显然，该设备要求难以满足[133]。

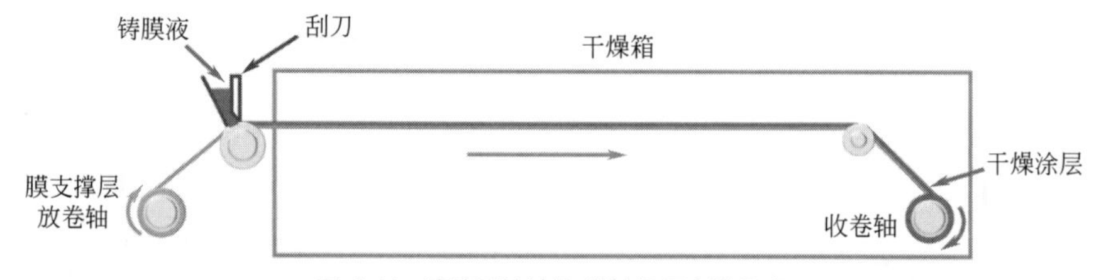

图 4-11　溶液刮涂法连续制备复合膜示意

Van Der Weij 等[146] 在研究有机锡类化合物在硅橡胶固化中的作用时，揭示了以二乙酸二丁基锡为代表的有机锡类化合物的催化机制。如图 4-12 所示，二乙酸二丁基锡在水的存在下水解为乙酸和羟基二丁基锡，羟基二丁基锡再与正硅酸乙酯反应生成含—Sn—O—Si—结构的化合物，继而与端羟基硅氧烷反应得到含—Si—O—Si 结构的硅橡胶，反应后释放出的羟基二丁基锡继续催化其他端羟基硅氧烷分子反应。因此，在制备 PDMS 膜过程中，二月桂酸二丁基锡需在水的存在下才能生成具有催化作用的羟基二丁基锡。

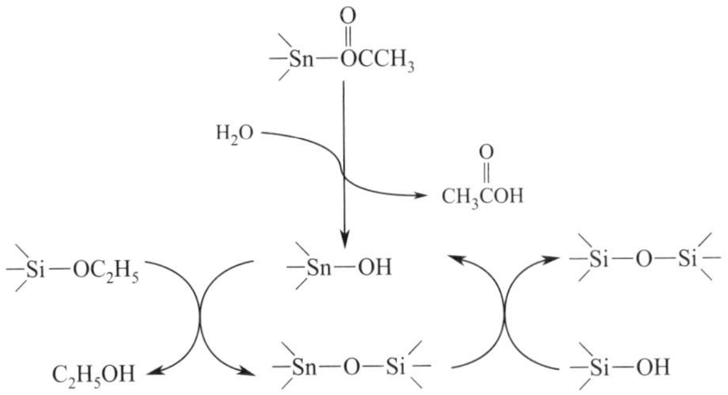

图 4-12　二乙酸二丁基锡的催化机制

由于 PDMS 为大分子聚合物，其黏度通常为 $10^3 \sim 10^4$ mPa·s，空气中的水分子难以进入 PDMS 内部，无法引发二月桂酸二丁基锡转化。因此，需要使用大量有机溶剂溶解 PDMS，降低铸膜液黏度，以利于空气中水分子进入铸膜液体系。基于上述问题及 PDMS 反应特点，Li 等[147] 提出在制备 PDMS 铸膜液时不使用正己烷等溶剂，而是直接向铸膜液体系中加入少量水，首次实现了 PDMS 膜的绿色制备。采用该种策略制备的 PDMS 膜，与使用正己烷制备的 PDMS 膜具有相似的物理结构和化学结构；由于铸膜液体系中不含有机溶剂，涂覆后可立即置于干燥箱中高温固化(75℃)，该策略制备的 PDMS 致密层交联密度高于传统方法制备的 PDMS 膜层，因而前者对 55℃、1.5%（质量分数）丁醇水溶液的分离因子比后者提高了 30%～53%，而渗透通量仅降低了 7%～10%。此外，Li 等[133] 通过考察温度、催化剂用量、水用量、乙醇用量对 PDMS 铸膜液黏度和 PDMS 膜层固化的影响，建立了预测铸膜液可涂覆时间的半经验模型，提出了降低涂覆前铸膜液体系温度、升高涂覆后膜层体系固化温度的策略，减缓了涂覆前铸膜液体系的黏度增加，加快了涂覆后膜层的固化，结合调控体系中催化剂用量、引入少量反应抑制剂（乙醇）等方式，使 PDMS 铸膜液可涂覆时间延长至 56.4min，PDMS 膜层固化时间缩短至 11min（书后彩图 12)，使 PDMS 绿色连续化生产成为可能。

发酵/渗透汽化分离耦合流程及工艺流程分别参见图 4-13 和图 4-14[148,109]。采用渗透汽化技术原位分离发酵溶剂产物时，发酵液在蠕动泵推动下进入膜器，在与膜器内部的渗透汽化膜充分接触后，返回发酵罐中[109]。料液中的溶剂则透过渗透汽化膜并在真空环境下得到冷凝收集。其中，进行发酵的反应器可以为游离细胞生物反应器或固定化细胞生物反应器。

Cai 等[109] 研究了渗透汽化耦合补料批次发酵，原位分离 ABE 发酵溶剂产物的发酵分离耦合策略。装置连续运行 250h，共产出 33.2g/L 丙酮、59.5g/L 丁醇和 8.8g/L 乙醇（101.4g/L 总 ABE 溶剂）。总 ABE 溶剂收率和产率分别为 0.35g/g（丁醇为 0.21g/g）和 0.41g/(L·h) [丁醇为 0.24g/(L·h)]。如图 4-15(a) 所示，在发酵进行 60h 后，ABE 生产和分离基本达到平衡，发酵罐中丙酮、丁醇、乙醇浓度分别达到 3.8～5.1g/L、8.6～11g/L 和 1.1～2.4g/L，有机酸副产物浓度乙酸维持在 1.5～2.5g/L、丁酸维持在 1.1～2.4g/L。同时，渗透汽化膜透过侧可收集到较

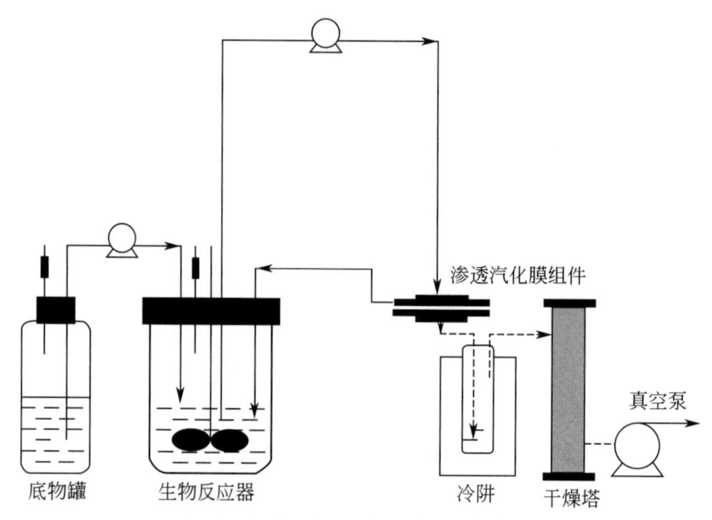

图 4-13 发酵/渗透汽化分离耦合流程

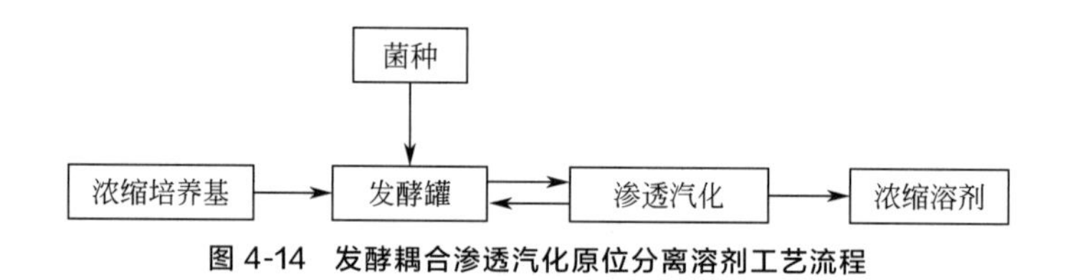

图 4-14 发酵耦合渗透汽化原位分离溶剂工艺流程

高浓度的 ABE 溶剂分离产物，其中 ABE 溶剂浓度维持在 286.9～402.9g/L（丁醇浓度为 159.2～236.2g/L）[图 4-15(b)][109]。

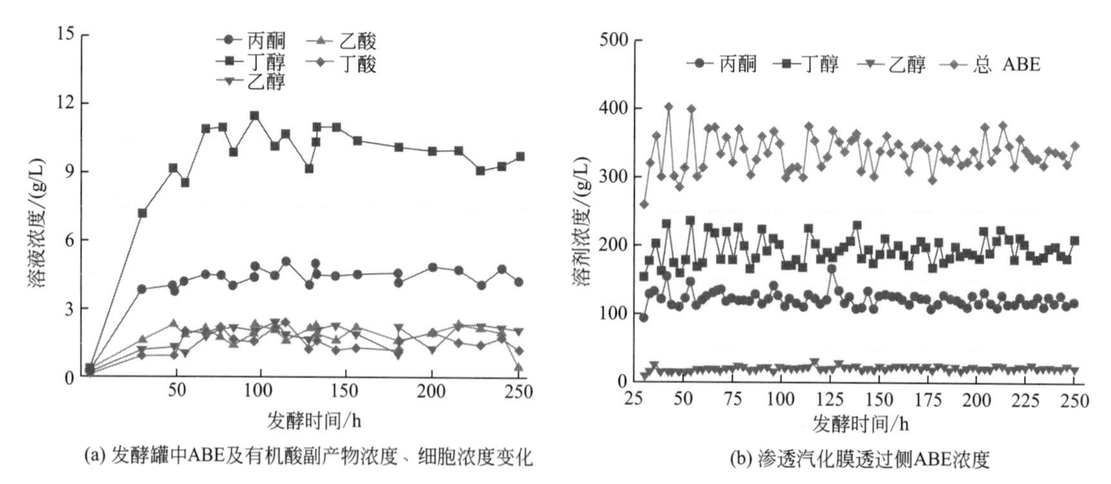

图 4-15 连续 ABE 发酵耦合渗透汽化

Li 等[149] 发现，与批次发酵相比，采用 ABE 批次发酵耦合渗透汽化分离策略，葡萄糖消耗速率及溶剂产率分别提高了 15%和 21%；而采用 ABE 连续发酵耦合渗透汽化策略（运行 304h），葡萄糖消耗速率和溶剂产率进一步提高至 58%和 81%，分别达到 2.02g/(L·h) 和 0.76g/(L·h)，渗透汽化侧获得 201.8g/L ABE，其中含丁醇 122.4g/L；经相分离，产物中 ABE 浓度最终可增加至 574.3g/L，并获得 501.1g/L 丁醇。

Cai 等[109] 发现当采用游离细胞生物反应器进行微生物发酵渗透汽化耦合工艺时，发酵液中的微生物、离子、碎片等会造成膜污染现象，在耦合工艺后期出现产物分离因子下降、水通量上升等现象。针对上述问题，可采用微生物固定化发酵工艺，缓解因微生物而带来的污染。Cai 等[109] 以 NaOH 改性秸秆为固定化载体，研究了连续固定化发酵耦合渗透汽化原位分离 ABE 溶剂工艺。耦合工艺运行期间，膜渗透通量在 209.2～285.5g/(m^2·h) 范围内波动，且随耦合时间增加未出现明显下降趋势，表明固定化发酵工艺的膜污染程度较轻，优于游离发酵。运行 201h 后，共产出 10.73g/L 乙醇、34.19g/L 丙酮和 59.3g/L 丁醇，总 ABE 溶剂浓度为 104.47g/L；相应地，ABE 溶剂收率为 0.39g/g，ABE 产率为 0.52g/(L·h)。在发酵分离稳定期，丁醇和 ABE 浓度基本维持在 8.5～11.8g/L 和 15.1～19.7g/L。

ABE 发酵渗透汽化耦合工艺不仅可实现溶剂产物原位分离、解除产物抑制、提高发酵效率，同时所需能耗低于精馏工艺。ABE 发酵中产物浓度极低，采用直接精馏的方式进行分离，丁醇分离因子一般仅为 10 左右，能耗巨大（因为水的沸点低于丁醇，体系中绝大多数水均需经历气-液相变）。从能量平衡角度分析，生物丁醇下游分离阶段所需能耗大于丁醇燃烧获得的能量，使得生物丁醇工艺能量“入超”，工艺能耗成本巨大[109]。

相反，如书后彩图 13 所示，将 ABE 发酵工艺与渗透汽化耦合，丁醇分离因子显著提高（最高可达 30 左右），远高于丁醇传统精馏工艺，从而使得该耦合工艺溶剂汽化热远低于传统精馏工艺。同时，由于膜透过侧收集的产物中丁醇浓度较高，出现油水两相分层的现象，而油相中 ABE 浓度可接近 80%，分相操作后可进一步降低后续精馏分离能耗[109]。

（2）渗透萃取技术

渗透萃取是利用膜分离技术和液液萃取技术从发酵液中回收产品的特殊溶剂萃取法。如图 4-16 所示，膜一侧与溶剂接触，另一侧与目标溶液接触，挥发性组分扩散通过膜，被萃取剂萃取[150]。由于渗透萃取过程中有机相和水相不直接接触，因此萃取剂的毒性不会影响微生物的代谢活动。不过，由于膜的屏障效应限制了萃取率[151]，导致产物收率低。Grobben 等[152] 研究了疏水膜和油醇/癸烷混合物（萃取剂）对丁醇的渗透萃取性能。采用该体系，可由发酵液中分离得到丁醇，且丁醇产量显著提高，但运行 50h 后膜污染严重。Qureshi 等[151] 提出了硅橡胶膜（由硅橡胶管制成）/油醇（萃取剂）渗透萃取耦合 ABE 发酵策略，与 ABE 批次发酵相比，ABE 浓度由 9.34g/L 提高至 98.97g/L，产率达到 0.27g/(L·h)。

（3）膜蒸馏分离技术

膜蒸馏分离原理如图 4-17 所示。该技术以气液平衡为基础，在液态水界面温度梯度引起的蒸汽压差推动下，通过疏水微孔膜传输蒸汽。Gryta 等[153] 采用多孔毛细管聚丙烯膜，研究了膜蒸馏分离耦合乙醇发酵工艺；相较于典型批次发酵［乙醇

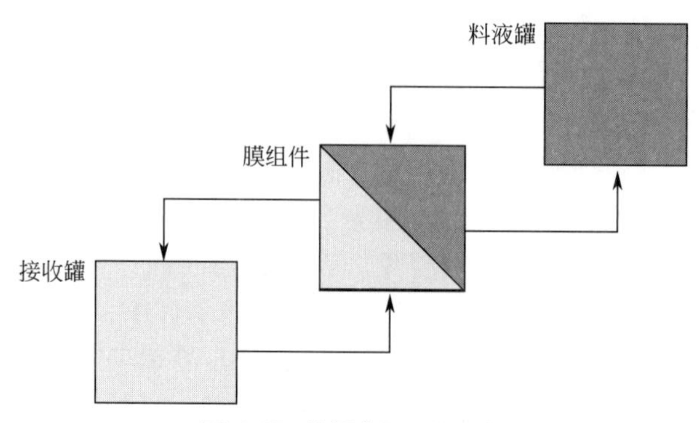

图 4-16　渗透萃取原理示意

得率 0.35～0.45g 乙醇/g 糖，乙醇产率 2.5～4g 乙醇/(L·h)]，该工艺可显著提高乙醇得率（0.4～0.51g 乙醇/g 糖）和乙醇产率［2.5～4g 乙醇/(L·h)］。Lin 等[154] 研究了以甘油为碳源、通过 *Clostridium pasteurianum* CH_4 发酵生产丁醇的可行性；采用加入丁酸盐诱导丁醇生产及膜蒸馏在线移除发酵产生丁醇的综合策略，可显著降低发酵液中丁醇的抑制效应，最大有效丁醇浓度提高至 29.8g/L；相较于典型批次发酵，丁醇得率由 0.24mol 丁醇/mol 甘油提高至 0.39mol 丁醇/mol 甘油。

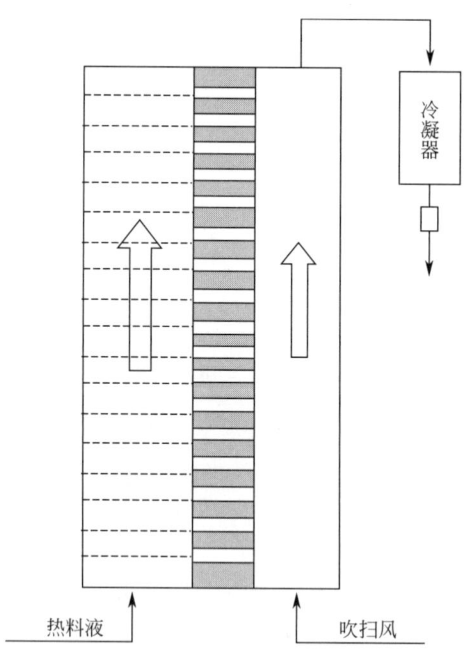

图 4-17　膜蒸馏分离原理示意

（4）反渗透分离技术

反渗透分离技术原理如图 4-18 所示，当把相同体积的稀溶液和浓溶液分别置于容器两侧（容器中间用半透膜阻隔）时，稀溶液中的溶剂将穿过半透膜，向浓溶液侧流动，浓溶液侧液面会比稀溶液侧液面高出一定高度，形成压力差（即渗透压）。

若向浓溶液侧施加一个大于渗透压的压力，浓溶液中的溶剂会向稀溶液流动，即溶剂流动方向与原来渗透方向相反。将反渗透技术用于发酵液分离纯化，可将发酵液分离为渗透液（纯水）和浓缩液（含盐和残留化合物的溶液）[155]。Garcia 等[156] 探究了反渗透技术在浓缩 ABE 发酵后低浓度溶剂方面的应用，丁醇和丙酮的最大截留率分别为 98%和 93%，通量介于 0.05～0.6L/(m^2 · min)。Diltz 等[157] 采用反渗透技术研究了产氢厌氧发酵液的回用问题，总有机碳去除率可达 95%以上，证明了反渗透技术在发酵废水管理及水回收方面具有应用潜力。

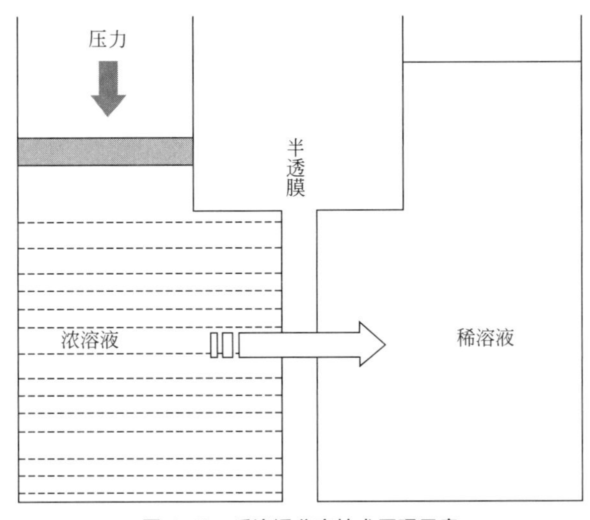

图 4-18　反渗透分离技术原理示意

4.2.1.2　汽提分离技术

汽提分离技术装置如图 4-19 所示[109]，将气体输送至发酵罐中，由于气泡在发酵液中形成或破碎时会引起周围液体振动，挥发性物质进入气相，并与载气一同进入冷凝器，然后挥发性产物冷凝进入分离器，载气则循环进入发酵罐[158]。汽提法具有操作简单、可直接实现挥发性产物原位分离等优点。Qureshi 等[159] 指出，采用汽提法分离发酵液中的 ABE，可减小丁醇对发酵过程的抑制作用，同时保留 ABE 生产过程的中间产物，提高发酵产量。Ezeji 等[160] 则进一步指出，当气体循环速率和平衡气体率分别为 80cm^3/s 和 0.058h^{-1} 时，可将丁醇浓度维持在毒性水平以下。与此同时，汽提技术可直接浓缩发酵液中挥发性产物，为后续分离提供便利。例如，Lu 等[161] 研究表明，产物中丁醇、丙酮和乙醇的浓度分别可达 10%～16%、4%和<0.8%（质量体积比），经相分离后丁醇浓度可提高至 64%。Mariano 等[162] 则构建了发酵-汽提-真空系统，指出真空条件下回收发酵液中 ABE 对微生物生长无不良影响，且微生物生长代谢过程产生的气体可在真空下由发酵液逸出，并将发酵液中溶剂带出；在该体系下进行发酵，可将发酵液中丁醇浓度降至 1g/L 以下。

Cai 等[109] 比较了传统固定化批次发酵技术与固定化批次发酵汽提耦合技术。如图 4-20 所示，经过 80h 发酵，采用传统固定化发酵技术的对照组共产生 23.8g/L

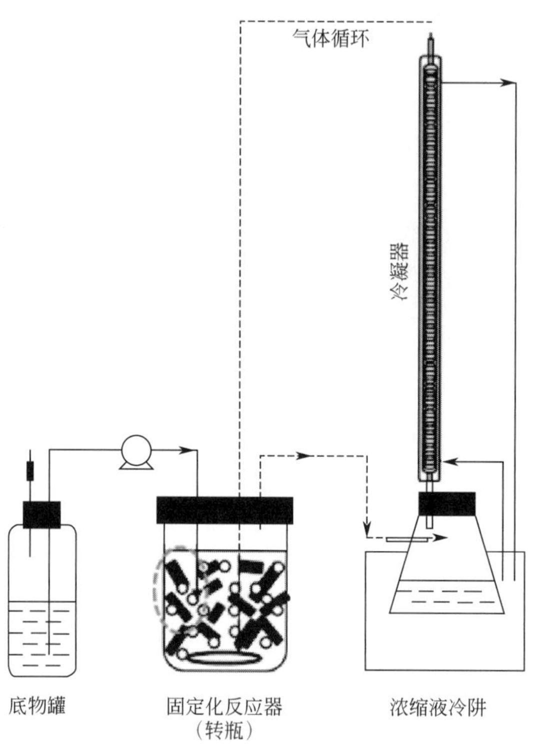

图 4-19 汽提分离技术装置

ABE（14.3g/L 丁醇），ABE 产率和收率分别为 0.3g/(L·h) 和 0.37g/g；在采用固定化批次发酵汽提耦合技术的实验组中，由于溶剂产物得以原位分离，最终发酵液中 ABE 和丁醇浓度分别维持在 15g/L 和 10g/L 左右。由于丁醇的产物抑制效应获得缓解，糖底物利用速率得到增强，在发酵进行 52h 后葡萄糖利用率达 98.6%，比对照组高 22.9%。且发酵终止时，实验组共产生 28.4g/L ABE 和 17.2g/L 丁醇，分别比对照组提高 19.3% 和 20.3%；ABE 产率和得率分别达到 0.36g/(L·h) 和 0.4g/g，较对照组分别提高 20% 和 8.1%。由于汽提分离浓度和发酵液中溶剂浓度有关，实验组冷凝侧的 ABE 浓度随发酵液侧浓度变化，基本在 160～260g/L 范围内波动［图 4-20(d)］，整个汽提过程丁醇的分离因子约为 14。

此外，Cai 等[109] 进一步比较了间歇汽提和连续汽提与发酵工艺耦合时的区别，其中，间歇汽提每隔 12h 开启或停止。如图 4-21(a) 所示，采用发酵间歇汽提耦合工艺时，发酵液中 ABE 浓度随汽提装置的运转或停止出现周期性波动，这是由于原位分离停止时发酵产物因无法分离而实现积累，在 370h 发酵过程中，发酵液中丁醇和 ABE 浓度基本在 11～15g/L 和 19～26g/L 之间波动。相比之下，冷凝侧溶剂浓度波动较小，丙酮、丁醇、乙醇浓度分别在 45～55g/L、140～175g/L 和 20～30g/L 之间波动［图 4-21(b)］。与耦合间歇汽提工艺时不同，采用连续汽提工艺时，发酵液中溶剂产物浓度基本稳定，丙酮、丁醇、乙醇浓度在 6～8.5g/L、10～12g/L 和 3g/L 左右小范围内波动［图 4-21(c)］。而由于连续汽提时发酵液中溶剂浓度低于间歇汽提时溶剂浓度，连

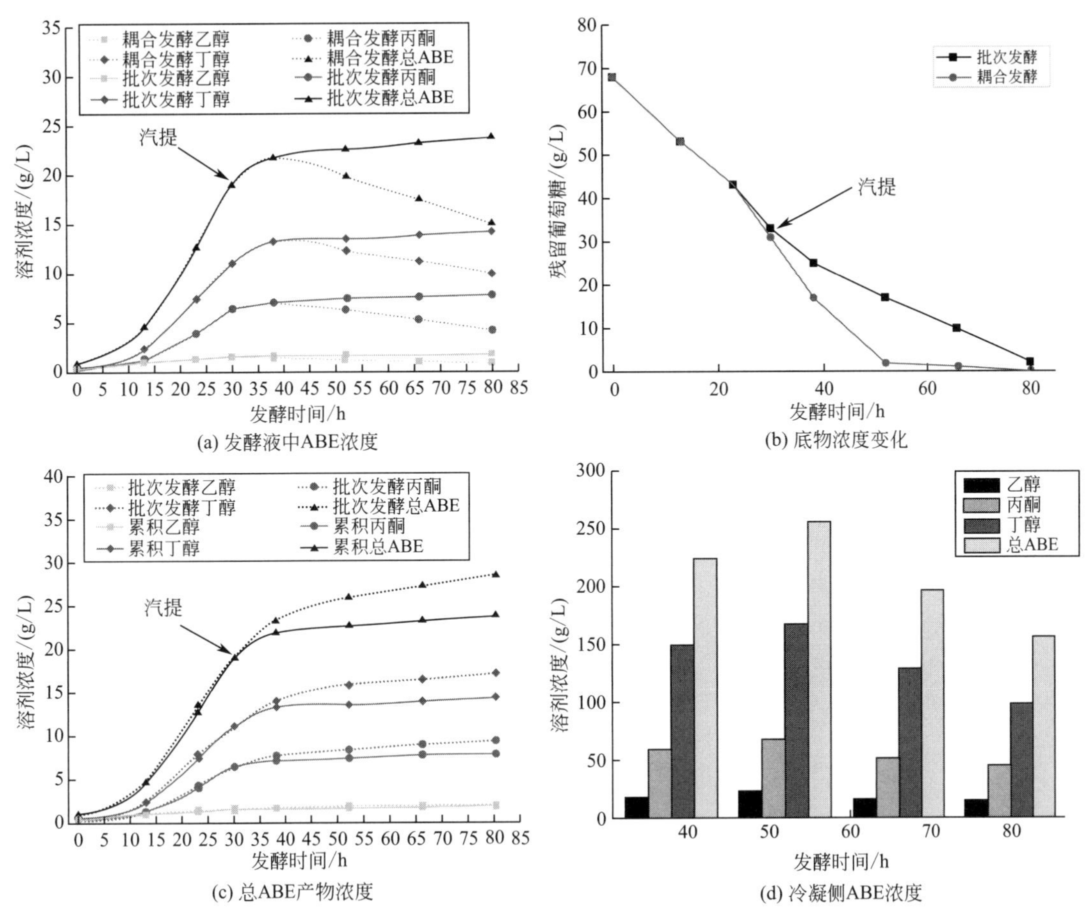

图 4-20　固定化批次发酵汽提耦合与传统固定化发酵的对比

续汽提冷凝侧溶剂浓度低于间歇汽提工艺，其中丁醇、丙酮和乙醇的浓度分别约为 115g/L、50g/L 和 15g/L [图 4-21(d)]。不过，由于其发酵液中相对较低的产物浓度，持续缓解了发酵过程中的丁醇毒性，因而导致 ABE 产率和收率更高，分别达到 1.15g/(L·h) 和 0.38g/g，是间歇汽提工艺的 3.03 倍和 1.12 倍。

如书后彩图 14 所示，由于间歇汽提工艺选择性优于连续汽提工艺，其溶剂汽化热低于后者和传统精馏过程；而连续汽提工艺略优于传统精馏过程。因此，汽提技术在实现产物原位移除、缓解产物抑制的同时可在一定程度上降低分离能耗。需要指出的是，受限于气液平衡，汽提工艺的分离性能低于渗透汽化工艺，因此其分离能耗要高于后者，且产物中丁醇浓度也低于后者。

4.2.1.3　吸附分离技术

吸附是指溶质从液相或气相转移至固相的一种现象。

吸附法分离是利用待分离物质在溶液与吸附剂间分配系数的差异，使其较多地分配在吸附剂上，最后将其从吸附剂上解吸下来，从而达到分离目标物质的目的[163]。常用的吸附剂包括活性炭、沸石、树脂、金属有机骨架化合物、共价有机

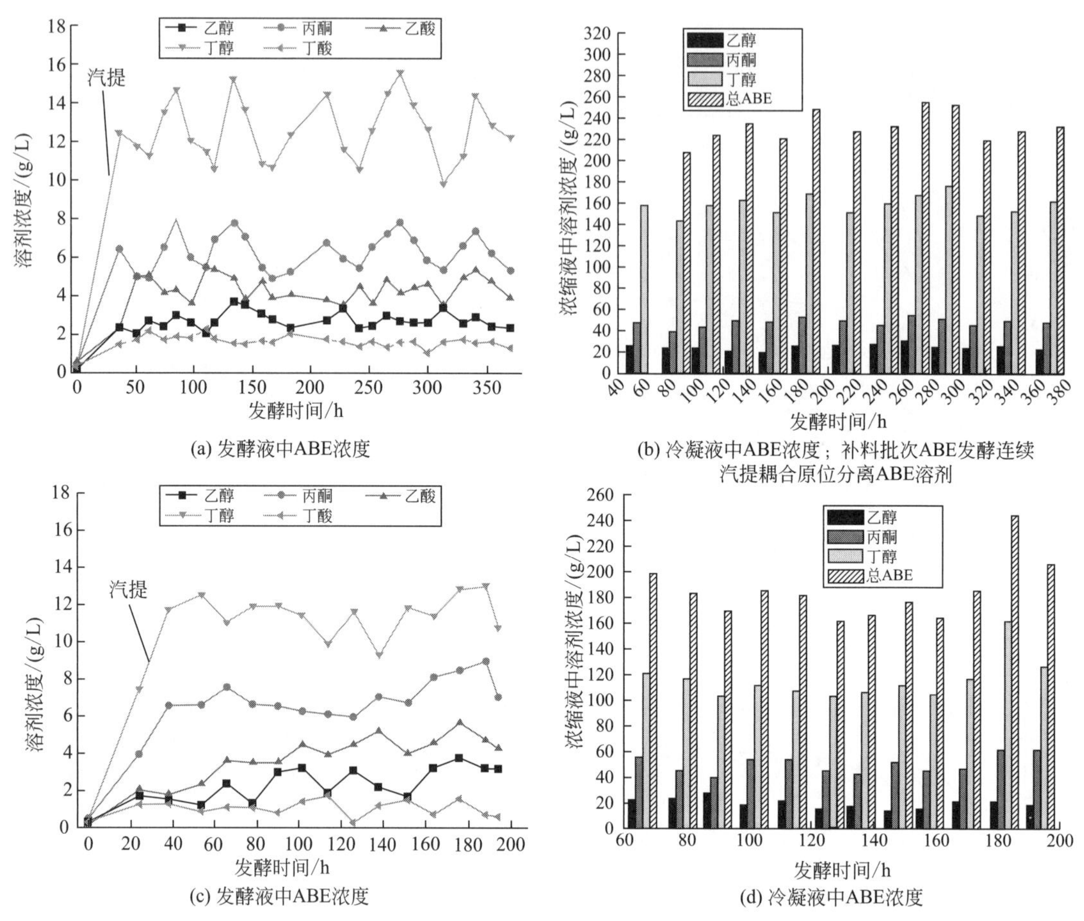

(a) 发酵液中ABE浓度

(b) 冷凝液中ABE浓度；补料批次ABE发酵连续汽提耦合原位分离ABE溶剂

(c) 发酵液中ABE浓度

(d) 冷凝液中ABE浓度

图 4-21　补料批次 ABE 发酵间歇汽提耦合原位分离 ABE 溶剂

骨架化合物等。吸附剂使用后，可通过加热、溶剂萃取、真空蒸发或蒸汽置换等方式进行再生。Xue 等[164] 采用活性炭原位吸附方法分离 ABE 固定化发酵过程产生的丁醇，丁醇产率可达 0.45g/(L·h)，较传统工艺提高了 32%，吸附后的活性炭经热解析后可获得 167g/L 丁醇，经自发相分离后，最终可获得 640g/L 丁醇。

4.2.1.4　液液萃取技术

液液萃取是利用待分离组分在溶剂系统中溶解度不同来分离目标物质的一项技术。与其他分离技术相比，液液萃取法具有较高的分离选择性[165]。不过，对丁醇等挥发性产物具有较高分配系数的溶剂（如正癸醇）通常为易燃且对微生物具有毒性的化合物[166]。相比之下，油醇具有萃取效率高、毒性低等优点，广泛用作丁醇等挥发性产物的萃取剂[167]。Roffler 等[166] 考察了油醇和苯甲酸苄酯的混合溶液对发酵液中丁醇的萃取效果，与传统批次发酵工艺相比，丁醇产率提高了 70%。

4.2.1.5　电渗析技术

电渗析是一种在电场作用下通过半透膜将离子由稀溶液转移至浓溶液的技术。

电渗析具有不引入或排放盐、不进行盐转化等优势，常用于咸水脱盐；此外，也常用于发酵产物回收。Jones 等[168] 采用电渗析技术分离发酵液中的乙酸和丁酸，结果表明，蔗糖发酵液中乙酸和丁酸的脱除率分别可达 99%和 97%，杂草发酵液中乙酸和丁酸的脱除率分别可达 96%和 94%。Sun 等[169] 将两层双极膜和一层阳离子交换膜叠置形成双室双极膜电渗析叠置结构，考察了电流密度、柠檬酸钠初始浓度、酸室结构和碱室结构对双极膜电渗析工艺性能的影响，探讨了双极膜电渗析法回收发酵液中柠檬酸的可行性。当初始柠檬酸钠加入量为 3.3%时，柠檬酸回收率最高，可达 97.1%。Prochaska 等[170] 提出了一种由超滤、双极膜电渗析和萃取组成的一体化琥珀酸分离系统，通过超滤去除发酵液中的大分子物质如蛋白质、细菌细胞等，通过双极膜电渗析分离发酵液中的琥珀酸盐等，最后通过萃取分离大部分有机酸；采用上述一体化分离工艺，琥珀酸回收率最终可达 90%。

4.2.1.6 离子交换分离技术

离子交换分离是一种利用离子交换树脂对待分离物质进行交换和吸附从而实现物质分离、提纯的技术。

离子交换树脂通常是一类带有功能基团的不溶性高分子化合物，其结构由高分子骨架、离子交换基团和空穴三部分组成。离子交换树脂具有可长期反复使用的特点，当树脂失效后，可用酸、碱或其他再生剂进行再生，恢复其交换能力。不过，再生工艺使用的酸碱对设备具有一定腐蚀性，且常产生大量酸碱废水[171]。Uslu 等[171] 考察了 IRA-67 弱碱型离子交换树脂对乙酸和乙醇酸的吸附效果，结果表明，IRA-67 对乙酸和乙醇酸的吸附效率分别可达 86.29%和 61.36%。Garrett 等[172] 采用 IRA-67 离子交换树脂原位吸附芽孢杆菌发酵液中的乳酸，该工艺可将发酵液中乳酸浓度控制在 20g/L 以下；同时，与补料分批发酵相比，该发酵分离耦合工艺可将乳酸产率提高 1.3 倍。Zhang 等[173] 采用 IRA900 离子交换树脂固定床柱原位吸附分离发酵液中的延胡索酸，与常规批次发酵相比，采用该原位分离技术后延胡索酸产率由 25%提高至 59%。此外，该工艺使用 0.7mol/L NaCl 溶液对延胡索酸进行脱附，同时可使 IRA900 树脂再生成原始氯离子形式，从而可供下一吸附循环重复使用，实现了对延胡索酸的间歇原位回收。

4.2.1.7 结晶分离技术

结晶分离是利用待分离物质在不同环境中溶解度变化来分离目标产物的一种技术，常用于分离有机酸、蛋白质、核酸等。结晶法具有操作简单，产物纯度高等优点。例如 Thuy 等[174] 在木薯发酵结束后，通过离心去除细胞并通过纳滤去除蛋白质、多价离子等杂质，然后采用晶种间歇冷却结晶法回收琥珀酸，琥珀酸晶体纯度可达 99.35%，相对结晶度为 96.77%。

乳酸是一种天然有机酸，可通过化学合成或微生物发酵法生产，其中 90%通过乳酸菌发酵生产。乳酸菌发酵工艺中常使用镁碱作为 pH 调节剂，发酵后得到金属乳酸盐，而乳酸镁则可用作食品、饮料、乳制品、面粉和制药工业的添加剂。Wang 等[175] 利用乳酸镁在水中溶解度较低的特点，开发了发酵原位结晶生产乳酸镁新工艺，该工艺无需额外添加晶种，且结晶后的发酵液可再次用于发酵。采用该工艺，产物浓度、产率和转化率分别可达 143g/L、2.41g/(L·h)、94.3%。在四次结晶循环中，发酵培养基的平均再利用率和产物去除率分别达到 64.0%和 77.7%。与补料分批发酵相比，该新工艺可节省水 40%、无机盐 41%、酵母提取物 43%。

槐糖脂可替代传统化学品用作表面活性剂，同时可用作免疫调节剂和抗癌药物[176]。目前，通常采用微生物发酵法进行生产，发酵液可采用乙醇结晶、磷酸盐缓冲液结晶及硅胶柱层析等方法进行纯化，但上述方法存在工艺复杂、产品回收率低、不适合大规模应用等缺点。Yang 等[177] 以甘蔗糖蜜为原料开发了内酯型槐糖脂原位发酵结晶分离工艺。在发酵前 16h，将发酵体系维持在 30℃，有利于槐糖脂生成；之后将发酵体系温度降低至 24～26℃，可使槐糖脂结晶析出。采用该工艺，槐糖脂产量可达 108.7g/L，且结晶的内酯型槐糖脂达到 90.5g/L，纯度为 90.51%，从而提供了一种节能、低成本的内酯型槐糖脂生产新方法。

4.2.1.8 多级分离耦合技术

为进一步减轻产物抑制、提升产物浓度、降低分离能耗，采用多级分离耦合技术实现产物富集，以规避单一耦合技术的局限性，是当前微生物发酵分离耦合技术重要发展趋势之一。

如上文所述，汽提工艺在富集发酵液中挥发性溶剂产物时，由于发酵液中溶剂浓度通常较低，冷凝测富集得到的产物浓度通常不高[178]。针对上述问题，Cai 等[109] 提出了发酵-汽提-汽提级联分离工艺，工艺示意参见图 4-22[109]。

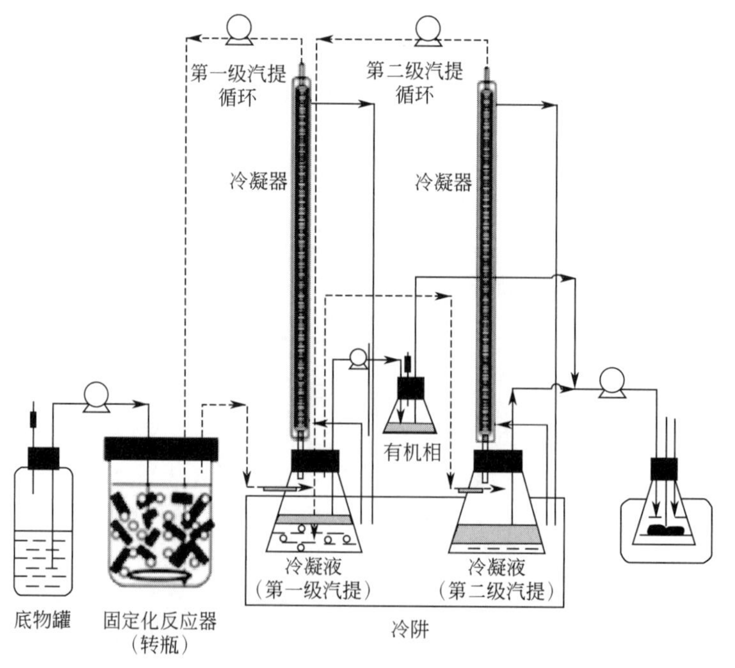

图 4-22 发酵-汽提-汽提级联分离工艺示意

该工艺对ABE发酵液中的挥发性溶剂产物进行第一级汽提，第一级汽提冷凝侧溶剂分层，且油相浓度较高；因此，将下层水相冷凝物分离后，自然升至室温，进行第二级汽提；将第一级汽提分离得到的油相和第二级汽提得到的冷凝回收液混合得到二级分离浓缩液。Cai等[109]考察了340h发酵分离耦合工艺，发酵累计产生41g/L丙酮、116.4g/L丁醇和9.6g/L乙醇（166.4g/L总ABE），ABE平均产率和收率分别为0.49g/(L·h)和0.39g/g。第一级汽提冷凝侧共收集到105mL油相和1033mL水相，分相操作后，对水相进行第二级汽提，分离结果参见表4-2；其中，经第二级汽提分离，第一级汽提分离所得水相中有70.5%的丙酮、87%的丁醇、60.7%的乙醇以及78.8%的ABE溶剂实现进一步浓缩和分离。最终，采用该发酵-汽提-汽提级联分离工艺，丙酮、丁醇、乙醇浓度可达90.7g/L、367.2g/L和21.8g/L，分别为单级汽提工艺的211%、286%和240%，极大地提高了汽提冷凝侧的产物浓度。此外，Xue等[179]也采用两级汽提工艺原位分离发酵液中ABE产物，对第一级汽提得到的水相浓缩液（含153g/L ABE）进行第二级汽提，产物中ABE浓度达到447g/L，实现了第一级汽提降低产物抑制、第二级汽提提高产物富集效果的目的。

表4-2 第一级汽提和第二级汽提后的溶剂产物浓度

项目	第一级汽提			第二级汽提	两级汽提高浓冷凝液混合物
	混合物	油相	水相		
冷凝溶剂/(g/L)					
丙酮	42.9	84.3	38.8	92.9	90.7
丁醇	128.6	506.6	90.2	309.5	367.2
乙醇	9.1	38.6	5.4	15.0	21.8
总ABE	179.8	629.5	134.4	417.4	479.7
冷凝体积/mL	1138	105	1033	262	364
分离因子					
丙酮	7.9	16.2	7.1	18.0	17.6
丁醇	15.3	106.2	10.3	46.4	60.0
乙醇	5.9	25.6	3.5	9.7	14.2

此外，针对单级汽提富集效果差、渗透汽化易出现膜污染的问题，Cai等[180]构建了发酵-汽提-渗透汽化耦合分离系统（其工艺见图4-23[109]），待汽提冷凝液自然恢复至室温后，对汽提液进行进一步渗透汽化分离；最终，渗透汽化膜透过侧丙酮、丁醇、乙醇浓度分别达到169.93g/L、482.55g/L和54.2g/L（与发酵-汽提-汽提级联分离工艺相比，分别提高80.7%、31.4%和149%），总ABE浓度达到706.68g/L。采用该工艺，可回收发酵液中98.8%的丁醇、99.5%的丙酮和82.8%的乙醇。因此，从上述数据可以看出，在提高发酵液中挥发性溶剂产物富集效果方面，发酵-汽提-渗透汽化耦合分离工艺优于发酵-汽提-汽提级联耦合分离工艺。

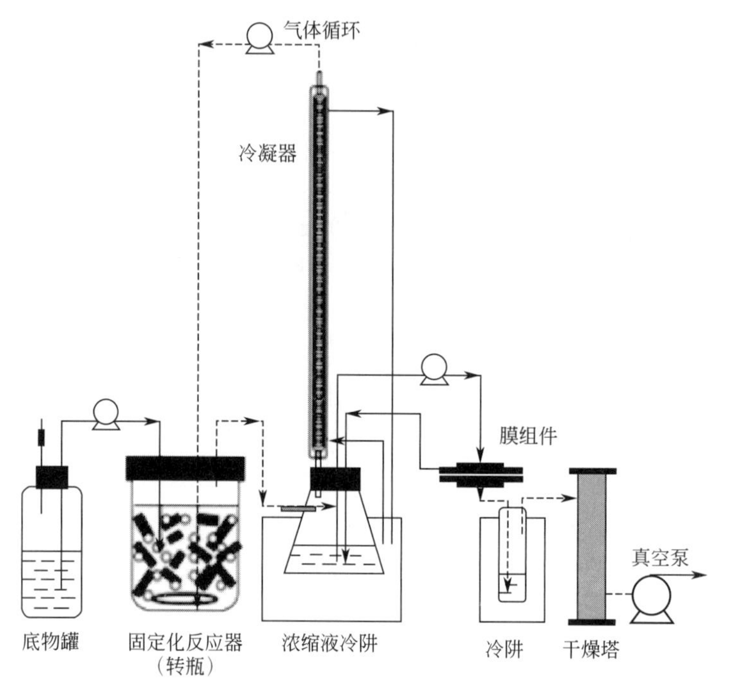

图 4-23 发酵-汽提-渗透汽化耦合分离工艺示意

更进一步，Hu 等[181] 构建了气体汽提-蒸汽渗透耦合分离工艺（图 4-24），用于生物质糠醛原位分离。该系统将未经冷凝的汽提产物直接引入渗透汽化系统，有效避免了管道和膜污染问题，同时避免了汽提冷凝工艺，降低了工艺能耗。

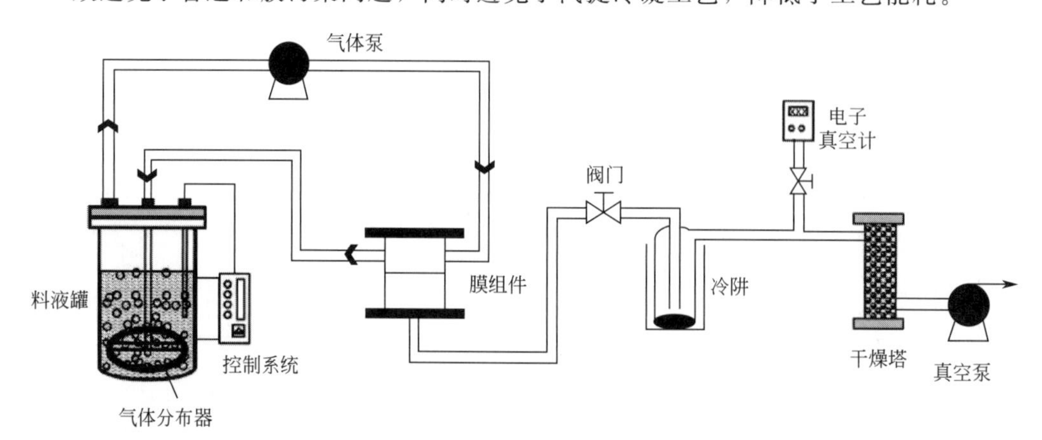

图 4-24 汽提-蒸汽渗透耦合分离工艺示意

与渗透汽化相比，该工艺所得糠醛通量可达 4.09kg/(m^2·h)，提高了 68.6%，而糠醛浓度达到 71.1%（质量体积比），较前者提高了 23.0%。此外，在能耗方面，该工艺所需蒸发能耗仅为传统精馏工艺的 20%，同时较渗透汽化工艺也下降了 35%～44%（图 4-25）[181]。由于液体分离过程所需能耗主要来自蒸发能耗[182,183]，预期该工艺能耗低于传统精馏工艺和渗透汽化工艺。因此，将该工艺用

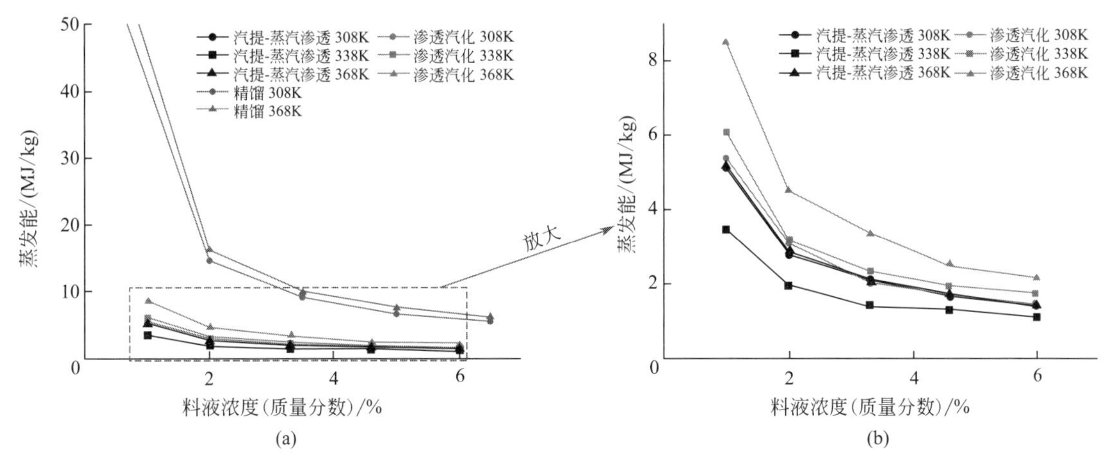

图 4-25　汽提-蒸汽渗透耦合分离工艺与精馏工艺、渗透汽化工艺蒸发能耗比较

于原位分离发酵液中挥发性溶剂产物，有助于进一步提高产物富集效果、降低分离过程能耗。

由于渗透汽化工艺产物富集效果优于汽提工艺，因此，可用渗透汽化工艺替代上述发酵-汽提-渗透汽化耦合分离工艺中的汽提工艺，进一步改善产物富集效果。如图 4-26 所示[109]，发酵液采用渗透汽化方式分离，待第一级渗透汽化透过侧产物恢复至室温后，进行第二级渗透汽化分离。Cai 等[109] 研究发现，发酵结束时第一级渗透汽化透过侧得到 130.36g/L 丙酮、199.09g/L 丁醇和 17g/L 乙醇。由于该混合物中丙酮含量高，与汽提工艺不同，混合物未出现分层现象，因此直接对第一级渗透汽化透过侧产物进行第二级渗透汽化，分别得到 304.56g/L 丙酮、451.98g/L 丁醇和 25.97g/L 乙醇；与发酵-汽提-渗透汽化耦合分离工艺相比，丙酮最终浓度提高 79.2%，而丁醇和乙醇最终浓度则分别下降 6.3%和 52.1%，总 ABE 浓度则提高 10.7%，丁醇和乙醇浓度下降可能与第一级渗透汽化后无分相操作有关。同时，需要指出的是，由于第一级渗透汽化装置直接与发酵液接触，无法有效避免膜污染，该工艺的膜寿命可能会短于发酵-汽提-渗透汽化耦合分离工艺。

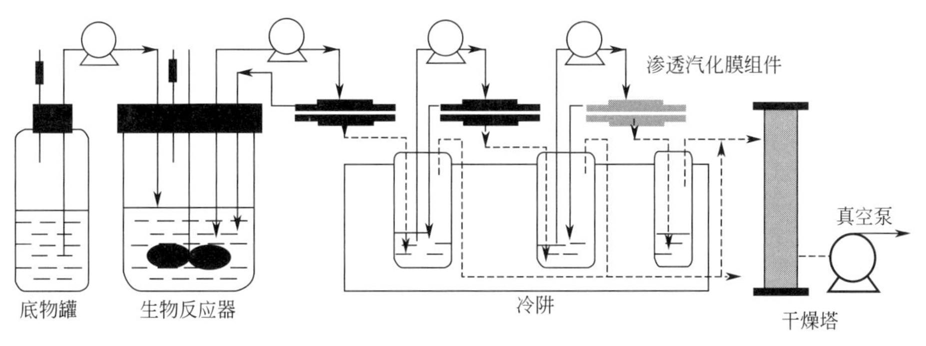

图 4-26　发酵-渗透汽化-渗透汽化耦合分离工艺示意

由上所述可知，发酵-汽提-渗透汽化系统的综合性能（考虑挥发性产物富集及膜污染控制）优于发酵-汽提-汽提系统和发酵-渗透汽化-渗透汽化系统，可解除发酵液中的产物抑制并同时实现挥发性产物的原位分离浓缩。在分离能耗方面，该系统也优于单纯的发酵-汽提分离系统和传统的发酵-精馏系统。由于采用发酵分离耦合技术得到的产物仍含有较多水，需采用精馏或其他方式进行进一步分离。如图 4-27 所示，Cai 等[109] 构建了发酵-汽提-精馏系统和发酵-汽提-渗透汽化-精馏系统，并采用 Aspen 模拟了两种系统的能耗。

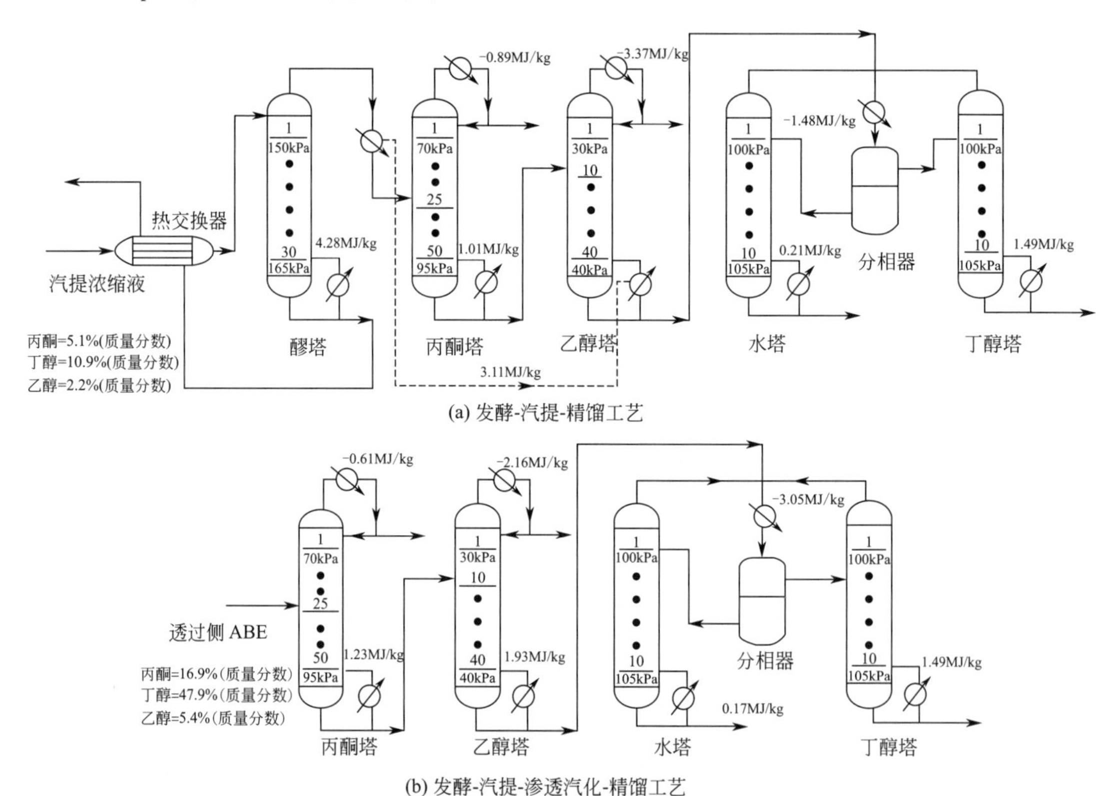

图 4-27　发酵-汽提-精馏工艺和发酵-汽提-渗透汽化-精馏工艺的工艺流程（模拟进料量为 1000kg/h）

对于发酵-汽提-精馏工艺，由于初始汽提冷凝液的 ABE 浓度相对较低，需通过浓缩塔进一步富集，以降低后续精馏分离成本。该工艺的换热路径有两处：溶剂浓缩塔的塔顶和乙醇浓缩塔的塔釜［图 4-27(a)］。对于发酵-汽提-渗透汽化-精馏工艺，由于经汽提和渗透汽化富集后，ABE 浓度较高，而溶剂浓缩塔分离效率不高，因此无须设置浓缩塔，直接将渗透汽化透过侧溶剂通入精馏体系中［图 4-27(b)］。

上述两种工艺的能耗参见表 4-3，虽然发酵-汽提-渗透汽化-精馏工艺的第二级渗透汽化过程的溶剂蒸发热以及构建真空系统所需能量高于发酵-汽提-精馏工艺中经过换热的溶剂浓缩塔的能耗，但前者后续各溶剂分离塔的能耗普遍低于后者；这主要是由于经第二级渗透汽化分离得到的 ABE 溶剂产物浓度高于后者中溶剂浓缩塔的优化浓度，打破了气液平衡对分离溶剂的限制。

整体来看，发酵-汽提-渗透汽化-精馏工艺的总能耗为24.83MJ/kg，而发酵-汽提-精馏工艺的总能耗为26.2MJ/kg，前者为后者的94.77%，同时远低于传统发酵-精馏工艺（总能耗为79MJ/kg[184]）。需要指出的是，上述能耗计算仅考虑了溶剂蒸发热和分离过程的热量需求，未考虑泵、风机等装置的电耗；不过，相关研究指出，汽提工艺的电耗较低[158]，实际上上述两种工艺的循环泵能耗以及风机能耗仅为精馏过程热量消耗的不到0.1%。

表4-3 两种工艺的主要参数和全工艺过程能耗对比

项目	发酵-汽提-精馏工艺	发酵-汽提-渗透汽化-精馏工艺
丁醇产率/[g/(L·h)]	0.4	0.4
ABE产率/[g/(L·h)]	0.67	0.67
丁醇转化率/(g/g)	0.23	0.23
ABE转化率/(g/g)	0.38	0.38
一级汽提后丁醇浓度/(g/L)	108.33	108.33
气提过程汽化热(按每千克丁醇计)/MJ	19.34①	19.34①
浓缩塔/二级渗透汽化能耗(按每千克丁醇计)/MJ	0.44	0.63②
丙酮塔能耗(按每千克丁醇计)/MJ	1.61	1.27
乙醇塔能耗(按每千克丁醇计)/MJ	3.11	1.93
丁醇脱水塔能耗(按每千克丁醇计)/MJ	0.21	0.17
丁醇浓缩塔能耗(按每千克丁醇计)/MJ	1.49	1.49
全工艺总能耗(按每千克丁醇计)/MJ	26.2③	24.83③

① ABE发酵过程中散热未计算。

② 渗透汽化过程蒸发热由外界环境提供。

③ 气/液体循环和电耗相对汽化热较小，未计算。

此外，采用夹点技术对精馏过程进行系统换热，可进一步降低工艺能耗。如图4-28所示[109]，共设计7个换热装置参与全系统换热，最小换热温差为15℃。丁醇塔底和丁醇脱水塔底，丙酮塔底和乙醇塔底依次换热；之后，通过换热器HE4为渗透汽化过程提供热量。在经换热器HE1～HE4进行换热后，丁醇浓缩塔底物流温度从118.7℃依次降至116.2℃、103.4℃、80.8℃和60.5℃。在丁醇脱水塔底的物流（101.2℃）通过换热器HE5和HE6向乙醇分离塔底供热。同时丁醇浓缩塔底和丁醇脱水塔底物流通过换热器HE7为精馏过程的进料提供热量。经优化后，该精馏过程总能耗降低至3.1MJ/kg；与不进行换热的精馏过程相比，节能36%左右。相应地，全工艺总能耗进一步降低至23.07MJ/kg，为丁醇燃烧热（36MJ/kg）的36%，从而实现了ABE发酵过程的能量“入超”[109]。

除ABE生产外，多级分离耦合技术还可用于米糠毛油生产。通常，米糠毛油采用溶剂浸出法进行生产，主要包括溶剂浸出、混合油蒸发、油料粕脱溶、溶剂冷却及回收、尾气处理五个关键工段。能耗模拟计算表明，蒸汽消耗集中在糠粕脱溶工

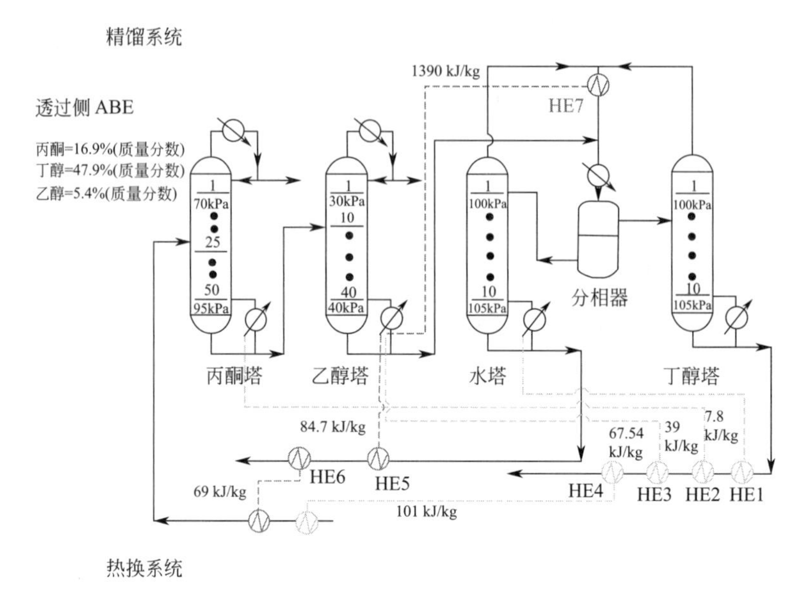

图 4-28　精馏系统换热网络工艺流程（HE 指换热器）

段（62%）和尾气处理工段（16.3%）。由于正己烷在氮气环境中的气相分压更高（50℃下可达到 75%），可采用氮气汽提正己烷取代水蒸气汽提正己烷，该新工艺可大大降低蒸脱机工段的蒸汽消耗（操作条件温和、引入水分少以及糠粕不需要后续烘干工段）。同时，在尾气处理部分可采用气体膜分离技术，通过 PDMS 膜选择性透过正己烷、阻隔氮气，实现尾气中氮气和正己烷的分离，且分离之后氮气和正己烷可分别循环利用（图 4-29）。计算表明，新工艺较原工艺节约蒸汽量约为 61%，节约冷凝水量约 26%。

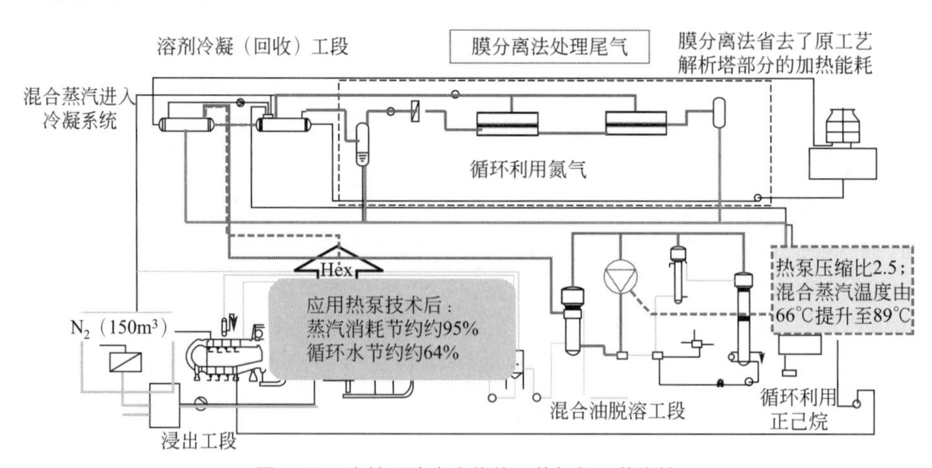

图 4-29　米糠毛油生产传统工艺与新工艺比较

另外，为保证油脂质量，溶剂回收过程通常在低温低压条件下进行，使得大量混合蒸汽处于较低温度，因而无法利用其中的蒸汽潜热加热冷物流。因此，采用热泵技术将低温混合蒸汽通过压缩升温，可提高其作为热源的品位，使大量蒸汽潜热用于预热进料。通过上述改进，总蒸汽节约量可提升至 95%，冷凝水节约量可提升至 64%，考虑优化工艺中热泵和膜分离过程增加的电耗后，新工艺总能耗节约 73%。

4.2.2 生物/化学级联过程能量优化

微生物发酵过程具有专一性高的优点，但转化速度较慢，而化学合成则具有反应快速的特点。将微生物发酵与化学合成有机地结合起来，实现生物/化学级联，可显著提高转化效率，减少环境污染，降低能耗[185]。

4.2.2.1 乙醇合成 1,3-丁二烯的生物/化学级联优化

1,3-丁二烯是一种重要的石化基础有机原料，可用于生产苯乙烯-丁苯橡胶，广泛用于汽车轮胎、电线电缆、黏合剂、密封剂和涂料等行业。目前，90%以上的丁二烯来源于石油炼化工艺[186]。当前，随着生物乙醇开发的逐步深入，以生物质原料生产的乙醇为原料化学合成 1,3-丁二烯已成为一条重要的开发路线。

Cai 等[187] 首次开发了以生物质汁液为原料生产 1,3-丁二烯的生物化学级联工艺——FPC 工艺。如图 4-30 所示，该工艺由甜高粱汁乙醇发酵出发，发酵液进行渗透汽化富集浓缩，浓缩后的生物乙醇（478.6g/L）直接进入固定床石英反应器，在 Ag/Mg-Si 催化作用下，合成 1,3-丁二烯。该生物/化学级联工艺具有绿色环保的特点，榨汁后的木质纤维素蔗渣可以燃烧用于固定床石英反应器加热，减少温室气体排放。

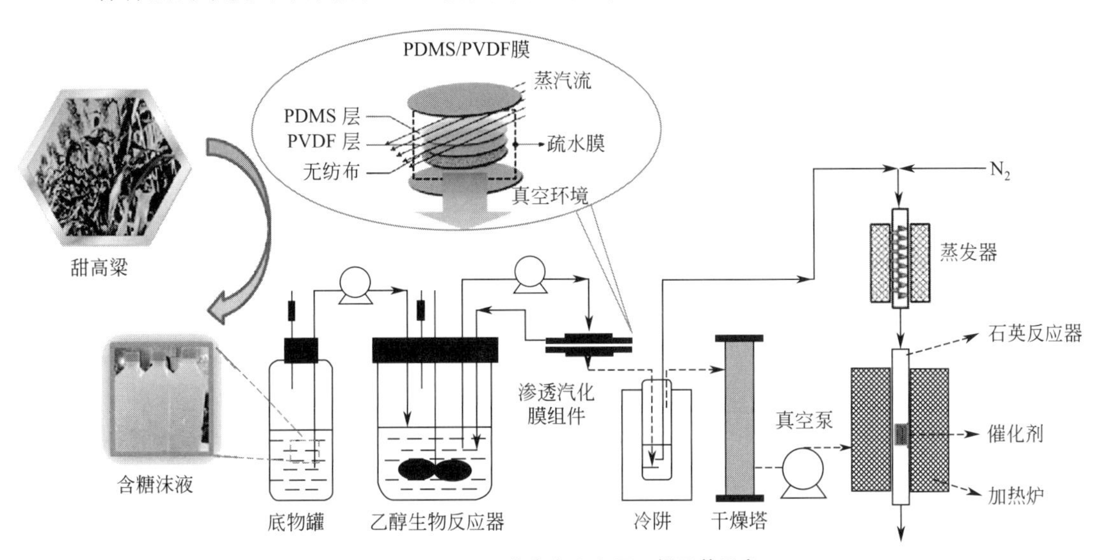

图 4-30　FPC 工艺生产 1,3-丁二烯工艺示意

由于 1,3-丁二烯合成所用催化剂耐水性较差，通常要求进料乙醇浓度高于 95%，因此，发酵后得到的乙醇需进一步浓缩，消耗了极大的能量。与常用的 $MgO-SiO_2$ 相比，该工艺采用的 Ag/Mg-Si 催化剂具有较强的耐水性，因此，可直接利用渗透

汽化浓缩后的乙醇水溶液而无需对其进行进一步分离；能耗计算表明，FPC 工艺中乙醇的理论蒸发能耗仅为 1.8～1.9MJ/kg，为传统精馏分离工艺［4.4～5.4MJ/kg，乙醇进料浓度（质量分数）为 10%］的 33%～43%，因而极大地降低了乙醇浓缩工段的能耗。此外，该工艺的 1,3-丁二烯选择性可达 75.8%。对该工艺进行物料衡算（图 4-31），结果表明，以 1kg 高粱秸秆为原料，最终可得到约 16g 1,3-丁二烯。

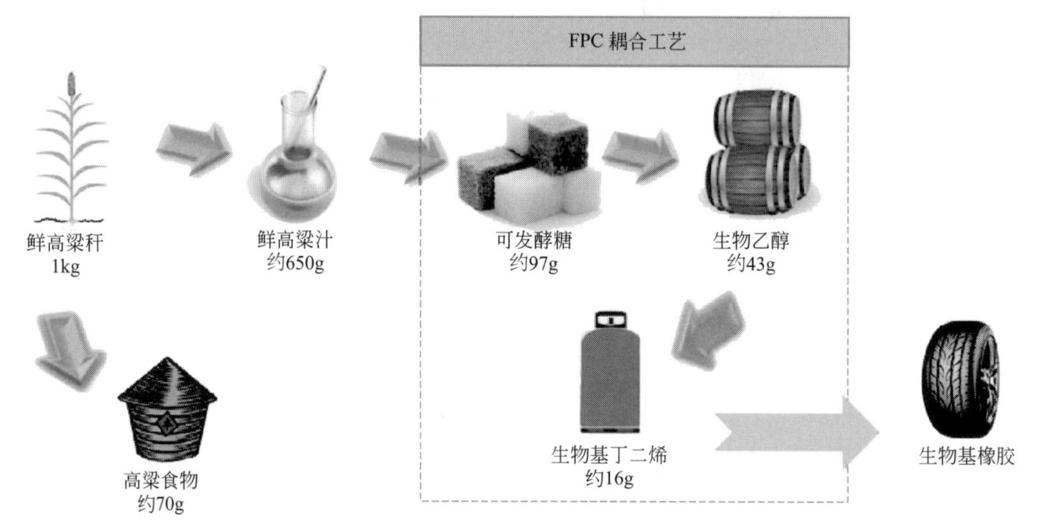

图 4-31　FPC 工艺物料衡算

4.2.2.2　*L*-乳酸和丙烯酸的生物/化学级联

丙烯酸是大宗化学品，在生产生活中应用广泛，可以制备塑料、涂料、建筑材料、高吸水性树脂等，全球每年需求量高达 500 万吨。通常，采用丙烯两步氧化法制备丙烯酸，该方法对石油资源需求巨大，污染严重。因此，以生物质为原料制备乳酸并通过化学法进一步制备丙烯酸具有重要前景和意义。

乳酸主要采用发酵法进行生产，全球乳酸产能约 60 万吨/年，我国乳酸产能 20 万吨/年[188]。王勇[189] 报道了以甜高粱秆为原料，发酵生产 *L*-乳酸的生物合成工艺。首先，以玉米浆粉和碱解预处理后的甜高粱秆为底物，在 5L 罐水平上进行补料批次发酵。在好氧生长阶段，*B. coagulans* LA1507 快速生长，菌体密度（OD_{620}）达到 15.8，溶解氧由 100%下降至 0%。在同步糖化发酵阶段，共进行三次补料，每次补加 2.5%（质量体积比）碱解后甜高粱秆，并添加 25FPU/g 秸秆的纤维素。乳酸产率为 0.51g/(L·h)，最终产量为 111g/L。在补料批次方式下进行的开放式同步糖化发酵产酸过程中，*L*-乳酸得率为 0.729g/g 碱解后甜高粱秆或 0.437g/g 甜高粱秆。

目前，由乳酸制备丙烯酸主要采用常压气相脱水法。由于乳酸具有羟基和羧基两个均较活泼的基团，而且羧基在端位，两个氧原子争夺碳上的电子，导致羧基比羟基更加不稳。若要形成丙烯酸，核心是保护羧基，脱掉羟基。目前研究表明，形成丙烯酸的关键是使乳酸与催化剂形成乳酸盐，这样会较好地保护羧基，从而进行脱水，因此需要较弱的酸性才能抑制乙醛生成。目前，常用的催化剂主要包括分子筛改性催化剂和盐类催化剂。李超[188] 研究了羟基磷灰石催化乳酸的性能，当羟基磷灰石中钙磷比为 1.55 时乳酸转化率可达 90%，同时，丙烯酸选择性可达 83%。

如图 4-32 所示，通过微生物发酵得到的乳酸发酵液，需经过微滤、酸化、超滤、脱色、树脂纯化、纳滤、浓缩、稀释等流程才能用于制备丙烯酸；其中的浓缩和稀释操作造成了能量和物质的浪费。由于乳酸分离工段中脱色、纳滤等步骤所除去的色素、离子等对催化反应影响不大，因此，可将超滤后得到的乳酸水溶液（约含 15%乳酸）直接用于固定床脱水催化反应。研究表明，采用该生物/化学级联工艺，催化剂的转化率、选择性等性质与以乳酸成品稀释为原料基本相当；且由于省去了脱色、纳滤、浓缩等工段，乳酸分离工段节省能量约 50%，具有明显的耦合效应。

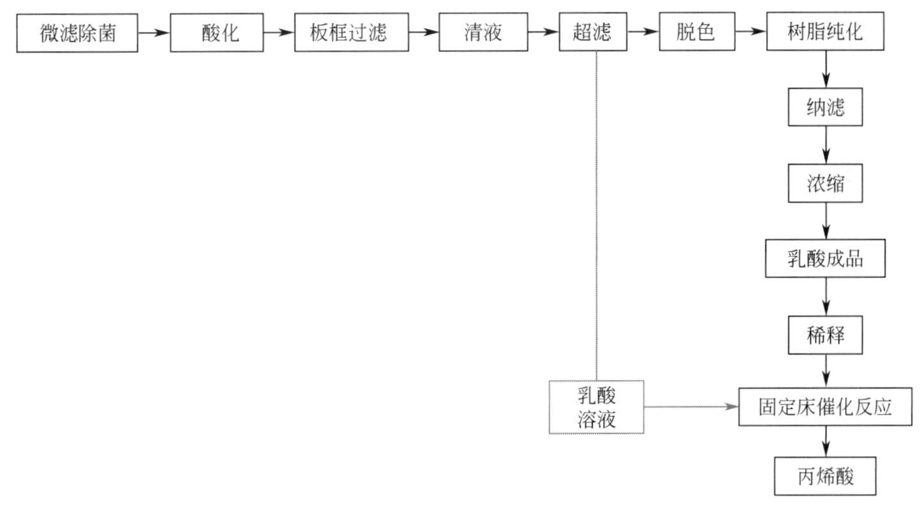

图 4-32　乳酸及丙烯酸生产工艺耦合示意

4.2.2.3　秸秆发酵生产 ABE 制备生物航煤的生物/化学级联方法

通常，生物航煤是以动物油脂为原料，经催化加氢等制备而成。而以生物质秸秆为原料采用生物法生产生物航煤具有原料来源广泛、绿色环保等特点，但面临着原料转化率低、产物收率低等问题。因此，利用化学合成的优点，对以生物质为原料制备的化学品进行化学再合成制备生物航煤具有重要意义。

传统催化剂在合成生物航煤时对水的耐受性较差通常要求水含量低于 0.5%；而如果对催化剂的结构进行改造以提升其耐水性，可大大降低对进料原料的要求；能耗计算表明，当催化剂耐水性提高至 9%时，采用该生物/化学级联方法利用秸秆发酵生产 ABE 制备生物航煤，可节能 80%以上。

4.2.3　多能互补策略与强化

生物炼制是将可再生碳转化为能源、化学品和材料等产品的过程，可再生碳可分为三类：从各种生物质中获得的可再生碳，化石来源二氧化碳和空气直接捕集获得的可再生碳，以及现有塑胶及其他有机化学产品回收产生的可再生碳。三者中生物质的炼制技术相对成熟，但是其他两种可再生碳的利用技术目前仍处于研发阶段，未大规模应用。

生物炼制的生物质原料是可再生的：一方面其过程从原料转化角度看不会排放额外的二氧化碳，过程温室效应近零；另一方面生物炼制过程各类化石能源和其他不可再生原料的投入会产生温室气体。随着可再生能源利用技术的不断发展，生物炼制与可再生能源的结合日趋紧密，越来越多的科研工作者尝试利用可再生的电力、热力等取代生物炼制过程的能量，降低过程温室气体的排放。

生物炼制过程的能量流供应根据供给方式可分为宏观能量供应和微观能量强化两种，其中微观能量强化在前一章节已有论述。宏观能量供应主要是指生物炼制过程中需要利用电能、热能等驱动，如生物质原料干燥的热能、发酵过程搅拌需要的电能。

生物炼制根据其流程的先后顺序通常可以分为原料的预处理过程，生物/化学转化过程和下游分离精制过程三个部分。以木薯燃料乙醇的生产为例（图 4-33）[190]，其预处理阶段包括木薯原料粉碎、蒸煮和糖化等，转化过程主要是利用酿酒酵母发酵产乙醇，下游的分离精制为木薯乙醇发酵液的固液分离和乙醇精馏。对整个生产过程

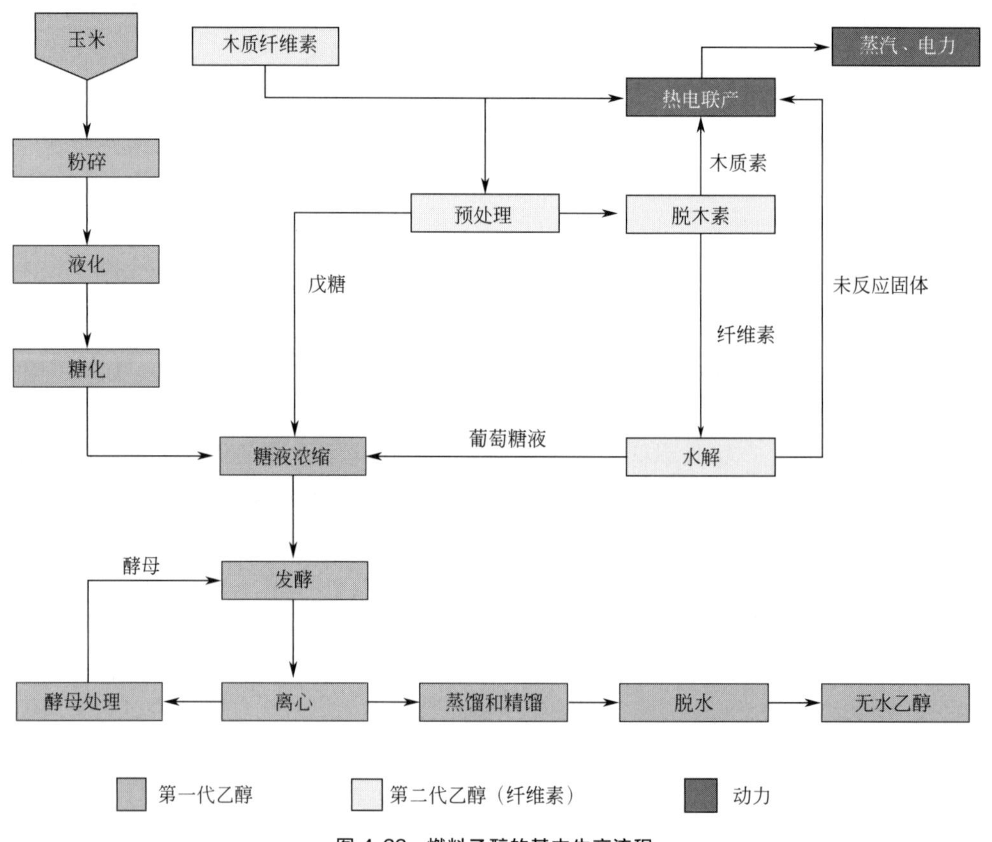

图 4-33　燃料乙醇的基本生产流程

的能量供应进行分析不难发现，过程基本是由电能和蒸汽，即热能驱动的。根据某燃料乙醇企业提供的数据（见表4-4）[190]，生产1t燃料乙醇电能消耗为250～270kW·h/t乙醇（0.7MPa），蒸汽消耗为2.2～2.4t蒸汽/t乙醇（0.7MPa）。

表4-4　木薯燃料乙醇生产过程能量需求

生产流程	消耗/(kW·h/t产品乙醇或t蒸汽/t乙醇)	形式
粉碎	120	电能
液化发酵	110	电能
	0.5	蒸汽
精馏	40	电能
	1.9	蒸汽
饲料	130	电能
	2.1	蒸汽

各种生物炼制过程能量需求相似，主要靠电能和不同形式的热能，如热空气、蒸汽和热水等，为炼制过程供能。利用可再生能源进行电能和热能生产的技术日益成熟，风能和光伏产业发展迅速，生物质能、水能和太阳能等可再生能源在瑞士、丹麦和冰岛等国家已经广泛用于居民供暖，可再生能源也开始为工业过程提供能量。新西兰Tenon公司[191]通过对木材干燥窑进行适应性改造，利用地热能进行木材干燥；Glasspoint[192]的Miraah项目则通过大规模的太阳能集热装置生产蒸汽，用于重质油的蒸汽驱油过程。冰岛Carbon Recycling International公司[193]利用地热能转化获得的电能进行CO_2还原生产甲醇，2018年甲醇年产量达到4000t，产品主要用于汽油和生物柴油调和。随着技术的发展，可再生能源用于工业过程的范围将不断扩展，随着可再生能源获得电力和热力技术的不断进步，其取代现有化石能源，用于生物炼制过程将成为可能。可再生的热力可用于各种生物质过程的加热和保温，类似上文中提到的木材干燥，或者是蒸汽直供，如蒸汽驱油过程。

可用于生物炼制过程的可再生能源热能涉及地热能、生物质能、太阳能和风能等。地热能可以根据温度的不同分为高、中、低三类，我国通常将150℃以上的地热资源称为高温地热，可以用于蒸汽生产、工业加热和干燥过程。生物质可以加工成不同类型的燃料替代化石能源，用于热和电的供应，灵活性强，受地域和气候因素影响较小。太阳能的热利用方式多样，主要是利用集热器将辐射能转化为热能进行利用，如图4-34所示的集热器有平板集热器、真空管集热器、菲涅尔集热器、槽式集热器、塔式集热器等；其中后三种太阳能的汇聚程度较高，可以生产蒸汽满足生物炼制过程的能量需要。风能的利用方式比较固定，转化为电能后进行利用[194]。

可再生能源用于生物炼制存在的主要问题有3个。

1）资源分布的不对等

对照我国的可再生能源分布情况，我国的生物质资源，即生物炼制的原材料多

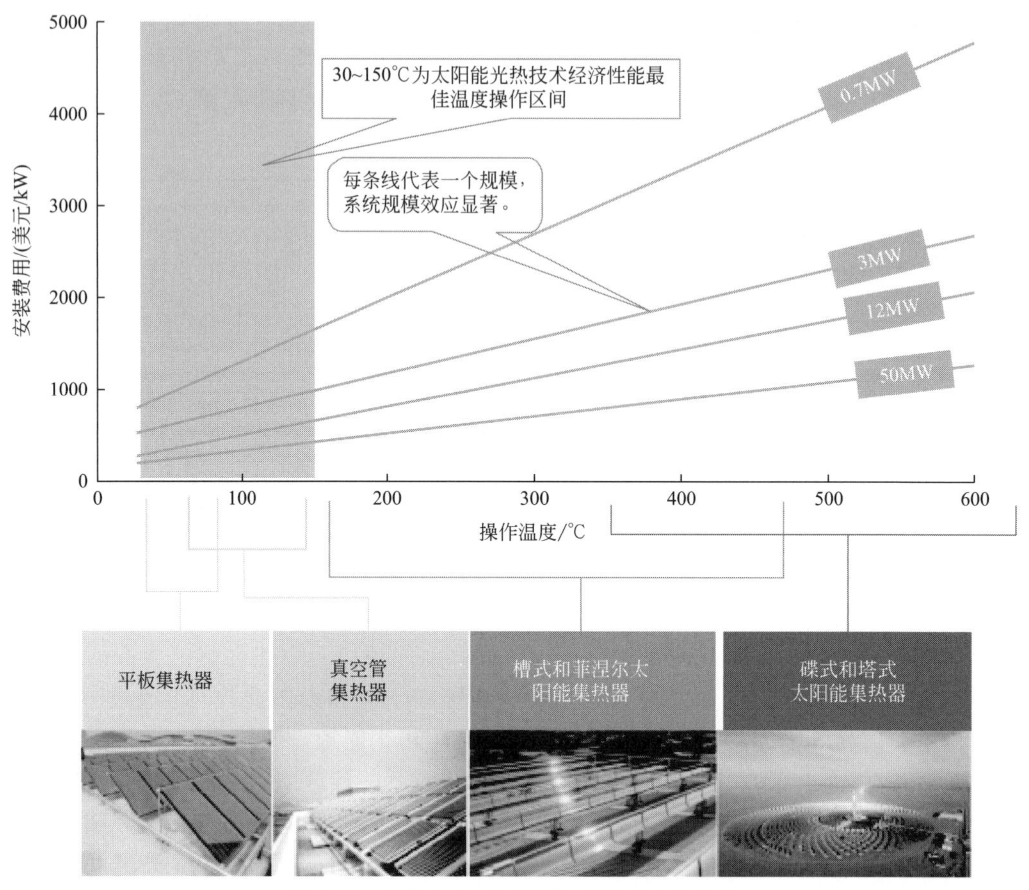

图 4-34　各种形式太阳能操作温度和费用的关系

分布于东北、华北、西南的东部和南部区域，同时也是工业相对发达地区；而以风能和太阳能为代表的可再生能源则集中分布在内蒙古、甘肃、青海和西藏等西部和北部省区。可再生能源归属和生物炼制产业分布间存在宏观上的分布失衡。

2）技术水平和过程经济性之间的矛盾

目前可再生能源利用技术仍处于发展阶段，技术水平和稳定性仍有不足之处，与常规的能源供给方式相比，其技术经济性仍待优化。以太阳能热利用为例，安装费用随着操作温度的提高而增长，且具有显著的系统规模效应。太阳能热利用规模越大，成本越低，而生物炼制过程规模受到原料和市场等因素的限制，呈多样化分布，与可再生能源利用的融合仍需要逐步摸索。

3）可再生能源供应和生物炼制系统的适应性仍有待提高

由于可再生能源的波动性和分布特点，其能源生产和供应与传统的电能和热能的生产差异大，如太阳能分布密度低，收集水平差异大，能源转换后能量密度差异大。这样的可再生能源供应系统和现有的生物炼制过程之间的能源需求不能全面耦合，二者之间的供求技术和能量存储等技术仍需要进一步发展。

鉴于上述问题，生物炼制过程可再生能源的利用应遵循多能互补和与储能结合的利用策略。可再生能源多存在规律或不规律的波动性，如太阳能随日夜和季节更替而变化，同时随天气变化呈不规模波动，类似的风能随季节和天气的变化而变化，生物质随季节变化呈周期性变化。生物炼制过程作为一种工业过程要求能量供给持续、稳定。通过对可再生能源技术特点和生物炼制过程能量需求进行分析不难得出，未来多能互补和储能技术的开发将为生物炼制过程可再生能源的利用提供技术支持和保障，通过利用不同来源的可再生能源和先进能量转换技术，相互补充提高能量供给的稳定性，并利用储能技术进一步解决可再生能源波动性和供需地理分布不对称对能源供应稳定性带来的影响，二者结合提高可再生能源利用的灵活性，从而促进可再生能源在生物炼制领域的应用和推广。

4.2.4　精馏过程强化与应用

精馏是利用混合物中各组分挥发度不同而将各组分加以分离的一种分离过程，是化工过程中最为重要的分离过程，它充分利用了组分的相对挥发性来实现所需的分离。生物炼制过程中燃料乙醇、生物柴油等的分离提纯过程均离不开精馏，其过程虽然能耗很大，但由于其过程产品损失小、产品纯度高，仍是目前常用的方法。

现代企业普遍采用多塔多效精馏系统和自动控制精馏，能耗大幅降低，质量也明显提高。接下来将以燃料乙醇为例，介绍精馏过程的强化与应用。

4.2.4.1　燃料乙醇精馏过程

通过发酵获得的燃料乙醇发酵醪液中的乙醇含量（体积分数）只有12%～15%，无法直接用于工业或用作燃料，后续的精馏和纯化过程是必需的。燃料乙醇精馏系统一般采用三塔精馏，分别为粗塔、一精塔和二精塔装置。其中，粗塔的作用是把乙醇、挥发性杂质及一部分水从发酵醪液中分离出来，并从塔釜排出由发酵醪液中固体杂质、不挥发性杂质和大部分水组成的酒糟。三塔精馏系统中粗塔均为低温负压运行，这样可增大乙醇和其他杂质间的相对挥发度，使乙醇与不挥发性杂质更易分离。负压可降低发酵醪液中各个组分的沸点，减少酒糟中蛋白质和脂肪等营养物质的损失，不仅节省能源，还可以大幅度降低酒糟在粗塔中的结垢。粗塔再沸器的加热多使用精塔塔顶蒸汽为热源。精塔的主要作用是排出前面未能排净的杂质和废水，从而提高乙醇的浓度。它由精馏段和提馏段两部分组成，在精馏系统中塔板数最多，回流比最大。精馏塔加热热源为来自锅炉系统的直接蒸汽，通过再沸器为其加热，同时精馏塔塔顶乙醇蒸气为粗塔提供热源。精馏塔塔釜物流高温热水经真空闪蒸节能处理后产生的二次蒸汽还可供给其他精馏塔进行加热，这样也可达到多效利用热能的作用。粗塔和精馏塔工作状态将直接影响成品乙醇的总酸含量和其他理化指标。因此精馏过程的合理设计和运行对于乙醇产品的质量至关重要。

精馏过程可以浓缩乙醇至95.6%（体积分数），这时的乙醇-水共沸物的沸点为78.2℃。这时再依靠精馏过程无法进一步浓缩乙醇，必须进行其他的精制提纯过程。

燃料乙醇的脱水精制大致包括以下几种方式。

① 加入夹带剂，如苯、环己烷或正庚烷，从而形成一个新的三元共沸物——乙醇-水-夹带剂。

② 使用真空精馏：乙醇-水共沸物在低于大气压的情况下变为富乙醇混合物，而共沸物在低于9.333kPa压力时不再存在，使得它可以利用精馏产出无水乙醇。但这样的真空操作目前从经济上来讲并不合算。

③ 使用变压精馏。

④ 使用分子筛操作：如使用颗粒状的合成沸石来选择性地吸附95.6%（体积分数）乙醇溶液中的水。沸石通过干燥可以无限次地再生使用。

⑤ 使用膜分离乙醇和水：因为膜分离不是基于气液平衡的过程，不受乙醇-水共沸物的限制，所以可以使用疏水性膜（优先渗透乙醇）或亲水性膜（优先透水）对其中的组分进行选择性渗透。

⑥ 使用其他技术：例如液-液萃取乙醇，用超临界 CO_2 从发酵醪液中提取乙醇，或是使用变压吸附。

分子筛是具有非常精确和均匀小孔的一种材料，这些孔的孔径足够小，可以阻止大分子通过而允许小分子通过。许多分子筛被用作干燥剂（如硅胶），其内部的均匀腔孔选择性地吸附特定大小的分子。分子筛的直径测量以埃（Å，1Å=10^{-10}m）或纳米（nm，1nm=10Å）为单位。3Å分子筛不能吸附分子直径超过3Å的化合物。分子筛的特点是吸附速度快、再生能力强、耐破性好以及抗污染能力强。分子筛还可以用作气体和液体的吸附剂，例如水分子很小可以进入毛孔，而较大的分子却不能：水分子被保留至分子筛的小孔中。分子筛可以吸附高于自身质量22%的水分。合成分子筛可用于空气过滤呼吸设备，从呼吸空气中去除微粒，再利用压缩机排出气体。

分子筛的再生流程包括压缩过程（如氧气浓缩机）、加热和载气吹扫过程（如用于乙醇脱水）以及高真空下加热过程。再生温度范围从175℃到315℃（取决于分子筛类型），相反硅胶可以加热至120℃进行再生。必须使用足够的热量提高被吸附物质、吸附剂和吸附塔的温度使液体气化，同时移去润湿分子筛表面的热量。吸附塔塔层温度为175～260℃，通常使用3Å分子筛，而4Å、5Å和13X型分子筛要求温度范围为200～315℃。再生后的冷却期是十分必要的，以减少分子筛温度并维持流股温度在15℃以内。8～12目分子筛在液相应用中比较常见。

在表4-5中给出了精制乙醇常用分子筛的特性[190]。

表4-5 常用8～12目分子筛的性能与特点

类型	形式	孔径/Å	容积密度/(kg/m³)	水分/%	Eq. H_2O 容量（理论）①	再生温度/℃	吸附热②/(kJ/kgH_2O)
3Å	环形	3	720～736	1.5	21	175～260	约4187
4Å	环形	4	720	1.5	23	200～315	
5Å	环形	5	704	1.5	21.7	200～315	
13X型	环形	10	688	1.5	29.5	200～315	

① Eq. H_2O 容量为单位质量分子筛吸附水的质量百分比。

② 吸附热为分子筛吸附单位质量（kg）H_2O 所消耗的热量（kJ）。

4.2.4.2　精馏过程的节能技术

精馏过程能量主要来自蒸汽，其能量消耗在整个燃料乙醇生产过程中所占的比例非常大，大约占整个分离过程用能的95%以上。而且精馏过程不可逆，再沸器的绝大部分热量要被塔顶的冷凝器取走，即能量贬值。同时由流动阻力产生的压降损失，物流间（相浓度不平衡和浓度不同）的混合引起的有效能损失以及不同温度物流间的传热和混合引起的有效能损失也是造成精馏过程能耗较大的原因。精馏过程强化和节能改进对精馏过程优化非常重要。精馏过程的节能技术主要关注单元精馏设备优化、能量网络优化和精馏过程优化等方面，接下来分别进行阐述。

单个设备的优化在精馏节能技术中是最为容易实施的，也是投资最少的。单元设备优化，主要是单个精馏塔的优化，主要包括塔板数量、进料位置和热状态以及操作参数（温度、压力和回流比等）。

塔板数量一般与进料温度有关。提高进料温度，精馏塔操作线与组分气液平衡线就越来越近，需要的塔板数量越多，即分离效率越差。相反，进料温度降低，操作线与气液平衡线越来越远，需要的塔板数量就会减少，此时精馏的分离效率越好。

进料一般分为冷液进料、泡点进料、气液混合物进料（且气液平衡）、饱和蒸气进料和过热蒸气进料五种方式。然而在实际生产操作中，大多是泡点进料或是十分接近泡点的冷液进料。最佳的进料位置是在给定的其他操作条件下，实现塔顶和塔釜最大程度分离的塔板数量。如果进料位置选择不当，使得塔顶和塔釜都不能达到预期的分离效果，结果就使得能量消耗过大，造成能源浪费。

塔顶蒸汽温度和塔釜温度均与精馏塔的操作压力有关并且决定了压力的上下限。压力升高，两个温度上升；相反压力降低，两个温度下降。为了减少能量消耗，也可降低精馏塔的操作压力。

回流比是精馏塔设计中最为重要的操作参数。最小回流比定义为如果实现两组分之间的分离需要无限的精馏塔板数时相应的回流比。这个概念只有在指定的两组分之间的分离和塔板数不确定的情况下才有意义。实际生产过程中的最佳回流比一般在最小回流比的1.11～1.24倍之间。

能量网络优化通常是通过对过程的换热网络进行优化、进一步回收过程中可利用的余热，从而减少整个过程所消耗的公用工程的节能优化方法。采用废热回收和保温绝热等手段减少能量损失是精馏过程能量优化常用的手段。通过采用过程夹点理论回收塔釜产品或再沸器和产品蒸气中的余热，来预热进料物流和别的物流。采用一定的保温绝热层，减少过程中的能量损失，降低再沸器负荷，尤其对低温精馏十分重要。

精馏过程的全局优化主要是利用各种节能方法和高效精馏系统对精馏过程进行全局能量优化，可采用的技术除了前面提到的局部设备改造和提高能量利用率外，还包括热泵精馏、热偶精馏和多效精馏等技术的应用。通常全局优化需要通过过程模拟进行全局的设计和计算。为了更好地对过程进行计算和改进，在设计过程中需要尽可能多地采集和了解精馏现场的各种数据。主要包括：工艺和设备参数，工艺参数主要是操作温度、压力、回流比，进料流量、温度、压力，塔顶温度、压力，塔釜温度、压力，塔上其他点的温度、压力，塔顶采出量、塔釜采出量；设备参数如塔高、填料高度及型号、塔径、塔顶冷凝器的形式及换热面积、塔釜再沸器的形式及面积、公用工程条件，如加热蒸汽的压力、温度，循环水的进出口温度及压力等。

（1）热泵

热泵精馏将冷凝器中的热量移至再沸器中使用（分别为主要的热源和热沉），是减少能量消耗的方式之一。在各种热集成精馏技术中，热泵精馏过程已成为连续精馏系统广泛使用的节能方案。该过程可以用温度-焓变曲线即总组合曲线（CGCC）进行描述。

在制作CGCC曲线时，确定物流的温焓（T-H）曲线是非常重要的步骤。首先，由式(4-1)可计算物流在加热或冷却过程中的焓变（ΔH），此处该焓变的计算单位为kW。

$$\Delta H = \int_{T_0}^{T_1} FC_p \mathrm{d}T \tag{4-1}$$

式中　F——物流的质量流量，kg/s；

C_p——物流的比热容，kJ/(kg·K)；

T_0——物流的初始温度；

T_1——加热或冷却后物流的末态温度。

若在温度变化范围内将 C_p 看作常量，则式(4-1)可转换为式(4-2)。此时过程中的物流的焓随温度变化的曲线可视为斜率为 FC_p 的直线。

$$\Delta H = FC_p \Delta T \tag{4-2}$$

式中，$\Delta T = T_1 - T_0$。

为处理多物流，把系统中给定温度范围内所有冷物流或热物流的 T-H 曲线叠加并绘制 T-H 组合曲线，即为系统中冷物流或热物流的 T-H 组合曲线。将不同温度下冷热物流焓值的差值与对应的温度作图可以得到整个系统的总组合曲线（CGCC）。如图4-35(a)所示即为一个系统中的冷热物流的 T-H 曲线，图4-35(b)为系统的CGCC曲线，其中 ΔH_1 代表系统的热公用工程消耗，ΔH_2 代表系统的冷公用工程消耗。

将精馏塔中某一塔板处到塔顶部分绘制成 T-H 曲线。根据质量和能量守恒定律计算每段的净热焓。热负荷变化较大表明精馏塔中有大量热量从气相传递到液相，在这些温度下可以提供热量或移除热量。该热泵精馏系统需要能量输入或外部驱动热能，以将热量从低温源中移出并将其转换为更高水平热源。传统的热泵是电驱动的蒸汽再压缩类型，它的工作原理是提高压力液体会在较高的温度下沸腾。低压蒸汽被传送至压缩机成为高压蒸汽。由此产生的高压蒸汽送至冷凝器或换热器开始凝结，高温下在形成低压液体前释放其潜热。

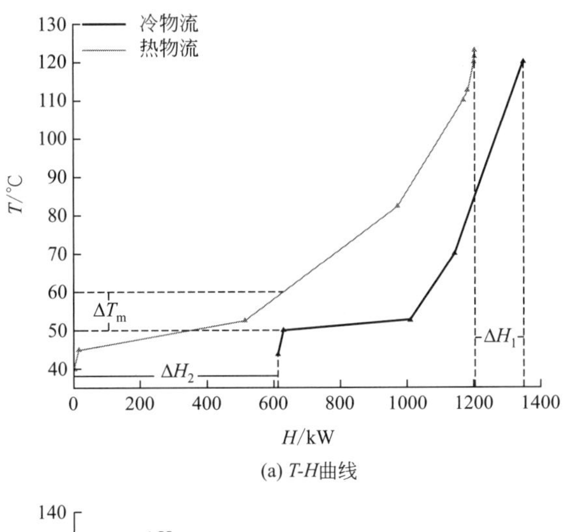

(a) T-H曲线

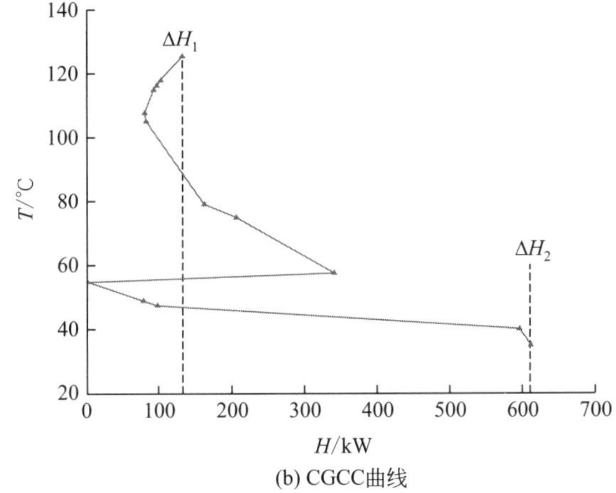

(b) CGCC曲线

图 4-35　T-H 曲线与 CGCC 曲线

热泵循环主要包括三种精馏流程，如图 4-36 所示，分别为外部物流热泵精馏、塔顶蒸汽热泵精馏和塔釜物流热泵精馏。同一精馏塔中的再沸器和冷凝器可通过使用热泵进行整合。热泵可以使用冷凝器中被蒸发的物流，使其在再沸器中进行压缩和冷凝［图 4-36(a)］；采用塔顶蒸汽在再沸器中进行压缩和冷凝，然后将其返回至塔顶作为回流［图 4-36(b)］；使用的塔釜产品物流，使其在塔顶冷凝器中减压和气化，然后进行压缩并返回至塔釜作为塔底的馏出［图 4-36(c)］。

（2）多效精馏

多效精馏过程（MED）大多是由蒸汽驱动的，是精馏系统潜热的有效重复利用。热量利用的效数决定了内部能量利用的程度，从而决定了精馏过程的效率。在多效精馏系统中，通过提高其中一个精馏塔的压力，从而提高冷凝器的温度。当此冷凝器的温度变得高于其他塔再沸器的温度时，就可使用换热器利用冷凝蒸汽的热量。然而这个过程也有一些缺点，换热所需传热面积由于物流间较小的温度差异通常比较大，高压精馏塔需要更昂贵的外部加热设施。在高压下精馏塔的分离比较困

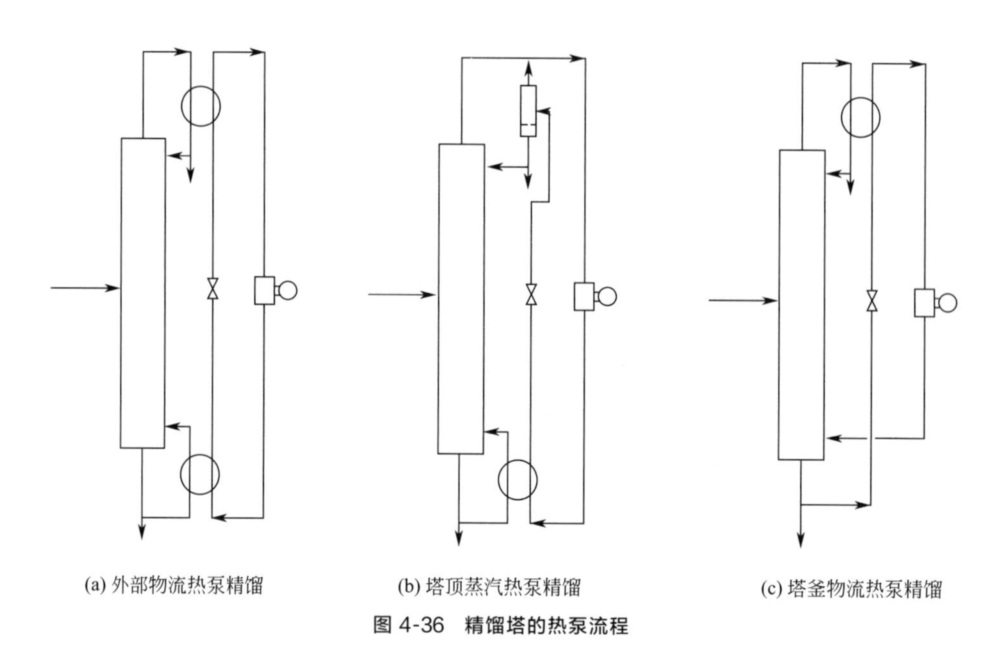

图 4-36 精馏塔的热泵流程

难（因为相对挥发度的降低），可能需要更多的塔板数。最后，高压精馏系统的壳体和管道设施也更为昂贵。

热偶精馏是一种新的节能精馏方式。按照传统设计的常规精馏系统，各塔分别配备再沸器和冷凝器。此流程由于冷热流体通过换热管壁的实际传热过程是不可逆的，过程的进行需要有足够的温差，温差越大则有效能损失越多，热力学效率就越低。热偶精馏正是通过减少系统内热力学不可逆性来达到节能目的。它主要包括主塔和副塔，副塔可不使用冷凝器和再沸器，实现了热量的耦合。热偶精馏过程与传统精馏相比节能效果显著。

多组分混合物的直接传统精馏过程如图 4-37 所示，其中 A、B、C 分别表示强挥发性组分、中间挥发性组分和弱挥发性组分[195]。A 组分在第一个塔序列中首先分离出来，然后 B 组分和 C 组分在第二序列中进行分离。在该过程中，B 组分的浓度在第一序列中增加直至峰值。在传统的精馏过程中，每一序列包含一个冷凝器和一个再沸器（传热）。使用精馏过程中的物流进行所需传热（进行直接加热）的方式称为热耦合。热偶精馏（TCD）系统可以通过两塔间两个物流（一个为液相、一个为气相）的接触来实现，整个系统中一般只有一个精馏塔配备再沸器。其中一种热偶精馏方式存在侧线蒸出，如图 4-38(a) 所示[195]。A 组分的挥发性最强在第一精馏塔的顶部作为产品进行回收，B 组分在第二精馏塔中分离出来，而 C 组分则是在第一精馏塔或第二精馏塔中分离。

（3）热集成精馏

热集成精馏是一个非常有效的替代过程，与传统工艺相比能耗有所降低。通过换热器间接交换热量来进行两个精馏塔之间的热集成。一种热集成是通过匹配热源（通常为冷凝器）与热沉（通常为再沸器）而实现的；另一种热集成方式则是进料预热和产品冷却之间的换热。最典型的例子就是冷凝器与再沸器之间的换热，或是过

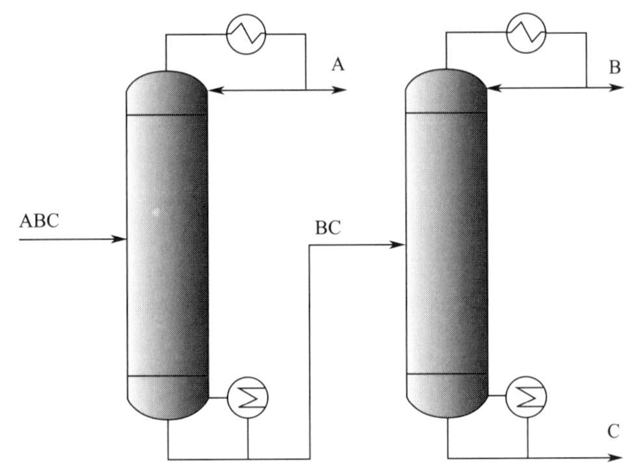

图 4-37　传统精馏分离过程（三组分）

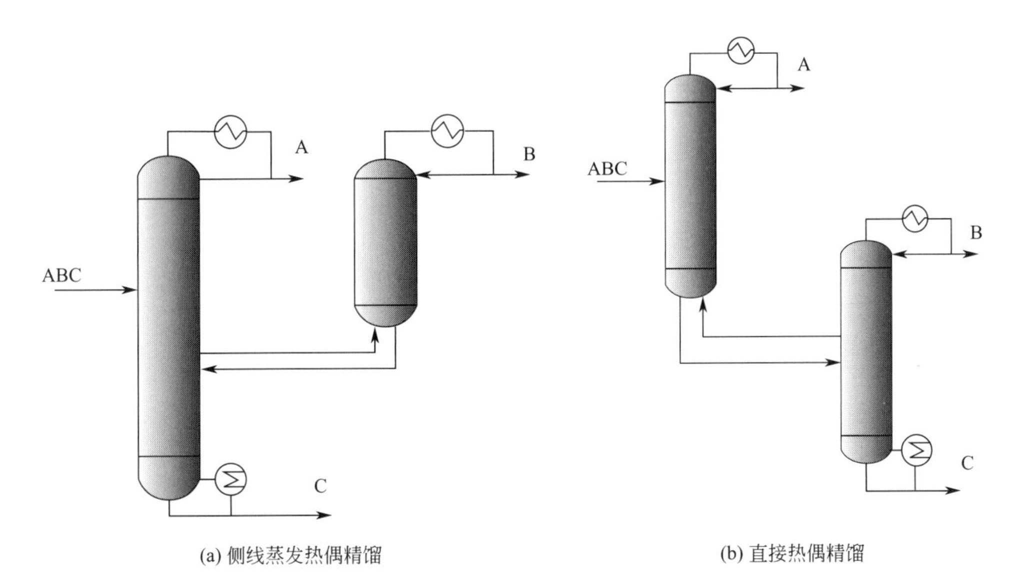

图 4-38　热偶精馏过程

程进料与再沸器之间的换热。

在近几年的研究中，分隔壁精馏塔（DWC）的使用引起相当大的关注。An 等[196] 研究了使用萃取隔壁塔（E-DWC）系统进行燃料乙醇脱水精制的过程，节能率可达 10%。对精馏塔的精馏段进行加压，可以在精馏段和提馏段的任何塔板间传输热量，即附加回流及蒸发精馏过程（SRV）。此过程减少了冷热公用工程消耗以及再沸器和冷凝器的尺寸，然而增加了额外的中间换热器从而增加了投资成本；与传统精馏过程相比，SRV 操作线与平衡线具有更大的间距，减少了所需塔板数（相同分离效果）。

（4）膜精馏

膜精馏是一种新的工艺过程，它将精馏过程和膜分离过程相结合，即蒸汽的热运输通过疏水性微孔膜的孔隙同时进行质量和热量的传递。多孔的疏水性膜既可作为热绝缘材料，又可作为一个物理屏障，允许水蒸气自由通过膜孔隙并阻止液相通过。该工艺已经得到了广泛的应用，包括海水淡化和脱水过程，实现了水溶液中挥发性有机物的去除。与一般的分离过程相比，膜精馏是一个高效分离过程，操作上的局限性很少，同时膜的机械强度适当。一般情况下，膜精馏基于膜中蒸汽压力梯度的不同可以分为直接接触膜精馏、气隙膜精馏、扫气膜精馏和真空膜精馏[145]。

膜精馏的相变过程为：在热侧的水蒸发并穿过疏水膜基质。汽化热来自热侧溶液的显热，会导致热侧的温度下降。当蒸汽穿过膜基质，汽化热从热侧通过膜转移到冷侧。膜精馏是一种利用相变的分离过程，该过程可在常压下进行。利用回收冷凝热来预热冷进料是工业化和降低生产成本的关键。分别结合反渗透（RO）、多级闪蒸（MSF）和多效蒸馏（MED）等过程，可以将 50～100℃的低品位热用来加热进料。

参考文献

[1] 陈修来，刘佳，罗秋玲，等. 微生物辅因子平衡的代谢调控［J］. 生物工程学报，2017，33（1）：16-26.

[2] 秦义，董志姚，刘立明. 工业微生物中 NADH 的代谢调控［J］. 生物工程学报，2009，25（2）：161-169.

[3] 秦义，光滑球拟酵母发酵生产丙酮酸中 NADH 的生理功能解析［D］. 无锡：江南大学，2011.

[4] 杨汉昆. 辅因子 NADPH 调控谷氨酸棒杆合成 L-赖氨酸时胞内微环境的生理机制［D］. 无锡：江南大学，2019.

[5] 周景文. 光滑球拟酵母中 ATP 的生理功能与作用机制［D］. 无锡：江南大学，2009.

[6] 罗洪镇. 不同底物流加/供氧和发酵还原力调控模式下典型发酵产物合成的关键技术［D］.无锡：江南大学，2016.

[7] 靳丛丛. 光滑球拟酵母中 AMP 代谢对其生理功能的影响［D］. 无锡：江南大学，2015.

[8] 罗正山. 光滑球拟酵母积累丙酮酸关键生理调控机制解析［D］. 无锡：江南大学，2019.

[9] Bracey D，Holyoak C D，Nebe-von Caron G，et al. Determination of the intracellular pH（pH_i）of growing cells of *Saccharomyces cerevisiae*：the effect of reduced-expression of the membrane H^+-ATPase［J］. Journal of Microbiological Methods，1998，31（3）：113-125.

[10] Ullah Azmat，Orij Rick，Brul Stanley，et al. Quantitative analysis of the modes of growth inhibition by weak organic acids in *Saccharomyces cerevisiae*［J］. Applied and Environmental Microbiology，2012，78（23）：8377.

[11] Kadowaki Marina Kimiko，de Lourdes，et al. Characterization of trehalase activities from the thermophilic fungus *Scytalidium thermophilum*［J］. Biochimica et Biophysica Acta（BBA）-General Subjects，1996，1291（3）：199-205.

[12] Sasser Terry L，Lawrence Gus，Karunakaran Surya，et al. The yeast ATP-binding

cassette（ABC）transporter *Ycf1p* enhances the recruitment of the soluble SNARE Vam7p to vacuoles for efficient membrane fusion [J]. Journal of Biological Chemistry，2013，288（25）：18300-18310.

[13] Zhang Jie，Vemuri Goutham，Nielsen Jens. Systems biology of energy homeostasis in yeast [J]. Current Opinion in Microbiology，2010，13（3）：382-388.

[14] 王娜. 巴氏醋杆菌对环境胁迫的生理响应机制及提高冻干存活率的研究 [D]. 秦皇岛：河北科技师范学院，2015.

[15] 徐沙. 光滑球拟酵母耐受高渗透压胁迫的生理机制研究 [D]. 无锡：江南大学，2011.

[16] Overkamp Karin M，Bakker Barbara M，Kötter Peter，et al. *In vivo* analysis of the mechanisms for oxidation of cytosolic NADH by *Saccharomyces cerevisiae* Mitochondria [J]. Journal of Bacteriology，2000，182（10）：2823.

[17] Vemuri G N，Eiteman M A，McEwen J E，et al. Increasing NADH oxidation reduces overflow metabolism in *Saccharomyces cerevisiae* [J]. Proceedings of the National Academy of Sciences of the United States of America，2007，104（7）：2402-2407.

[18] de Graef Mark R，Alexeeva Svetlana，Snoep Jacky L，et al. The steady-state internal redox state（NADH/NAD）reflects the external redox state and is correlated with catabolic adaptation in *Escherichia coli* [J]. Journal of Bacteriology，1999，181（8）：2351.

[19] Panagiotou Gianni，Christakopoulos Paul，Olsson，Lisbeth. The influence of different cultivation conditions on the metabolome of *Fusarium oxysporum* [J]. Journal of Biotechnology，2005，118（3）：304-315.

[20] Zaunmueller T，Eichert M，Richter H，et al. Variations in the energy metabolism of biotechnologically relevant heterofermentative lactic acid bacteria during growth on sugars and organic acids [J]. Applied Microbiology and Biotechnology，2006，72（3）：421-429.

[21] Luttik Marijke A H，Overkamp Karin M，Kotter Peter，et al. The *Saccharomyces cerevisiae* NDE1 and NDE2 genes encode separate mitochondrial NADH dehydrogenases catalyzing the oxidation of cytosolic NADH [J]. The Journal of biological chemistry，1998，273（38）：24529-24534.

[22] Solem Christian，Koebmann Brian J，Jensen Peter R. Glyceraldehyde-3-phosphate dehydrogenase has no control over glycolytic flux in *Lactococcus lactis* MG1363 [J].Journal of Bacteriology，2003，185（5）：1564.

[23] Bunik Victoria I，Fernie Alisdair R. Metabolic control exerted by the 2-oxoglutarate dehydrogenase reaction：A cross-kingdom comparison of the crossroad between energy production and nitrogen assimilation [J]. Biochemical Journal，2009，422（3）：405-421.

[24] Mathy Grégory，Navet Rachel，Gerkens Pascal，et al. *Saccharomyces cerevisiae* mitoproteome plasticity in response to recombinant alternative ubiquinol oxidase [J].Journal of Proteome Research，2006，5（2）：339-348.

[25] Xiulai Chen，Shubo Li，Liming Liu. Engineering redox balance through cofactor systerms [J]. Trends in Biotechnology，2014，32（6）：337-343.

[26] Murray Douglas B，Haynes Ken，Tomita Masaru. Redox regulation in respiring *Saccharomyces cerevisiae* [J]. Biochimica et Biophysica Acta（BBA）-General Subjects，2011，1810（10）：945-958.

[27] van Dijken, Johannes P. Scheffers, W. Alexander. Redox balances in the metabolism of sugars by yeasts [J]. FEMS Microbiology Reviews, 1986, 1(3-4): 199-224.

[28] Bakker Barbara M. Overkamp Karin M, van Maris Antonius J. A, et al. Stoichiometry and compartmentation of NADH metabolism in *Saccharomyces cerevisiae* [J]. FEMS Microbiology Reviews, 2001, 25(1): 15-37.

[29] Senior A E. ATP synthesis by oxidative phosphorylation [J]. Physiological Reviews, 1988, 68(1): 177-231.

[30] Ma Biao, Pan Shih-Jung, Zupancic, Margaret L, et al. Assimilation of NAD^+ precursors in *Candida glabrata* [J]. Molecular Microbiology, 2007, 66(1): 14-25.

[31] Zhu Yihui, Eiteman Mark A, Altman Ronni, et al. High glycolytic flux improves pyruvate production by a metabolically engineered *Escherichia coli* strain [J]. Applied and Environmental Microbiology, 2008, 74(21): 6649-6655.

[32] Costenoble Roeland, Adler Lennart, Niklasson Claes, et al. Engineering of the metabolism of *Saccharomyces cerevisiae* for anaerobic production of mannitol [J]. FEMS Yeast Research, 2003, 3(1): 17-25.

[33] Panagiotou Gianni, Christakopoulos Paul. NADPH-dependent D-aldose reductases and xylose fermentation in *Fusarium oxysporum* [J]. Journal of Bioscience and Bioengineering, 2004, 97(5): 299-304.

[34] Wahlbom C. Fredrik, Hahn-Hägerdal Bärbel. Furfural, 5-hydroxymethyl furfural, and acetoin act as external electron acceptors during anaerobic fermentation of xylose in recombinant *Saccharomyces cerevisiae* [J]. Biotechnology and Bioengineering, 2002, 78(2): 172-178.

[35] Price-Whelan, Alexa, Dietrich Lars E. P, Newman Dianne K. Pyocyanin alters redox homeostasis and carbon flux through central metabolic pathways in *Pseudomonas aeruginosa* PA14 [J]. Journal of Bacteriology, 2007, 189(17): 6372.

[36] San Ka-Yiu, Bennett George N, Berríos-Rivera Susana J, et al. Metabolic engineering through cofactor manipulation and its effects on metabolic flux redistribution in *Escherichia coli* [J]. Metabolic Engineering, 2002, 4(2): 182-192.

[37] Lin Henry, Bennett George N, San Ka-Yiu. Effect of carbon sources differing in oxidation state and transport route on succinate production in metabolically engineered *Escherichia coli* [J]. Journal of Industrial Microbiology and Biotechnology, 2005, 32(3): 87-93.

[38] Tempel Wolfram, Rabeh Wael M, Bogan Katrina L, et al. Nicotinamide riboside kinase structures reveal new pathways to NAD^+ [J]. PLoS Biology, 2007, 5(10): 263.

[39] Diano A, Bekker-Jensen S, Dynesen J, et al. Polyol synthesis in *Aspergillus niger*: Influence of oxygen availability, carbon and nitrogen sources on the metabolism [J]. Biotechnology and Bioengineering, 2006, 94(5): 899-908.

[40] Hua Qiang, Shimizu, Kazuyuki. Effect of dissolved oxygen concentration on the intracellular flux distribution for pyruvate fermentation [J]. Journal of Biotechnology, 1999, 68(2): 135-147.

[41] 王翠华. 温度对丙酮酸生物合成动力学、能荷和氧化还原度的影响 [J]. 生物工程学报, 2006, 22(2): 316-321.

[42] Du C Y，Yan H，Zhang Y P，et al. Use of oxidoreduction potential as an indicator to regulate 1, 3-propanediol fermentation by *Klebsiella pneumoniae* [J]. Applied Microbiology and Biotechnology，2006，69(5)：554-563.
[43] Khosla C，Keasling J D. Metabolic engineering for drug discovery and development [J]. Nature Reviews Drug Discovery，2003，2(12)：1019-1025.
[44] Blazeck John，Alper Hal S. Promoter engineering：Recent advances in controlling transcription at the most fundamental level [J]. Biotechnol J，2013，8(1)：46-58.
[45] Zhang Fuzhong，Carothers James M，Keasling Jay D. Design of a dynamic sensor-regulator system for production of chemicals and fuels derived from fatty acids [J]. Nature Biotechnology，2012，30(4)：354-669.
[46] Xu Ping，Gu Qin，Wang Wenya，et al. Modular optimization of multi-gene pathways for fatty acids production in *E. coli* [J]. Nature Communications，2013，4：8.
[47] 陈修来. 系统代谢工程改造光滑球拟酵母生产富马酸 [D]. 无锡：江南大学，2015.
[48] Alper Hal，Stephanopoulos Gregory. Engineering for biofuels：exploiting innate microbial capacity or importing biosynthetic potential? [J]. Nature Reviews Microbiology，2009，7(10)：715-723.
[49] Jewett Michael C，Forster Anthony C. Update on designing and building minimal cells [J]. Current Opinion in Biotechnology，2010，21(5)：697-703.
[50] Mizoguchi Hiroshi，Mori Hideo，Fujio Tatsuro. *Escherichia coli* minimum genome factory [J]. Biotechnology and Applied Biochemistry，2007，46：157-167.
[51] Lee Jun Hyoung，Sung Bong Hyun，Kim Mi Sun，et al. Metabolic engineering of a reduced-genome strain of *Escherichia coli* for L-threonine production [J]. Microbial Cell Factories，2009，8：12.
[52] Xu Nan，Liu Liming，Zou Wei，et al. Reconstruction and analysis of the genome-scale metabolic network of *Candida glabrata* [J]. Molecular Biosystems，2013，9(2)：205-216.
[53] 徐楠. 光滑球拟酵母基因组规模生物模型的构建与应用 [D]. 无锡：江南大学，2017.
[54] Foo Jee Loon，Ching Chi Bun，Chang Matthew Wook，et al. The imminent role of protein engineering in synthetic biology [J]. Biotechnology Advances，2012，30(3)：541-549.
[55] Hoelsch Kathrin，Suhrer Ilka，Heusel Moritz，et al. Engineering of formate dehydrogenase：synergistic effect of mutations affecting cofactor specificity and chemical stability [J]. Applied Microbiology and Biotechnology，2013，97(6)：2473-2481.
[56] Liu Xiang，Bastian Sabine，Snow Christopher D，et al. Structure-guided engineering of *Lactococcus lactis* alcohol dehydrogenase LlAdhA for improved conversion of isobutyraldehyde to isobutanol [J]. Journal of Biotechnology，2013，164(2)：188-195.
[57] Zhou Yongjin J，Gao Wei，Rong Qixian，et al. Modular pathway engineering of diterpenoid synthases and the mevalonic acid pathway for miltiradiene production [J]. Journal of the American Chemical Society，2012，134(6)：3234-3241.
[58] Banta Scott，Swanson Barbara A，Wu Shan，et al. Optimizing an artificial metabolic pathway：Engineering the cofactor specificity of *Corynebacterium* 2，5-diketo-D-gluconic acid reductase for use in vitamin C biosynthesis [J]. Biochemistry，2002，41(20)：6226-6236.

[59] Chen Zhen, Wilmanns Matthias, Zeng An-Ping. Structural synthetic biotechnology: from molecular structure to predictable design for industrial strain development [J]. Trends in Biotechnology, 2010, 28 (10): 534-542.

[60] Conrado Robert J, Wu Robert J, Boock Jason T, et al. DNA-guided assembly of biosynthetic pathways promotes improved catalytic efficiency [J]. Nucleic Acids Research, 2012, 40 (4): 1879-1889.

[61] Lim Jae Hyung, Seo Sang Woo, Kim Se Yeon, et al. Refactoring redox cofactor regeneration for high-yield biocatalysis of glucose to butyric acid in *Escherichia coli* [J]. Bioresource Technology, 2013, 135: 568-573.

[62] Agapakis Christina M, Boyle Patrick M, Silver Pamela A. Natural strategies for the spatial optimization of metabolism in synthetic biology [J]. Nature Chemical Biology, 2012, 8 (6): 527-535.

[63] Lee Jeong Wook, Na Dokyun, Park Jong Myoung, et al. Systems metabolic engineering of microorganisms for natural and non-natural chemicals [J]. Nature Chemical Biology, 2012, 8 (6): 536-546.

[64] Jang Yu Sin, Park Jong Myoung, Choi Sol, et al. Engineering of microorganisms for the production of biofuels and perspectives based on systems metabolic engineering approaches [J]. Biotechnology Advances, 2012, 30 (5): 989-1000.

[65] Hibi Makoto, Yukitomo Hiromi, Ito Mikito, et al. Improvement of NADPH-dependent bioconversion by transcriptome-based molecular breeding [J]. Applied and Environmental Microbiology, 2007, 73 (23): 7657-7663.

[66] Yim Harry, Haselbeck Robert, Niu Wei, et al. Metabolic engineering of *Escherichia coli* for direct production of 1,4-butanediol [J]. Nature Chemical Biology, 2011, 7 (7): 445-452.

[67] Guo Tingting, Kong Jian, Zhang Li, et al. Fine tuning of the lactate and diacetyl production through promoter engineering in *Lactococcus lactis* [J]. Plos One, 2012, 7 (4): 10.

[68] Lee Won Heong, Kim Jin Woo, Park Eun Hee, et al. Effects of NADH kinase on NADPH-dependent biotransformation processes in *Escherichia coli* [J]. Applied Microbiology and Biotechnology, 2013, 97 (4): 1561-1569.

[69] Jan Joanna, Martinez Irene, Wang Yipeng, et al. Metabolic engineering and transhydrogenase effects on NADPH availability in *Escherichia coli* [J]. Biotechnology Progress, 2013, 29 (5): 1124-1130.

[70] Sánchez Ailen M, Andrews Jared, Hussein Insiya, et al. Effect of overexpression of a soluble pyridine nucleotide transhydrogenase (UdhA) on the production of poly (3-hydroxybutyrate) in *Escherichia coli* [J]. Biotechnology Progress, 2006, 22 (2): 420-425.

[71] Hou Jin, Lages Nuno F, Oldiges Marco, et al. Metabolic impact of redox cofactor perturbations in *Saccharomyces cerevisiae* [J]. Metabolic Engineering, 2009, 11 (4-5): 253-261.

[72] Johnson Kathryn M, Cleary Joanne, Fierke Carol A, et al. Mechanistic basis for therapeutic targeting of the mitochondrial F_1F_0-ATPase [J]. Acs Chemical Biology, 2006, 1 (5): 304-308.

[73] Yokota Atsushi, Henmi Masaru, Takaoka Naohisa, et al. Enhancement of glucose

metabolism in a pyruvic acid-hyperproducing *Escherichia coli* mutant defective in F_1-ATPase activity [J]. Journal of Fermentation and Bioengineering, 1997, 83(2): 132-138.

[74] Liu L M, Li Y, Du G C, et al. Increasing glycolytic flux in *Torulopsis glabrata* by redirecting ATP production from oxidative phosphorylation to substrate-level phosphorylation [J]. Journal of Applied Microbiology, 2006, 100(5): 1043-1053.

[75] Liu Liming, Li Yin, Li Huazhong, et al. Significant increase of glycolytic flux in *Torulopsis glabrata* by inhibition of oxidative phosphorylation [J]. FEMS Yeast Research, 2006, 6(8): 1117-1129.

[76] Sekine H, Shimada T, Hayashi C, et al. H^+-ATPase defect in *Corynebacterium glutamicum* abolishes glutamic acid production with enhancement of glucose consumption rate [J]. Applied Microbiology and Biotechnology, 2001, 57(4): 534-540.

[77] Rak Malgorzata, Tetaud Emmanuel, Godard Francois, et al. Yeast cells lacking the mitochondrial gene encoding the ATP synthase subunit 6 exhibit a selective loss of complex IV and unusual mitochondrial morphology [J]. Journal of Biological Chemistry, 2007, 282(15): 10853-10864.

[78] Zhou Jingwen, Huang Luxi, Liu Liming, et al. Enhancement of pyruvate productivity by inducible expression of a F0F1-ATPase inhibitor INH1 in *Torulopsis glabrata* CCTCC M202019 [J]. Journal of Biotechnology, 2009, 144(2): 120-126.

[79] Patnaik Ranjan, Louie Susan, Gavrilovic Vesna, et al. Genome shuffling of *Lactobacillus* for improved acid tolerance [J]. Nature Biotechnology, 2002, 20(7): 707-712.

[80] Qi Yanli, Liu Hui, Yu Jiayin, et al. Med15B regulates acid stress response and tolerance in *Candida glabrata* by altering membrane lipid composition [J]. Applied and Environmental Microbiology, 2017, 83(18): e01128-17.

[81] Li Shubo, Liu Liming, Chen Jian. Compartmentalizing metabolic pathway in *Candida glabrata* for acetoin production [J]. Metabolic Engineering, 2015, 28: 1-7.

[82] Luo Zhengshan, Zeng Weizhu, Du Guocheng, et al. Enhanced pyruvate production in *Candida glabrata* by engineering ATP futile cycle system [J]. Acs Synthetic Biology, 2019, 8(4): 787-795.

[83] Aoki Ryo, Wada Masaru, Takesue Nobuchika, et al. Enhanced glutamic acid production by a H^+-ATPase-defective mutant of *Corynebacterium glutamicum* [J]. Bioscience Biotechnology and Biochemistry, 2005, 69(8): 1466-1472.

[84] Blank Lars M, McLaughlin Richard L, Nielsen Lars K. Stable production of hyaluronic acid in *Streptococcus zooppidemicus* chemostats operated at high dilution rate [J]. Biotechnology and Bioengineering, 2005, 90(6): 685-693.

[85] van Maris Antonius J. A, Winkler Aaron A, Porro, Danilo, et al. Homofermentative lactate production cannot sustain anaerobic growth of engineered *Saccharomyces cerevisiae*: Possible consequence of energy-dependent lactate export [J]. Applied and Environmental Microbiology, 2004, 70(5): 2898-2905.

[86] Liao X, Deng T, Zhu Y, et al. Enhancement of glutathione production by altering adenosine metabolism of *Escherichia coli* in a coupled ATP regeneration system with *Saccharomyces cerevisiae* [J]. Journal of Applied Microbiology, 2008, 104(2):

345-352.
[87] Flores Fernando, Torres Luis G, Galindo Enrique. Effect of the dissolved oxygen tension during cultivation of X. campestris on the production and quality of xanthan gum [J]. Journal of Biotechnology, 1994, 34 (2): 165-173.
[88] Yoon Sung Ho, Hwan Do Jin, Yup Lee Sang, et al. Production of poly-γ-glutamic acid by fed-batch culture of *Bacillus licheniformis* [J]. Biotechnology Letters, 2000, 22 (7): 585-588.
[89] Chen Xiulai, Li Yang, Tong Tian, et al. Spatial modulation and cofactor engineering of key pathway enzymes for fumarate production in *Candida glabrata* [J].Biotechnology and Bioengineering, 2019, 116 (3): 622-630.
[90] van Gulik W M, Antoniewicz M R, deLaat Wtam, et al. Energetics of growth and penicillin production in a high-producing strain of *Penicillium chrysogenum* [J].Biotechnology and Bioengineering, 2001, 72 (2): 185-193.
[91] Harris Diana M, van der Krogt Zita A, van Gulik Walter M, et al. Formate as an auxiliary substrate for glucose-limited cultivation of *Penicillium chrysogenum*: Impact on penicillin G production and biomass yield [J]. Applied and Environmental Microbiology, 2007, 73 (15): 5020-5025.
[92] Zhu J, Shimizu K. The effect of pfl gene knockout on the metabolism for optically pure D-lactate production by *Escherichia coli* [J]. Applied Microbiology and Biotechnology, 2004, 64 (3): 367-375.
[93] Cordier Helene, Mendes Filipa, Vasconcelos Isabel, et al. A metabolic and genomic study of engineered *Saccharomyces cerevisiae* strains for high glycerol production [J]. Metabolic Engineering, 2007, 9 (4): 364-378.
[94] Gao Haijun, Du Guocheng, Chen Jian. Analysis of metabolic fluxes for hyaluronic acid (HA) production by *Streptococcus zooepidemicus* [J]. World Journal of Microbiology & Biotechnology, 2006, 22 (4): 399-408.
[95] Geertman Jan-Maarten A, van Maris Antonius J. A, van Dijken Johannes P, et al. Physiological and genetic engineering of cytosolic redox metabolism in *Saccharomyces cerevisiae* for improved glycerol production [J]. Metabolic Engineering, 2006, 8 (6): 532-542.
[96] Zhang Yanping, Li Yin, Du Chenyu, et al. Inactivation of aldehyde dehydrogenase: A key factor for engineering 1, 3-propanediol production by *Klebsiella pneumoniae* [J]. Metabolic Engineering, 2006, 8 (6): 578-586.
[97] Xu Yunzhen, Guo Nini, Zheng Zongming, et al. Metabolism in 1,3-propanediol fed-batch fermentation by a D-lactate deficient mutant of *Klebsiella pneumoniae* [J].Biotechnology and Bioengineering, 2009, 104 (5): 965-972.
[98] Sánchez Ailen M, Bennett George N, San Ka-Yiu. Efficient succinic acid production from glucose through overexpression of pyruvate carboxylase in an *Escherichia coli* alcohol dehydrogenase and lactate dehydrogenase mutant [J]. Biotechnology Progress, 2005, 21 (2): 358-365.
[99] Sánchez Ailen M, Bennett George N, San Ka-Yiu. Novel pathway engineering design of the anaerobic central metabolic pathway in *Escherichia coli* to increase succinate yield and productivity [J]. Metabolic Engineering, 2005, 7 (3): 229-239.
[100] Sampaio Fábio C, Torre Paolo, Passos Flávia M. Lopes, et al. Xylose metabolism

in *Debaryomyces hansenii UFV-170*. Effect of the specific oxygen uptake rate [J] . Biotechnology Progress，2004，20 (6)：1641-1650.

[101] Wisselink H. Wouter，Toirkens Maurice J，Berriel M. del Rosario Franco，et al. Engineering of *Saccharomyces cerevisiae* for efficient anaerobic alcoholic fermentation of L-arabinose [J] . Applied and Environmental Microbiology，2007，73 (15)：4881-4891.

[102] Carmona Manuel，Teresa Zamarro Maria，Blazquez Blas，et al. Anaerobic catabolism of aromatic compounds：A aenetic and genomic view [J] . Microbiology and Molecular Biology Reviews，2009，73 (1)：71-133.

[103] dos Santos MargaridaMoreira，Raghevendran Vijayendran，Kotter Peter，et al. Manipulation of malic enzyme in *Saccharomyces cerevisiae* for increasing NADPH production capacity aerobically in different cellular compartments [J] . Metabolic Engineering，2004，6 (4)：352-363.

[104] Zhang Xinxin，Takano Tetsuo，Liu Shenkui. Identification of a mitochondrial ATP synthase small subunit gene (*RMtATP6*) expressed in response to salts and osmotic stresses in rice (*Oryza sativa L.*) [J] . Journal of Experimental Botany，2006，57 (1)：193-200.

[105] Tai Siew Leng，Daran-Lapujade Pascale，Walsh Michael C，et al. Acclimation of *Saccharomyces cerevisiae* to low temperature：A chemostat-based transcriptome analysis [J] . Molecular Biology of the Cell，2007，18 (12)：5100-5112.

[106] Sánchez Claudia，Neves Ana Rute，Cavalheiro Joao，et al. Contribution of citrate metabolism to the growth of *Lactococcus lactis* CRL264 at low pH [J] . Applied and Environmental Microbiology，2008，74 (4)：1136-1144.

[107] Zhang Xinxin，Liu Shenkui，Takano，Tetsuo. Overexpression of a mitochondrial ATP synthase small subunit gene (*AtMtATP6*) confers tolerance to several abiotic stresses in *Saccharomyces cerevisiae* and *Arabidopsis thaliana* [J] .Biotechnology Letters，2008，30 (7)：1289-1294.

[108] Liu Siqing，Bischoff Kenneth M，Qureshi Nasib，et al. Functional expression of the thiolase gene thl from *Clostridium beijerinckii* P260 in Lactococcus lactis and Lactobacillus buchneri [J] . New Biotechnology，2010，27 (4)：283-288.

[109] 蔡的. 乙醇丁醇的发酵分离耦合和生物炼制级联系统的构建 [D] . 北京：北京化工大学，2016.

[110] Ong Yee Kang，Shi Gui Min，Le Ngoc Lieu，et al. Recent membrane development for pervaporation processes [J] . Progress in Polymer Science，2016，57：1-31.

[111] Peng P，Shi B. L，Lan Y Q. A Review of Membrane Materials for Ethanol Recovery by Pervaporation [J] . Separation Science and Technology，2011，46 (2)：234-246.

[112] Liu H X，Wang N X，Zhao C，et al. Membrane materials in the pervaporation separation of aromatic/aliphatic hydrocarbon mixtures -A review [J] . Chinese Journal of Chemical Engineering，2018，26 (1)：1-16.

[113] Wang Xiaolu，Chen Jinxun，Fang，Manquan，et al. ZIF-7/PDMS mixed matrix membranes for pervaporation recovery of butanol from aqueous solution [J] .Separation and Purification Technology，2016，163：39-47.

[114] Khan Amin，Ali Mohsin，Ilyas Ayesha，et al. ZIF-67 filled PDMS mixed matrix mem-

branes for recovery of ethanol via pervaporation [J] . Separation and Purification Technology，2018，206：50-58.

[115] Yin Huidan，Lau Ching Y，Rozowski Michael，et al. Free-standing ZIF-71/PDMS nanocomposite membranes for the recovery of ethanol and 1-butanol from water through pervaporation [J] . Journal of Membrane Science，2017，529：286-292.

[116] Liu Xinlei，Jin Hua，Li Yanshuo，et al. Metal-organic framework ZIF-8 nanocomposite membrane for efficient recovery of furfural via pervaporation and vapor permeation [J] . Journal of Membrane Science，2013，428：498-506.

[117] Wang Naixin，Shi Guixiong，Gao Jing，et al. MCM-41@ZIF-8/PDMS hybrid membranes with micro-and nanoscaled hierarchical structure for alcohol permselective pervaporation [J] . Separation and Purification Technology，2015，153：146-155.

[118] Li Yanbo，Wee Lik H，Martens Johan A，et al. ZIF-71 as a potential filler to prepare pervaporation membranes for bio-alcohol recovery [J] . Journal of Materials Chemistry A，2014，2 (26)：10034-10040.

[119] Xue Guangpeng，Shi Baoli. Performance of various Si/Al ratios of ZSM-5-filled polydimethylsiloxane/polyethersulfone membrane in butanol recovery by pervaporation [J] . Advances in Polymer Technology，2018，00 (0)：1-11.

[120] Zhan Xia，Lu Juan，Tan Tingting，et al. Mixed matrix membranes with HF acid etched ZSM-5 for ethanol/water separation：Preparation and pervaporation performance [J] . Applied Surface Science，2012，259：547-556.

[121] Hennepe H J C，Bargeman D，Mulder M H V，et al. Zeolite-filled silicone rubber membranes：Part 1. Membrane preparation and pervaporation results [J] . Journal of Membrane Science，1987，35 (1)：39-55.

[122] Xue Chuang，Du Guang-Qing，Chen Li-Jie，et al. A carbon nanotube filled polydimethylsiloxane hybrid membrane for enhanced butanol recovery [J] . Scientific Reports，2014，5925.

[123] Xue Chuang，Liu Fangfang，Xu Mengmeng，et al. A novel in situ gas stripping-pervaporation process integrated with acetone-butanol-ethanol fermentation for hyper n-butanol production [J] . Biotechnology and Bioengineering，2016，113 (1)：120-129.

[124] Zhuang Xiaojie，Chen Xiangrong，Su Yi，et al. Surface modification of silicalite-1 with alkoxysilanes to improve the performance of PDMS/silicalite-1 pervaporation membranes：Preparation，characterization and modeling [J] . Journal of Membrane Science，2016，499：386-395.

[125] Zhang Qiu Gen，Fan Bing Cheng，Liu Qing Lin，et al. A novel poly (dimethyl siloxane) /poly (oligosilsesquioxanes) composite membrane for pervaporation desulfurization [J] . Journal of Membrane Science，2011，366 (1)：335-341.

[126] Yang Dong，Yang Sen，Jiang Zhongyi，et al. Polydimethyl siloxane-graphene nanosheets hybrid membranes with enhanced pervaporative desulfurization performance [J] . Journal of Membrane Science，2015，487：152-161.

[127] Park Kyo Sung，Ni Zheng，Côté Adrien P，et al. Exceptional chemical and thermal stability of zeolitic imidazolate frameworks [J] . Proceedings of the National Academy of Sciences，2006，103 (27)：10186-10191.

[128] Liu Xinlei，Li Yanshuo，Zhu Guangqi，et al. An organophilic pervaporation mem-

brane derived from metal-organic framework nanoparticles for efficient recovery of bio-alcohols [J]. Angewandte Chemie International Edition, 2011, 50 (45): 10636-10639.

[129] 仲崇立，刘大欢，阳庆元. 金属-有机骨架材料的构效关系及设计 [M]. 北京：科学出版社，2013.

[130] Li Shufeng, Chen Zhe, Yang Yinhua, et al. Improving the pervaporation performance of PDMS membranes for *n*-butanol by incorporating silane-modified ZIF-8 particles [J]. Separation and Purification Technology, 2019, 215: 163-172.

[131] Yuan Shuai, Feng Liang, Wang Kecheng, et al. Stable metal-organic frameworks: design, synthesis, and applications [J]. Advanced Materials, 2018, 30 (37): 1704303.

[132] Si Zhihao, Cai Di, Li Shufeng, et al. Carbonized ZIF-8 incorporated mixed matrix membrane for stable ABE recovery from fermentation broth [J]. Journal of Membrane Science, 2019, 579: 309-317.

[133] 李树峰. 基于 COF-300 的糠醛吸附与渗透汽化分离研究及 PDMS 膜的绿色制备 [D]. 北京：北京化工大学，2019.

[134] Li Si-Yu, Srivastava Ranjan, Parnas Richard S. Study of in situ 1-butanol pervaporation from A-B-E fermentation using a PDMS composite membrane: Validity of solution-diffusion model for pervaporative A-B-E fermentation [J]. Biotechnology Progress, 2011, 27 (1): 111-120.

[135] Peng Fubing, Pan Fusheng, Li Duo, et al. Pervaporation properties of PDMS membranes for removal of benzene from aqueous solution: Experimental and modeling [J]. Chemical Engineering Journal, 2005, 114 (1): 123-129.

[136] Vankelecom I. F. J, Moermans B, Verschueren G, et al. Intrusion of PDMS top layers in porous supports [J]. Journal of Membrane Science, 1999, 158 (1): 289-297.

[137] Zhou Haoli, Lv Lei, Liu Gongping, et al. PDMS/PVDF composite pervaporation membrane for the separation of dimethyl carbonate from a methanol solution [J]. Journal of Membrane Science, 2014, 471: 47-55.

[138] Zhan Xia, Li Jiding, Huang Junqi, et al. Pervaporation properties of PDMS membranes cured with different cross-linking reagents for ethanol concentration from aqueous solutions [J]. Chinese Journal of Polymer Science, 2009, 27 (4): 533-542.

[139] Zhan Xia, Li Jiding, Huang Junqi, et al. Enhanced pervaporation performance of multi-layer PDMS/PVDF composite membrane for ethanol recovery from aqueous solution [J]. Applied Biochemistry and Biotechnology, 2010, 160 (2): 632-642.

[140] Han Xiaolong, Li Jiding, Zhan Xia, et al. Separation of azeotropic dimethylcarbonate/methanol mixtures by pervaporation: Sorption and diffusion behaviors in the pure and nano silica filled PDMS membranes [J]. Separation Science and Technology, 2011, 46 (9): 1396-1405.

[141] Li Lei, Xiao Zeyi, Tan, Shujuan, et al. Composite PDMS membrane with high flux for the separation of organics from water by pervaporation [J]. Journal of Membrane Science, 2004, 243 (1): 177-187.

[142] Rezakazemi Mashallah, Shahidi Kazem, Mohammadi Toraj. Synthetic PDMS com-

posite membranes for pervaporation dehydration of ethanol [J] . Desalination and Water Treatment, 2015, 54 (6): 1542-1549.

[143] Tang Xiaoyu, Wang Ren, Xiao Zeyi, et al. Preparation and pervaporation performances of fumed-silica-filled polydimethylsiloxane-polyamide (PA) composite membranes [J] . Journal of Applied Polymer Science, 2007, 105 (5): 3132-3137.

[144] Bai J, Founda A. E, Matsuura T, et al. A study on the preparation and performance of polydimethylsiloxane-coated polyetherimide membranes in pervaporation [J] . Journal of Applied Polymer Science, 1993, 48 (6): 999-1008.

[145] Baker Richard W. Membrane technology and applications [M] . Hoboken: John Wiley & Sons, Ltd. , 2012.

[146] Van Der Weij, Frederik Willem. The action of tin compounds in condensation-type RTV silicone rubbers [J] . Die Makromolekulare Chemie, 1980, 181 (12): 2541-2548.

[147] Li Shufeng, Qin Fan, Qin Peiyong, et al. Preparation of PDMS membrane using water as solvent for pervaporation separation of butanol-water mixture [J] . Green Chemistry, 2013, 15 (8): 2180-2190.

[148] Fu Chaohui, Cai Di, Hu Song, et al. Ethanol fermentation integrated with PDMS composite membrane: an effective process [J] . Bioresource Technology, 2016, 200: 648-657.

[149] Li Jing, Chen Xiangrong, Qi Benkun, et al. Efficient production of acetone-butanol-ethanol (ABE) from cassava by a fermentation-pervaporation coupled process [J] . Bioresource Technology, 2014, 169: 251-257.

[150] Abdehagh Niloofar, Tezel F. Handan, Thibault Jules. Separation techniques in butanol production: Challenges and developments [J] . Biomass and Bioenergy, 2014, 60: 222-246.

[151] Qureshi N, Maddox I S. Reduction in butanol inhibition by perstraction: utilization of concentrated lactose/whey permeate by *Clostridium acetobutylicum* to enhance butanol fermentation economics [J] . Food & Bioproducts Processing, 2005, 83 (1): 43-52.

[152] Grobben Nicole G, Eggink Gerrit, Cuperus F Petrus, et al. Production of acetone, butanol and ethanol (ABE) from potato wastes: Fermentation with integrated membrane extraction [J] . Applied Microbiology and Biotechnology, 1993, 39 (4-5): 494-498.

[153] Gryta Marek, Morawski Antoni Waldemar, Tomaszewska Maria. Ethanol production in membrane distillation bioreactor [J] . Catalysis Today, 2000, 56 (1-3): 159-165.

[154] Lin De Shun, Yen Hong Wei, Kao Wei Chen, et al. Bio-butanol production from glycerol with *Clostridium pasteurianum* CH_4: the effects of butyrate addition and in situ butanol removal via membrane distillation [J] . Biotechnology for Biofuels, 2015, 8 (1): 168.

[155] Pérez-González A, Urtiaga AM, Ibáñez, R, et al. State of the art and review on the treatment technologies of water reverse osmosis concentrates [J] . Water Research, 2012, 46 (2): 267-283.

[156] Garcia Ⅲ A, Iannotti E. L, Fischer J. L. Butanol fermentation liquor production and

separation by reverse osmosis [J] . Biotechnology and Bioengineering，1986，28 (6)：785-791.

[157] Diltz Robert A，Marolla Theodore V，Henley Michael V，et al. Reverse osmosis processing of organic model compounds and fermentation broths [J] . Bioresource Technology，2007，98 (3)：686-695.

[158] Vane Leland M. Separation technologies for the recovery and dehydration of alcohols from fermentation broths [J] . Biofuels Bioproducts & Biorefining-Biofpr，2008，2 (6)：553-588.

[159] Qureshi N，Hughes S，Maddox I. S，et al. Energy-efficient recovery of butanol from model solutions and fermentation broth by adsorption [J] . Bioprocess and Biosystems Engineering，2005，27 (4)：215-222.

[160] Ezeji T. C，Karcher P. M，Qureshi N，et al. Improving performance of a gas stripping-based recovery system to remove butanol from *Clostridium beijerinckii* fermentation [J] . Bioprocess and Biosystems Engineering，2005，27 (3)：207-214.

[161] Lu Congcong，Zhao Jingbo，Yang Shang tian，et al. Fed-batch fermentation for n-butanol production from cassava bagasse hydrolysate in a fibrous bed bioreactor with continuous gas stripping [J] . Bioresource Technology，2012，104：380-387.

[162] Mariano Adriano Pinto，Qureshi Nasib，Filho Rubens Maciel，et al. Bioproduction of butanol in bioreactors：New insights from simultaneous in situ butanol recovery to eliminate product toxicity [J] . Biotechnology and Bioengineering，2011，108 (8)：1757-1765.

[163] Outram Victoria，Lalander Carl-Axel，Lee Jonathan G. M，et al. Applied in situ product recovery in ABE fermentation [J] . Biotechnology Progress，2017，33 (3)：563-579.

[164] Xue Chuang，Liu Fangfang，Xu Mengmeng，et al. Butanol production in acetone-butanol-ethanol fermentation with in situ product recovery by adsorption [J] .Bioresource Technology，2016，219：158-168.

[165] Ezeji Thaddeus Chukwuemeka，Qureshi Nasib，Blaschek Hans Peter.Bioproduction of butanol from biomass：From genes to bioreactors [J] .Current Opinion in Biotechnology，2007，18 (3)：220-227.

[166] Roffler S R，Blanch H W，Wilke C R. *In situ* recovery of fermentation products [J] .Trends in Biotechnology，1984，2 (5)：129-136.

[167] Zheng Yanning，Li Liangzhi，Xian Mo，et al. Problems with the microbial production of butanol [J] . Journal of Industrial Microbiology & Biotechnology，2009，36 (9)：1127-1138.

[168] Jones Rhys Jon，Massanet-Nicolau Jaime，Guwy Alan，et al. Removal and recovery of inhibitory volatile fatty acids from mixed acid fermentations by conventional electrodialysis [J] . Bioresource Technology，2015，189：279-284.

[169] Sun Xiaohan，Lu Huixia，Wang Jianyou. Recovery of citric acid from fermented liquid by bipolar membrane electrodialysis [J] . Journal of Cleaner Production，2017，143：250-256.

[170] Prochaska K，Antczak J，Regel-Rosocka M，et al. Removal of succinic acid from fermentation broth by multistage process (membrane separation and reactive extraction) [J] . Separation and Purification Technology，2018，192：360-368.

[171] Uslu Hasan, İnci İsmail, Bayazit Şahika Sena. Adsorption equilibrium data for acetic acid and glycolic acid onto Amberlite IRA-67 [J]. Journal of Chemical & Engineering Data, 2010, 55(3): 1295-1299.
[172] Garrett Benjamin G, Srinivas Keerthi, Ahring Birgitte K. Performance and stability of Amberlite™ IRA-67 ion exchange resin for product extraction and pH control during homolactic fermentation of corn stover sugars [J]. Biochemical Engineering Journal, 2015, 94: 1-8.
[173] Zhang Kun, Yang Shang-Tian. *In situ* recovery of fumaric acid by intermittent adsorption with IRA-900 ion exchange resin for enhanced fumaric acid production by *Rhizopus oryzae* [J]. Biochemical Engineering Journal, 2015, 96: 38-45.
[174] Thuy Nguyen Thi Huong, Kongkaew Artit, Flood Adrian, et al. Fermentation and crystallization of succinic acid from *Actinobacillus succinogenes* ATCC55618 using fresh cassava root as the main substrate [J]. Bioresource Technology, 2017, 233: 342-352.
[175] Wang Yong, Cai Di, Chen Changjing, et al. Efficient magnesium lactate production with *in situ* product removal by crystallization [J]. Bioresource Technology, 2015, 198: 658-663.
[176] Shah Vishal, Doncel Gustavo F, Seyoum Theodoros, et al. Sophorolipids, microbial glycolipids with anti-human immunodeficiency virus and sperm-immobilizing activities [J]. Antimicrobial Agents and Chemotherapy, 2005, 49(10): 4093-4100.
[177] Yang Xue, Zhu Lingqing, Xue Chaoyou, et al. Recovery of purified lactonic sophorolipids by spontaneous crystallization during the fermentation of sugarcane molasses with *Candida albicans* O-13-1 [J]. Enzyme and Microbial Technology, 2012, 51(6): 348-353.
[178] Xue Chuang, Zhao Jingbo, Lu Congcong, et al. High-titer *n*-butanol production by *Clostridium acetobutylicum* JB200 in fed-batch fermentation with intermittent gas stripping [J]. Biotechnology and Bioengineering, 2012, 109(11): 2746-2756.
[179] Xue Chuang, Zhao Jingbo, Liu Fangfang, et al. Two-stage in situ gas stripping for enhanced butanol fermentation and energy-saving product recovery [J]. Bioresource Technology, 2013, 135: 396-402.
[180] Cai Di, Chen Huidong, Chen Changjing, et al. Gas stripping-pervaporation hybrid process for energy-saving product recovery from acetone-butanol-ethanol (ABE) fermentation broth [J]. Chemical Engineering Journal, 2016, 287: 1-10.
[181] Hu Song, Guan Yu, Cai Di, et al. A novel method for furfural recovery via gas stripping assisted vapor permeation by a polydimethylsiloxane membrane [J]. Scientific Reports, 2015, 5: 9428.
[182] Sander Ulrich, Janssen Harald. Industrial application of vapour permeation [J]. Journal of Membrane Science, 1991, 61: 113-129.
[183] Li Jiding, Chen Cuixian, Han Binbing, et al. Laboratory and pilot-scale study on dehydration of benzene by pervaporation [J]. Journal of Membrane Science, 2002, 203(1-2): 127-136.
[184] Matsumura M, Kataoka H, Sueki M, et al. Energy saving effect of pervaporation using oleyl alcohol liquid membrane in butanol purification [J]. Bioprocess Engineering, 1988, 3(2): 93-100.

[185] 谭天伟，秦培勇，于慧敏，等. 生物/化学方法级联设计与调控研究进展 [J]. 生物产业技术，2010(1)：51-53.
[186] Bruijnincx Pieter C A，Weckhuysen Bert M. Shale gas revolution：an opportunity for the production of biobased chemicals? [J]. Angewandte Chemie International Edition，2013，52(46)：11980-11987.
[187] Cai Di，Zhu Qiangqiang，Chen Changjing，et al. Fermentation-pervaporation-catalysis integration process for bio-butadiene production using sweet sorghum juice as feedstock [J]. Journal of the Taiwan Institute of Chemical Engineers，2018，82：137-143.
[188] 李超. 生物基原料脱水制备丙烯酸 [D]. 北京：北京化工大学，2019.
[189] 王勇. 以廉价生物质生产 L-乳酸新方法研究 [D]. 北京：北京化工大学，2017.
[190] 康茜. 木薯燃料乙醇生产过程优化和能量优化 [D]. 北京：北京化工大学，2015.
[191] http：//tenonclearwood. com/environmental/geothermal. aspx.
[192] https：//www. glasspoint. com/.
[193] https：//www. carbonrecycling. is/.
[194] K Lovegrove，S Edwards，Jacobson N，et al. Renewable Energy Options for Australian Industrial Gas Users [M]. 2015.
[195] W Green D，H Perry R. Perry's Chemical Engineers' Handbook [M]. New York：McGraw Hill Professional，2007.
[196] An Yi，Li Weisong，Li Ye，et al. Design/optimization of energy-saving extractive distillation process by combining preconcentration column and extractive distillation column [J]. Chemical Engineering Science，2015，135：166-178.

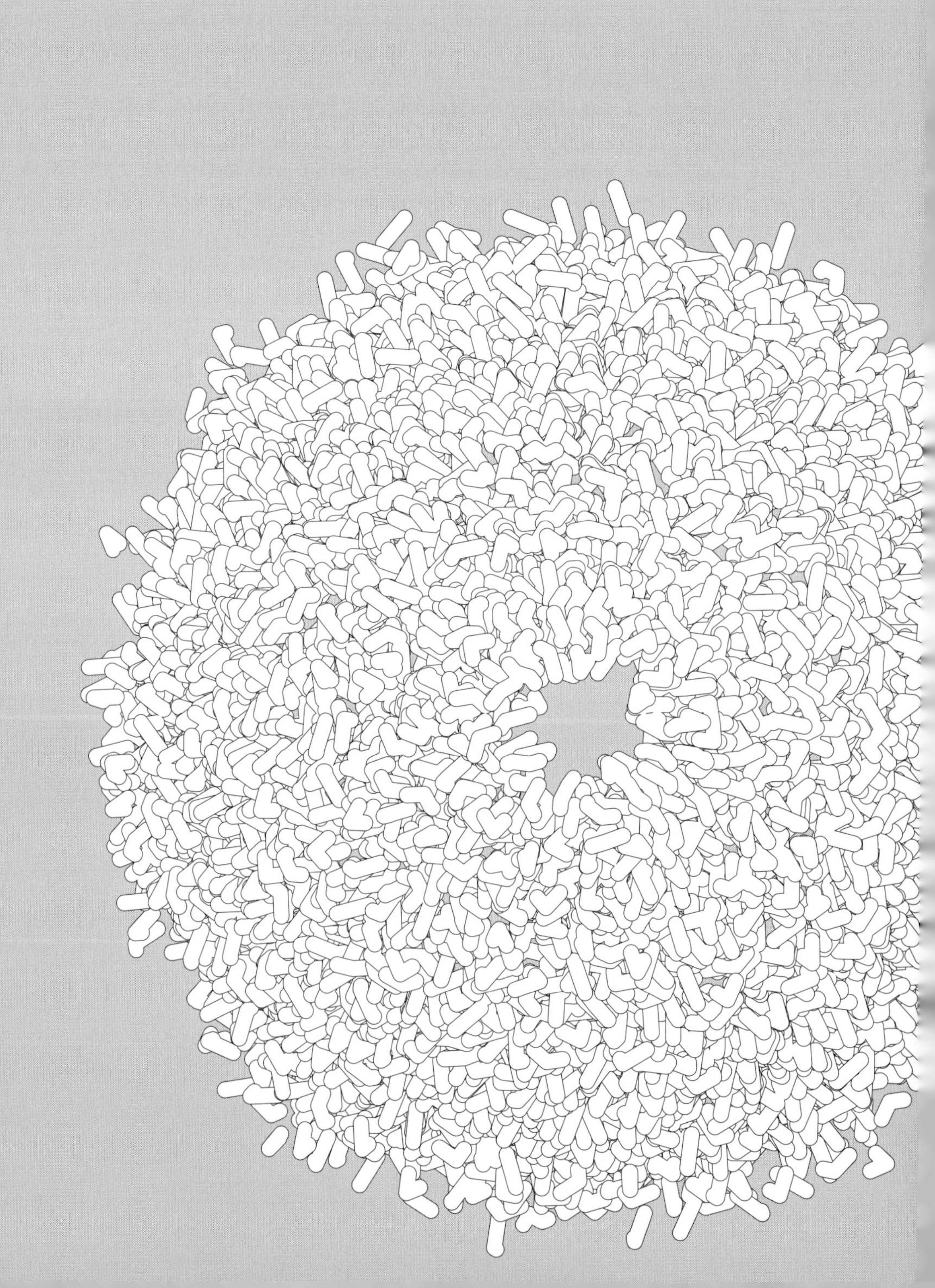

第5章

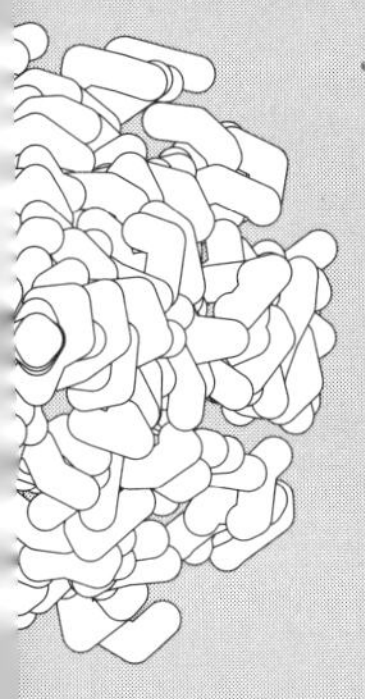

生物炼制典型案例

5.1 木薯原料的生物炼制案例

木薯分为甜木薯和苦木薯两类。其具有生长适应性强、耐旱耐瘠、病虫害少、质优价廉等优点。木薯的化学组成与其品种、生长期、土壤、降水量相关，与玉米的化学成分对照见表 5-1。

表 5-1　木薯与玉米的化学成分对照表　　单位：%

名称	淀粉	水分	蛋白质	脂肪	纤维	灰分
木薯	72～76	13.7	2.6	0.6	0.8	2.4
玉米	64～66	13.6	8.64	3.82	2.98	0.17

由表 5-1 可见，木薯淀粉含量高，而脂肪、蛋白质相对较少，是一种良好的淀粉作物[1]。

木薯作为一种重要的淀粉、生物燃料及饲料原料，其需求及对其深加工技术要求逐年增高，木薯的消费总量也呈上升趋势。由表 5-2 可见，在我国，酒精化工行业木薯消费量约占 73%，年均稳定在 630 万吨左右，淀粉消费比例从 18%降至 9%，燃料乙醇消费比例从 0.4%增至 14%，这体现了我国木薯深加工行业的发展方向[1]。

表 5-2　我国各行业木薯消费　　单位：万吨

消费需求	2010 年	2011 年	2012 年	2013 年	2014 年	2015 年
淀粉	106	140	107	75	73	78
酒精化工	656	562	665	617	650	670
饲料	40	17	31	37	36	35
燃料乙醇	40	52	74	119	144	156
总量	862	771	877	848	903	939

淀粉质原料的深加工途径主要分为两种[2]。

① 湿法工艺。根据原料成分的物理性质不同，通过物理法将各种主要成分进行分离，并分别加工成为产品。

② 干法工艺。将原料整体粉碎并加以利用，对加工剩余物再进行综合处理。木薯的加工方式与玉米类似，两种加工方式都有应用，主要不同的地方是木薯的脂肪含量较低，因此没有提取油脂的环节[3]。

湿法加工获得的淀粉可以用于生产木薯淀粉、变性淀粉、淀粉糖、糖醇、生物基化学品、酶制剂、淀粉基可降解塑料等，纤维、蛋白质等可以用于生产饲料等[1,4,5]。干法工艺目前主要应用于酒精和柠檬酸的生产，在生产过程中，将淀粉转化为乙醇或柠檬酸，发酵残渣用于生产饲料、肥料或燃料，废水用于制备沼气后进入污水处理系统[6,7]。

木薯生物炼制流程见图 5-1。

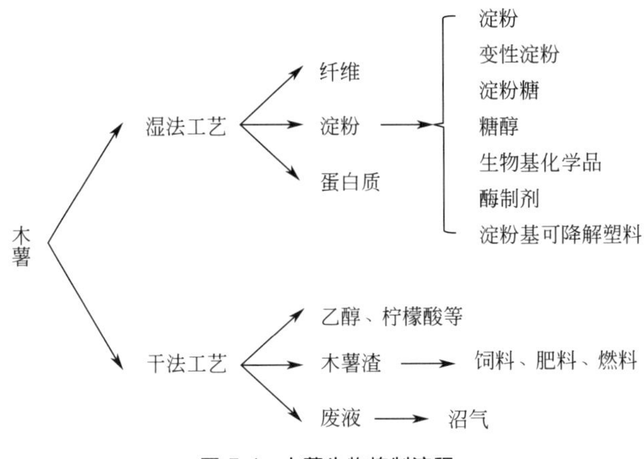

图 5-1　木薯生物炼制流程

5.1.1　湿法工艺生产淀粉

现在世界上主要生产的淀粉有玉米淀粉、马铃薯淀粉、小麦淀粉、木薯淀粉、甘薯淀粉等，不同原料有不同的物性，因此广泛用于能适应加工食品要求特性的产品生产，各有其特色。其中木薯淀粉具有来源于原料的独特弹力，有新食感。自从以泰国为中心的东南亚木薯淀粉制品进入日本后，由于木薯淀粉对食品有改良食感、保持品质和工程简略化等优点，近年来食品产业以及工业制品都积极利用木薯淀粉。其生产工艺流程如图 5-2 所示[8]。

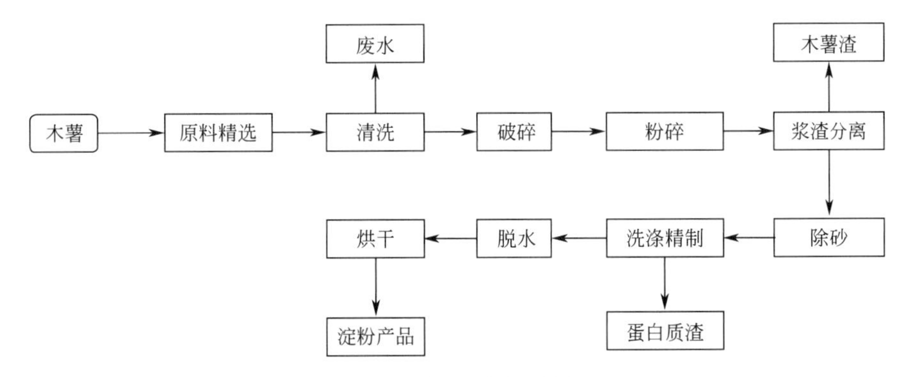

图 5-2　木薯淀粉生产工艺流程

经过原料精选、清洗和输送、破碎、粉碎、浆渣分离、除砂与过细、旋转过滤、碟片机二次分离、旋流器洗涤精制、淀粉脱水、烘干等工段，最终得到合格的产品。

5.1.2 干法工艺生产酒精及副产品

以木薯为原料生产乙醇，发酵采用间歇发酵或连续发酵，主要包括筒仓、一级粉碎、连续除砂、液化低能阶换热技术、浓醪发酵技术、多塔差压蒸馏、高效填料、热耦合、分子筛脱水、全糟厌氧与IC协同等工段。总体工艺流程见图 5-3。

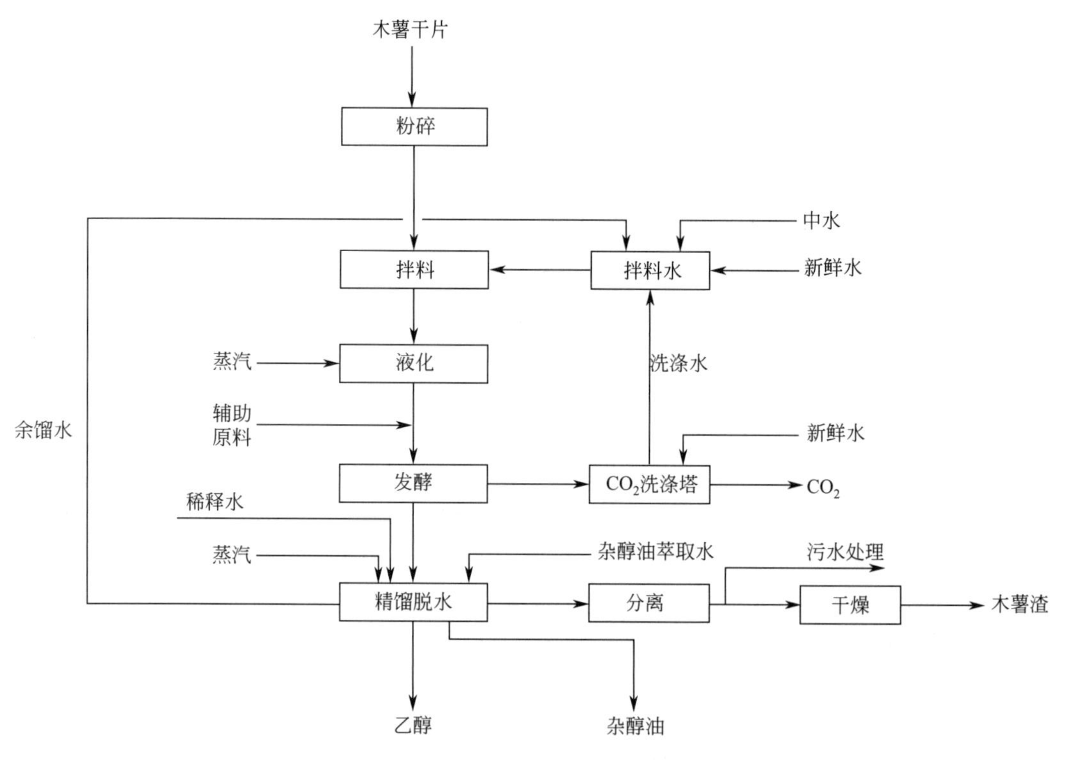

图 5-3 木薯乙醇生产工艺流程

木薯干片首先通过去除石子等杂质后，进入粉碎机粉碎，粉碎后得到的木薯粉与水混配进入混料器，混后浆液经过旋流除砂器除去木薯中携带的泥砂，除砂后浆液与细粉仓里出来的细粉混合进入拌料罐，然后送往液化工段。

液化工段采用双酶法喷射液化技术。液化后液化醪经冷却降温后，用硫酸调节pH值，加入营养盐和糖化酶，大部分送至发酵罐，一小部分送至酒母培养罐。活性干酵母在活化罐中活化后，送入酒母培养罐进行增殖培养。培养合格的酒母醪送往发酵罐。

液化发酵工艺流程如图 5-4 所示。

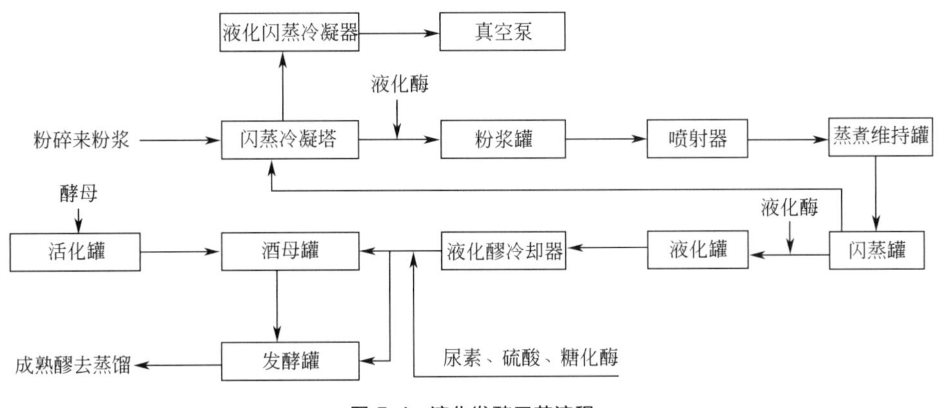

图5-4　液化发酵工艺流程

（1）乙醇生产

发酵工段采用同步糖化浓醪发酵技术。液化醪和酒母醪进入发酵罐进行同步糖化发酵（见图5-4）。发酵过程中产生的热量，通过外循环换热器以低温水冷却的方式带走，以维持罐内适宜的发酵温度。发酵过程中产生的CO_2气体通过排气管排入CO_2洗涤塔中进行水洗回收乙醇，含有酒精的水洗液送往成熟储罐。发酵成熟醪泵送至蒸馏工段。

精馏工段采用多塔热耦合差压蒸馏脱水。由发酵工段来的成熟醪经预热后进入粗馏塔（塔底－0.05MPa，塔顶－0.067MPa），控制塔釜温度在83℃左右。一部分成熟醪在粗馏塔内将酒精与发酵醪中的废醪液进行分离，废醪液由塔釜经泵抽出送往分离干燥工段，另一部分醪液进入第二精馏塔；粗馏塔产生的粗酒被送至第一精馏塔精馏至95%（体积分数）后送往第二精馏塔，进入第二精馏塔内醪液被分离，塔底废醪液送往分离干燥工段，酒气进入第二精馏塔的顶部，被浓缩到95%（体积分数）以上，第二精馏塔顶部酒气被送往分子筛脱水系统（见图5-5）。粗馏塔釜的加热介质为第二精馏塔的塔顶酒气。第二精馏塔的加热介质为第一精馏塔的塔顶酒气，第一精馏塔的塔釜通过再沸器间接蒸汽加热。

第二精馏塔的塔顶酒气经加热器加热至一定温度后进入分子筛吸附塔，酒气中的水分子流经分子筛床时被分子筛小孔选择性吸附同时放热，实现酒气脱水，从脱水装置排出的乙醇气体再进行冷凝、冷却后得到燃料乙醇。一台分子筛吸附的同时，另一台分子筛解析，吸附塔由吸附状态进入负压解吸状态，随着压力降低，被分子筛小孔选择性吸附的水分子不断蒸发，解吸出来的酒气被真空泵抽吸离开吸附床。解吸气经冷凝后，冷凝液送往蒸馏工段回收，分子筛脱水后的合格燃料乙醇泵送至储罐。如果生产工业酒精，在第二精馏塔侧线采出95%（体积分数）乙醇，经冷却降温后得到工业酒精。

（2）“三废”处理

废渣处理采用压滤干燥工艺流程（见图5-6）。30%酒糟液首先通过全自动隔膜压滤机进行压榨脱水，压榨后的滤清液送至污水处理厂IC厌氧反应器。湿糟经螺旋

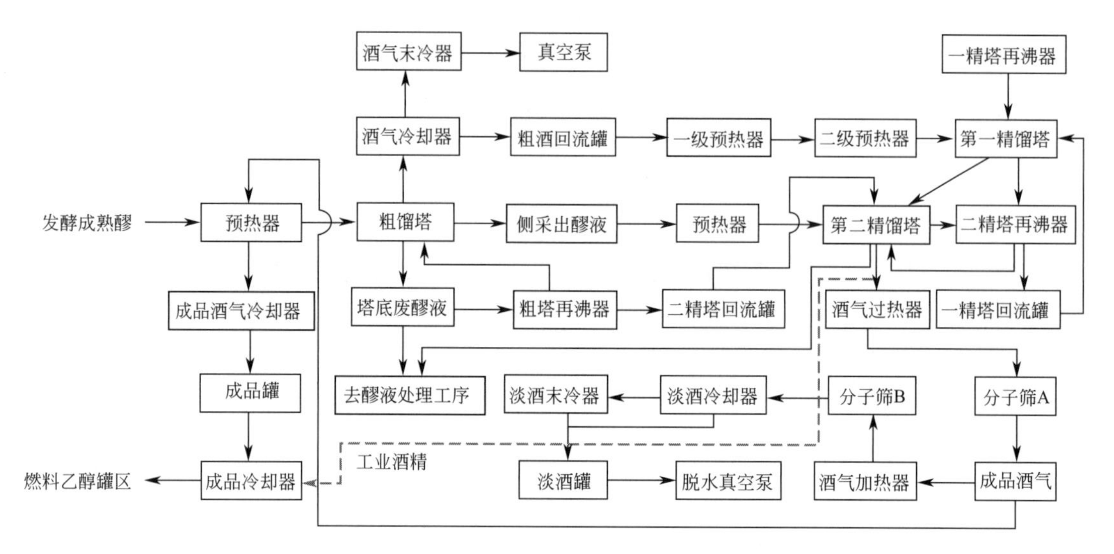

图 5-5 蒸馏工艺流程

输送机送至酒糟干燥系统进行干燥；在烘干机内，物料与热风接触混合，进行湿热交换：高温空气将热量传给湿物料，湿物料受热升温，所含水分蒸发出来经水膜除尘处理合格排到热空气中，从而实现对湿物料的干燥；烘干后的干糟经螺旋输送进入有机肥装置。

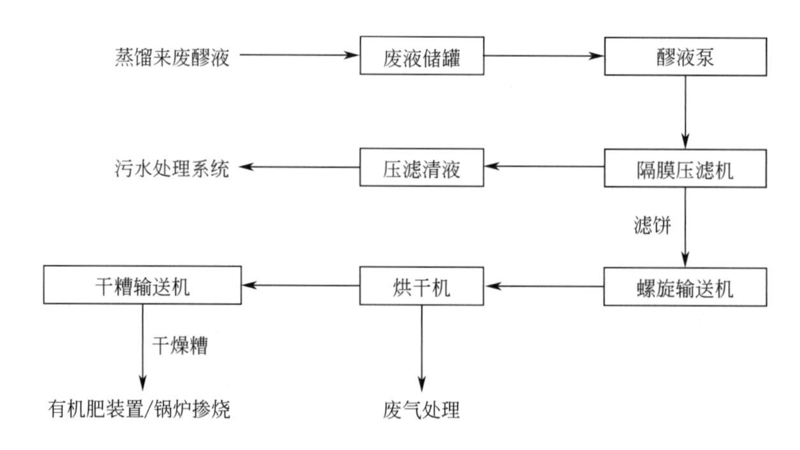

图 5-6 压滤干燥工艺流程

污水处理采用厌氧/好氧二段法工艺。70%酒糟液经冷却进入调解预酸化池，由糟液泵送入全糟高温厌氧反应器，厌氧废水再经带式压滤，滤饼去复合肥处理装置，滤液与分离清液混合进入 IC 反应器进行二次厌氧，再进入 A/O 反应池进行兼氧、好氧处理，好氧污水进入二沉进行泥水分离，二沉池出水部分进行回用（见图 5-7）。好氧污泥去有机肥装置，产生的沼气用于电站燃料和木薯渣烘干。污水系统设有除臭系统，对系统产生的废气进行集中处理。

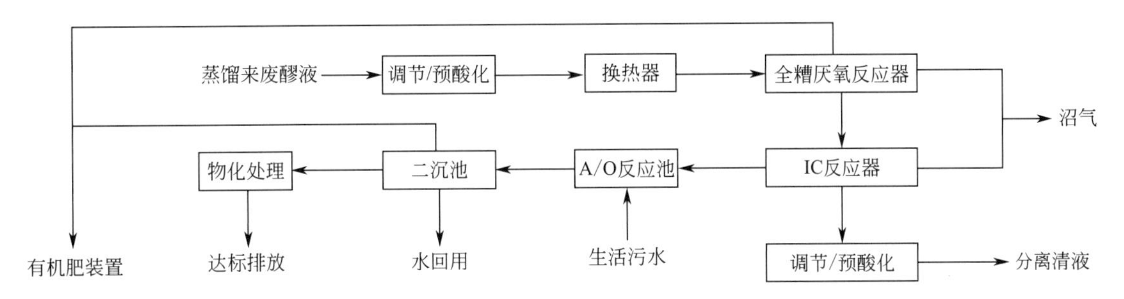

图 5-7　污水处理工艺流程

(3) 有机肥加工

全糟厌氧污泥、好氧污泥和干木薯糟被输送到预处理工段，在这一工段基料的水分、C/N 得以调整，之后运至发酵车间进行发酵，通常发酵腐熟周期 7d，物料减量约 40%，堆料含水率降到 40% 以下，转移到陈化仓库陈化，再经陈化，后经二次粉碎筛分、混合、造粒、包装，生产成品肥料，最终实现资源化利用。

生物肥料的发酵工艺采用微生物二次发酵工艺（图 5-8）。在发酵工艺上，充分考虑污泥堆肥物料的主要影响因素，辅料配比需满足发酵原料的透气性、含水率和 C/N，过程控制中对于堆肥中生化反应的机理、供氧浓度和通风、物料发酵中的温度与热平衡以及气味物质的产生与排放关键节点进行控制。

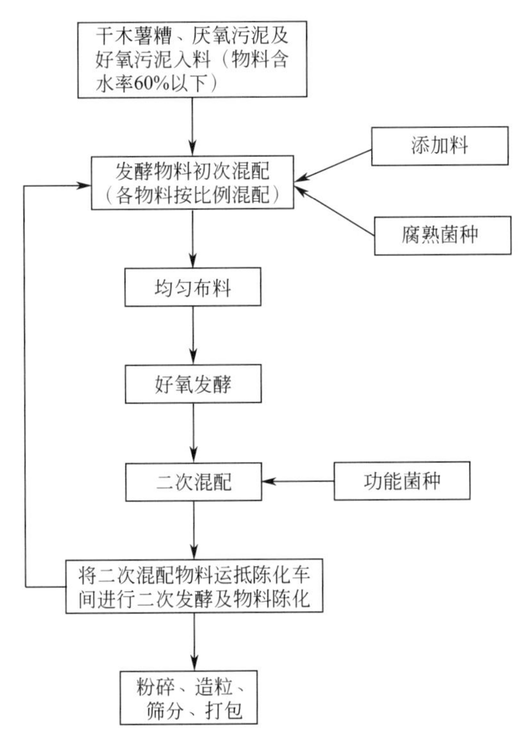

图 5-8　有机肥生产工艺流程

5.1.3 木薯渣的高值化利用

在木薯湿法工艺生产淀粉和干法工艺生产酒精的过程中都会产生大量的木薯渣。据调查，在淀粉生产过程中，木薯渣的产量约为700kg/1000kg（鲜渣/鲜木薯），新鲜木薯渣含水量在70%以上[9]。由表5-3可知，木薯淀粉渣成分以碳水化合物为主，无氮浸出物含量高达60%以上，而粗脂肪和粗蛋白质含量极低。木薯酒精渣成分主要是粗纤维、粗灰分和无氮浸出物，而粗脂肪含量极低，可以忽略不计。

表5-3 木薯渣营养成分分析

营养成分	木薯淀粉渣				木薯酒精渣	
	海南琼中	海南八一	海南白沙	海南昌江	广西南宁	广西北海
初水分/%	82.43	73.27	80.23	80.09	无	无
干物质/%	87.99	88.53	88.66	89.13	85.12	91.28
水分/%	12.01	11.47	11.34	10.87	14.88	8.72
粗蛋白质/%	1.98	1.92	2.49	1.83	10.18	15.33
粗脂肪/%	0.76	0.79	0.35	0.5	0.78	3.02
粗纤维/%	18.45	15.44	18.7	17.86	52.08	23.58
粗灰分/%	3.3	2.79	2.61	4.85	10.94	20.06
无氮浸出物/%	63.51	67.59	64.51	64.08	11.15	29.29
中性洗涤纤维/%	32.41	29.32	33.42	29.71	77.74	58.32
酸性洗涤纤维/%	24.65	20.59	24.15	24.49	67.61	41.62
总能/(MJ/kg)	16.95	16.91	17.17	16.73	17.75	16.37
饲料相对值/%	2.000	2.312	1.951	2.186	0.434	0.901

由表5-4可见，木薯淀粉渣的钙、磷及铜、锌、铁、锰含量都低于木薯酒精渣，这与两者粗灰分含量的差异一致。木薯渣矿物质含量的差异，可能主要与土壤和加工工艺不同有关。

表5-4 木薯渣矿物质含量分析

矿物质	木薯淀粉渣				木薯酒精渣	
	海南琼中	海南八一	海南白沙	海南昌江	广西南宁	广西北海
钙/%	0.34	0.25	0.26	0.34	1.16	0.73
磷/%	0.04	0.03	0.03	0.04	0.3	0.25
铁/(mg/kg)	275.41	220.37	174.57	488.08	7307.15	6674.56
铜/(mg/kg)	2.14	1.82	1.5	1.76	8.31	14.4
锌/(mg/kg)	16.91	11.87	11.26	13.79	64.02	38.35
锰/(mg/kg)	28.96	30.21	42.92	27.69	283.23	84.69

由表5-5可知，木薯淀粉渣水解氨基酸总和仅为1.74%，而木薯酒精渣水解氨基酸总和为8.52%，这与粗蛋白质含量的差异一致，原因主要是由于生产工艺不同。不论是木薯淀粉渣还是木薯酒精渣，两者的赖氨酸含量均较高，而蛋氨酸含量都较低；同时必需氨基酸总和占全部氨基酸总和约50%的比例，这表明木薯渣可利用氨基酸水平较低。

表5-5　木薯渣氨基酸含量分析　　单位：%

氨基酸	木薯淀粉渣	木薯酒精渣	木薯渣
天冬氨酸	0.16	1.01	0.65
丝氨酸	0.11	0.59	0.34
谷氨酸	0.29	1.24	0.99
甘氨酸	0.08	0.49	0.14
丙氨酸	0.13	0.72	0.48
酪氨酸	0.03	0.24	0.20
苏氨酸	0.09	0.43	0.35
缬氨酸	0.13	0.38	0.43
蛋氨酸	0.02	0.19	0.06
异亮氨酸	0.07	0.26	0.39
亮氨酸	0.16	0.67	0.59
苯丙氨酸	0.08	0.45	0.35
组氨酸	0.09	0.45	0.14
赖氨酸	0.11	0.51	0.4
精氨酸	0.03	0.39	0.34
脯氨酸	0.16	0.49	0.33
氨基酸总和	1.74	8.52	6.18

由表5-6可知，木薯淀粉渣的铅、镉含量分别为3.42～7.67mg/kg和0.02～0.18mg/kg，而木薯酒精渣铅含量为10.61～11.18mg/kg，镉含量未检出。

表5-6　木薯渣重金属和氰化物含量分析　　单位：mg/kg

重金属和氰化物	木薯淀粉渣				木薯酒精渣	
	海南琼中	海南八一	海南白沙	海南昌江	广西南宁	广西北海
Pb	6.85	7.67	6.30	3.42	10.61	11.18
Cd	0.02	0.07	0.11	0.18	0	0
氰化物	92.04	72.29	87.29	32.13	126.66	35.07

参照表5-7中RFV饲料分级标准对上述6种木薯渣饲料进行分级，木薯淀粉渣全部属于优质粗饲料，而采自广西南宁和北海的木薯酒精渣分别属于5级和3级粗饲料。

表5-7　RFV粗饲料分级标准

分级	饲料相对值/%	分级	饲料相对值/%
特级	＞1.51	3	0.87～1.02
1	1.25～1.50	4	0.75～0.86
2	1.03～1.24	5	＜0.75

根据木薯渣的成分特点，当前对木薯渣的加工路线主要集中在发酵加工成饲料、经过改性加工成复合材料、栽培食用菌及还田等。

（1）生产动物饲料

由于木薯渣粗灰分和粗纤维含量较高，这会影响动物适口性和采食量。另外，不论是木薯淀粉渣还是木薯酒精渣，两者的赖氨酸含量均较高，而蛋氨酸含量都较低，在生产过程中要注意氨基酸不平衡问题。《饲料卫生标准》（GB 13078—2017）中没有明确规定木薯渣重金属允许限量，规定米糠中镉含量不得超出1.0mg/kg，木薯渣营养成分与米糠类似，可参照米糠的限量。《饲料卫生标准》规定生长鸭、产蛋鸭、肉鸭和鸡、猪用配合饲料中铅含量不得超出5mg/kg。《饲料卫生标准》中没有明确规定木薯渣中氰化物（以HCN计）的最大允许量，但是界定了配合饲料中氰化物的限量为50mg/kg，可以据此推算木薯渣在配合饲料中的最高添加量。按照此处氰化物的最大值126.66mg/kg，木薯渣在配合饲料中最高添加量为39.4%，而实际生产中考虑到动物消化率和适口性，木薯渣添加量往往低于15%，所以氰化物的影响微乎其微。

木薯渣中含有大量的粗纤维，直接用于动物日粮会影响饲料的适口性，对其营养物质难以消化吸收。寻找合适的方法对木薯渣中纤维素进行降解，提高利用率显得尤为重要。目前，国内外对纤维素降解研究最多的是采用微生物降解的方法，通过使用真菌或者细菌对木薯渣进行发酵，从而达到降低木薯渣中的纤维素和改善木薯渣在动物日粮中的适口性[10,11]。汤小朋等[12]通过黑曲霉固态发酵木薯渣，木薯渣中粗纤维含量由22.26%下降至17.71%，同时其他营养物质得到了提高。李洁等[13]以木薯酒精渣为原料进行发酵饲料研制，按最优发酵工艺进行发酵，总接种量为5%，枯草芽孢杆菌BI1与枯草芽孢杆菌B10-5接种比例为1∶2，产乳酸菌发酵乳杆菌和凝结芽孢杆菌接种比例为1∶3，芽孢杆菌与产乳酸菌接种比例为3∶2，发酵温度为37℃，发酵后木薯渣乳酸含量达到2%。添加不同比例木薯渣发酵饲料的基础日粮进行育肥猪饲喂试验，结果显示饲喂添加15%木薯渣发酵饲料的基础日粮的试验组具有较好的增重效果，平均日增重0.78kg，平均日采食量2.8kg，料肉比3.59，同时肠道内乳酸菌数量增加。由此可见，木薯渣发酵饲料可以部分代替基础日粮添加，并且具有较好的饲喂效果。

木薯渣中粗纤维含量较高，单胃动物消化吸收比较困难，然而反刍动物能够很好地吸收利用。研究表明木薯渣添加在反刍动物的日粮中起到了较好的饲养效果。卢珍兰等[14] 在黑山羊基础日粮中添加不同比例的发酵木薯渣，研究其对黑山羊生产性能、血清生化指标及经济效益的影响，结果表明，添加木薯渣20%试验组的育肥羊平均日增重和平均日采食量分别提高了44.29%和8.09%，添加木薯渣20%和30%的试验组料重比分别降低了25.08%和20.96%以及发病率降低了28.86%和24.59%，血清生化指标试验组与对照组无显著性差异，经济效益上也分别提高了68.28%和51.86%，通过试验得出在育肥黑山羊日粮中添加20%发酵木薯渣效果最佳。蔡永权等[15] 研究以青储木薯渣为主饲料育肥肉牛，结果表明，在以青储木薯渣为主日添加精料2kg饲喂的肉牛，平均日增重0.951kg。

木薯渣作为工业生产中的废弃物，来源广泛且价格低廉，在动物日粮中的研究应用具有较好的表现，可以用来代替部分常规饲料从而缓解由于饲料原料缺乏带来的粮食问题。由于木薯渣中含有的氢氰酸和大量粗纤维等抗营养因子，在一定程度上限制其在动物饲料中应用。为解决这一问题，国内外众多的学者多采用微生物发酵的方法对木薯渣进行处理。微生物发酵处理木薯渣可以消除氢氰酸和降低粗纤维含量从而增加了木薯渣的安全性和适口性，通过发酵产生菌体蛋白提高了木薯渣营养价值。但是目前大多数发酵技术只是停留在试验阶段，并未形成大规模的生产与应用，所以还需要进一步研究发酵工艺和技术指标，使得发酵木薯渣真正在动物饲料中广泛应用。

（2）生产复合材料

利用木薯渣资源经过一定的改性处理，与可生物降解塑料进行混合，制备绿色环保、可生物降解、对环境污染小的生物质复合材料，这不仅符合绿色环保的生产生活观念，能够实现废弃自然资源的高值化利用，在一定程度上缓解人们所面临的资源短缺问题，这对全球的社会经济可持续发展具有重要的意义，而且还可以有效降低复合材料的生产成本，改善可生物降解塑料自身某些性能不足的缺点，有助于促进可降解生物质复合材料的应用和推广。

陈杰[16] 以木薯渣和PBS为主要原料、4,4-亚甲基双异氰酸苯酯（MDI）为改性剂，制备了可生物降解复合材料。利用MDI对木薯渣进行改性处理后，复合材料的力学强度得到了增强。其中，当加入10%的改性木薯渣时，拉伸强度由原木薯渣/PBS复合材料的16.96MPa增至20.26MPa，提高了19.46%，而弯曲强度变化较小；当改性木薯渣含量为30%时，复合材料的拉伸强度和弯曲强度分别提高了72%和20.89%。钱良玉[17] 利用木薯渣植物纤维为主要原材料，以淀粉和PVA共混作为材料的胶黏剂及增强剂，所有原料均可被生物降解，制备了一种环境友好型绿色食品包装材料，为农业废弃木薯渣的综合利用开辟新途径。

（3）植物栽培基质

木薯渣中的非氮化合物和淀粉含量丰富，可以为植物种子及根茎叶的生长发育提供优良的栽培基质。覃晓娟等[18] 研究了木薯渣、蔗渣、菌糠的配比对理化性状以及辣椒穴盘育苗生长情况的影响，并最终确定了三个较优的配比关系。其中，在复合栽培基质中加入木薯渣的含量依次为67%、62%、42%时，分别配以5%蔗渣、10%菌糠和30%菌糠，栽培基质的各种指标不仅达到了优良无土栽培基质的标准，而且此时辣椒苗的生长情况也优于其他配比的栽培基质。李德翠等[19] 利用不同体积配比的木薯渣、醋糟和蛭石混合基质对番茄幼苗进行培育，通过实验研究发现当木薯渣、醋糟、蛭石的体积比为4∶1∶3时，番茄幼苗的生长指标最好，这一研究结果有助于提高废弃木薯渣资源的利用率，而且也为其在工厂化育苗领域的应用提供了基础。

5.1.4 废醪液生产沼气工艺[20]

木薯酒精废水主要是酒精蒸馏塔排出的废醪液，醪液温度高达90℃，pH值为3.8～4.2，废水的COD和SS浓度分别为25000～30000mg/L和20000～30000mg/L，属于高含糖酸性、高浓度有机废水。

木薯酒精废水水质指标见表5-8。

表5-8 木薯酒精废水水质指标

项目	COD/(mg/L)	BOD_5/(mg/L)	VFA/(mg/L)	SS/(mg/L)	pH值	水温 T/℃
数值	30000	14500	350	25000	4.0	85～90

某厂木薯酒精产量约100t，则每天排放的酒精废液量为1200～1500m^3。从木薯酒精生产工艺过程得知，蒸馏后的木薯酒精废水温度很高（90℃），且悬浮物浓度很高，酸性强。基于厌氧微生物特点以及节能减排的必要性，采用最适合甲烷菌分解代谢有机质的中温发酵工艺，同时考虑到木薯酒精废醪液独特的成分结构（含有粗纤维不溶性COD、纤维和半纤维溶解性COD），增加粗渣简易分离及精度处理的单元，厌氧发酵采用CSTR工艺，即全糟厌氧发酵。将废液中可降解的有机质转换为沼气能源，一级好氧采用改良型AB工艺，二级好氧采用传统活性污泥法，将残留中的COD、NH_3-N、P等污染物转换代谢分解，保证出水达标排放。整个处理工艺的核心是厌氧发酵系统，只有保证厌氧系统的稳定、高效运行，将大部分COD降解，才能保证后续工艺的处理效率。

工艺流程如图5-9所示。

在中温（37℃）条件下，快速启动5个CSTR厌氧罐，CSTR采用低负荷启动，经过30d左右CSTR稳定运行，运行期间进水COD容积负荷一直稳定在3kg/(m^3·d)左右，进水量稳定在1200m^3/d。木薯酒精废水经过厌氧反应后，COD去除率在94%左右，SS去除率>80%，产气量为12000～18000m^3/d，沼气甲烷体积分数为60%～65%。在全糟CSTR厌氧罐中，部分SS能进行降解，降解率约为50%。沼气产率（以COD计）是0.5～0.55m^3/kg，高于理论值（0.45m^3/kg），这是由于厌氧消化的水解酸化阶段将部分SS转变为SCOD，也验证了文献中高浓度有机废水的沼气转化率高于低浓度有机废水的沼气产率，甚至比理论值要高。在此反应阶段，

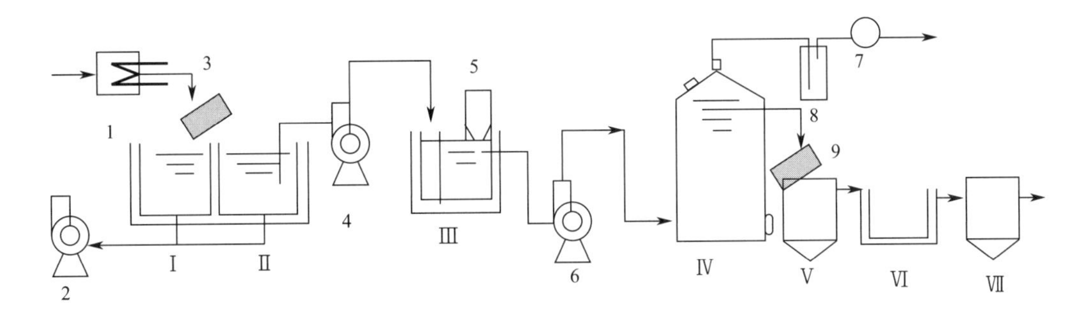

图 5-9　全糟厌氧发酵工艺流程

Ⅰ—初沉池；Ⅱ—水解酸化池；Ⅲ—调节池；Ⅳ—厌氧反应器；Ⅴ—污泥沉降池；Ⅵ—好氧池；Ⅶ—二沉池；1—换热器；2—抽渣泵；3—压滤机；4—调节池进水泵；5—加添加剂系统；6—厌氧进水泵；7—气体流量计；8—水封槽；9—滚筒筛

VFA 的去除率高达 95%，而出水的 VFA 最低为 50mg/L，说明系统中的甲烷菌数量多、活性高，有机物的分解过程就越活跃，单位质量有机物的产气量就越多。另外，在处理此类废水中，必须在预处理阶段将部分难分解的粗纤维、木质素及一些无机砂子尽可能地去除，使易分解的有机质与污泥充分接触，这对于厌氧发酵来说尤为关键。最后，在工艺控制管理上，每天监测沼气中甲烷含量比监测 pH 值、VFA 更为快捷、直观，更能反映系统中甲烷菌和酸化菌的活性。只有控制好酸化反应和产甲烷反应处在一个平衡阶段，不出现酸累积，系统才能稳定运行。

厌氧发酵产生的沼气自储气柜通过罗茨风机加压后，干脱硫塔将沼气中的 H_2S 脱除至 $30mg/m^3$ 以内，脱硫后的沼气进入沼气压缩机，加压至 0.8MPa，后经冷却及油水分离器、过滤器除去气体中的油水杂质；沼气气体进入氨法脱碳装置，将气体中的二氧化碳及部分酸性气体脱除，将入塔沼气中的 CO_2 降至 3%以下，然后气体经过变温、变压吸附脱除水蒸气。再利用 CNG 压缩机加压至 20MPa，加压后的 CNG 先送气体干燥装置脱出水分后送往 2 台加气柱进行产品气装车外售。在保证纯化装置气量稳定的情况下多余沼气送往锅炉燃烧。

5.2　纤维质原料的生物炼制典型案例

5.2.1　巴西纤维素乙醇、丁醇联产生物炼制技术

为应对能源需求、石油能源耗竭及环境污染等诸多问题，科学家们已将注意力

转向利用木质纤维素生产生物乙醇和生物丁醇。

作为第二大燃料乙醇生产国，巴西致力于以甘蔗汁为原料生产第一代生物乙醇。然而，甘蔗加工产生了大量木质纤维素类废弃物如甘蔗渣等，部分甘蔗渣可用作燃料，其余大部分废弃物通常采用直接焚烧或堆埋的方式进行处理，严重污染环境。

针对上述问题，巴西提出了基于木质纤维素的第一、第二代乙醇一体化生产策略[21]，如图 5-10 所示。图 5-10 中，虚线代表戊糖替代品。

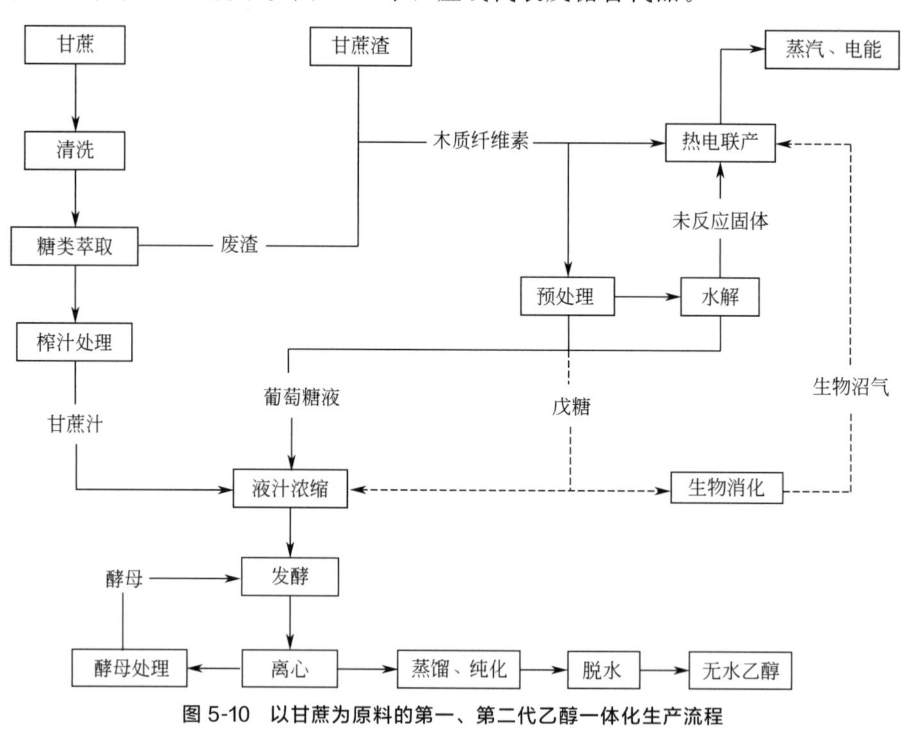

图 5-10 以甘蔗为原料的第一、第二代乙醇一体化生产流程

在第一、第二代乙醇一体化生产工艺中，首先通过压榨获得甘蔗汁液并浓缩，用于乙醇发酵。糖萃取工艺产生的废渣可用作热电联产系统的燃料；当满足供能需求后，对剩余甘蔗渣中的木质纤维素进行预处理、水解，获得的糖类用于乙醇发酵；而第二代生物乙醇生产后的残余物（例如未反应的木质纤维素废渣和生物消化产生的沼气）则再次用于热电联产系统供能。此外，预处理后获得的戊糖可用于发酵生成乙醇或用于生物消化制备沼气，进而燃烧后用于热电联产系统供能[21]。

由于甘蔗加工获得的废渣可用作电力生产燃料和第二代生物乙醇的原料。因此，以甘蔗为原料的第一、第二代乙醇一体化生产工艺可采用三种技术方案：第一种称为乙醇方案，即木质纤维素废渣全部用于生产第二代乙醇；第二种称为电力方案，即在第一种方案的基础上，将约 50％的木质纤维素废渣燃烧用于电力功能；第三种称为多样性方案，该方案采用灵活的生产工艺，将乙醇方案和电力方案相结合，其具体实施随时间及供应需求而变化，当电价高时木质纤维素原料主要用于生产蒸汽和电力，而当乙醇价格高时木质纤维素原料则主要用于发酵生产乙醇[22]。因此，第三种方案有助于最大限度地增加收入，且比传统生物炼制工艺更具环境和经济优势。

此外，以甘蔗渣为原料进行发酵，可以获得另一种生物燃料——正丁醇。如图5-11所示，巴西HCSucroquímica公司[23]的策略是将25%甘蔗汁用于生产糖类，剩余甘蔗汁则用于生产无水乙醇（50%总汁液）和丁醇（25%总汁液）。

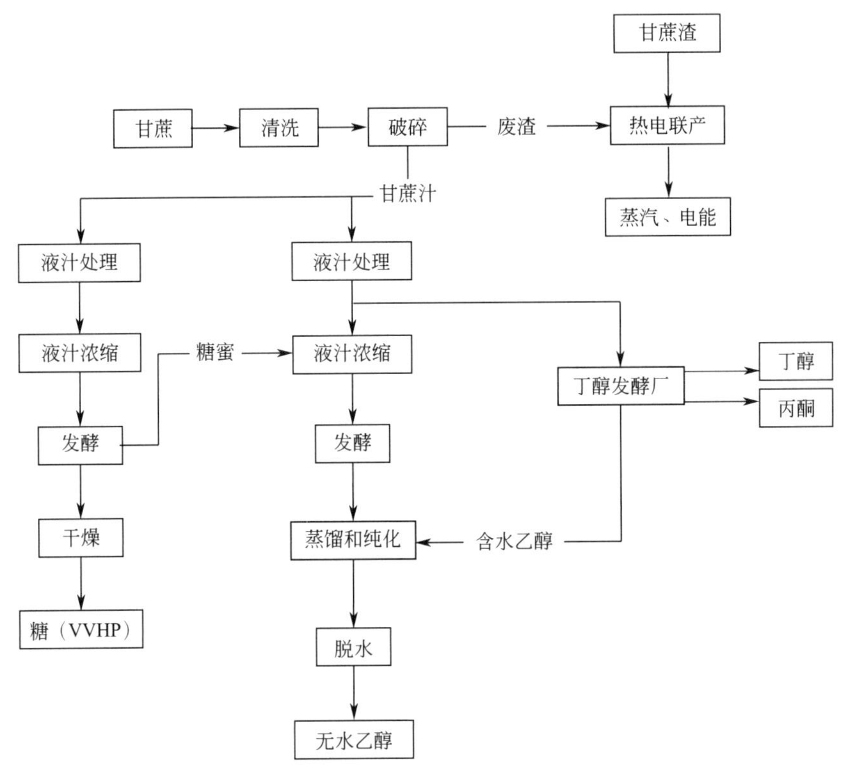

图5-11　生产乙醇、糖、能源、丁醇和副产物丙酮的第一代甘蔗生物精炼

首先，甘蔗经清洗、破碎等步骤处理后得到甘蔗汁。甘蔗汁经稀释后获得含糖量为50～60g/L的稀释液，该稀释液经高温灭菌（100℃）后进入发酵装置，进行梭菌ABE发酵。由于发酵阶段包括微生物指数生长阶段（种子发酵罐）和溶剂生产阶段，因此，甘蔗汁以1.4∶10（体积比）的比例分别流入种子发酵罐和溶剂生产发酵罐。发酵后，发酵产物采用五塔蒸馏的方式进行分离，其中最后两个蒸馏塔用于分离丁醇；蒸馏产生的水可循环至发酵单元用于稀释甘蔗汁，并将含水乙醇输送至乙醇蒸馏装置进行纯化。最后，乙醇和丁醇发酵产生的培养液（酒糟）合并后可用于灌溉甘蔗田（灌溉施肥）。该工艺中，热电联产系统与第一、第二代乙醇一体化生产工艺相同，所有甘蔗渣均燃烧用于产生蒸汽和动力[23]。

5.2.2　基于秸秆纤维质产*L*-乳酸的生物炼制技术

L-乳酸是一种具有广泛用途的大宗生物基化学品，当前我国正在大力开发非粮

原料发酵生产 L-乳酸技术，以期降低成本、保护环境。王勇[24] 以甜高粱秸秆、玉米秸秆等廉价物质为原料，研究了非粮原料生产 L-乳酸工艺。

甜高粱秸秆具有产量高、含糖量高（可溶性糖 43.6%～58.2%，纤维素和半纤维素 22.6%～47.8%，木质素 14.1%～20.8%）等优点[25]，在生物能源领域具有巨大应用潜力。王勇[24] 提出了基于甜高粱秸秆发酵生产 L-乳酸的生物炼制工艺，该工艺以产乳酸凝结芽孢杆菌 *B. coagulans* LA1507 为发酵菌株、以甜高粱废渣为发酵底物，在 5L 发酵罐水平上采用开放式同步糖化发酵策略生产 L-乳酸。该生产菌株在好氧阶段进行生长，在厌氧阶段生产 L-乳酸。该工艺进行 3 次补料，同时添加纤维素酶，并采用 pH 值分段控制策略抑制杂菌生长：在 5～15h 期间，将 pH 维持在弱酸性稳定阶段，L-乳酸浓度为 54g/L；为降低 pH 值引起的产物抑制效应，在 15～26.5h 期间，略微提高 pH 值（仍为弱酸性），L-乳酸浓度上升至 74g/L；在 26.5～39.5h 期间，进一步提高 pH 值（弱酸性），L-乳酸浓度达到 94g/L；在 39.5～73h 期间，提高 pH 值至 6.20，最终乳酸浓度可达 111g/L。另外，碱法处理秸秆纤维素过程中产生的浓碱废液经浓缩处理后，可用作 L-乳酸的发酵中和剂，从而可降低工艺废水量并提高底物利用率。以 1kg 甜高粱秸秆为底物发酵生产 L-乳酸的工艺物料衡算如图 5-12 所示。

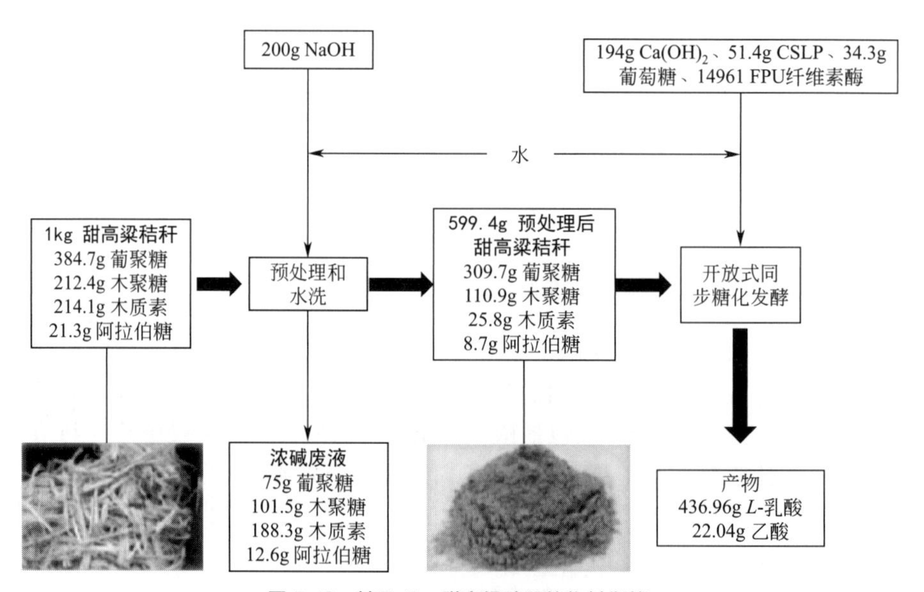

图 5-12 基于 1kg 甜高粱秸秆的物料衡算

之后，王勇[24] 采用固定化发酵工艺策略，以甜高粱秸秆为固定化载体发酵生产 L-乳酸，并采用固定化纤维床反应器开展反复批次发酵研究。结果表明，各批次发酵生产的 L-乳酸浓度均达到 80～90g/L，糖酸转化率维持在 80%。

旨在提高甜高粱汁利用率及乳酸产率，在上述研究基础上，王勇[24] 以甜高粱汁为原料、以 *Lactobacillus rhamnosus* LA-04-1 菌株（分泌蔗糖转化酶）为发酵菌株，采用膜分离耦合 MCRB 反应器策略进行反复批次发酵和连续发酵生产 L-乳酸。

该工艺策略可有效克服碳代谢抑制，*L*-乳酸产率由1.45g/(L·h)提高至17.55g/(L·h)，*L*-乳酸产量和转化率分别可达60.25g/L和0.954g/g。此外，该发酵工艺具有较高的稳定性，6批次发酵的乳酸转化率均处于较高水平。采用开放式混菌发酵（*B.coagulans* LA1507和*L.rhamnosus* LA-04-1）结合pH值分段控制策略，可进一步提高*L*-乳酸转化率（可由纯菌发酵的68.8%提高至96.3%）。

由于玉米秸秆具有价格低廉、产量充足等优点，王勇[24]提出了乙醇、*L*-乳酸发酵联产策略，即首先以玉米秸秆水解液中的葡萄糖为原料、以酿酒酵母为发酵菌株生产乙醇，该过程产生的发酵液经离心去除酵母菌体后流入*L*-乳酸发酵阶段；之后，以发酵液中剩余的木糖为原料，以*B.coagulans* LA1507为发酵菌株生产*L*-乳酸。该工艺流程如图5-13所示。

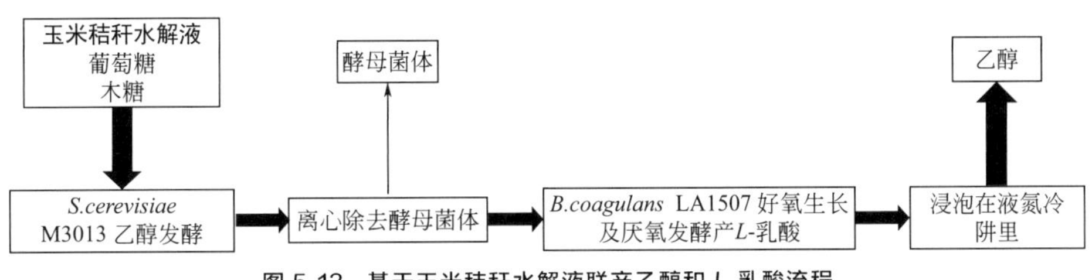

图5-13　基于玉米秸秆水解液联产乙醇和*L*-乳酸流程

以玉米秸秆水解液为底物（含120g/L葡萄糖和33g/L木糖）进行发酵，乙醇浓度、转化率和产率分别可达50.3g/L、0.46g/g、1.83g/(L·h)，*L*-乳酸浓度、转化率和产率分别可达24.25g/L、0.86g/g和1.96g/(L·h)。该工艺有效利用了玉米秸秆水解液，实现了乙醇和*L*-乳酸的联产[4]。

5.2.3　基于甜高粱秸秆生产高价值产品的生物炼制技术

甜高粱秸秆含有大量可溶性糖类（葡萄糖和蔗糖）和不溶性碳水化合物（纤维素和半纤维素），是生产生物液体燃料的重要原料；然而，目前以甜高粱秸秆为原料生产纤维素乙醇的成本仍高于玉米乙醇。针对该问题，Yu等[26]提出了甜高粱秸秆综合生物炼制工艺策略，即利用甜高粱秸秆生产乙醇、丁醇和木塑复合材料等多种产品，从而实现生物质甜高粱的有效利用，降低工艺成本，其工艺流程如图5-14所示。

甜高粱秸秆经收割储运、榨汁浓缩后，以甜高粱汁浓缩液（初始总糖浓度为300g/L）为原料发酵生产乙醇，发酵54h后，乙醇浓度可达140g/L，产率达到0.49g/g（以糖计），达到理论值的97%；榨汁后的高粱残渣经稀乙酸水解得到半纤维素，同残渣中的残留糖分一起用于生物丁醇发酵（总糖55g/L），可得到19.21g/L总溶剂（丁醇9.34g/L，乙醇2.5g/L，丙酮7.36g/L）；同时，高粱渣水解后的残渣（含纤维素和木质素及少量半纤维素）经干燥、粉碎后，采用双螺杆挤出技术生产木

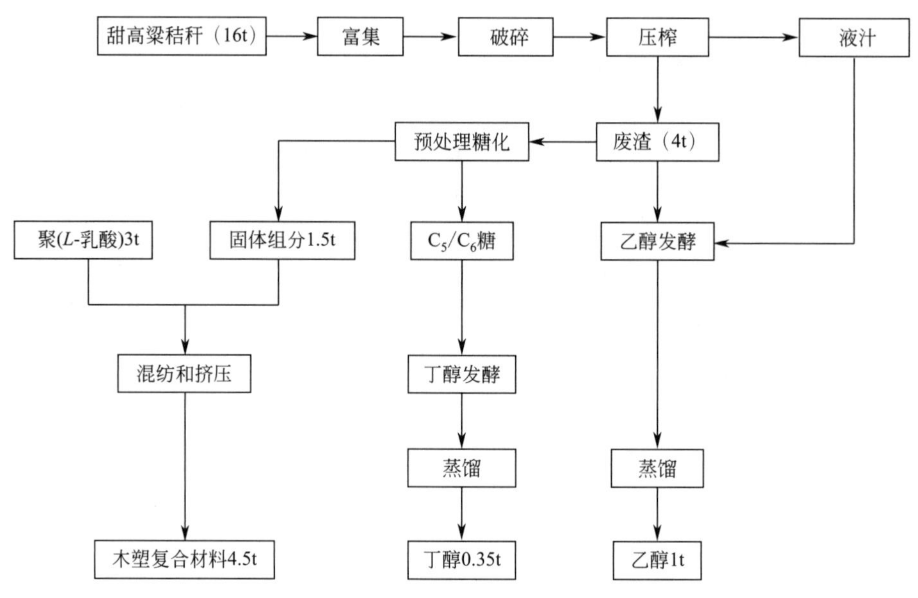

图 5-14　甜高粱茎秆综合生物炼制工艺流程

塑复合材料（纤维比 2∶1，拉伸强度 49.5MPa，柔韧强度 65MPa）。通过上述生物炼制工艺，可实现甜高粱秸秆的全利用。相较于美国马萨诸塞大学等提出的木质纤维素生物炼制策略，北京化工大学提出的生物炼制策略生产的液体燃料种类较少，但该策略不仅可以生产乙醇、丁醇等液体燃料，还可生产木塑复合材料，具有较好的创新性。

5.2.4　基于木质纤维素生产生物液体燃料的生物炼制技术

相比国内，国外对生物炼制集成工艺研发较早。如图 5-15 所示，美国马萨诸塞大学的 Xing 等[27] 提出的木质纤维素生物炼制策略，通过糖化发酵、能量回补、催化加氢等一系列生物化工过程，生产生物乙醇、丁醇、柴油等生物液体燃料，实现了生物质资源的综合利用。

首先，采用稀酸或热蒸汽处理技术对木质纤维素进行处理以释放半纤维素，经脱水浓缩、醇醛缩合和加氢脱氧，制备 C_8～C_{13} 烷的柴油燃料；或采用“近中性”半纤维素预提取技术获得乙醇和乙酸；同时，当前工艺制得的糖溶液经多步工艺制备得到 C_{10}～C_{15} 烷的柴油燃料；分离牛皮纸制浆工艺或酸/酶水解工艺剩余的木质素部分，燃烧后用于提供运行工艺所需的热量和电力，或通过气化工艺生产 H_2，H_2 则可用于低温加氢和高温加氢脱氧工艺；木质纤维素还可用于丁醇发酵生产。此外，生物质发酵可为醛醇工艺中使用的丙酮冷凝装置提供丙酮，从而进一步降低工艺成本。

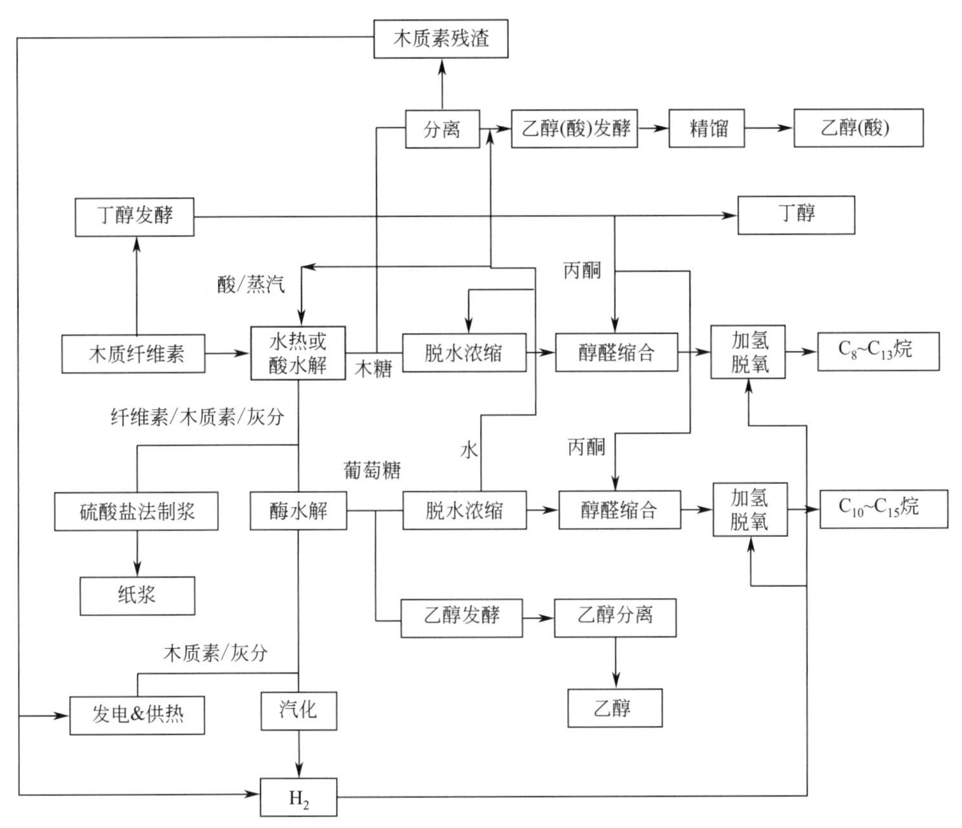

图 5-15　美国马萨诸塞大学的 Xing 等提出的木质纤维素生物炼制工艺

5.2.5　半纤维素/纤维素化学法转化技术

5.2.5.1　半纤维素化学法转化技术

半纤维素一般由不同糖原如 D-木糖、L-阿拉伯糖、D-葡萄糖、D-半乳糖、甘露糖、D-半乳糖等按不同比例排列组成。其中，木聚糖是自然界中最丰富的半纤维素[28]。以半纤维素为原料生产燃料或化学品需先进行木质纤维素水解。半纤维素化学水解比纤维素化学水解较易进行。半纤维素化学法转化的下游产品主要有糠醛和木糖醇等[29]。

木糖醇通常采用木糖氢化工艺制备。目前，木糖醇工业生产主要分为木聚糖酸解、木糖提纯、木糖催化加氢、木糖醇粗品提纯及木糖醇结晶五步[30]。糠醛是一种重要的平台化合物，可用于生产多种化学品和燃料，广泛用于炼油、制药、塑料和农用化学工业[31]。糠醛具有极高的商业价值，其生产已具有一定规模。糠醛生产通常以玉米芯、玉米秸秆、木屑等为原料[32]。桂格燕麦公司于 1921 年成为第一个生产糠醛的公司[33]。目前，糠醛生产主要集中在中国，全球 70%以上的糠醛产自中国[34]。

传统糠醛生产工艺在水相中进行，以甲酸、乙酸、盐酸、硫酸和硝酸等均相酸催化剂催化[35]。均相酸催化剂的催化活性高，但选择性差，后续分离较困难，且很难循环利用；另外其对设备有腐蚀性、设备成本高，也会造成一定的环境问题[36]。半传统催化工艺则主要依赖于具有单一催化位点的单功能固体催化剂对生物质进行化学转化，不过，单功能催化剂在催化复杂转化时常存在产率和选择性较低的问题。双功能固体催化剂由于同时负载两个不同功能的催化位点，整合了顺序催化步骤，可以降低副产物形成，并将复杂底物有效转化为产物[37]。因此，目前的研究多集中在制备各种双功能催化剂，如无机氧化物[38]、离子交换树脂[39]、碳基催化剂[40]、黏土类[41] 和沸石[42] 等，以及各种路易斯酸或利用不同溶剂，以期使糠醛催化工艺更清洁、易于分离且对环境危害较小。新兴催化工艺主要聚焦糠醛低成本工艺开发以及相关新中间体和产品的进一步开发。目前，研究挑战主要在于糖的低温液相转化，包括液体催化系统设计、催化剂结构设计、液体介质中反应机理的阐述，反应动力学及产物分配等问题[43]。

如图 5-16 所示，半纤维素在路易斯酸或碱的催化下水解为木糖，木糖进一步在路易斯酸或碱催化下脱水形成木糖苷，木糖苷进一步脱水生成糠醛。在酸性水环境中，糠醛可与木糖、反应中间体等发生副反应，形成可溶性聚合物和不溶性腐植酸，降低糠醛产率。加氢或加氢脱氧和氧化反应是将生物质进一步转化为生物燃料和增值化学品的两个主要途径[44]。以糠醛为原料，采用不同加氢脱氧工艺，可制得不同

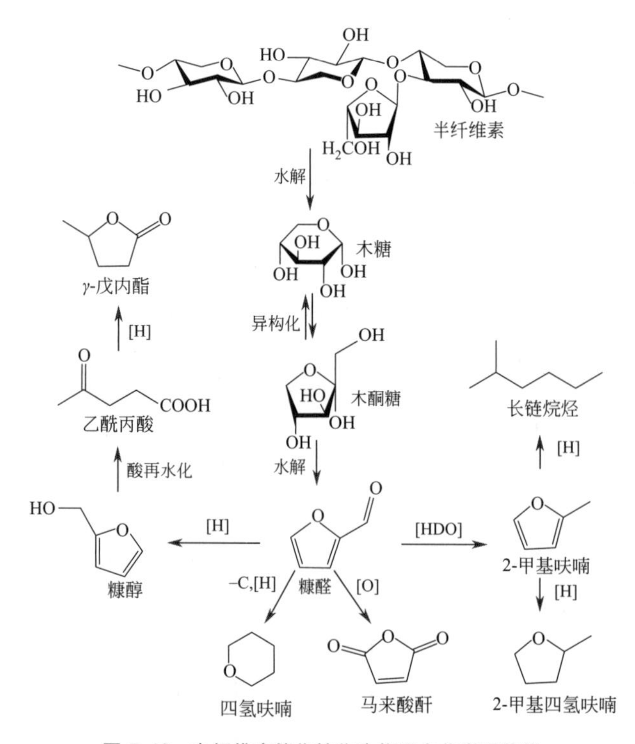

图 5-16　半纤维素催化转化生物平台化学品路线

下游产品：选择性加氢可生成糠醇[45]，氧化可生成马来酸酐；加氢脱氧可生成 2-甲基呋喃[46]，脱碳生成呋喃类物质；再加氢可生成四氢呋喃[47]。在酸催化下，糠醇与水反应生成乙酰丙酸，乙酰丙酸是一种重要的中间体；通过纤维素酸催化等过程可生成 5-羟甲基糠醛，加氢可制得 γ-戊内酯，γ-戊内酯是一种重要的燃料添加剂[48]。2-甲基呋喃通过加氢可生成 2-甲基四氢呋喃，2-甲基四氢呋喃是一种重要的液体燃料[49]。2-甲基呋喃也可在酸或碱的催化下加氢聚合生成可用于喷气燃料或柴油的长链烷烃[50]。

5.2.5.2　纤维素化学法转化技术

（1）生物质到 5-羟甲基糠醛的转化

纤维素是自然界中储量最丰富的碳水化合物，由 D-吡喃葡萄糖单元通过 β-1,4-糖苷键连接而成。在酸催化作用下，纤维素水解为单糖，脱水后经选择性转化可制得 5-羟甲基糠醛（5-HMF）。如图 5-17 所示，5-HMF 含有不饱和双键和呋喃环结构，且呋喃环的 2、5 位分别被醛基和羟甲基取代，化学性质活泼。它可以氧化生成二羧酸或氢化还原为二醇，用于高价值化学品开发；也可完全氢化为饱和芳香烃化合物，用作燃料。由于纤维素内部分子间存在强氢键作用，导致其难溶于水或有机溶剂。研究表明，添加离子液体可有效改善纤维素的溶解性，从而提高糠醛产率。例如，在 DMA-LiCl 体系中，以 $CrCl_2$ 为催化剂，添加离子液体［EMIM］Cl，5-HMF 产率可提高至约 54%[51]。Zhang 等[52] 采用［EMIM］Cl/H_2O 混合溶剂策略，该溶剂体系可在温和条件下水解纤维素得到单糖（产率 97%）；加入 $CrCl_2$ 后，可进一步转化得到 5-HMF，产率高达 89%。产率提高主要归结于纤维素溶解度增大且［EMIM］Cl 中水的解离常数增加，促进了纤维素的水解转化。

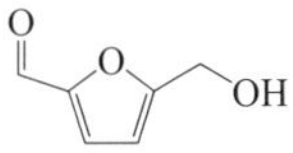

图 5-17　5-羟甲基糠醛结构式

纤维素水解和脱水通常使用质子酸或路易斯酸催化剂，典型代表为 $CrCl_2$。Kim 等[53] 发现非铬氯化物也可促进单糖转化，构建了以 $CrCl_2/RuCl_3$ 离子对为催化剂、［BMIM］Cl 为溶剂的催化体系，5-HMF 产率可达 60%。然而，均相催化剂存在重金属盐污染环境和离子液体难回收等问题。针对该问题，Zhao 等[54] 制备了一种质子酸——路易斯酸胶束型杂多酸催化剂，并以水为溶剂构建了反应体系，纤维素水解率和 5-HMF 产率分别可达 77.2%、52.7%。该优异的催化性能得益于杂多酸催化剂的双重酸性和两亲性，一方面解决了纤维素难溶于水的问题；另一方面胶束内部的疏水环境提高了 5-HMF 在水中的稳定性。

由于纤维素难以溶解，且纤维素需先水解为单糖才可转化为 5-HMF，因此，目前主要以果糖和葡萄糖等己糖为底物探究 5-HMF 制备机理。如图 5-18 所示，己糖脱水的反应机理尚无明确定论，主要存在成环途径和非成环途径两种观点。通常，

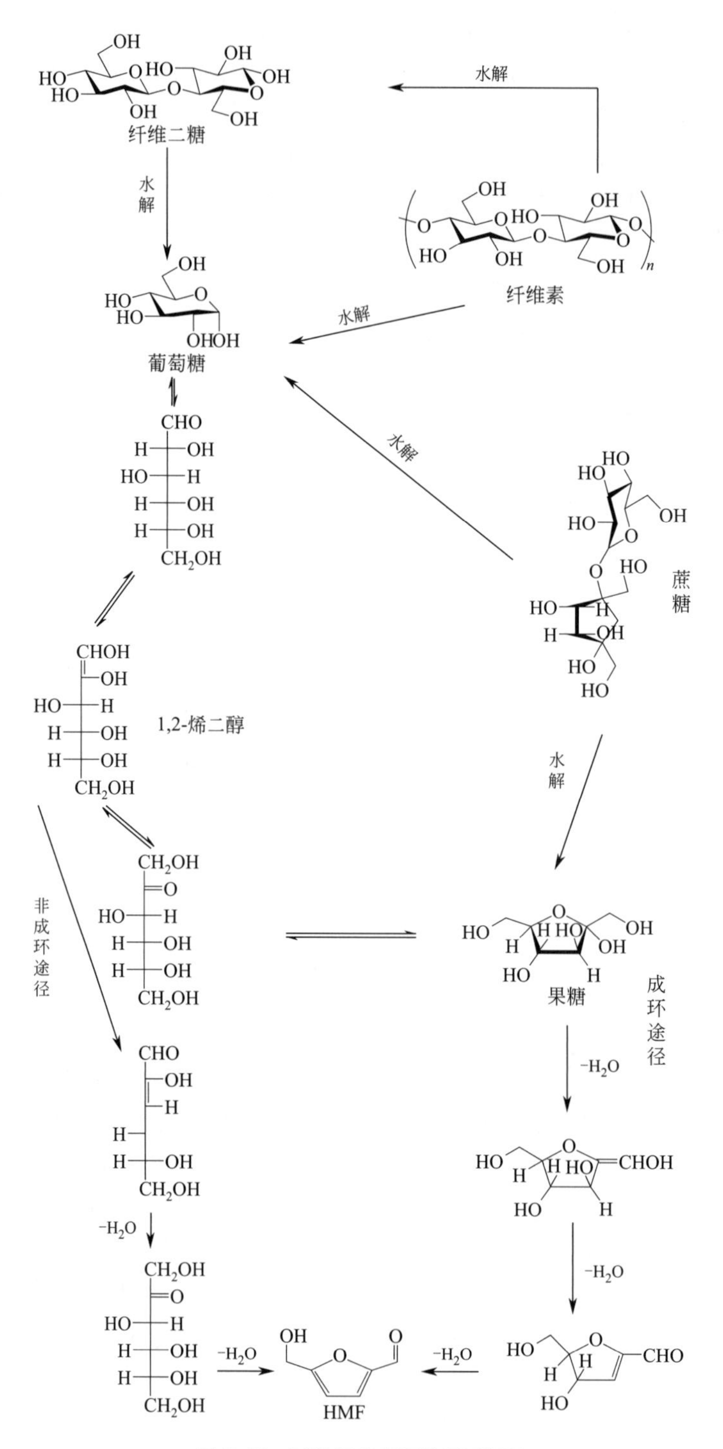

图 5-18　5-HMF 的制备途径及机理

葡萄糖先形成烯醇结构中间体[55,56]，然后通过非成环途径脱去三分子水得到5-HMF；或先异构化为呋喃果糖，再通过成环途径脱去三分子水得到5-HMF。近年来，越来越多的研究表明成环途径可能是主要的反应路径。Amarasekara等[57]以二甲基亚砜为溶剂、以果糖为底物研究5-HMF的制备机理，采用^{1}H和^{13}C NMR法进行检测，检出了成环路径中间产物（4R,5R)-4-羟基-5-羟甲基-4,5-二氢呋喃-2-甲醛，证明该反应确为成环途径。此外，Antal等[58]以重水（D_2O）为溶剂，发现5-HMF分子中不存在C—D键，该结果与非成环途径相矛盾。因此，当纤维素水解为葡萄糖后，很大可能需要异构化为果糖，然后参与成环路径脱水得到5-HMF。鉴于葡萄糖异构化为果糖是该反应的限速步骤，所以目前研究应重点关注如何提高异构化转化率，即提高葡萄糖-果糖异构催化剂的催化活性。

（2）5-HMF的衍生物

1）反应物单体产物

① 2,5-二甲酰基呋喃（DFF）。5-HMF选择性氧化的产物之一为DFF。它具有醛的化学性质，可用作呋喃基聚合物材料的单体、药物[59]、抗真菌剂[60]或大环配体的中间体[61]。目前，DFF合成的主要氧化剂是分子氧或空气。Moreau等[62]以V_2O_5/TiO_2为催化剂、以甲苯为溶剂，在1.6MPa空气、90℃下研究了DFF的催化合成，4h时DFF收率可达90%。但该反应催化剂用量较大，几乎为底物的2倍。Ma等[63]发现钒化合物和金属硝酸盐的复合物具有优异的催化活性。例如，$VOSO_4/Cu(NO_3)_2$复合物在温和反应条件下（0.1MPa O_2、80℃），1.5h内转化率即可高达99%，这主要得益于$Cu(NO_3)_2/VOSO_4$构成的氧化-还原催化循环，可使四价钒原位氧化为具有催化活性的五价钒。此外，Zhou等[64]报道了直接以果糖或葡萄糖为底物，一锅法原位选择性氧化制备DFF的合成策略，解决了5-HMF沸点高、难以分离的问题。该方法以MoO_x/碳球为催化剂，在160℃下反应，2h后DFF收率即可达到78%。

② 2,5-呋喃二甲酸（FDCA）。FDCA具有与对苯二甲酸（PTA）类似的共轭、等电子结构，是重要的生物基平台化学品，可与乙二醇聚合生成PEF（聚呋喃二甲酸乙二醇酯），用作PET（聚对苯二甲酸乙二醇酯）的潜在生物基替代品[65]。目前，主要由贵金属催化剂催化分子氧氧化5-HMF制得。Casanova等[66]发现，以Au/CeO_2为催化剂，在130℃、1MPa O_2、碱含量为底物4倍的条件下，FDCA产率可达99%，但该催化剂稳定性较差。Pasini等[67]提出了双金属催化剂$Au-Cu/TiO_2$策略，在95℃下4h可获得99%的FDCA产率，同时Au-Cu合金大大提高了催化剂稳定性。此外，也可采用一锅法由果糖直接制备FDCA。Ribeiro等[68]以$Co(acac)_2$/酸性SiO_2为催化剂，在优化条件下FDCA收率可达71%。

2）燃料产物

① 呋喃化合物。2,5-二甲基呋喃（DMF）是5-HMF的氢化还原产物（图5-19)，它具有与汽油相近的能量密度，较低的O/C含量和较高的沸点，与水不互溶，是燃料乙醇的最佳替代物之一。目前，该反应体系主要由Ru、Pd、Ni等单金

属催化剂催化，以醇类或四氢呋喃为溶剂。5-HMF 转化为 DMF 是一个复杂的多步加氢过程，可生成 2,5-二羟甲基呋喃、5-甲基糠醛、5-甲基糠醇等中间产物和 2,5-二甲基四氢呋喃、2,5-二羟甲基四氢呋喃、2,5-已二酮等过度加氢产物，使得 DMF 选择性较低。Román-Leshkov 等[69] 报道了以原子比 3∶1 的双金属 CuRu/C 为催化剂、以 5-HMF 为原料制备 DMF，在一定条件（220℃、6.8bar H_2，1bar=10^5Pa）下于丁醇体系中反应 10h，产率可达 71%。

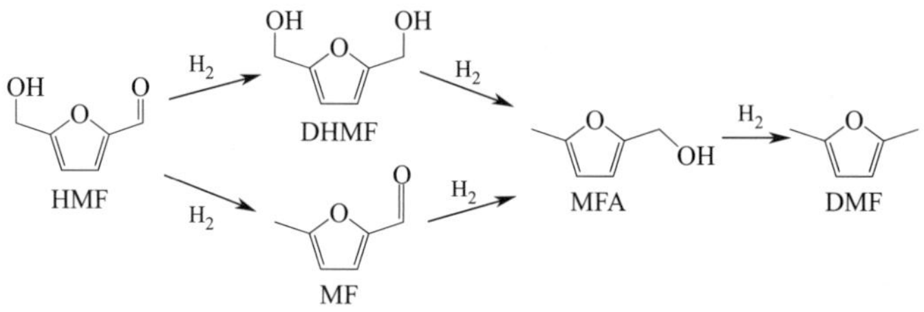

图 5-19 DMF 的合成

② 烷烃。2005 年，Huber 等[70] 首次提出了将 5-HMF 转化为较大的直链烷烃的催化方法（图 5-20）。即在水、甲醇等极性溶剂中，以 NaOH、MgO-Al_2O_3 等为碱性催化剂[71]，5-HMF 与丙酮通过羟醛缩合反应形成 C_9 中间体，再进一步缩合为 C_{15} 中间体甚至更长的直链中间体，中间体类型取决于两种底物的浓度和反应温度。上述中间体可在 Pd/C 等催化下选择性氢化为饱和烷烃，用于生物航空煤油[72,73]。

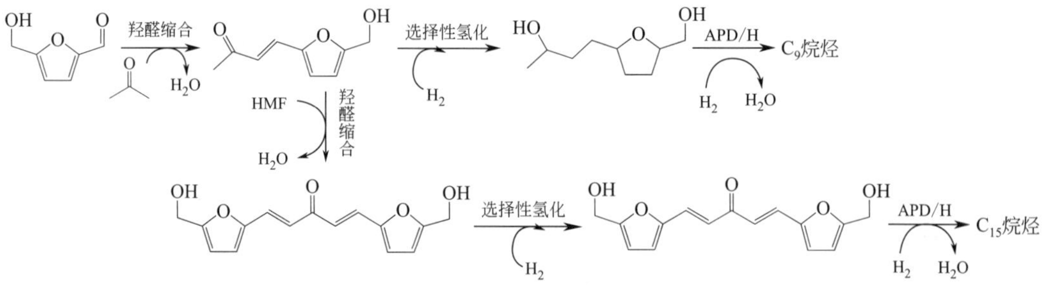

图 5-20 烷烃衍生物

5.2.6 木质素的生物法转化技术

5.2.6.1 木质素的真菌转化

木质素具有复杂的大分子结构，而真菌具有不同程度地分解大分子化合物的能力。能够降解木质素的真菌微生物主要包括担子菌（白腐真菌和褐腐真菌）、子囊菌、氘菌（软腐真菌）和厌氧（瘤胃）真菌。

（1）白腐真菌

白腐真菌是降解木质素最快的微生物，对自然界中木质素的裂解起着重要作用。白腐真菌能以木质素、半纤维素和纤维素为底物生长[74]，其中，木质素利用在初级生长末期进行[75,76]。白腐真菌通过氧化高氧化还原电位基质（如木质素中的甲氧基、酚等）及脂质过氧化产物介导非酚类结构的裂解[76,77]。用于木质纤维素整体降解的真菌包括选择性降解菌和非选择性降解菌两种类型：选择性降解菌是指仅降解半纤维素或木质素的菌种；非选择性降解菌是指对木质纤维素所有成分均具有降解能力的菌种[75,78]。其中，*P. chrysosporium* 和 *Phlebia* 白腐真菌可选择性降解木质素，而 *Trametes versicolor* 白腐真菌属于非选择性降解菌，主要通过产生木质素过氧化物酶漆酶降解木质素[76,77]。

（2）软腐真菌

目前，研究的多数软腐真菌属于子囊菌亚纲，其对木本植物中木质素的降解能力优于草本植物[78,79]。软腐真菌常生长于堆肥、有机土壤以及成堆的木片和稻草等环境[80]。软腐真菌具有利用羟基化、非羟基化芳烃和转化木质素模型化合物的能力。与白腐真菌、褐腐真菌及细菌相比，软腐真菌降解非常缓慢，不过其降解纤维素和半纤维素的速度要优于降解木质素的速度[81]。与其他真菌相比，软腐真菌对温度、pH 值和氧气不足等具有更好的耐受性[82]。

（3）褐腐真菌

褐腐真菌降解纤维素和半纤维素的速度也优于降解木质素的速度。与其他真菌和细菌相比，褐腐真菌不产生木质素降解酶，而是通过非酶促反应完成还原过程。褐腐真菌可产生非酶、低分子制剂，使细胞壁发生自由基反应而解聚[83]。研究表明，主要通过刺激羟基形成及脱氧完成木材中木质素的初始降解[84]。此外，褐腐真菌降解速率和程度与木质纤维素基质的组成有很大关系[85]。*Serpula lacrymans* 和 *Glouphyllum trabeum* 可轻易破坏木本植物的结构，代谢掉大部分碳水化合物和较少部分木质素。褐腐真菌降解残留物由棕色木质素分解残留物组成，且保留在自然界中不再水解[83,86]。

5.2.6.2 木质素的细菌转化

目前，木质素细菌转化的研究不如真菌转化的研究广泛，但已确定链霉菌、红球菌、大肠杆菌、假单胞菌和芽孢杆菌属菌株具有分解木质素的能力。

（1）链霉菌属

链霉菌属具有很强的木质素降解能力，其中，链霉菌 T7A 是研究最多的菌株之一，可产生细胞外木质素降解酶。Crawford 等[87] 在研究链霉菌接种的培养物时，发现生长培养基中积累了一种酸可沉淀的、多酚聚合木质素（APPL）中间体。培养物上清液中 APPL 含量与木质纤维素类型有关，其中，由玉米秸秆木质纤维素获得的 APPL 可达底物初始木质素的 30%。Zeng 等[88] 发现，在小麦秸秆上培养 *S. viridosporus* T7A 后，木质素中碳水化合物/木质素的比例增加，木质素中愈创木基单元减少。此外，该链霉菌属中的其他菌株也表现出木质素降解活性，

如链球菌 *S. setonii* 75Vi2，该菌株可显著降解木质素和木质纤维素的碳水化合物成分[89]。

（2）红球菌属

红球菌属在木质素降解方面也具有较好的应用前景。RHA1 菌株的联苯生长细胞可在 3d 内有效转化多氯联苯（PCB）混合物 62 个主峰中的 45 个组分，包括单氯代至八氯代联苯[90]。Ahmad 等[91] 采用木质素荧光修饰技术，分析了细菌木质素降解剂的木质素降解活性，结果表明，两种已知具备芳香物降解能力的土壤细菌 *Pseudomonas putida* 和 *Rhodococcus* sp. RHA1 可分解木质纤维素，生成多种单环酚类产品。*Rhodococcus* sp. RHA1 可直接利用牛皮纸木质素和小麦秸秆木质纤维素作为唯一碳源生产香兰素[91,92]。*R. erythropolis* 是另一种具备 PCB 降解能力的细菌赤霉素，分离自白蚁肠中，也表现出木质素代谢活性；由不同肠位置获得的红球菌菌株 TA421 和 TA431 均能将 PCB 化合物降解为氯苯甲酸[93]。

（3）大肠杆菌属

DeAngelis 等[94] 以碱处理的木质素为唯一碳源，从雨林土壤中分离出兼性厌氧微生物溶解大肠杆菌 SCF1。将大肠杆菌 SCF1 接种在仅以木糖为碳源的培养基上厌氧培养，加入木质素后，细胞密度提高 2 倍以上，表明该菌株具有解聚木质素的能力。其他大肠杆菌如产气链球菌和土壤杆菌能够以硫酸盐木质素为唯一碳源进行生长[95,96]。

（4）假单胞菌属

假单胞菌属也具有解聚木质素的能力[97,98]。Haider 等[99] 采用^{14}C标记法检测假单胞菌利用木质素后释放的 CO_2，首次发现了假单胞菌具有降解木质素的能力。近年来，恶臭假单胞菌成为重要的木质素降解菌，获得了广泛研究。Linger 等[100] 发现恶臭假单胞菌 KT2440 可将木质素转化为中等链长聚羟基链烷酸酯（mcl-PHA）。培养 7d 后，恶臭假单胞菌 KT2440 及带有恶臭假单胞菌 mt-2 质粒的亲本菌株可降解 APL 中近 30%的高分子量组分。

（5）芽孢杆菌属

芽孢杆菌属的许多菌株均能降解木质素聚合物。Huang 等[101] 从秘鲁的生物多样性雨林土壤中分离出 140 种细菌菌株，基于它们对漆酶底物 2,2′-叠氮基双（3-乙基苯并噻唑啉-6-磺酸盐）(ABTS）的氧化活性，筛选出具有高漆酶活性的菌株 C6（短小芽孢杆菌）和菌株 B7（萎缩芽孢杆菌）。这两种菌株对牛皮纸木质素中大片段的去除率可达 50%～70%。Mathews 等[102] 由制浆厂废料中分离得到葡萄糖酸解芽孢杆菌 SLM1，该菌株可降解纤维素、半纤维素和木质素；该菌株产生的葡聚糖解脲酶可在需氧和厌氧条件下降解芳香族木质素相关化合物。

5.2.6.3 木质素的体外酶促转化

木质素的体外酶促转化是木质素生物转化的另一重要途径。漆酶以氧为电子受体，可用于酚类和非酚类木质素的降解。Rico 等[103] 使用重组嗜热毁丝霉漆酶并以丁香酸甲酯为介质进行预处理，然后以多阶段顺序进行碱性过氧化物萃取，可降解桉木中约50%的木质素。DyP型过氧化物酶对木质素转化影响极大，该酶以过氧化氢为电子受体，可作用于非酚类木质素化合物、酚类化合物、芳香族硫化物和木质素等多种底物。此外，锰过氧化物酶（MnP）对木质素催化转化也具有重要作用。研究表明，MnP优先将木材和土壤中的锰离子（Mn^{2+}）氧化成高反应性的Mn^{3+}，并与草酸等发生螯合反应。螯合后的Mn^{3+}作为低分子量、可扩散的氧化还原中间体，攻击酚类木质素结构，形成不稳定的、倾向于自发分解的自由基，最终导致木质素发生裂解[104]。Hettiaratchi等[105]在厌氧和有氧条件下评估了使用酶促进富木质素废物降解的可行性。厌氧运行30d后，与未进行酶处理的对照反应器相比，经MnP和LiP酶处理的培养物的甲烷积累量分别高出36倍和23倍。

5.2.7 木质素的化学法转化技术

利用化学法将木质素选择性地转化为目标产物具有广阔的应用前景。目前，木质素解聚方法可分为一步法[106]和两步法[107]两类。

① 一步法也称为一锅法，即以木质纤维素为原料，在催化剂或氧化还原剂作用下，同时进行木质纤维素分馏和木质素解聚。

② 两步法即木质纤维素分馏和木质素解聚分两步先后进行，第一步进行木质纤维素分馏；第二步以第一步得到的木质素为原料进行木质素解聚。

5.2.7.1 一步法进行木质素的解聚

一步法可同时实现木质纤维素分馏和木质素解聚；此外，在适当催化剂作用下，还可同时实现半纤维素的转化，例如，在H_2和Pd/C作用下，可将半纤维素转化为多元醇[108]。鉴于木质素具有重要价值，Rinaldi等[109]提出了“木质素优先”原则，即分馏过程中首要考虑木质素的结构变化，采取多种方法降低木质素单体的再聚合，从而得到价值更高的木质素[110]。

5.2.7.2 两步法进行木质素的解聚

第一步通过预处理对木质纤维素进行分馏，第二步在上述分馏的基础上进行解聚。

（1）木质纤维素分馏

木质纤维素分馏也称为预处理。先前分馏研究重点关注碳水化合物的保留量，主要通过严苛的工艺条件破坏纤维素晶体结构以增强酶解作用，尽可能多地获得碳水化合物。例如，传统制浆行业主要考虑分馏后得到的碳水化合物，很少关注木质素的去向，部分工厂甚至将木质素直接焚烧用作锅炉燃料，忽视了木质素的高附加值，如可用于生产生物基材料（如碳纤维、沥青、酚醛树脂、聚氨酯、聚氨酯涂料、环氧树脂等）和化学品（如香草醛、丁香醛等）。此外，严苛的工艺条件往往显著改变高活性的木质素结构，导致木质素发生再聚合，失去部分活性基团，不利于后续的生产再利用。

目前，木质纤维素的分馏主要包括酸催化分馏、碱法分馏、有机溶剂分馏、离子液体分馏等方式，而木质素解聚则可采用酸或碱解聚、还原解聚、氧化解聚等策略。

1）酸催化分馏

酸催化分馏是指利用酸性条件促进半纤维素溶解，但不会直接促进木质素溶解[111]。酸催化分馏可改变木质素的化学结构，引起木质素的解聚和再聚合[112]。通过酸催化分馏工艺，可获得高度降解的木质素固态形式（例如溶解碳水化合物后得到木质素沉淀）或木质素溶解产物。如图 5-21 所示，在酸性介质中，木质素发生质子化，然后苄基羟基脱水进行去质子化，最终引发 *β-O*-4 键裂解。

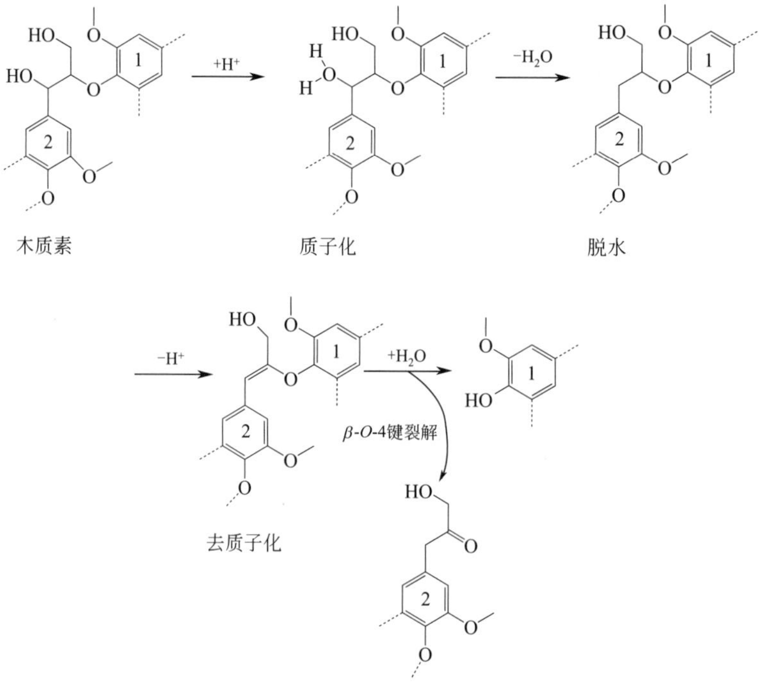

木质素　质子化　脱水　去质子化　*β-O*-4键裂解

图 5-21　酸解木质素的反应过程

此外，酸可以催化纤维素和半纤维素中的糖苷键发生裂解[113]，得到可溶性的单分子或低聚糖（收率可达 90%以上）。强酸可几乎完全破坏木质素中的 *β-O*-4 键，但木质素再聚合现象也很严重，大量木质素呈不溶性高度降解的固态形式，水溶液中仅有少量酸溶性木质素单体和寡聚体[114]。该方法多用于分析生物质中木质素、纤维素和半纤维素的含量。稀酸水解可以避免浓酸水解引起的设备金属腐蚀等问题，但稀酸水解往往需要更高的反应温度（$>373K$）来破坏纤维素的晶体结构，而高温常导致糖脱水形成呋喃或再聚合形成腐黑物[115]。

2）碱法分馏

碱法分馏可降解木质纤维素原料中的木质素和半纤维素，使大量木质素留在黑液中。纸浆造纸行业生产的数种商业木质素（如硫酸盐木质素、木质素磺酸盐、碱木质素）均采用碱法分馏策略[116]。碱法分馏的机理是使木质素中的酚羟基和苄基羟基去质子化，形成离子中间体，该中间体的水溶性优于天然木质素，从而使木质素进入液相形成黑液[117]。硫酸盐木质素来源于硫酸盐制浆工艺，该工艺以 NaOH 和 Na_2S 水溶液为反应介质，在 443K 左右温度条件下进行反应[118]，获得富含纤维素的固体纸浆和含大量木质素和半纤维素的黑液。在硫酸盐制浆工艺中，强亲和试剂 HS^- 引发木质素中 β-O-4 键裂解及硫与木质素结合。因而，制得的硫酸盐木质素失去原有的大量 β-O-4 连接键，且含有 1%～3%的硫，而硫可降低催化剂的活性[119]。另外，该类木质素含缩合结构、不溶于水，导致后续很难进一步高值化催化利用。

3）有机溶剂分馏

有机溶剂分馏是指利用有机溶剂增加木质素在液体介质中的溶解度，从而减少木质素在固体纤维素纸浆上的沉积[120]。目前，已有多种有机溶剂用于木质纤维素分馏，例如醇、有机酸、环醚、短链多元醇和酮；此外，也可采用有机溶剂与水或酸（主要是 HCl、H_2SO_4 或 H_3PO_4）相结合的策略。采用有机溶剂分馏法制得的木质素称为有机溶剂木质素，具有纯度高、分子量低、羟基含量丰富、易溶于有机溶剂等优点[121]。在无酸、水条件下，采用纯有机溶剂分馏，可强烈抑制纤维素和半纤维素水解，实现木质素有效脱除[122-125]。当有机溶剂与稀酸或水共同使用时，酸可催化裂解半纤维素和木质素的醚键，形成可溶性混合物，纤维素则以固态形式保留[126]。

4）离子液体分馏

离子液体具有优异的溶解能力，通过选择合适的阴离子和阳离子可实现木质纤维原料的有效分馏[127]。该方法类似于含水有机溶剂分馏法，可以选择性地溶解木质素和半纤维素，而以固态形式保留纤维素。不过，离子液体分馏常使用价格较高的卤化阴离子（如 PF_6^-、BF_4^-）和有机阳离子（如取代的咪唑鎓盐），会导致分馏成本增加[128]。

（2）木质素的解聚

目前，木质素解聚常采用酸或碱解聚、还原解聚、氧化解聚等方法。解聚效果通过单体得率和单体的产物选择性进行衡量。

1）酸或碱解聚

在氧化或还原过程中加入酸或碱，可以进一步提高单体产率或选择性[129]。但是，在酸或碱催化剂存在下，木质素易发生再聚合反应，再聚合产物往往具有较低的水溶性，易于转化为炭[130]。使用（含水）有机溶剂代替纯水，可改善木质素产物在反应介质中的溶解度，减少过度炭化[131]。

2）还原解聚

还原解聚是指在贵金属催化剂（Pt/Al_2O_3、Ru/C）或碱金属（NiMoCuMg AlO_x[132,133]）等还原型催化剂存在下，使木质素中的醚键发生裂解[134]；或采用其他方式如脱氧加氢除去氧、通过氢化作用使 C ═C 双键、C ═O 双键或芳环饱和。还原解聚常以氢气为还原剂；此外，一些溶剂（如氢硅烷、异丙醇等）也可用于供氢，采用溶剂供氢策略可降低反应器压力、提高反应安全性。

3）氧化解聚

氧化解聚是指在氧化剂作用下裂解木质素中的连接键，包括 β-O-4 键和 C—C 键，常采用 O_2、H_2O_2、硝基苯、金属氧化物等氧化剂。多数氧化解聚选择性裂解脂肪族侧链的 C—C 键，形成甲氧基酚醛、酮和酸，也可裂解芳环得到脂肪族羧酸[135]，例如，亚硫酸盐分馏后制得的木质素进行 C—C 键氧化裂解可制得香草醛[136]。

参考文献

[1] 张芹，李广利，于迎辉，等. 我国木薯深加工现状及发展分析［J］. 粮食与饲料工业，2017（1）：31-34.

[2] Johnson Donald L. Biorefineries-Industrial Processes and Products：Status Quo and Future Directions［R］//The Corn Wet Milling and Corn Dry Milling Industry—A Base for Biorefinery Technology Developments，2005.

[3] Abera Solomon，Rakshit Sudip Kumar. Processing Technology Comparison of Physicochemical and Functional Properties of Cassava Starch Extracted from Fresh Root and Dry Chips［J］. Stärke，2003，55（7）：287-296.

[4] 文玉萍. 木薯淀粉的深加工和综合利用［J］. 轻工科技，2014，186（5）：16-17.

[5] 查东东，陈春昊，银鹏，等. 完全可生物降解淀粉塑料研究进展［J］. 塑料科技，2019，47（4）：103-109.

[6] Nuwamanya Ephraim，Chiwona-Karltun Linley，Kawuki. Robert S，et al. Bio-Ethanol Production from Non-Food Parts of Cassava（Manihot esculenta Crantz）［J］.Ambio A Journal of the Human Environment，2012，41（3）：262-270.

[7] 高金宝，刘桂芳，贾士儒. 以木薯为原料直接发酵柠檬酸工艺研究及工业化放大［J］. 天津科技大学学报，2008，23（2）：43-46.

[8] 刘亚伟. 木薯淀粉的加工［J］. 农产品加工，2011（1）：34-35.

[9] 冀凤杰. 王定发. 侯冠彧，等. 木薯渣饲用价值分析［J］. 中国饲料，2016，554（6）：41-44.

[10] Lateef A，Oloke J K，Gueguim Kana E B，et al. Improving the quality of agro-wastes by solid-state fermentation：enhanced antioxidant activities and nutritional qualities［J］. World Journal of Microbiology and Biotechnology，2008，24（10）：2369-2374.

[11] Oboh G，Akindahunsi A A. Nutritional and toxicological evaluation of Saccharomyces cerevisae fermented cassava flour［J］. Journal of Food Composition & Analysis，2005，18（7）：731-738.

[12] 汤小朋，赵华，汤加勇，等. 黑曲霉固态发酵改善木薯渣品质的研究［J］. 动物营养学报，2014，26（7）：2026-2034.

[13] 李洁，李昆，张孟阳，等. 固态发酵木薯酒精渣生产生物饲料的研究［J］. 饲料工业，2018，39（22）：44-48.

[14] 卢珍兰，李致宝，兰宗宝，等. 发酵木薯渣对黑山羊生产、血清生化及经济效益影响

[J]. 中国畜禽种业，2017，13(7)：84-87.

[15] 蔡永权，杨文巧，蔡升. 青贮木薯渣饲喂杂交牛增重试验 [J]. 广东畜牧兽医科技，2006，32(4)：51-52.

[16] 陈杰. 木薯渣/PBS 可生物降解复合材料的制备与性能研究 [D]. 南宁：广西大学，2018.

[17] 钱良玉. 木薯渣可生物降解材料的制备及性能研究 [D]. 武汉：华中农业大学，2012.

[18] 覃晓娟，吴圣进，韦仕岩，等. 木薯渣复合基质在辣椒穴盘育苗上的应用效果 [J]. 基因组学与应用生物学，2010，29(6)：1200-1205.

[19] 李德翠，高文瑞，徐刚，等. 以木薯渣为主的番茄育苗基质配方研究 [J]. 西南农业学报，2015，28(2)：733-737.

[20] 郑双金，李洁，韦科陆. 提高以木薯酒精废液厌氧发酵产沼气效率的工程实践研究 [J]. 轻工科技，2017(2)：86-91.

[21] Dias Marina O S，Junqueira Tassia L，Rossell Carlos Eduardo V，et al. Evaluation of process configurations for second generation integrated with first generation bioethanol production from sugarcane [J]. Fuel Processing Technology，2013，109：84-89.

[22] Dias Marina O S，Junqueira Tassia L，Cavalett Otávio，et al. Biorefineries for the production of first and second generation ethanol and electricity from sugarcane [J]. Applied Energy，2013，109：72-78.

[23] Mariano Adriano Pinto，Dias Marina O S，Junqueira Tassia L，et al. Butanol production in a first-generation Brazilian sugarcane biorefinery：Technical aspects and economics of greenfield projects [J]. Bioresource Technology，2013，135：316-323.

[24] 王勇. 以廉价生物质生产 L-乳酸新方法研究 [D]. 北京：北京化工大学，2017.

[25] Li Bingzhi，Balan Venkatesh，Yuan Yingjin，et al. Process optimization to convert forage and sweet sorghum bagasse to ethanol based on ammonia fiber expansion (AFEX) pretreatment [J]. Bioresource Technology，2010，101(4)：1285-1292.

[26] Yu Jianliang，Zhang Tao，Zhong Jing，et al. Biorefinery of sweet sorghum stem [J]. Biotechnology Advances，2012，30(4)：811-816.

[27] Xing Rong，Subrahmanyam Ayyagari V，Olcay Hakan，et al. Production of jet and diesel fuel range alkanes from waste hemicellulose-derived aqueous solutions [J]. Green Chemistry，2010，12(11)：1933-1946.

[28] Limayem Alya，Ricke Steven C. Lignocellulosic biomass for bioethanol production：Current perspectives，potential issues and future prospects [J]. Progress in Energy & Combustion Science，2012，38(4)：449-467.

[29] Naidu Darrel Sarvesh Hlangothi Shanganyane Percy，John Maya Jacob. Bio-based products from xylan：A review [J]. Carbohydrate Polymers，2018，179：28.

[30] Guamán-Burneo Maria C，Dussán Kelly J，Cadete Raquel M，et al. Xylitol production by yeasts isolated from rotting wood in the Galápagos Islands，Ecuador，and description of *Cyberlindnera galapagoensis* f. a.，sp. nov [J]. Antonie Van Leeuwenhoek，2015，108(4)：919-931.

[31] Zeitsch Karl J. The chemistry and technology of furfural and its many by-products [M]. Amsterdam：Elsevier，2000.

[32] Karinen Reetta, Vilonen Kati, Niemela Marita. Biorefining: Heterogeneously catalyzed reactions of carbohydrates for the production of furfural and hydroxymethylfurfural [J]. ChemSusChem, 2011, 4(8): 1002-1016.

[33] Zhu Yuanshuai, Li Wenzhi, Lu Yijuan, et al. Production of furfural from xylose and corn stover catalyzed by a novel porous carbon solid acid in γ-valerolactone [J]. RSC Advances, 2017, 7(48): 29916-29924.

[34] Mariscal R, Mairelestorres P, Ojeda M, et al. Furfural: A renewable and versatile platform molecule for the synthesis of chemicals and fuels [J]. Energy & Environmental Science, 2016, 9(4): 1144-1189.

[35] Hu Lei, Zhao Geng, Hao Weiwei, et al. Catalytic conversion of biomass-derived carbohydrates into fuels and chemicals *via* furanic aldehydes [J]. RSC Advances, 2012, 2(30): 11184-11206.

[36] Hu Shaojian, Zhu Jianhua, Wu Yulong, et al. Preparation of packing type catalysts AAO@Al/Meso-SiO_2-SO_3H for the dehydration of xylose into furfural [J]. Microporous and Mesoporous Materials, 2018, 262: 112-121.

[37] Mehdi Hasan, Fabos Viktoria, Tuba Robert, et al. Integration of homogeneous and heterogeneous catalytic processes for a multi-step conversion of biomass: From sucrose to levulinic acid, gamma-valerolactone, 1,4-pentanediol, 2-methyl-tetrahydrofuran, and alkanes [J]. Topics in Catalysis, 2008, 48(1-4): 49-54.

[38] Gupta Navneet Kumar, Fukuoka Atsushi, Nakajima Kiyotaka. Amorphous Nb_2O_5 as a selective and reusable catalyst for furfural production from xylose in biphasic water and toluene [J]. Acs Catalysis, 2017, 7(4): 2430-2436.

[39] De Sudipta, Dutta Saikat: Saha Basudeb. Critical design of heterogeneous catalysts for biomass valorization: Current thrust and emerging prospects [J]. Catalysis Science & Technology, 2016, 6(20): 7364-7385.

[40] Antonyraj Churchil A, Haridas Ajit. A lignin-derived sulphated carbon for acid catalyzed transformations of bio-derived sugars [J]. Catalysis Communications, 2018, 104: 101-105.

[41] Jia Qingqing, Teng Xingning, Yu Senshen, et al. Production of furfural from xylose and hemicelluloses using tin-loaded sulfonated diatomite as solid acid catalyst in biphasic system [J]. Bioresource Technology Reports, 2019, 6: 145-151.

[42] Gao Hongling, Liu Haitang, Pang Bo, et al. Production of furfural from waste aqueous hemicellulose solution of hardwood over ZSM-5 zeolite [J]. Bioresource Technology, 2014, 172: 453-456.

[43] Romo Joelle E, Bollar Nathan V, Zimmermann Coy J, et al. Conversion of sugars and biomass to furans using heterogeneous catalysts in biphasic solvent systems [J]. ChemCatChem, 2018, 10(21): 4819-4830.

[44] Li Huiling, Dai Qingqing, Ren Junli, et al. Effect of structural characteristics of corncob hemicelluloses fractionated by graded ethanol precipitation on furfural production [J]. Carbohydrate Polymers, 2016, 136: 203-209.

[45] Chen Hao, Ruan Houhang, Lu Xilei, et al. Efficient catalytic transfer hydrogenation of furfural to furfuryl alcohol in near-critical isopropanol over Cu/MgO-Al_2O_3 catalyst [J]. Molecular Catalysis, 2018; 445: 94-101.

[46] Xu Nan，Gong Jing，Huang Zuohua. Review on the production methods and fundamental combustion characteristics of furan derivatives [J]. Renewable & Sustainable Energy Reviews，2016，54：1189-1211.

[47] Starr Donald，Hixon R M. Reduction of furan and the preparation of tetramethylene derivatives [J]. Journal of the American Chemical Society，2002，56 (7)：1595-1596.

[48] Liguori Francesca，Moreno-Marrodan Carmen，Barbaro Pierluigi. Environmentally friendly synthesis of γ-valerolactone by direct catalytic conversion of renewable sources [J]. Acs Catalysis，2015，5 (3)：1882-1894.

[49] Aycock David F，Solvent applications of 2-methyltetrahydrofuran in organometallic and biphasic reactions [J]. Organic Process Research & Development，2007，11 (1)：156-159.

[50] Li Hu，Fang Zhen，Smith Richard L，Jr，et al. Efficient valorization of biomass to biofuels with bifunctional solid catalytic materials [J]. Progress in Energy and Combustion Science，2016，55：98-194.

[51] Binder Joseph B，Raines Ronald T. Simple chemical transformation of lignocellulosic biomass into furans for fuels and chemicals [J]. Journal of the American Chemical Society，2009，131 (5)：1979-1985.

[52] Zhang Yuetao，Du Hongbo，Qian Xianghong，et al. Ionic liquid-water mixtures：Enhanced *Kw* for efficient cellulosic biomass conversion [J]. Energy & Fuels，2010，24 (4)：2410-2417.

[53] Kim Bora，Jeong Jaewon，Lee Dohoon，et al. Direct transformation of cellulose into 5-hydroxymethyl-2-furfural using a combination of metal chlorides in imidazolium ionic liquid [J]. Green Chemistry，2011，13 (6)：1503-1506.

[54] Zhao Shun，Cheng Mingxing，Li Junzi，et al. One pot production of 5-hydroxymethylfurfural with high yield from cellulose by a Brønsted-Lewis-surfactant-combined heteropolyacid catalyst [J]. Chemical Communications，2011，47 (7)：2176-2178.

[55] Zhao Haibo，Holladay Johnathan E，Brown Heather，et al. Metal chlorides in ionic liquid solvents convert sugars to 5-hydroxymethylfurfural [J]. Science，2007，316 (5831)：1597-1600.

[56] Hu Suqin，Zhang Zhaofu，Song Jinliang，et al. Efficient conversion of glucose into 5-hydroxymethylfurfural catalyzed by a common Lewis acid $SnCl_4$ in an ionic liquid [J]. Green Chemistry，2009，11 (11)：1746-1749.

[57] Amarasekara Ananda S，Williams LaToya D，Ebede Chidinma C. Mechanism of the dehydration of *d*-fructose to 5-hydroxymethylfurfural in dimethyl sulfoxide at 150℃：An NMR study [J]. Carbohydrate Research，2008，343 (18)：3021-3024.

[58] Antal Jr Michael Jerry，Leesomboon Tongchit，Mok William S，et al. Mechanism of formation of 2-furaldehyde from *D*-xylose [J]. Carbohydrate Research，1991，217：71-85.

[59] Hopkins Katherine T，Wilson W David，Bender Brendan C，et al. Extended aromatic furan amidino derivatives as anti-*Pneumocystis carinii* agents [J]. Journal of Medicinal Chemistry，2010.

[60] Poeta Maurizio Del，Schell Wiley A，Dykstra Christine C，et al. Structure-in vitro ac-

tivity relationships of pentamidine analogues and dication-substituted bis-benzimidazoles as new antifungal agents [J] . Antimicrobial Agents & Chemotherapy, 1998, 42 (10): 2495-2502.

[61] Gandini Alessandro, Belgacem Mohamed Naceur, Gandini Alessandro, et al.Furans in polymer chemistry [J] . Progress in Polymer Science, 1997, 22 (6): 1203-1379.

[62] Moreau C, Durand R, Pourcheron C, et al. Selective oxidation of 5-hydroxymethylfurfural to 2, 5-furan-dicarboxaldehyde in the presence of titania supported vanadia catalysts [J] . Studies in Surface Science & Catalysis, 1997, 108 (97): 399-406.

[63] Ma Jiping, Du Zhongtian, Xu Jie, et al. Efficient aerobic oxidation of 5-hydroxymethylfurfural to 2, 5-diformylfuran, and synthesis of a fluorescent material [J] .ChemSusChem, 2011, 4 (1): 51-54.

[64] Zhou Chunmei, Zhao Jun, Sun Haolin, et al. One-step approach to 2,5-diformylfuran from fructose over molybdenum oxides supported on carbon spheres [J] . Acs Sustainable Chemistry & Engineering, 2018, 7 (1): 315-323.

[65] Eerhart A J J E, Faaij A P C, Patel M K Replacing fossil based PET with biobased PEF: process analysis, energy and GHG balance [J] . Energy & Environmental Science, 2012, 5 (4): 6407-6422.

[66] Casanova Onofre, Iborra Sara, Corma Avelino. Biomass into chemicals: aerobic oxidation of 5-hydroxymethyl-2-furfural into 2, 5-furandicarboxylic acid with gold nanoparticle catalysts [J] . ChemSusChem, 2010, 2 (12): 1138-1144.

[67] Pasini Thomas, Piccinini Marco, Blosi Magda, et al. Selective oxidation of 5-hydroxymethyl-2-furfural using supported gold-copper nanoparticles [J] . Green Chemistry, 2011, 13 (8): 2091-2099.

[68] Ribeiro Marcelo L, Schuchardt Ulf. Cooperative effect of cobalt acetylacetonate and silica in the catalytic cyclization and oxidation of fructose to 2, 5-furandicarboxylic acid [J] . Catalysis Communications, 2003, 4 (2): 83-86.

[69] Yuriy, Román Leshkov, Barrett Christopher J, Liu Zhen Y, et al. Production of dimethylfuran for liquid fuels from biomass-derived carbohydrates [J] . Nature, 2007, 447 (7147): 982-985.

[70] Huber George W, Chheda Juben N, Barrett Christopher J, et al. Production of liquid alkanes by aqueous-phase processing of biomass-derived carbohydrates [J] . Science, 2005, 308 (5727): 1446-1450.

[71] Faba Laura, Díaz Eva, Ordóñez Salvador. Aqueous-phase furfural-acetone aldol condensation over basic mixed oxides [J] . Applied Catalysis B Environmental, 2012, 113-114 (9): 201-211.

[72] Chatterjee Maya, Matsushima Keichiro, Ikushima Yutaka, et al. Production of linear alkane via hydrogenative ring opening of a furfural-derived compound in supercritical carbon dioxide [J] . Green Chemistry, 2010, 12 (5): 779-782.

[73] Narang Rakesh, Kumar Raj, Karla Sourav, et al. Recent advancements in mechanistic studies and structure activity relationship of F_0F_1-ATP synthase inhibitor as antimicrobial agent [J] . European Journal of Medical Chemistry, 2019,182: 111644.

[74] Kang Shimin, Li Xianglan, Fan Juan, et al. Hydrothermal conversion of lignin: A

review [J] . Renewable and Sustainable Energy Reviews, 2013, 27: 546-558.

[75] Hatakka Annele. Biodegradation of lignin [J] . Biopolymers Online: Biology · Chemistry · Biotechnology · Applications, 2005.

[76] Su Yulong, Xian He, Shi Sujuan, et al. Biodegradation of lignin and nicotine with white rot fungi for the delignification and detoxification of tobacco stalk [J] . BMC Biotechnology, 2016, 16 (1): 81.

[77] Fernandez-Fueyo Elena, Ruiz-Dueñas Francisco J, Ferreira Patricia, et al. Comparative genomics of *Ceriporiopsis subvermispora* and *Phanerochaete chrysosporium* provide insight into selective ligninolysis [J] . Proceedings of the National Academy of Sciences, 2012, 109 (14): 5458-5463.

[78] Hatakka Annele, Hammel Kenneth E. Fungal biodegradation of lignocelluloses [A] . Industrial applications, Berlin, Heidelberg: Springer, 2011: 319-340.

[79] Kuhad Ramesh Chander, Singh Ajay, Eriksson Karl-Erik L. Microorganisms and enzymes involved in the degradation of plant fiber cell walls [A] . Biotechnology in the pulp and paper industry, Berlin, Heidelberg: Springer, 1997: 45-125.

[80] Daniel G, Nilsson T. Developments in the study of soft rot and bacterial decay [A] . Forest Products Biotechnology, London: Taylor & Francis, 1998: 47-72.

[81] Falcon M A, Rodriguez A, Carnicero A, et al. Isolation of microorganisms with lignin transformation potential from soil of Tenerife Island [J] . Soil Biology and Biochemistry, 1995, 27 (2): 121-126.

[82] Gupta Vijai K, Kubicek Christian P, Berrin Jean-Guy, et al. Fungal enzymes for bio-products from sustainable and waste biomass [J] . Trends in Biochemical Sciences, 2016, 41 (7): 633-645.

[83] Goodell Barry. Brown-rot fungal degradation of wood: Our evolving view [A] . Wood Deterioration and Preservation, Washington D. C. : ACS Publications, 2003: 97-118.

[84] Niemenmaa Outi, Uusi-Rauva Antti, Hatakka Annele. Demethoxylation of [$O^{14}CH_3$] -labelled lignin model compounds by the brown-rot fungi *Gloeophyllum trabeum* and *Poria* (*Postia*) *placenta* [J] . Biodegradation, 2008, 19 (4): 555.

[85] Blanchette Robert A. Degradation of the lignocellulose complex in wood [J] .Canadian Journal of Botany, 1995, 73 (S1): 999-1010.

[86] Filley T R, Cody G D, Goodell B, et al. Lignin demethylation and polysaccharide decomposition in spruce sapwood degraded by brown rot fungi [J] . Organic Geochemistry, 2002, 33 (2): 111-124.

[87] Crawford Don L, Pometto Anthony L, Crawford Ronald L. Lignin degradation by *Streptomyces viridosporus*: isolation and characterization of a new polymeric lignin degradation intermediate [J] . Applied and Environment Microbiology, 1983, 45 (3): 898-904.

[88] Zeng J, Singh D, Laskar D D, et al. Degradation of native wheat straw lignin by *Streptomyces viridosporus* T7A [J] . International Journal of Environmental Science and Technology, 2013, 10 (1): 165-174.

[89] Antai Sylvester P, Crawford Don L. Degradation of softwood, hardwood, and grass lignocelluloses by two *Streptomyces* strains [J] . Applied and Environment Microbi-

ology, 1981, 42 (2): 378-380.

[90] Seto Masashi, Kimbara Kazuhide, Shimura Minoru, et al. A novel transformation of polychlorinated biphenyls by *Rhodococcus* sp. strain RHA1 [J]. Applied and Environment Microbiology, 1995, 61 (9): 3353-3358.

[91] Ahmad Mark, Taylor Charles R, Pink David, et al. Development of novel assays for lignin degradation: comparative analysis of bacterial and fungal lignin degraders [J]. Molecular Biosystems, 2010, 6 (5): 815-821.

[92] Sainsbury Paul D, Hardiman Elizabeth M, Ahmad Mark, et al. Breaking down lignin to high-value chemicals: the conversion of lignocellulose to vanillin in a gene deletion mutant of *Rhodococcus jostii* RHA1 [J]. Acs Chemical Biology, 2013, 8 (10): 2151-2156.

[93] Chung Seon-Yong, Maeda Michihisa, Song Eun, et al. A Gram-positive polychlorinated biphenyl-degrading bacterium, *Rhodococcus erythropolis* strain TA421, isolated from a termite ecosystem [J]. Bioscience, Biotechnology, and Biochemistry, 1994, 58 (11): 2111-2113.

[94] DeAngelis Kristen M, D' Haeseleer Patrik, Chivian Dylan, et al. Complete genome sequence of "*Enterobacter lignolyticus*" SCF1 [J]. Standards in genomic sciences, 2011, 5 (1): 69.

[95] Deschamps A M, Mahoudeau G, Lebeault J M. Fast degradation of kraft lignin by bacteria [J]. European journal of applied microbiology and biotechnology, 1980, 9 (1): 45-51.

[96] Manter Daniel K, Hunter William J, Vivanco Jorge M. *Enterobacter soli* sp. nov.: a lignin-degrading γ-proteobacteria isolated from soil [J]. Current Microbiology, 2011, 62 (3): 1044-1049.

[97] Nikel Pablo I, de Lorenzo V í ctor. *Pseudomonas putida* as a functional chassis for industrial biocatalysis: From native biochemistry to trans-metabolism [J]. Metabolic Engineering, 2018, 50: 142-155.

[98] de Gonzalo Gonzalo, Colpa Dana I, Habib, Mohamed H M, et al. Bacterial enzymes involved in lignin degradation [J]. Journal of Biotechnology, 2016, 236: 110-119.

[99] Haider K, Trojanowski J, Sundman V. Screening for lignin degrading bacteria by means of ^{14}C-labelled lignins [J]. Archives of Microbiology, 1978, 119 (1): 103-106.

[100] Linger Jeffrey G, Vardon Derek R, Guarnieri Michael T, et al. Lignin valorization through integrated biological funneling and chemical catalysis [J]. Proceedings of the National Academy of Sciences, 2014, 111 (33): 12013-12018.

[101] Huang Xing-Feng, Santhanam Navaneetha, Badri Dayakar V, et al. Isolation and characterization of lignin-degrading bacteria from rainforest soils [J].Biotechnology and Bioengineering, 2013, 110 (6): 1616-1626.

[102] Mathews Stephanie L, Grunden Amy M, Pawlak Joel. Degradation of lignocellulose and lignin by *Paenibacillus glucanolyticus* [J]. International Biodeterioration & Biodegradation, 2016, 110: 79-86.

[103] Rico Alejandro: Rencoret Jorge, del Río José C, et al. Pretreatment with laccase and a phenolic mediator degrades lignin and enhances saccharification of *Eucalyp-*

tus feedstock [J] . Biotechnology for Biofuels，2014，7 (1)：6.
[104] Hofrichter Martin. lignin conversion by manganese peroxidase (MnP) [J] .Enzyme and Microbial Technology，2002，30 (4)：454-466.
[105] Hettiaratchi J P A，Jayasinghe P A，Bartholameuz E M，et al. Waste degradation and gas production with enzymatic enhancement in anaerobic and aerobic landfill bioreactors [J] . Bioresource Technology，2014，159：433-436.
[106] Anderson Eric M，Katahira Rui，Reed Michelle，et al. Reductive catalytic fractionation of corn stover lignin [J] . Acs Sustainable Chemistry & Engineering，2016，4 (12)：6940-6950.
[107] Leal Glauco F，Lima Sérgio，Graça，Inês，et al. Design of nickel supported on water-tolerant Nb_2O_5 catalysts for the hydrotreating of lignin streams obtained from lignin-first biorefining [J] . IScience，2019，15：467-488.
[108] Renders Tom，Cooreman Elias，Van den Bosch Sander，et al. Catalytic lignocellulose biorefining in n-butanol/water：a one-pot approach toward phenolics，polyols，and cellulose [J] . Green Chemistry，2018，20 (20)：4607-4619.
[109] Rinaldi Roberto，Woodward Robert T，Ferrini Paola，et al. Lignin-first biorefining of lignocellulose：The impact of process severity on the uniformity of lignin oil composition [J] . Journal of the Brazilian Chemical Society，2019，30 (3)：479-491.
[110] Renders Tom，Van den Bosch Sander，Koelewijn S-F，et al. Lignin-first biomass fractionation：the advent of active stabilisation strategies [J] . Energy & Environmental Science，2017，10 (7)：1551-1557.
[111] Pu Yunqiao，Hu Fan，Huang Fang，et al. Assessing the molecular structure basis for biomass recalcitrance during dilute acid and hydrothermal pretreatments [J] . Biotechnology for Biofuels，2013，6 (1)：15.
[112] Sturgeon Matthew R，Kim Seonah，Lawrence Kelsey，et al. A mechanistic investigation of acid-catalyzed cleavage of aryl-ether linkages：Implications for lignin depolymerization in acidic environments [J] . Acs Sustainable Chemistry & Engineering，2013，2 (3)：472-485.
[113] Luterbacher J S：Alonso D Martin，Dumesic J A. Targeted chemical upgrading of lignocellulosic biomass to platform molecules [J] . Green Chemistry，2014，16 (12)：4816-4838.
[114] Hu Fan，Ragauskas Arthur. Suppression of pseudo-lignin formation under dilute acid pretreatment conditions [J] . RSC Advances，2014，4 (9)：4317-4323.
[115] Saeman Jerome F. Kinetics of wood saccharification-hydrolysis of cellulose and decomposition of sugars in dilute acid at high temperature [J] . Industrial & Engineering Chemistry，1945，37 (1)：43-52.
[116] Lora J H. Carbon fibers and other carbon materials Quality Living Through Chemurgy and Green Chemistry ed PCK Lau，Berlin：Springer，2016.
[117] Schutyser W，Renders T，Van den Bosch S，et al. Chemicals from lignin：an interplay of lignocellulose fractionation，depolymerisation，and upgrading [J] .Chemical Society Reviews，2018，47 (3)：852-908.
[118] Chakar Fadi S，Ragauskas Arthur J. Review of current and future softwood kraft lignin process chemistry [J] . Industrial Crops and Products，2004，20 (2)：

131-141.
[119] Zakzeski Joseph, Bruijnincx Pieter C A, Jongerius Anna L, et al. The catalytic valorization of lignin for the production of renewable chemicals [J]. Chemical Reviews, 2010, 110(6): 3552-3599.
[120] Nitsos Christos K, Matis Konstantinos A, Triantafyllidis Kostas S. Optimization of hydrothermal pretreatment of lignocellulosic biomass in the bioethanol production process [J]. ChemSusChem, 2013, 6(1): 110-122.
[121] Zhao Xuebing, Cheng Keke, Liu Dehua. Organosolv pretreatment of lignocellulosic biomass for enzymatic hydrolysis [J]. Applied Microbiology and Biotechnology, 2009, 82(5): 815.
[122] Van den Bosch Sander, Renders Tom, Kennis S, et al. Integrating lignin valorization and bio-ethanol production: on the role of Ni-Al_2O_3 catalyst pellets during lignin-first fractionation [J]. Green Chemistry, 2017, 19(14): 3313-3326.
[123] Minami Eiji, Saka Shiro. Comparison of the decomposition behaviors of hardwood and softwood in supercritical methanol [J]. Journal of Wood Science, 2003, 49(1): 0073-0078.
[124] Minami Eiji, Saka Shiro. Decomposition behavior of woody biomass in water-added supercritical methanol [J]. Journal of Wood Science, 2005, 51(4): 395-400.
[125] Minami Eiji, Kawamoto Haruo, Saka, Shiro. Reaction behavior of lignin in supercritical methanol as studied with lignin model compounds [J]. Journal of Wood Science, 2003, 49(2): 158-165.
[126] Zhang Zhanying, Harrison Mark D, Rackemann Darryn W, et al. Organosolv pretreatment of plant biomass for enhanced enzymatic saccharification [J]. Green Chemistry, 2016, 18(2): 360-381.
[127] Gillet Sébastien, Aguedo Mario, Petitjean Laurène, et al. Lignin transformations for high value applications: towards targeted modifications using green chemistry [J]. Green Chemistry, 2017, 19(18): 4200-4233.
[128] Brandt-Talbot Agnieszka, Gschwend Florence J V, Fennell, Paul S, et al. An economically viable ionic liquid for the fractionation of lignocellulosic biomass [J]. Green Chemistry, 2017, 19(13): 3078-3102.
[129] Long Jinxing, Zhang Qi, Wang Tiejun, et al. An efficient and economical process for lignin depolymerization in biomass-derived solvent tetrahydrofuran [J]. Bioresource Technology, 2014, 154: 10-17.
[130] Güvenatam Burcu, Heeres Erik H J, Pidko Evgeny A, et al. Lewis-acid catalyzed depolymerization of Protobind lignin in supercritical water and ethanol [J]. Catalysis Today, 2016, 259: 460-466.
[131] Zhang Xinghua, Zhang Qi, Long Jinxing, et al. Phenolics production through catalytic depolymerization of alkali lignin with metal chlorides [J]. BioResources, 2014, 9(2): 3347-3360.
[132] Huang Xiaoming, Korányi Tamás I, Boot Michael D, et al. Catalytic depolymerization of lignin in supercritical ethanol [J]. ChemSusChem, 2014, 7(8): 2276-2288.
[133] Huang Xiaoming, Korányi Tamás I, Boot Michael D, et al. Ethanol as capping

agent and formaldehyde scavenger for efficient depolymerization of lignin to aromatics [J] . Green Chemistry，2015，17 (11)：4941-4950.

[134] Zaheer Muhammad，Hermannsdörfer Justus，Kretschmer Winfried P，et al.Robust heterogeneous nickel catalysts with tailored porosity for the selective hydrogenolysis of aryl ethers [J] . ChemCatChem，2014，6 (1)：91-95.

[135] Demesa Abayneh G，Laari Arto，Turunen Ilkka，et al. Alkaline partial wet oxidation of lignin for the production of carboxylic acids [J] . Chemical Engineering & Technology，2015，38 (12)：2270-2278.

[136] Fache Maxence，Boutevin Bernard，Caillol Sylvain. Vanillin production from lignin and its use as a renewable chemical [J] . Acs Sustainable Chemistry & Engineering，2015，4 (1)：35-46.

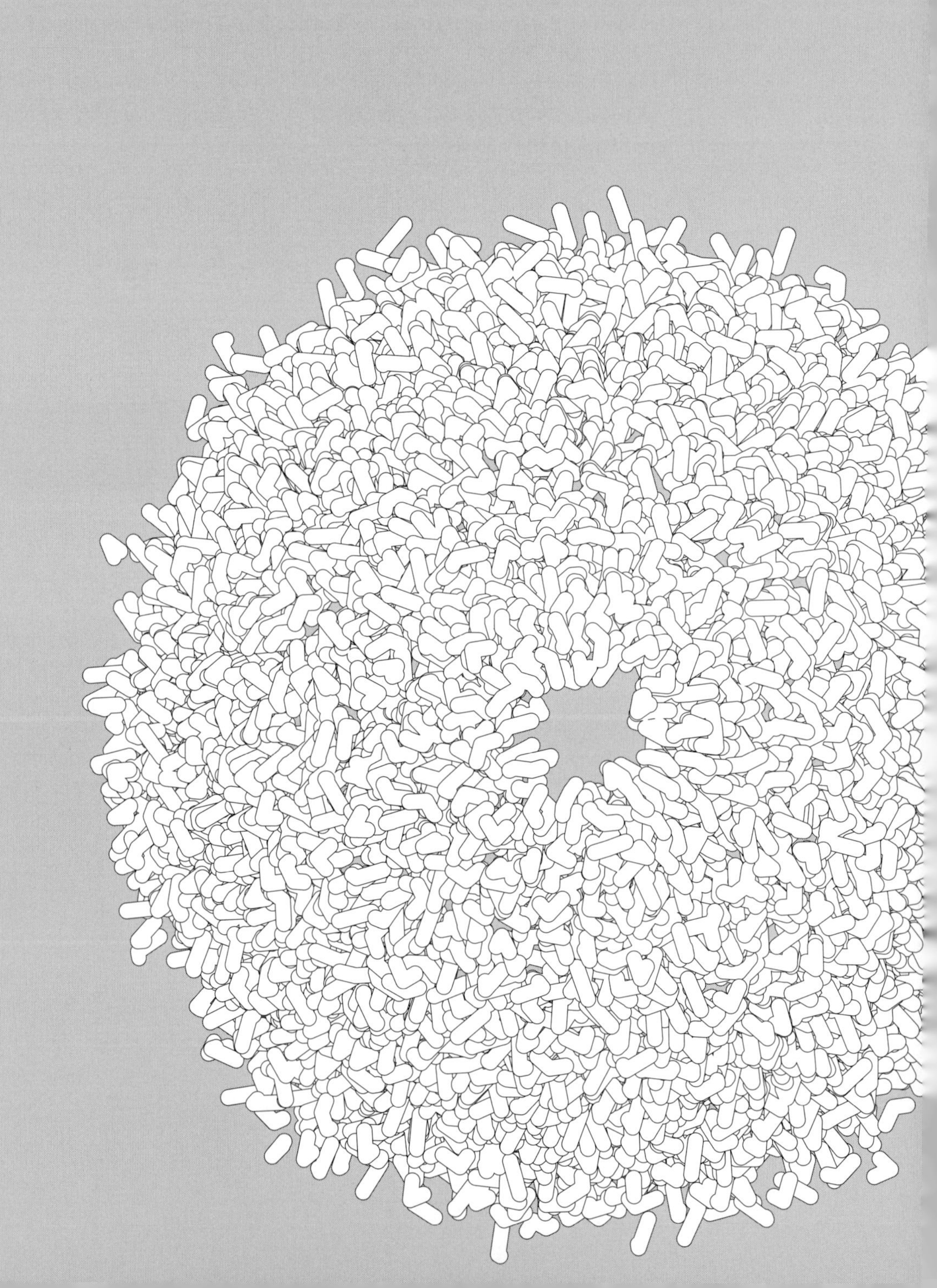

第6章

生物炼制系统评价

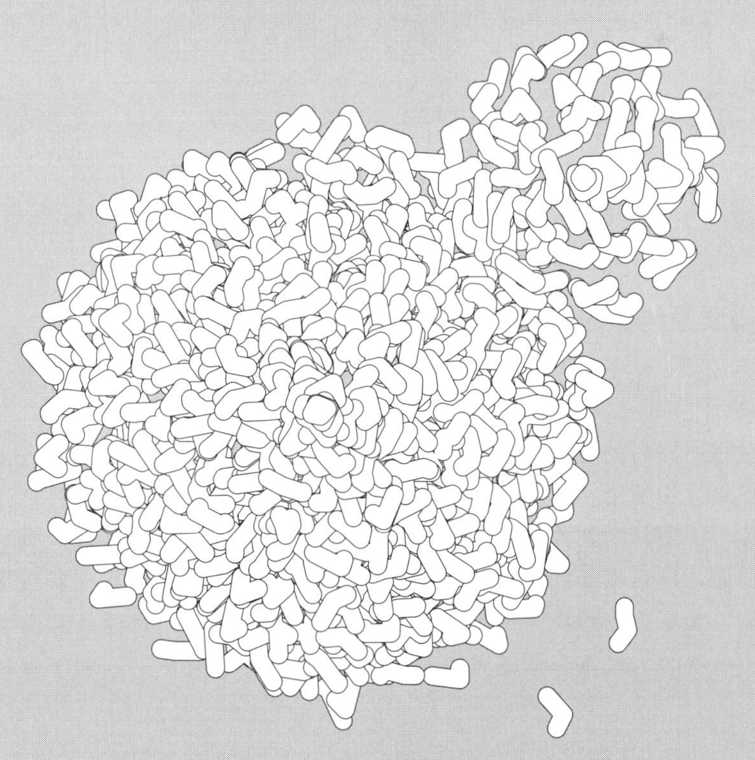

6.1 供应链

6.1.1 生物炼制原料供应链概述

在我国，生物质原料资源丰富，产能约占全国能源消费总量的1/3。实现生物质原料到化学品的利用，最重要的就是完善好生物质原料供应链。从物流系统来讲，生物质原料供应链主要包括生物质原料的收获与收集、原料储存、原料预处理、运输等步骤。保证整个物流系统经济有效且平稳地运行，是实现生物燃料大规模商业化生产的关键[1]。

首先是生物质原料的收获与收集，包括生物质原料的粉碎、收获、收集及包捆等操作。在生物质原料进行预处理前，若要保持原料的稳定均一，就必须进行合理储存。通过物理、化学或生物的方法将生物质进行预处理从而转化为更加稳定的形式，这样有利于运输和转化，最后通过相关运输基础设施将生物质运输至生物炼制厂。

上述这些步骤构成了完整的生物质原料供应链，如图6-1所示。

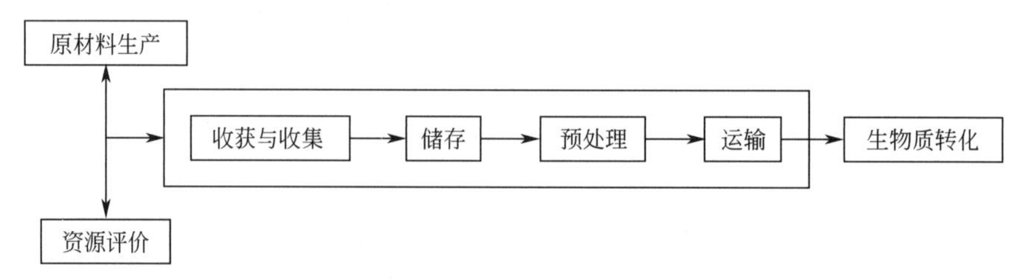

图6-1 生物质原料供应链

6.1.2 生物质原料供应链技术

6.1.2.1 收获与收集

生物质原料的收获与收集是供应链的第一环节。以农作物秸秆原料为例，整个原料收集过程的第一步是秸秆收割。一般机械化收割过程首先是使用联合收割机收割庄稼，将需要的农作物果实收割完毕后，剩余的生物质排成一列，接着将生物质进行打捆，最后将其托运至田边[2]。这种收割方式目前相对比较成熟，但仍存在一些弊端，如易造成原料中夹带泥块和石子，污染原料；对设备和劳力的专业性要求较高；土壤因为设备车辆的频繁往来导致疏松度被破坏，不利于保持土壤中有机碳水平。

废弃农作物秸秆被焚烧或者抛弃和农村青年劳力的流失使生物质秸秆原料的收集成本提高。为此，我国也在尝试推广应用机械代替人工收集秸秆。例如致密成型联合机能够同时完成收集、粉碎和致密成型，且收集的生物质被压缩成颗粒的形式，这样有利于节省运输空间，从而降低运输成本[3]。然而，我国的机械化收集应用过程中仍存在着诸多问题，例如收集系统适应性差、打捆保形性差和易散捆等。因此，根据可持续收割技术的要求，同时满足实用性、可持续性和经济性，开发高适应性的机械收集系统与大规模生物质原料收集新模式，将是克服和解决目前原料收集存在的不足的关键技术之一[4]。

6.1.2.2 原料储存和预处理

原料的储存方式通常可分为干式储存和湿式储存。

（1）干式储存

例如秸秆在打包前常通过自然风干的形式将其含水量降低，便于接下来以干式打包的形式储藏，否则很容易造成秸秆的腐败，最终导致原料有效成分的流失。虽然干式储存通过降低含水量的方式增加了运送过程中的有效载重，但依然难以满足未来大规模利用纤维原料进行生物炼制的需求。当储存原料在百万吨规模时，这种储存方式将不具有实用性。因此，开发其他有效便捷的储存方式迫在眉睫。

生物质造粒作为一种干式储存技术，能以农林加工的废弃物如木屑、秸秆、稻壳、树皮等生物质为原料，通过预处理和加工，将其固化成高密度的颗粒燃料，既能节约能源又能减少废物排放，具有良好的经济效益和社会效益。经过造粒后的原料能量密度增大，表面积降低，不易自燃。但是目前生物质造粒成本仍然比较高，因此现阶段还难以成为原料干式储存的主要方式。

（2）湿式储存

另外一种原料储存方式为湿式储存，通过青储的方法来消除原料中的氧气，以降低原料腐败变质，可用于甜高粱和甘蔗渣的储藏。青储法还能解决原料稳定性不足的问题，进一步降低建设与维护有关的成本开支。

原料储存方式及其优缺点对比见表6-1。此外，生产企业可考虑一定面积的原料储存区域，这样不仅能持续保持原料的供给，富余的储存区域还有利于低价时大量收购原料，大幅度降低生物质原料的收购成本[4]。

表6-1 原料储存方式及其优缺点

原料储存方式	优点		缺点
干式	干式打包	有效载重增大	规模有限
干式	造粒	能量密度高、效益高	成本较高
湿式	青储	稳定性好	大量占据空间

发展生物质原料预处理技术是生物质的运输和后续的生物转化的必要过程。通过物理、化学或生物的方法将生物质转化为更加稳定的形式将有利于运输和转化。常见的预处理方法有致密化、现场热解、研磨、干燥、化学处理、青储、分级处理、

混配等。但目前的预处理方法仍存在诸如成本较高、效率低的问题。因此，发展低成本的致密化技术未来将是该领域研究的热点。此外，在原料储存过程中利用酸、石灰等对生物质原料进行预处理也是有效尝试，不仅可以强化生物质物理结构的改变，还可以减少后续原料处理的费用。

6.1.2.3 原料的运输

原料运输技术在生物质原料供应链系统中起着重要作用。针对不同尺寸、形状、质地的原料，开发适用的运输系统将有效地降低生物质原料的运输成本。上述的预处理技术可以通过增加生物质密度的方式，减少原料装卸及运输的费用。此外，在原料运输技术研究中，需要重新评估重型卡车对农村道路和物流网络的影响。对生物质能供应链收集运输方式进行仿真优化研究，择优采用运输能力强、运输速度快的交通工具将有更高的运输效率和更低的能耗。在实际操作情况中，农用车具备多样的道路条件适用性，且车辆购置费用相对较少，非常适用于短距离运输[5]。

6.1.3 生物质原料供应链技术经济

生物质原料供应链模式的选择是保证供应链经济、高效实施的前提，建立良好供应链运行模式是保证生物质原料物流从田间到生物炼制企业的重要环节。其中，供应链的物流成本是关注的焦点。目前大量国内外研究者已对物流成本进行了许多研究，提出了许多不同的方法和研究思路进行技术经济分析。

在生物质供应链物流成本的研究中，大多研究是通过建立定量化的数学模型来优化供应链的技术经济指标。近年来，一些新方法和理论在生物质供应链技术经济评价的研究中得到应用。20 世纪 60 年代，英国帝国化学工业公司蒙德分部提出一种基于危险与可操作性分析（Hazard and Operability Analysis，HAZOP）的系统危险分析方法，并将其成功应用于生物质供应链的模型优化[6]。HAZOP 方法能够有效地描述生物质供应链存在的危险性及后果，为供应链的发展和建设提供了建议。

目前，我国对于生物质原料供应链技术经济性研究的系统成果还相对较为欠缺。虽然很多生物质项目在启动前大都进行了相关的技术经济分析，但很少就未来生物质收储运的细节展开研究。近年来，随着生物质研究及应用的不断深入，国内学者在供应链技术经济领域也加大了研究力度。以某生物质发电企业为例，为获得企业最大利润，对燃料的收集、运输、预处理、储存和使用各环节进行了研究，提出多种优化模型，最后得出电厂收购农林废弃物的价差不能过大的结论，否则会倾向于集中收集某一种燃料。有研究者对生物质发电秸秆供应链的物流成本构成进行了分析，得出生物质发电企业在生物质秸秆供应链的非主导地位降低了秸秆供应链的整体效益的结论[7]。

随着人们对生物质原料需求的日益增加，生物质原料的供应链将是决定生物质资源开发利用的基础保障。为了实现生物质能源大规模替代石油，并将其进行工业化和商业化运行，实现可持续发展，开发高效经济的生物质原料供应链已势在必行。

除了大力发展生物质供应链各环节的技术外，也需要考虑其他诸如地域分布、政策扶持等影响因素。在生物质原料供应区域划分中，可按照自然经济区进行划分，以实现统筹布局、合理开发，从源头上保障生物质资源量的充足供应，这样不仅有利于降低原料供应链的成本，而且能有效促进生物质能源企业的健康发展。在生物质原料收集方面，有关政府部门需进一步研究生物质原料收集有效模式并颁布相关政策，促进该产业链持续健康的发展。对生物质原料供应链的有效实施和顺畅运行提供保障，将有利于推动我国生物质供应链的发展和日益完善。

6.2 技术-经济评价

6.2.1 技术-经济评价概述

对于以生物质资源为原料的转化过程，技术上的可行性仅仅是其实现产业化开发的基本前提条件。生物质资源转化技术是否能够成为经济上可行的过程，取决于对该过程的经济学分析。为了合理配置资源，以有限的资源来满足人们的需要，技术经济学应运而生。

技术-经济分析是在一定的社会生产条件下，对达到某种预定目的可能采用的各种技术政策、技术方案和技术措施的经济效果，进行计算、分析、比较和评价，从而寻求技术与经济的最佳组合，使技术的应用取得最佳的经济效果，为选择最优技术提供决策依据[8]。对生物炼制工艺进行技术-经济评价不但可以验证工艺路线的经济可行性，也可以为企业实际投产提供参考依据。

6.2.2 生物炼制过程的技术-经济评价

经济指标评价是在项目前期调研数据的基础上，如投资额、成本和收入等，再依据相关的指标计算方法获得评估结果，并依据评估结果对项目的经济效益及方案可行性进行综合评估。按照是否考虑时间对资金价值的影响可分为静态指标和动态指标。

经济性评价的核心内容是对项目技术方案进行财务分析，即根据国家现行的财税制度和价格体系，分析计算项目直接发生的财务效益和费用，编制财务报表，计算评价指标，考察项目盈利能力和清偿能力等财务状况。传统的经济性评价仅考虑产品的生产阶段，而生命周期的经济性评价还包括其他阶段，需要以整个生命周期为项目系统进行经济性的考察，例如生物燃料乙醇的生命周期成本包括其生命周期的每一阶段成本，包括原料生产、燃料生产和燃料使用单元的成本输出。

不确定性分析主要是指人们对将来发生的事件和活动无法掌握全部信息，因此不能事先确知最终结果。在方案的经济评价中，对于投资、成本和销售收入的评估都只是基于预测数据的基础上，在未来这些数据可能会因各种因素的影响发生变化，如市场需求和生产能力的变化、通货膨胀、法律法规政策的改变等，进而最终影响方案的评价结果。所以，需要充分考虑这些变动因素对评价结果的影响，保证方案的可行性[9]。

6.2.3 生物炼制技术-经济评价的应用

梁志霞[10]以文冠果生物炼制工艺可行性实验验证为基础，结合生物炼制工艺各关键过程的现阶段发展状况，对文冠果生物炼制工艺进行了技术经济评价。通过对年处理30万吨文冠果的生物炼制过程进行物耗和能耗的计算，获得了影响文冠果生物炼制工艺成本的主要因素及其影响规律。通过分析表明，从成本构成要素来看，原辅材料成本、公用工程成本是多产物联产过程成本的决定因素，两者占总成本的80%以上；从过程成本要素来说，纤维素乙醇生产成本是决定多产物联产过程成本的决定因素，占总成本近1/2。敏感性分析表明，纤维素乙醇生产成本对利润的影响最为敏感，公用工程成本次之。对工艺中各过程之前进行能量集成有望降低成本。并进一步指出，随着纤维素乙醇产业化进程的推进，多产物联产过程的成本可进一步降低。

孙培勤等[11]通过对微藻生物燃料技术经济评估发现，养殖装置造价、微藻油生产水平、二氧化碳价格、水价、剩余生物质的处理方式以及过程工艺参数的改变等多种因素都会对生物柴油价格产生影响；固定投资费用对微藻生物柴油价格影响最大，而提高微藻产量和产油率能显著降低生产成本；从中长远来看，微藻生物柴油的技术经济性较好，但仍有待提高。

李丽萍[12]以静态投资回收期、动态投资回收期、财务净现值和投资利润率四项经济指标为参考，同样对四种典型工艺的生物柴油项目进行了技术经济评价，并进行了不确定性分析。结果表明，在我国现行的税收与价格体系下，四个项目的投资只有固体酸催化项目可以在没有任何补贴的情况下实现盈利，其他项目在经济上不可行。这主要得益于固体酸催化项目能使用价格低廉的原料且适用相应的工艺，设备投资较少，其中原料成本构成生物柴油总成本的75%～82%。初步敏感性分析表明，原料价格的变化对生物柴油项目的盈亏平衡价格和投资利润率影响最大，促使人们使用成本更低的原料和工艺；产品价格的提高和生产规模的扩大都能在一定程度上提高项目的盈利能力和抗风险能力；政府补贴对生物柴油项目具有不可忽视的作用。

6.2.4 生物炼制技术-经济评价的意义

生物炼制是以可再生的生物资源如糖类（如淀粉、纤维素和半纤维素等）、油脂和蛋白质等为原料，经过物理、化学、生物等方法加工成人们需要的化学品、材料和能源物质。

生物炼制的主要框架为生物基合成气、C_2～C_6 平台化合物，详见表 6-2。

表 6-2　生物炼制的主要框架及其产品

生物炼制的主要框架	主要的生物基产品
生物基合成气	甲醇、二甲醚、异构烷烃等
C_2 平台化合物	乙醇、乙烯等
C_3 平台化合物	甘油、乳酸、丙酸、1,3-丙二醇等
C_4 平台化合物	琥珀酸、富马酸、天门冬氨酸等
C_5 平台化合物	谷氨酸、木质酸、糠醛等
C_6 平台化合物	柠檬酸、赖氨酸、葡萄糖酸等

与石油炼制相比，生物炼制具有原料可再生和环境友好的特点，可促进传统烃类化合物（石油）经济模式向碳水化合物（糖）经济模式的转移。发展生物能源与生物基化学品生产不仅可以减少化石能源的消耗、保护生态环境和减缓温室效应，还可以开拓新的经济增长点，促进经济发展方式的转变，使全球经济可持续发展。特别地，对于“三农”问题的解决，以及维护社会的和谐与稳定，都将产生积极的促进作用，对我国具有特别重要的战略意义和现实意义。

生物炼制真正的社会意义首先是石油部分替代。在石油日益短缺的情况下，世界各国都开始寻求新的不以石油作为原材料制备平台化合物的工艺路线，也就是工业生物技术。一旦石油能源出现紧缺，可以用生物质燃料替代石油生产液体燃料和化工产品。例如生物炼制重要 C_2 平台化合物乙醇，就是乙醇燃料的主要原料。用于乙醇发酵的原料有很多，包括甜菜、甜高粱、甘蔗、玉米、小麦和木薯等[13]。乙醇可经过化学催化剂直接转化成乙烯，且转化率可控制在 99%以上，对比基于石油价格的石油乙烯成本，生物法乙烯在经济上是可行的。按照目前我国石油资源不太丰富的基本国情，生物炼制产业就显得尤为重要。

生物炼制使用的是粮食和木质纤维素等可再生资源，以木质纤维素为主的秸秆产量为粮食产量的 1～1.5 倍，加上其他农作物秸秆以及木材加工废弃物，我国可利用的木质纤维素资源每年将达到亿吨级别以上，因此在我国发展生物炼制产业具有得天独厚的资源优势，对实现可持续发展具有非常重要的社会意义。其次，我国目前劳动力人口众多，就业压力大，生物炼制是现有农业产业链的延伸，有很大的服务和发展空间，可以布局成很大的产业，安排大量的就业岗位。再者，生物炼制对农村发展也有很重要的意义。支持生物炼制产业初期的发展，国家可以通过高价收购秸秆等原材料，再低价转卖给加工企业的方式，这样不仅可以提高农民收入，支持农业发展，也以补贴企业的形式支持了新型生物炼制产业的发展，实现国家、企业和农民的多赢。有了国家政策的大力支持，生物炼制产业会有比较好的发展前景，既可以为子孙后代保留一部分宝贵的石油资源，推动农村地区的城镇化，又可以大力发展巨大的与新型农业相关的产业，支撑人类社会的持续发展。

6.3 生命周期评价

6.3.1 生命周期评价理论

生命周期评价（Life Cycle Assessment，LCA）起源于20世纪60年代，现已成为国际环境管理和产品设计的一个重要工具，是指一种对产品生产工艺以及活动对环境的压力进行评价的客观过程，它是通过对能量和物质的利用以及由此造成的环境废物排放进行识别和量化的过程，其目的在于评估能量和物质利用以及废物排放对环境的影响，寻求改善环境影响的机会以及如何利用这种机会[14]。

LCA有以下几个特点：

① 其面向的是产品系统；

② 对产品和服务的整个生命周期的全过程评价；

③ 具有系统性和定量化的特征；

④ 重视环境影响的评价方法；

⑤ 评价体系具有开放性。

Prasad等[15]给出了生命周期评价研究的通用流程图，它显示了产品制造的各种过程、输入和输出（见图6-2）。投入和过程的选择及其选择的可用性决定了产品的可持续性，这些都可以通过使用生命周期评价来实现。

生命周期评价的技术框架主要包含目的与范围的确定、清单分析、影响评价和结果解释这4个步骤：

① 目的与范围的确定，包括确定分析目的、确定产品及其功能和确定系统边界三个部分；

② 清单分析是对产品、工艺过程等系统的整个生命周期阶段和能量使用以及向环境排放废弃物等进行定量的技术过程，包括原材料的提取、加工、制造和销售、使用和用后处理；

③ 影响评价是对清单阶段所识别的环境影响压力进行定性或定量表征的评价，即确定产品系统的物质、能量交换对其外部环境所造成的影响，包含影响分类、特征化和量化评价三个步骤；

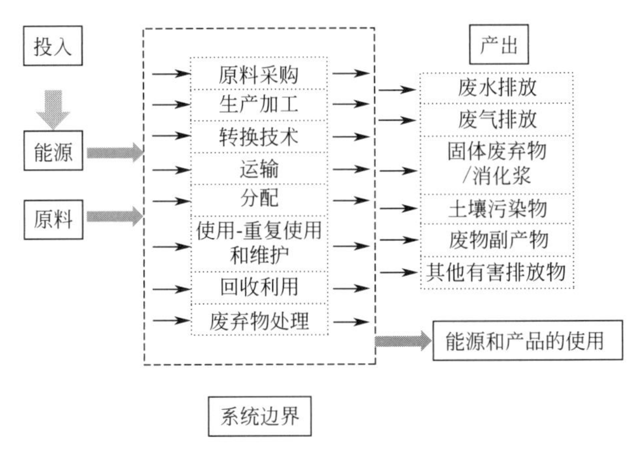

图 6-2　面向生命周期评价研究的产品制造通用流程

④ 结果解释是系统地评估产品和工艺在整个生命周期内减少能源消耗和原材料使用以及向环境释放废物的需求，其中产品生命周期的主要组成阶段如图 6-3 所示。

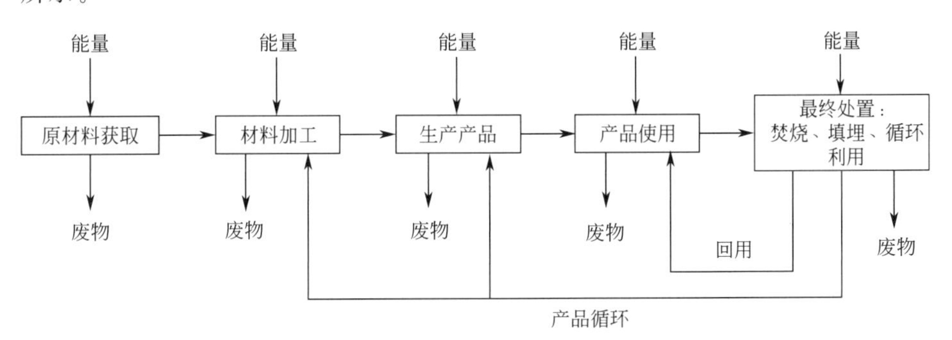

图 6-3　产品生命周期的主要组成阶段

（1）目的与范围的确定

目的的确定主要是明确生命周期评价的目的，以得到预期的评价结果。目的包括项目研究的应用意图、预期的方向和目标受众。

范围的确定是生命周期分析过程中确定应考虑哪些生命周期环境影响因素及其到何种程度的步骤，为后面的决策提供指导作用。在此过程中，需要考虑如下问题：决策所需要的信息的种类，结果解释需要精确到何种程度，如何才能提供足够的信息进行结果解释。只有这样，最后的结果才更具有参考价值。

目的与范围的确定贯穿于整个评价过程，并且每个不同影响因素的确定都将影响下一评价阶段的进行，也终将影响到最后评价结果。

（2）清单分析

清单分析即量化生产产品的生命周期过程中原料、辅料、能耗、大气排放、废液和固废等投入产出数据。在生命周期清单分析过程中，所有与目的相关且包括在范围内的数据都应进行收集和整理分析。收集的输入数据包括原料、辅料、资源和能源的消耗；收集的输出数据根据环境、生态等因素进行选择。输入和输出数据的收集贯穿于产品的制造、使用、回收或维修和废弃阶段。

（3）影响评价

生命周期影响评价是将排放的物质对环境造成的影响进行定量的评价，目前将其分为以下 3 个步骤。

1）影响分类

根据各影响对环境造成的不同效应归于不同环境影响类型。环境影响可归于一种影响类型，也可产生不同的效应类型。影响类型一般情况下包括资源消耗、人体健康和生态影响三类。

2）特征化

针对某些排放物对环境的影响比其他物质更加明显，为了给接下来的量化评价提供依据，采用不同影响类型的当量系数来对实际的环境影响量进行归一化，此过程称为特征化。

3）量化评价

为了使不同影响因素的数据具有可比性，使用量化评价来确定各种影响类型的贡献值的相对大小。

（4）结果解释

结果解释是基于生命周期目标范围分析影响评价的结果，得出结论，解释因果关系，并提出改善的意见和建议。它是一个综合清单分析和影响评价、量化评价信息的系统性过程，包括 3 个部分，分别为：

① 根据生命周期影响评价的结果识别关键因素；

② 结果的完整性、敏感性分析和一致性检测；

③ 形成结论，提出建议和报告。

6.3.2 生命周期可持续性评价

生命周期可持续性评价（Life Cycle Sustainability Assessment，LCSA）是指考虑产品的整个生命周期（原料的获取、加工，产品制造、销售与运输、使用、循环或废弃），综合考虑产品生命周期过程中的环境、社会和经济的影响，从而对产品的可持续性进行的评价。生命周期可持续性评价可以缓解资源环境问题和经济社会发展之间的矛盾，是实现可持续发展的基础。

目前可持续性评价的方法已经有很多，包括生命周期评价、收益成本分析和风险评估等。选择什么样的评价方法取决于问题的目标和范围、分析的局限性以及产生影响的范围。在任何可持续发展评估方法中整个生命周期都必须被考虑，即从原材料的提取、运输、生产、交付、使用和再利用，到最终的废物处理[16]。因此，可持续性评价可以很好地与生命周期评价的方法结合起来。

可持续性评价包括三个组成部分，分别为环境、经济和社会。如今越来越多的人认为，可持续发展必须以整体的方式来考虑，而不是将环境、经济和社会影响分开考虑。若以单独的环境生命周期评价（LCA）作为支持产品绩效管理的工具可能存在一些根本性的缺陷，将对评价结果产生消极影响。因此，对于产品的可持续性研究应采用生命周期可持续性评价的方法，把生命周期评价的方法拓展到可持续性评价的环境、社会和经济三个方面，并尽量包括更多方面的影响。

6.3.3　生命周期可持续性评价的框架及构成要素

生命周期评价方法已经较为成熟，将环境、经济和社会影响作为指标引入生命周期评价中将拓宽生命周期评价的范围，形成生命周期可持续性评价。Kloepffer[17] 首先提出生命周期可持续性评价框架，组合了环境、社会和成本三个方面的生命周期评价方法，主要包括环境生命周期评价、生命周期成本和社会生命周期评价。随后，Guinee 等[18] 提出了生命周期可持续性分析，拓宽和深化了生命周期可持续性评价。

目前生命周期可持续性评价研究还在发展阶段，不断拓展和深化生命周期可持续性评价方法是很有必要的。

6.3.4　生命周期评价在生物炼制中的应用

在生物炼制液体燃料方面，缪晡[19] 利用生命周期评价方法，从原料的生产与运输、纤维乙醇的生产、纤维乙醇的运输、纤维乙醇的使用这 5 个过程出发，对年产 5 万吨纤维乙醇的生产装置进行了能量效益评价，结果表明：

① 每生产 1t 纤维素乙醇的净能量盈余为 0.2488t 标煤；

② 从能量效益的角度考虑，纤维素乙醇生命周期净能量盈余为正值，因此该纤维素乙醇成套技术是可行的。

董进宁等[20] 以大豆炼制生物柴油为研究对象，采用生命周期评价方法，从大豆种植、大豆秸秆发电、大豆收货和豆油炼制、生物柴油的炼制、物流运输和生物柴油燃烧排放这 6 个过程出发，进行了清单分析并分别计算出其能耗对环境的影响，结果表明：

① 每千克豆油炼制生物柴油过程中从环境吸收的 CO_2 和向环境释放的 CO_2 基本相当；

② 运输过程中消耗的能量和排放的废弃物对环境的影响很小；

③ 得到的生物柴油在减少温室气体排放上能起积极作用，与柴油相比，生物柴油是一种环境友好项目。

胡志远等[21] 对大豆、油菜籽、光皮树和麻疯树 4 种原料制备生物柴油进行了生命周期能源消耗和排放评价，并建立了生命周期能源消耗和排放评价模型。结果表明：所有原料制备生物柴油生命周期化石能源消耗均显著降低，大豆和油菜籽制备生物柴油的生命周期整体能源消耗比石化柴油低约1/10。Harding等[22]模拟了碱催化和生物酶催化菜籽油生产生物柴油全生命周期过程的污染物排放，证实了生物炼制法制备生物柴油的环境影响远低于化学法。

在生物炼制电能方面，刘俊伟等[23]以装机容量25MW的生物质秸秆直燃发电系统作为评价对象，分析此过程中的能量消耗及造成的环境影响，并对其进行生命周期评价。采用丹麦技术大学开发的工业产品设计方法（EDIP法），即政策目标距离法确定标准化基准和不同环境潜值的重要性权重，将清单分析中的结果按照环境影响类型进行分类划分，计算各种环境影响类型的潜值，并进行标准化与加权，详细分析和比较了不同环境影响对环境损害的严重性，同时分析生物质发电系统不同阶段产生的环境影响特点。分析指出秸秆直燃发电系统边界划分包括生物质秸秆生产阶段、生物质秸秆的运输阶段和燃烧发电阶段，并明确了每个阶段的主要污染物为CO_2、SO_2和NO_x等。在对环境排放清单进行环境影响潜值的计算过程中主要考虑全球变暖、环境酸化、富营养化和烟尘这四种环境影响。结果表明：

① 在秸秆直燃发电系统中，预处理阶段的能量消耗占总能耗的90%。若改进预处理技术设备，提高系统效率，减少资源消耗，将提高秸秆直燃发电的经济性。

② 每10000千瓦时发电量约吸收2.5t CO_2，向环境排放SO_2 37kg、NO_x 90kg；与燃煤发电相比，虽氮氧化物排放量有所增加，但减少了温室气体和硫氧化物的排放且污染物的排放主要发生在秸秆燃烧阶段，因此对减缓温室效应具有积极作用。

③ 秸秆直燃发电对全球变暖的影响潜值中，烟尘的影响潜值过高，表明此发电过程中产生较多烟尘，若强化电厂除尘设备，将有助于减少烟尘的排放量，更有利于该系统环境性的完善，推动其成为更加环境友好的发电项目。

冯超等[24]和林琳等[25]也分别对秸秆直燃发电系统进行了生命周期评价，同样也得出秸秆和生物质直燃发电项目在减少温室气体排放和减缓全球变暖方面起到积极作用、是一种环境友好的分布式电站技术的结论，并指出运输阶段的消耗和排放对环境的贡献很小，秸秆燃烧发电过程在整个生命周期中所占比例最高，因此减少秸秆直燃发电过程中污染物的排放将对环境具有决定性影响。崔和瑞等[26]以2MW秸秆简单气化-内燃机发电系统作为评价对象，建立了基于生命周期分析方法的数学模型和支撑数据库并对其进行了生命周期评价，全面分析了秸秆气化发电过程中不同排放物和能源消耗对环境的影响。分析得出秸秆气化发电系统消耗的枯竭性资源量和可再生资源量的消耗都较小，相较于火力发电，是一种环境友好型能源生产方式的结论。

生命周期评价克服了传统环境评价片面性、局部化的弊病，有助于企业在产品开发、技术改造中选择更加有利于环境的最佳工艺。将其有效应用可以帮助企业按步骤有计划地实施清洁生产，有助于企业实施生态效益计划，促进企业的可持续增长。

6.4 航空生物燃料生命周期评价的案例分析

6.4.1 航空生物燃料发展背景

生物燃料被认为是一种低碳可再生替代能源，它能作为化石能源的有益补充并能实现温室气体减排。随着交通运输业发展，全球运输燃料需求将继续上升，国际能源署（IEA）于2011年4月21日发布的“IEA TRANSPORT BIOFUELS ROADMAP REPORT 2011”报告指出，以生物质为原料生产的液态和气态燃料将成为减少二氧化碳排放和降低对液态运输燃料依赖的关键技术之一。当生产实现可持续性时，预计使用生物燃料可望每年避免约2.1Gt的二氧化碳排放（图6-4）。提高汽车效率将是减少运输排放最重要和最有效的途径，但生物燃料仍将是飞机、船只和其他重型交通工具的重要碳燃料替代燃料，并且最终将为交通运输部门减少温室气体排放约20%。到2050年生物燃料有望为世界提供27%的车用燃料，替代化石汽油、柴油、煤油和喷气燃料。这将使生物燃料的使用从目前5500万吨石油当量（占运输燃料2%）增加到2050年7.5亿吨石油当量[27]。

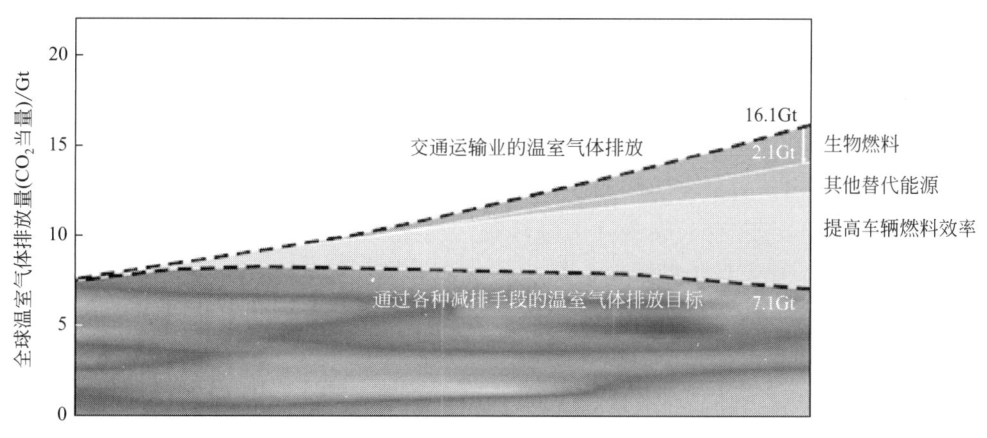

图6-4 通过使用生物燃料可以减少的温室气体排放情况

可以用于生产航空生物燃料的油脂资源多种多样，在确定航空生物燃料生产地点和生产技术的情况下，采用何种原料、原料分布、原料种植技术和原料的采收方案对整个生命周期碳排放影响巨大，美国环保署对以东南亚种植的棕榈油为原料生产的生物燃料进行了碳排放全生命周期分析研究，结果发现其温室气体排放仅比传统化石燃料减少11%，低于此前美国《可再生燃料标准》中温室气体减排20%的下限，而被排除在可再生原料之外，但以亚麻荠、柳枝稷等原料制备的生物燃料，温室气体减排量可高达60%以上。

从全球看，航空业是交通运输业温室气体排放增长最快的部分，据分析航空业的排放增长速度远超过其他交通运输部门。2017年，世界航空煤油表观消费量达到2.8亿吨，与1990年相比增加了43%。据美国运输部研究机构测算，2017年全球航空业温室气体排放量达到7.33亿～7.76亿吨，2025年将进一步增至12.28亿～14.88亿吨，相当于2006年日本全国的排放总量。国际航空运输协会（IATA）等相关国际组织一直呼吁政府和航空公司合作以减少二氧化碳排放。航空燃料是航空业最大的排放源，占航空业CO_2总排放量的90%。虽然航空业温室气体排放总量仅占人类所有排放量的2%～3%，但航空煤油燃烧后产生的氮氧化物、碳氧化合物及其他燃烧产物直接排放到高空中，使得吸收紫外线的臭氧层变厚，产生温室效应的能力及危害远远大于其他行业，航空业面临严峻的CO_2减排挑战[28]。

6.4.2 航空生物燃料全生命周期分析内容

6.4.2.1 研究对象：小桐子和蓖麻

本案例研究选取中国航空生物柴油典型代表性且具有巨大推广潜力的小桐子和蓖麻两种作物作为研究分析对象。

（1）小桐子

小桐子，学名麻疯树（*Jatropha curcas*），为大戟科，麻疯树属植物，在世界各地有超过200种不同的名称，我国也叫小油桐、假花生等。小桐子是多年生大型灌木或小型乔木，寿命可超过50年。一般高2～5m，在条件很好的情况下也能长到8～10m。小桐子的果实为圆形或卵形的蒴果，某些品系在顶部还具有一个很小的突起，直径为4cm左右，成熟时由绿转黄，变黑后开裂。每个果实通常有3粒种子。成熟的小桐子种子呈长椭圆形，长2cm左右，宽和高均在1cm左右。千粒种子通常在500～600g。种皮为黑色，表面粗糙，坚硬而脆，占种子总重量的30%左右。小桐子种子含油量很高，一般在30%左右，根据来源和生长环境不同，种子含油量可在15%～40%之间变动。种仁为白色，富含油脂，油脂含量可达50%～70%，油脂中含有不饱和脂肪酸，约占总脂肪酸含量的75%以上。小桐子种子中的蛋白质和纤维素含量也分别高达20%和15%左右（表6-3）。

表6-3 小桐子种子基本成分 单位：%

种仁①	种壳①	油脂含量②	水分	灰分	蛋白质含量③
52.32	35.38	67.11	7.93	4.3	27.3

① 占种子总质量百分数。

② 以种仁质量计算。

③ 以种仁提取油脂后固体物质计算。

小桐子油水解后含有6种脂肪酸，主要为十五酸（15.82%）、硬脂酸（8.41%）、油酸（35.27%）、亚油酸（40.51%），总不饱和脂肪酸含量为75.77%（表6-4）。

表6-4　小桐子油脂肪酸组成及含量

序号	脂肪酸名称	含量/%
1	十五酸	15.82
2	9-十八烯酸(油酸)	35.27
3	十八酸(硬脂酸)	8.41
4	9,12-十八碳二烯酸(亚油酸)	16.67
5	反-7,10-十八碳二烯酸(亚油酸)	18.98
6	顺-7,10-十八碳二烯酸(亚油酸)	4.86
总不饱和脂肪酸含量		75.77

小桐子喜光热，耐干旱瘠薄，抗逆性强，在水、肥适宜的地方生长良好，主要分布在热带和亚热带地区，如中美洲的热带小丛林、陡峭的干旱山坡、热带干旱森林、河岸边的灌木丛等，非洲的热带草原以及亚洲南部的干热河谷地区及热带地区等也有分布。

小桐子的分布广泛，除被认为是原产地的墨西哥和西印度群岛外，目前小桐子已经被引种到世界各地。在我国，小桐子分布于广东省、广西壮族自治区、云南省、四川省、贵州省、福建省、海南省和台湾地区，其中云南省、四川省、贵州省、海南省和广西壮族自治区是小桐子的主要分布区域，集中在元江、金沙江、澜沧江、红河、南盘江、北盘江、红水河和雅砻江等干热和半干热河谷流域。热带、亚热带及热带高原气候型，海拔高度从0至1900m小桐子均有分布。在中美洲、非洲和东南亚地区，小桐子主要分布在海拔0～500m范围，而在中国的西南地区受到局部地势和气候的影响，差异较大，贵州多分布在海拔800m以下，云南多分布在海拔1600m以下，四川多分布在海拔9000m以下[29]。

（2）蓖麻

蓖麻耐干旱、耐盐碱、耐瘠薄，在全球大部分地区都能种植，特别是金砖五国、东盟、中亚、一带一路等国家都是蓖麻产区。目前，全世界每年种植面积为100万～150万公顷（1500万～2250万亩），年产蓖麻籽110万～150万吨，印度、中国、巴西位列前三，三个国家蓖麻籽总产量约占世界总产量的80%。近年来，非洲、东南亚等地区也在快速发展。作为一种在不同类型土壤上适应性强、种植性能好的深根植物，蓖麻具有很高的综合利用价值。蓖麻籽中压榨出的蓖麻油是重要的工业原料，在黏合剂、液压油等化工品的开发上均有广泛用途。蓖麻的根茎叶籽均可入药，蓖麻籽中的蓖麻毒蛋白具有显著的药理活性。更重要的是蓖麻种植具有抗逆抗旱性强、耐受性高的特点，加之根系发达，可以在盐碱、贫瘠及轻中度污染的土地上栽培种植，这使得蓖麻资源的综合利用在我国现有土地国情下具有极高的开发价值。

我国蓖麻种植有1400余年历史，南起海南岛、北至黑龙江都可以种植。自20世纪中叶国家出台政策，大力鼓励蓖麻种植，到80年代种植面积和产量曾一度位于世界第一，达到年种植约30万公顷（450万亩）、年产蓖麻籽约32万吨，种植主要集中在内蒙古通辽、吉林白城和山西、陕西、新疆、云南等省区。

近年来，随着绿色发展走向，我国蓖麻种植呈增长趋势。“高产良种＋配套栽培良法”技术持续提升，提高了单产水平，20世纪80、90年代的平均亩产不到100kg，目前亩产已达200～300kg。由于生物基润滑油、生物航煤等下游技术产品的持续开发丰富，以及国家能源多元化、绿色低碳以及棉花调减、休耕轮作等利好政策频频出台，拉动了蓖麻种植的增长。

作为一种能源植物，通过压榨、萃取等方法从蓖麻籽中获得蓖麻油是蓖麻最常见的应用领域。蓖麻油包括蓖麻油酸、亚油酸、亚麻酸、花生烷酸等成分，其中蓖麻油酸的含量超过80％。作为一种碘值介于80～100之间的非干性油，蓖麻油具有独特的理化性质，如高介电常数（常见油脂中最高者）、强旋光性和高流动性（－20℃下仍流动）等。这些理化特性使其广泛应用于生物柴油制备、药用辅料合成等多个能源化工的细分领域[30]。

6.4.2.2　生命周期目标及边界

航空生物燃料的生命周期以油料作物的种植为起点，经过原料的油脂榨取生产粗油，通过精炼转化和加氢法制取航空生物燃料，最终燃烧被使用（图6-5）。

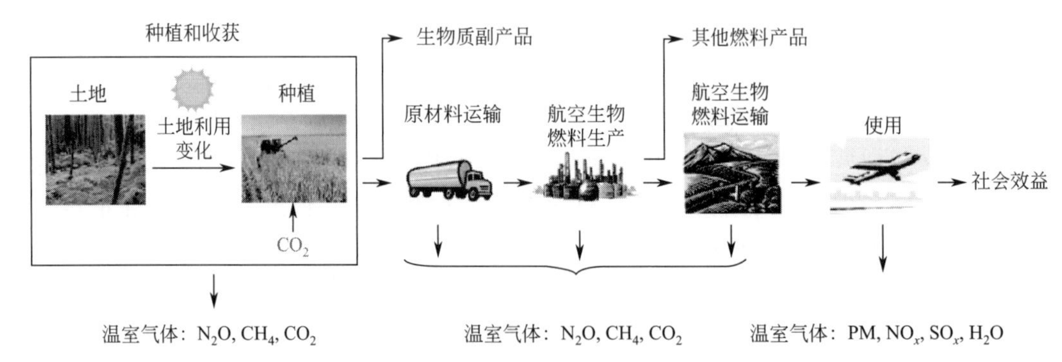

图6-5　常规航空生物燃料生产流程示意

在航空生物燃料生命周期的所有阶段，都使用了可再生能源之外的其他能源（有时这部分能源也可用可再生能源代替），这些能源既有一次能源，也有二次能源和由以上两种能源制得的其他化学品。这里将这些额外消耗的能源称为终端能源，同时这些终端能源在生产制造中会出现相互引用的情况，因此需要通过生命周期评价来进行全生命周期视角的分析。

本案例选取1MJ作为功能单元，以便与传统的化石燃料进行对比。本案例分析过程中重点考察航空生物燃料的生命周期能源消耗与温室气体排放，并不对制造航空生物燃料的设备制造过程的能源消耗进行分析（图 6-6）。在生物质种植的过程中，土地会发生利用性质的变化，例如林地用途变为生物质种植用途，有研究指出此过程也会带来排放的变化，定义为土地利用变化（LUC）。但由于 LUC 的数据不确定性较大，因此本案例也未考虑 LUC 的影响。在航空生物燃料生产的过程中会有气体直接和间接排放，尤其是在生物种植过程中肥料的使用，肥料的降解过程中会释放各类气体（二氧化碳、各类氮氧化物），相关计算方法在 IPCC Tier 1 中有详细介绍，在此不再赘述[31]。

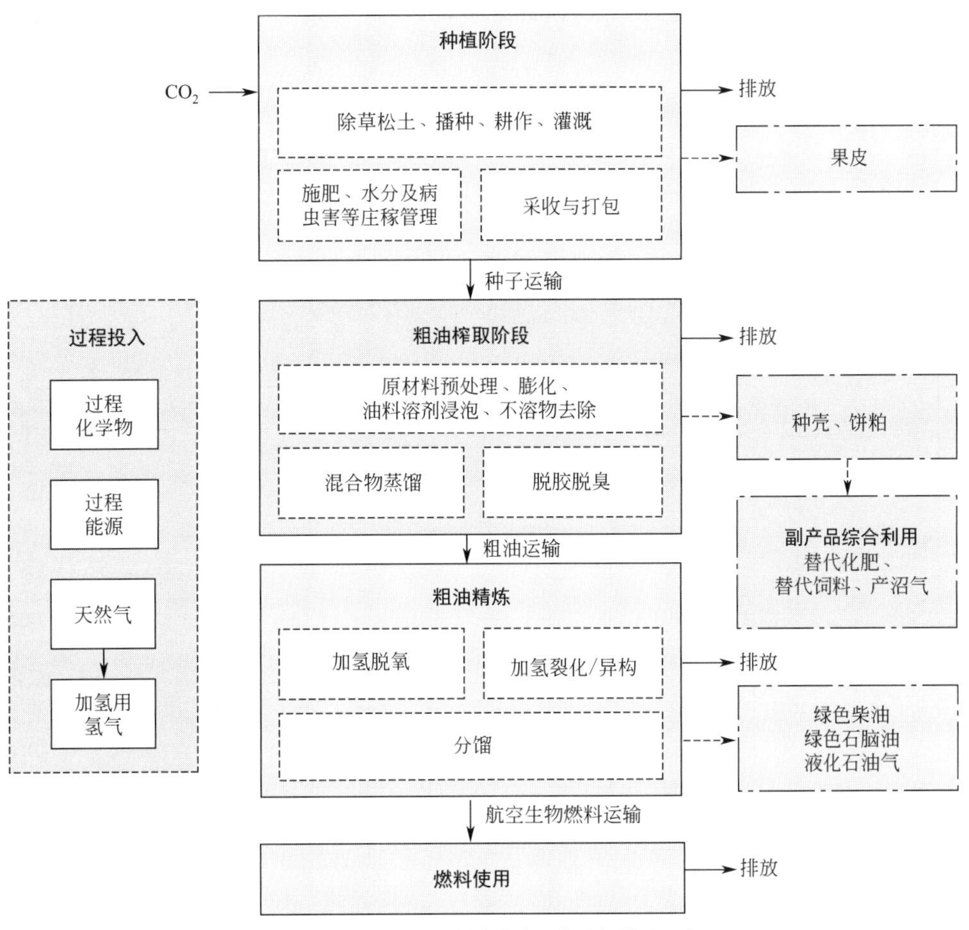

图 6-6　航空生物燃料全生命周期分析边界示意

6.4.2.3　数据清单

本案例的数据清单主要来自文献［32］。文献中两种作物的数据是基于中国实际种植基地得到的调研数据（表 6-5）。采用字母 J 和 C 分别代表小桐子和蓖麻两种作物。

表 6-5 航空生物柴油生产数据清单

过程情景	项目		单位	小桐子		蓖麻	
				J1	J2	C1	C2
种植阶段	输入	土地	hm^2	0.0023	0.0013	0.0016	0.0010
		氮肥	kg	0.5692	0.2055	1.2644	1.2644
		磷肥	kg	0.2960	0.0814	0.3894	0.2551
		钾肥	kg	0.5123	0.1602	0.3894	0.2551
		电力	kW·h	0.4388	0.1745	0.0178	0.0178
		汽油	kg	0.1349	0.0766	0.0389	0.0255
榨取阶段		蒸汽	kg			2.2198	2.2198
		电力	kW·h	0.2417	0.2286	0.1332	0.1332
		己烷	kg	0.0140	0.0132		
转换加氢阶段		电力	kW·h	0.0498	0.0498	0.0498	0.0498
		磷酸	kg	0.0418	0.0418		
		蒸汽	kg	0.8350	0.8350	0.8350	0.8350
		天然气	kg	0.0795	0.0795	0.0795	0.0795
		电力	kW·h	0.3120	0.3120	0.3120	0.3120
		氢气	kg	0.0710	0.0710	0.0710	0.0710
运输阶段		电力	kW·h	0.0056	0.0056	0.0056	0.0056
		柴油	kg	0.3376	0.3357	0.0507	0.0507
种植阶段	输出	种皮	kg	3.6781	3.3287	6.6594	6.6594
		果实	kg	10.5089	9.7903	11.0990	11.0990
		种子	kg	6.8308	6.4616	4.4396	4.4396
榨取阶段		饼粕	kg	2.3831	2.1289	2.0300	2.0300
		粗油	kg	2.3195	2.3195	2.3195	2.3195
转换加氢阶段		绿色生物柴油	kg	0.0170	0.0170	0.0170	0.0170
		石脑油	kg	0.5330	0.5330	0.5330	0.5330
		LPG	kg	0.2590	0.2590	0.2590	0.2590

在评价的过程中，本案例选取了 CML 2001 方法中的三类环境指标进行考量：全球温室变暖效应（GWP）、酸化（AP）、富营养化（EP）。这三类环境指标也是在我国范围内广受关注的环境问题。计算过程数据的换算因子来自 ecoinent 数据库。

用于对照的传统化石燃料的三类环境指标大小分别为 86.65g CO_2eq/MJ（GWP）、2.11g SO_2eq/MJ（AP）、2.55×10^{-1}g NO_xeq/MJ（EP）。

6.4.2.4 情景分析

生物质的种植及航空生物柴油的生产往往有着多种情况，为了更全面地比较我国不同种植情况下的生命周期评价结果，本案例对两种作物构建了多类情景。

（1）种植投入情景

1）J1 和 C1

高投入中等产出技术路线。该模式参考了相关单位在当地的栽培基地的实际运行模式，由于实行精细管理，栽培投入较高，水肥和树体管理等措施有保障，因此单位面积产量大幅提高，也是目前所得到的最高实际产量，属于高投入中等产出类型。

2）J2 和 C2

中等投入高产出技术路线。根据其他作物的育种实践经验，育种学家普遍认为小桐子产量还有提升空间。另外，采用现代精准农艺新技术（测土施肥、低耗灌溉等）可大大降低生产投入。因此尽管投入没有上一类多，产量却更高，属于中等投入高产出类型。

（2）副产品处理情景

对于副产品的处理一般国际上采用市场价值法、能值法、质量法和系统拓展法四种方法，由于航空生物燃料副产品种类繁多，对各种副产品要选用相应的方法进行评估。

不同副产品的分配方法各有局限性：

① 能值法适用于副产品为能源产品，例如电力、油品等，分配的过程可以直接使用能值大小进行分配；

② 质量法采取主产品和副产品的重量大小进行分配；

③ 市场价值法在对于某些价值难以确定以及价值会随着季节变化的副产品有一定的难度；

④ 系统拓展法是较为推荐的分配方式，但是在有的情况下，部分副产品难以找到一个合适的拓展系统来进行替代。

本案例中的副产物分配主要采用能值法。由于果实油脂提取之后会产生大量的饼粕，饼粕是副产品，小桐子饼粕含有大量的蛋白质，被认为是制作动物饲料的良好原料，蛋白质含量高达50%左右，可用于替代大豆。大豆的蛋白质含量为40%左右，1kg 小桐子饼粕可替代 1.25kg 大豆。因此，采用能值法和系统扩展法比较了饼粕的分配方法（表 6-6）。

表 6-6 系统中副产品及对应分配方法

副产品	可以替代的产品	分配方法
果皮、种壳	燃烧	能值法
饼粕	饲料	能值法，系统拓展法
石脑油	化石石脑油	能值法
丙烷混合物	液化石油气(LPG)	能值法
绿色生物柴油	化石柴油	能值法

（3）种植地区情景

蓖麻在我国有着广泛的种植分布。为了对比不同地区种植蓖麻的影响，本案例对比了 8 个省（自治区）的种植评价结果，它们分别是新疆维吾尔自治区、黑龙江省、吉林省、辽宁省、山西省、陕西省、云南省和内蒙古自治区。

6.4.2.5 生命周期评价结果及讨论

(1) 环境影响分析

书后彩图15中展现了小桐子和蓖麻在不同生产阶段的三类环境影响指标结果。其中GWP指标代表的是由温室气体带来的全球变暖效应，常见的CO_2、CH_4、N_2O都会转化为当量的CO_2来表示。该指标也可以衡量在不同时间范围内变暖效应的影响，最为常见的是100年内。AP指标衡量酸性气体排放后与雨水结合导致的pH值降低，该指标考虑了SO_2和NO_x带来的影响。在生物质种植过程中由于化肥的使用，也会造成直接和间接的酸性气体排放。EP指标是指生态系统中化学营养物质的长期积累带来的反常影响，尤其是对水质以及动物种群的不利作用。排放到水中或者空气中的氨、硝酸盐、氮氧化物和磷化物都会造成富营养化效应。这三类指标能够较为充分地和石油的环境影响进行对比，从而判断其减排效果。

从评价结果来看蓖麻比小桐子具有更好的环境影响，这是因为蓖麻的生存能力更强，在种植阶段可以投入更少的管理和肥料。在5个生产阶段来看，种植部分占据了较大的环境影响，其中肥料的投入是主要的因素。氢气使用的过程在全球变暖效应（GWP）中占据了较大部分，而对其他环境影响较小，这也是氢能被称为清洁能源的印证之一。

在具体的环境影响方面，与化石燃料相比，三类指标都降低超过了50%，其中酸化（AP）甚至降低了90%。这是因为在生产过程中的酸性物质例如二氧化硫有大幅下降。

综上来看，小桐子和蓖麻油在环境影响方面有积极的减排效应，其中和全球变暖紧密相关的GWP指标与化石燃料对比，排量降低了50%。这两种作物如果在我国广泛种植，在当前的技术和经济发展条件下推广使用此类航空生物柴油在环境方面预期有较好的贡献。

(2) 种植投入情景分析

从书后彩图16可以看到种植投入的改善分别给小桐子和蓖麻的减排效果带来了25%和12%的影响。蓖麻的波动范围较小，这是因为它生存能力较高，受环境影响较小，即使在自然条件下（比高投入中等产出投入产出比更低的条件）也能健康生长。就种植条件而言，高投入中等产出技术路线是全国较为常见的情况，但是也不乏中等投入高产出这种情况，因此由该情景分析可以判断，蓖麻适合在环境恶劣的地区推广种植，而小桐子适合在环境优渥的地方种植。发挥两种作物的比较优势，能够因地制宜地提升环境保护的效果。

(3) 副产品分配方式情景分析

该情景分析中比较了对于饼粕部分分别用能值法和系统拓展法进行副产品分配处理的结果。从书后彩图17可以看到，在低产出路线中小桐子的结果优于蓖麻，而在其余两种投入路线中小桐子的结果比蓖麻要高。这是因为两种方法在处理副产品分配的过程中计算的方式不同：能值法是按照比例进行分配，而系统拓展法是按照副产品替代物的排放进行定额的替代。因此在整体排放较高的情况下（低产出路线），按照比例分配的能值法将种植阶段的更多排放分配给了饼粕，导致了整体排放下降。虽然两种评价方式有一定差异，但是也都是合理且可以采取的。通过此情景分析可以看到，合理地使用副产品分配方式需要进行仔细的讨论和对比。

（4）种植地区情景分析

小桐子种植主要集中在我国的西南地区，但如种植部分情景分析所述，蓖麻具有更强的生存能力和极广泛的分布性，因此该情景分析讨论蓖麻在我国不同地区的评价结果。

如书后彩图18所示，在高投入中等产出的技术路线上，8个省区中新疆的排放量最高，为90g CO_2eq/MJ。这是由于新疆极为干旱，蓖麻生产过程中需要投入大量的水。云南地区减排效果突出，仅为27g CO_2eq/MJ，比化石燃料少排放70%。这是因为云南土壤肥沃，雨量充沛，日照充足，因此种植过程不需要精心的管理。在我国中部和东北部地区，结果与基础情况山西相似。因此，要发展以蓖麻为原料的生物柴油生产，应在我国东北地区建立大规模的种植基地和生产厂，利用集中式生产模式。另外，要因地制宜，加强对种植的管理。

6.4.3 航空生物燃料的技术-经济评价

6.4.3.1 经济分析框架及参数

本案例的生物航空煤油的生产过程采用霍尼韦尔公司提供的成套生产工艺，对应的设备投资金额和相关生产参数如表6-7所列。经济分析评价过程的原材料、公用工程和副产品的价格来源于wind数据库、中国国家统计局和咨询相关企业。

表6-7 技术经济分析的主要参数

参数	假设
设备购买及安装费用(固定成本)	15亿元
设备寿命	30年
设备折旧年限	15年
设备折旧比例	5%
建设年限	2年
操作时间	8400h/年
设备维护费用	固定成本的1.2%
员工工资	1800万元/年
管理费用	员工总工资的30%
销售费用	1000万元/年
财务成本	2500万元/年
土地购买成本	2.5亿元/年

根据市场调查的成本数据及相关材料的价格，可以通过计算生产成本及副产品销售收入计算出盈亏平衡价格。生产过程中的成本包括可变成本和固定成本两部分。可变成本包括原材料种植成本、生产过程中的其他原材料成本、生产过程中的公用工程费用和产品的运输成本等。固定成本包括设备折旧及维修费用、员工工资及管理费用、财务费用和销售费用。由相关副产品的销售价格可以获得副产品的销售收入。生产成本减去副产品的销售收入可以得到生物航空燃料（主产品）的盈亏平衡价格。

6.4.3.2 经济评价结果及讨论

如书后彩图 19 所示，可以观察到在小桐子情景中，原材料及产品的运输成本占据了较大一部分，生产过程中的原材料消耗和公用工程能量消耗（包括图中的氢气、过程化学品、电力、天然气和蒸汽）也占据了一固定数值。蓖麻情境成本构成和小桐子基本相似。由于案例中蓖麻的运输半径较小，因此其运输成本相对于小桐子较低。同时由于蓖麻和小桐子是两种不同的作物，因此其副产品的产量和价值会有一定程度的差异，蓖麻的副产品抵扣额要低于蓖麻。由经济分析对比可知，选择就近建厂能够进一步降低成本。同时如果综合利用副产品，提高副产品的剩余价值，也能够节约经济成本。

蓖麻和小桐子的这些差异导致了蓖麻的盈亏平衡价格小于小桐子的盈亏平衡价格。在中等投入高产出技术路线下，蓖麻情境下生产的航空生物燃料的盈亏平衡价格要比小桐子情境下生产的航空生物燃料的盈亏平衡价格低 1 元/kg。由前述的环境分析可知蓖麻生存能力更强，受到地域、气候等影响会更小，因此对应的盈亏平衡价格相对于小桐子要更加平稳。

市场的柴油售价在 4.5～7.2 元/kg 之间波动，由经济分析可知，两种作物生产的航空生物柴油具有积极可推广的经济价值。

参考文献

[1] 檀勤良，王瑞武，潘昕昕，等. 模糊供给下生物质发电燃料供应链模式研究 [J]. 中国软科学，2017 (2): 123-131.

[2] Shah Ajay, Darr Matt, Khanal Sami, et al. A techno-environmental overview of a corn stover biomass feedstock supply chain for cellulosic biorefineries [J]. Biofuels, 2017, 8 (1): 59-69.

[3] 宫娜，孙嘉燕，王述洋. 田间秸秆收集处理新技术的研究与探索 [J]. 森林工程，2013, 29 (06): 92-94.

[4] Hess J Richard, Foust Thomas D, Hoskinson Reed, et al. Roadmap for agriculture biomass feedstock supply in the United States [R]. Department of Energy (DOE), 2003.

[5] 鲍香台，张永，林哲建，等. 生物质能供应链收集运输方式的仿真优化研究［J］. 物流技术，2011（12）：165-168.
[6] 夏训峰，张军，席北斗. 基于生命周期的燃料乙醇评价及政策研究［M］. 北京：中国环境科学出版社，2012.
[7] 魏巧云. 生物质发电秸秆供应链物流成本研究［D］. 北京：中国农业大学，2014.
[8] 徐向阳. 使用技术经济学教程［M］. 南京：东南大学出版社，2006.
[9] 国家发改委，建设部. 建设项目经济评价方法与参数［M］. 北京：中国计划出版社，2006.
[10] 梁志霞. 文冠果的生物炼制工艺与技术经济评价［D］. 大连：大连理工大学，2010.
[11] 孙培勤，孙绍晖，陈俊武. 微藻生物燃料技术经济评估［J］. 中外能源，2015（11）：22-30.
[12] 李丽萍. 生物柴油生产工艺的技术经济分析及综合评价模型［D］. 天津：天津大学，2012.
[13] 谭天伟，王芳. 生物炼制发展现状及前景展望［J］. 现代化工，2006，26（4）：6-11.
[14] 王长波，张力小，庞明月. 生命周期评价方法研究综述——兼论混合生命周期评价的发展与应用［J］. 自然资源学报，2015（7）：168-178.
[15] Prasad S，Singh A，Korres N E，et al. Sustainable utilization of crop residues for energy generation：a Life Cycle Assessment（LCA）perspective［J］. Bioresource Technology，2020，303：122964.
[16] Littlejohns J，Rehmann L，Murdy R，et al. Current state and future prospects for liquid biofuels in Canada［J］. Biofuel Research Journal，2018，5（1）：759-779.
[17] Kloepffer W. Life cycle sustainability assessment of products［J］. The International Journal of Life Cycle Assessment，2008，13（2）：89.
[18] Guinee J B，Heijungs R，Huppes G，et al. Life cycle assessment：past，present，and future［J］. Environmental Science & Technology，2011，45（1）：90-96.
[19] 缪晡. 纤维素乙醇生命周期能量效益评价［J］. 生物产业技术，2018，66（4）：42-45.
[20] 董进宁，马晓茜. 生物柴油项目的生命周期评价［J］. 现代化工，2007，27（9）：65-69.
[21] 胡志远，谭丕强，楼狄明，等. 不同原料制备生物柴油生命周期能耗和排放评价［J］. 农业工程学报，2006，22（11）：141-146.
[22] Harding K G，Dennis J S，Von Blottnitz H，et al. A life-cycle comparison between inorganic and biological catalysis for the production of biodiesel［J］. Journal of Cleaner Production，2008，16（13）：1368-1378.
[23] 刘俊伟，田秉晖，张培栋，等. 秸秆直燃发电系统的生命周期评价［J］. 可再生能源，2009，27（5）：102-106.
[24] 冯超，马晓茜. 秸秆直燃发电的生命周期评价［J］. 太阳能学报，2008，29（6）：711-715.
[25] 林琳，赵黛青，魏国平，等. 生物质直燃发电系统的生命周期评价［J］. 华电技术，2006，28（12）：18-23.
[26] 崔和瑞，艾宁. 秸秆气化发电系统的生命周期评价研究［J］. 技术经济，2010，29（11）：70-74.
[27] Wei H，Liu W，Chen X，et al. Renewable bio-jet fuel production for aviation：a review［J］. Fuel，2019，254：115599.
[28] Liu G，Yan B，Chen G. Technical review on jet fuel production［J］. Renewable and Sustainable Energy Reviews，2013，25：59-70.

[29] Hou J, Zhang P, Yuan X, et al. Life cycle assessment of biodiesel from soybean, jatropha and microalgae in China conditions [J]. Renewable and Sustainable Energy Reviews, 2011, 15(9): 5081-5091.

[30] Khoshnevisan B, Rafiee S, Tabatabaei M, et al. Life cycle assessment of castor-based biorefinery: a well to wheel LCA [J]. The International Journal of Life Cycle Assessment, 2018, 23(9): 1788-1805.

[31] De Jong S, Antonissen K, Hoefnagels R, et al. Life-cycle analysis of greenhouse gas emissions from renewable jet fuel production [J]. Biotechnology for Biofuels, 2017, 10(1): 64.

[32] Liu H, Qiu T. Life cycle assessment of Jatropha jet biodiesel production in China conditions [M]//Computer Aided Chemical Engineering. Amsterdam: Elsevier, 2019, 46: 1555-1560.

索　引

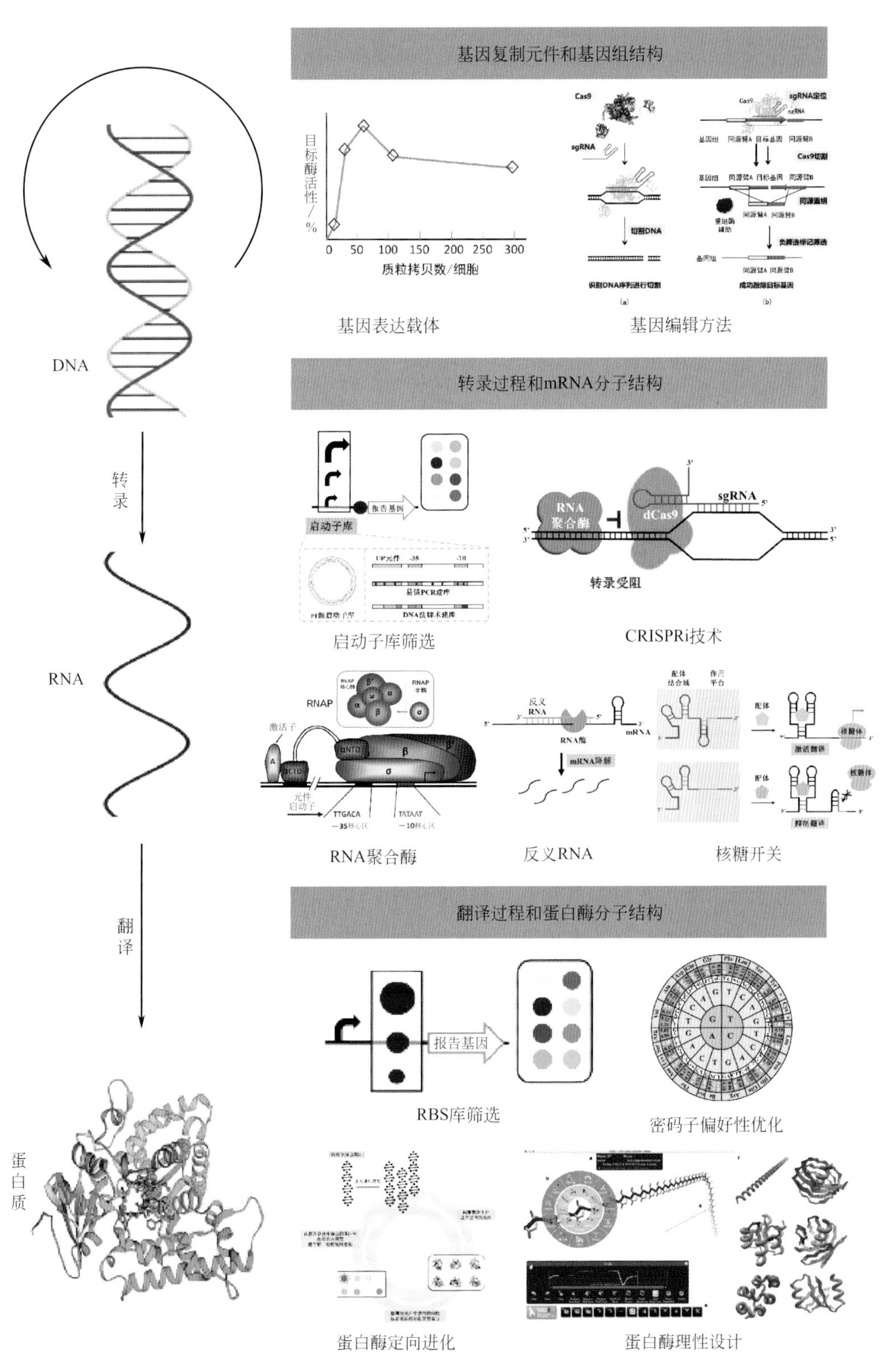

彩图 2 遗传中心法则及胞内物质流强化的主要方法

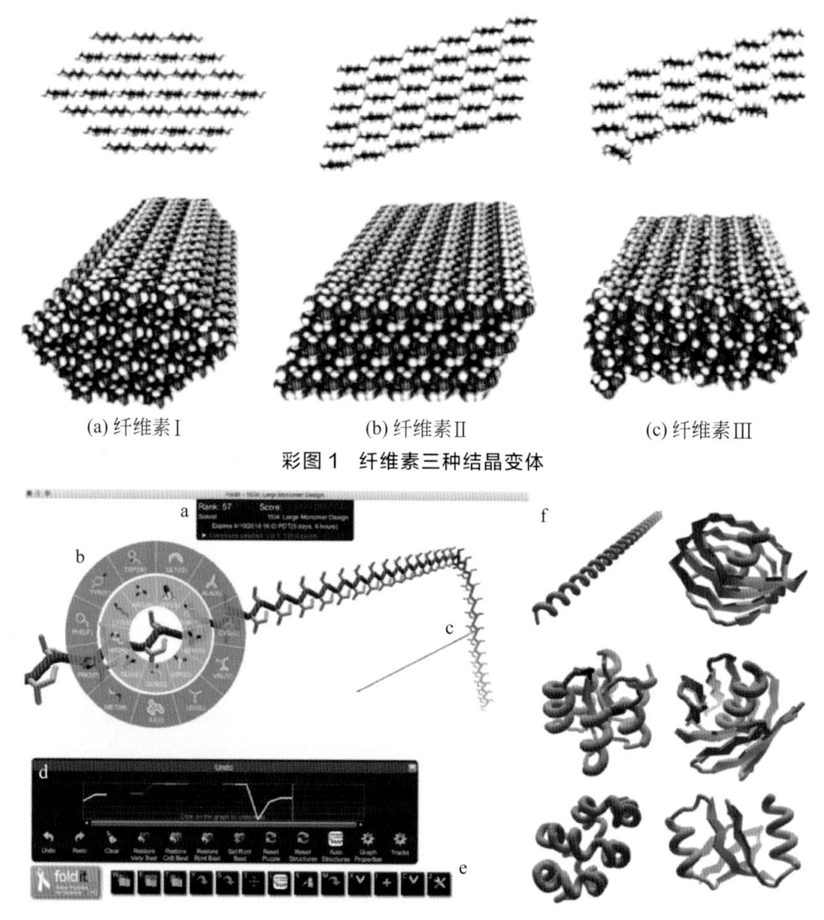

彩图 1　纤维素三种结晶变体

彩图 3　蛋白质从头设计软件 Foldit 的用户界面

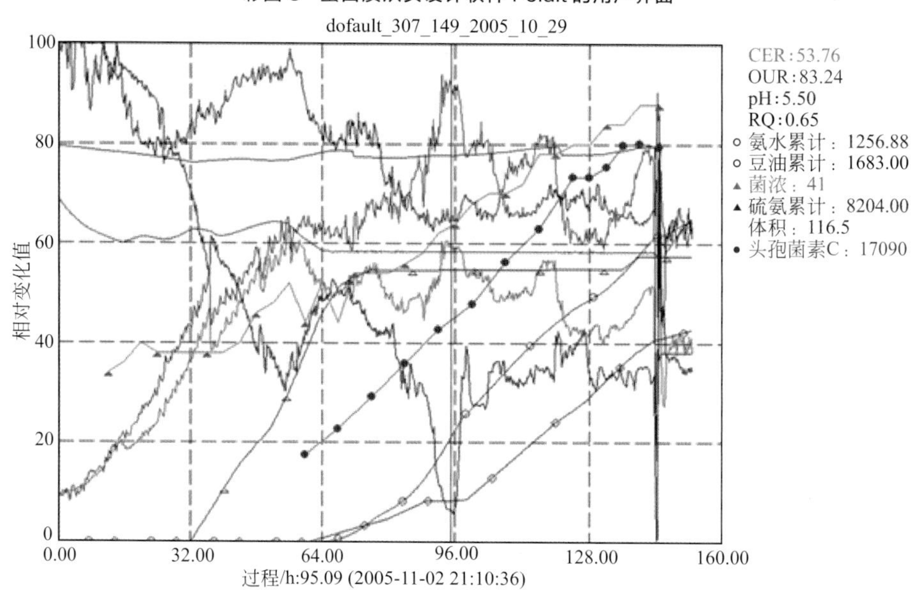

彩图 4　头孢菌素 C 发酵过程多参数变化趋势

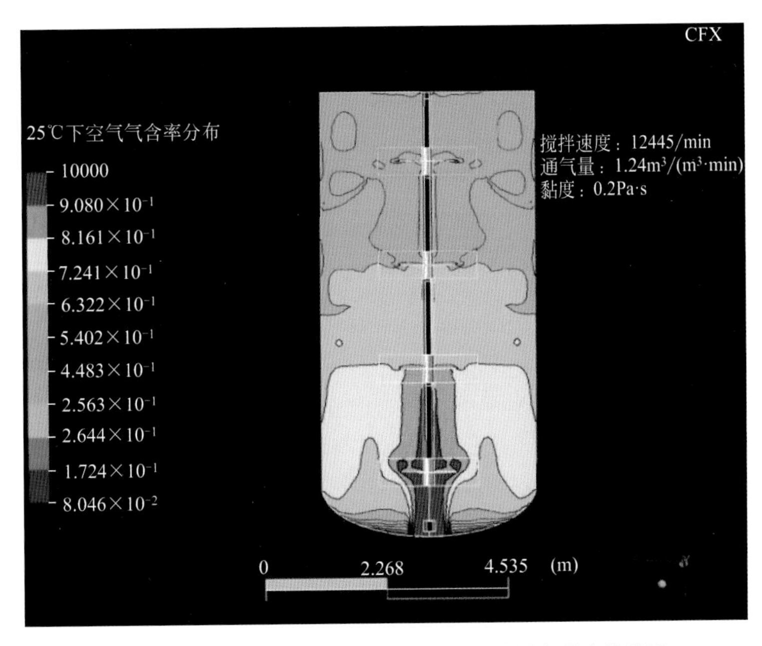

彩图5　利用计算流体力学对工业规模发酵罐空气分布模拟图

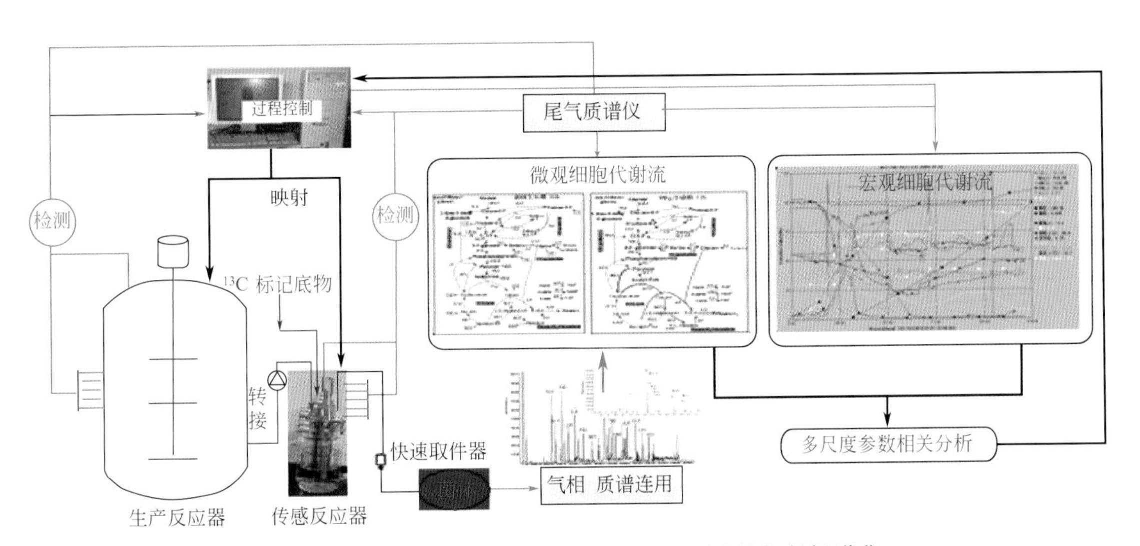

彩图6　13C标记的微观代谢流与宏观代谢流相结合的发酵过程优化

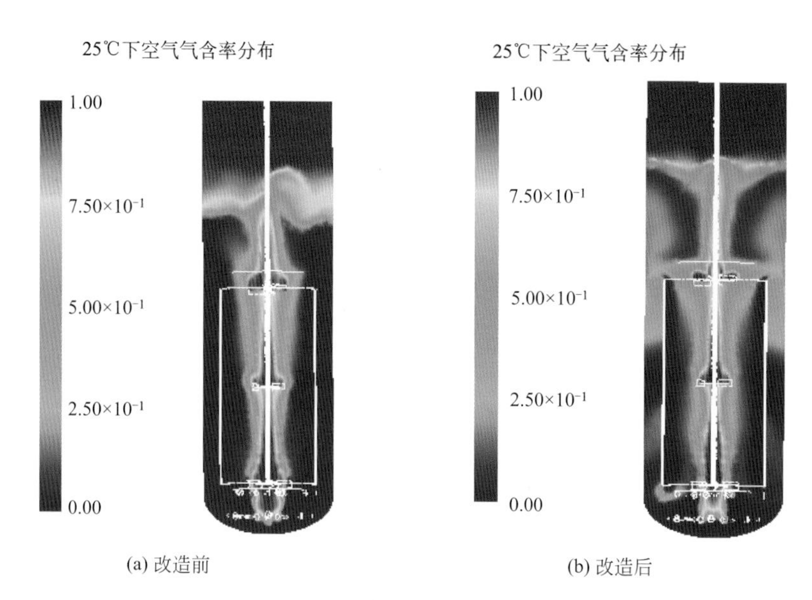

(a) 改造前　　(b) 改造后

彩图 7　气含率分布比较图

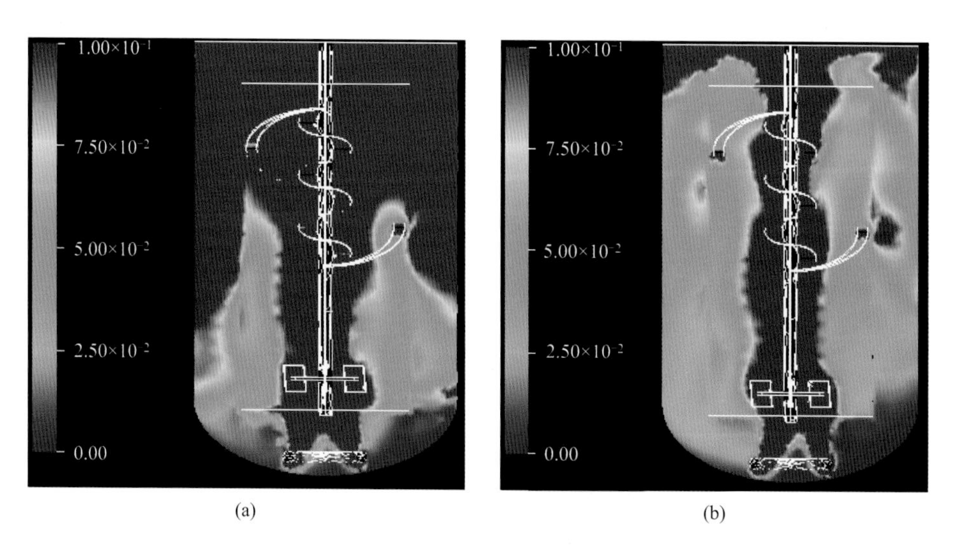

(a)　　(b)

彩图 8　空气分布示意比较

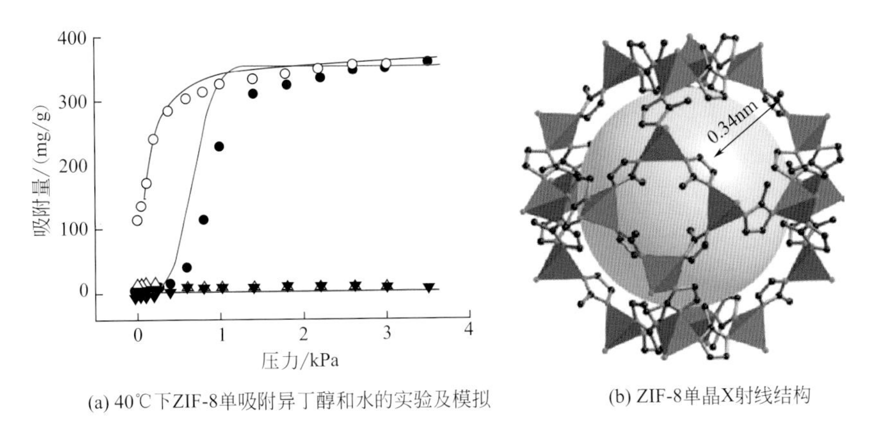

(a) 40℃下ZIF-8单吸附异丁醇和水的实验及模拟

(b) ZIF-8单晶X射线结构

彩图 9　ZIF-8 的单晶 X 射线结构及 40℃下 ZIF-8 吸附异丁醇的实验及模拟吸附曲线

(a) ZIF-8/PMPS膜的断面电镜图

(b) ZIF-8/PMPS膜的EDXS图（W_{ZIF-8}/W_{PMPS} = 0.10 : 1，Zn信号：黄色；Al信号：青色；Si信号：粉红色）

(c) ZIF-8纳米粒子（黑线）、纯PMPS膜（红线）、ZIF-8/PMPS膜（绿线）的XRD衍射图

彩图 10　ZIF-8/PMPS 膜的断面电镜图、 EDXS 图及其 XRD 衍射图

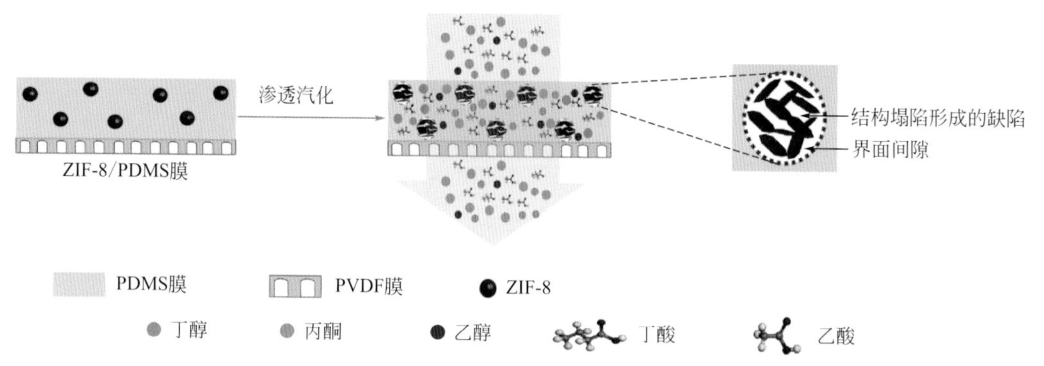

彩图 11　ZIF-8/PDMS 混合基质膜渗透汽化分离 ABE 发酵液示意

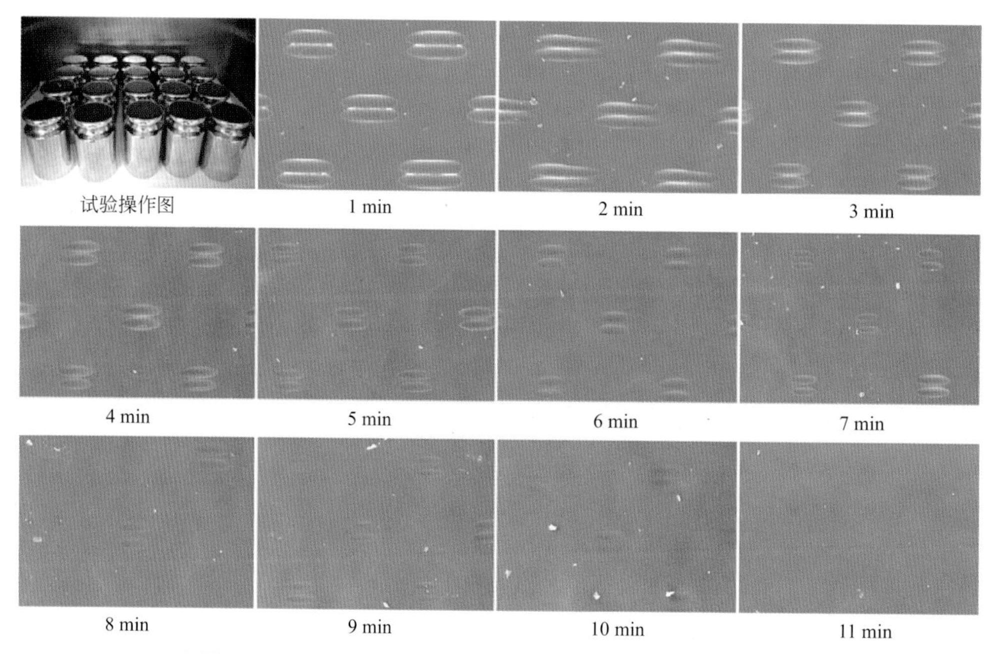

彩图 12　压痕实验操作图及固化时间不同的 PDMS 膜的压痕的电镜图

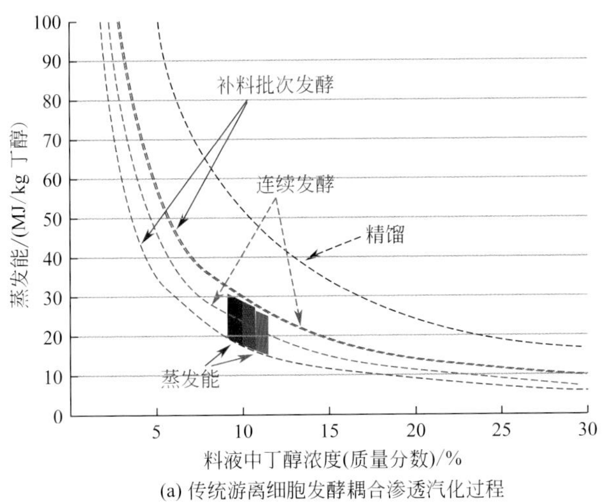

(a) 传统游离细胞发酵耦合渗透汽化过程

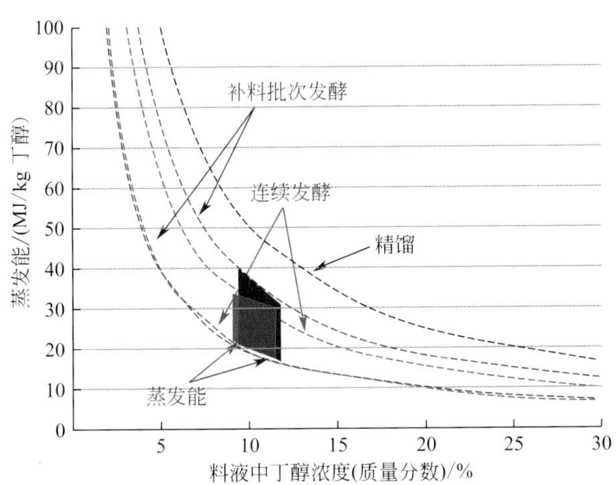

(b) 采用固定化技术和改性渗透汽化膜强化后的发酵-分离耦合工艺

彩图 13　ABE 发酵渗透汽化过程的溶剂汽化热与传统精馏过程的对比

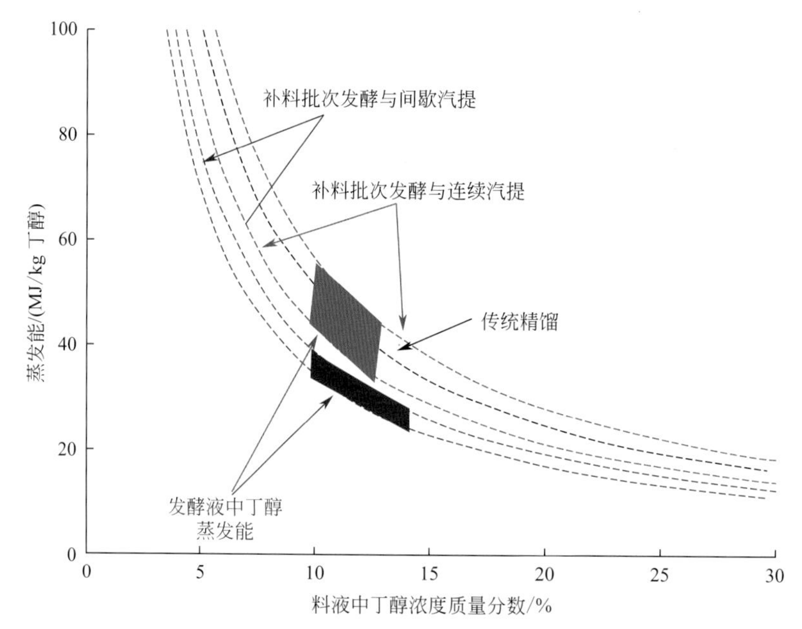

彩图 14 ABE 发酵汽提体系的溶剂汽化热与传统精馏过程的对比[109]

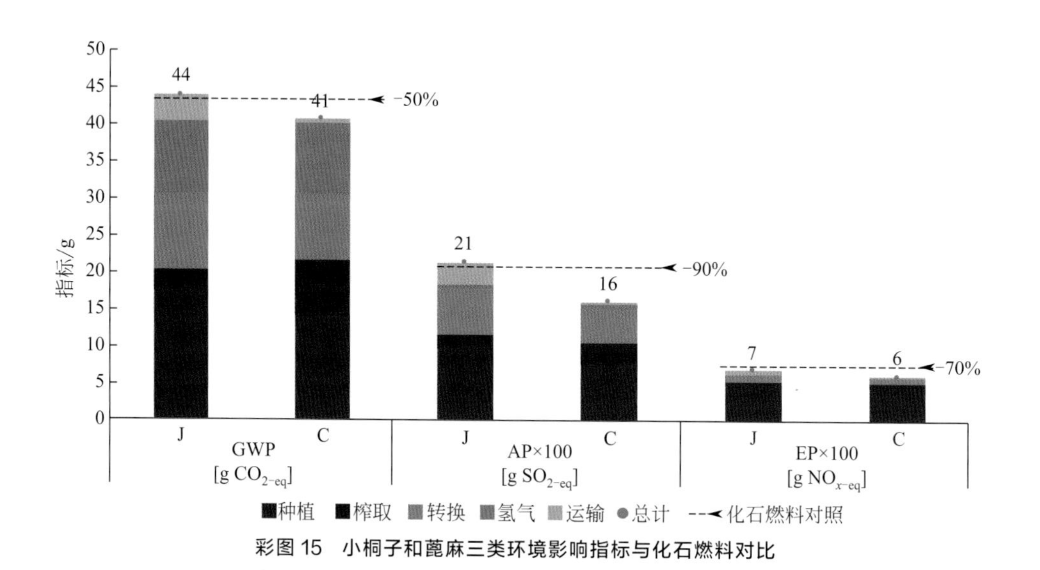

彩图 15 小桐子和蓖麻三类环境影响指标与化石燃料对比

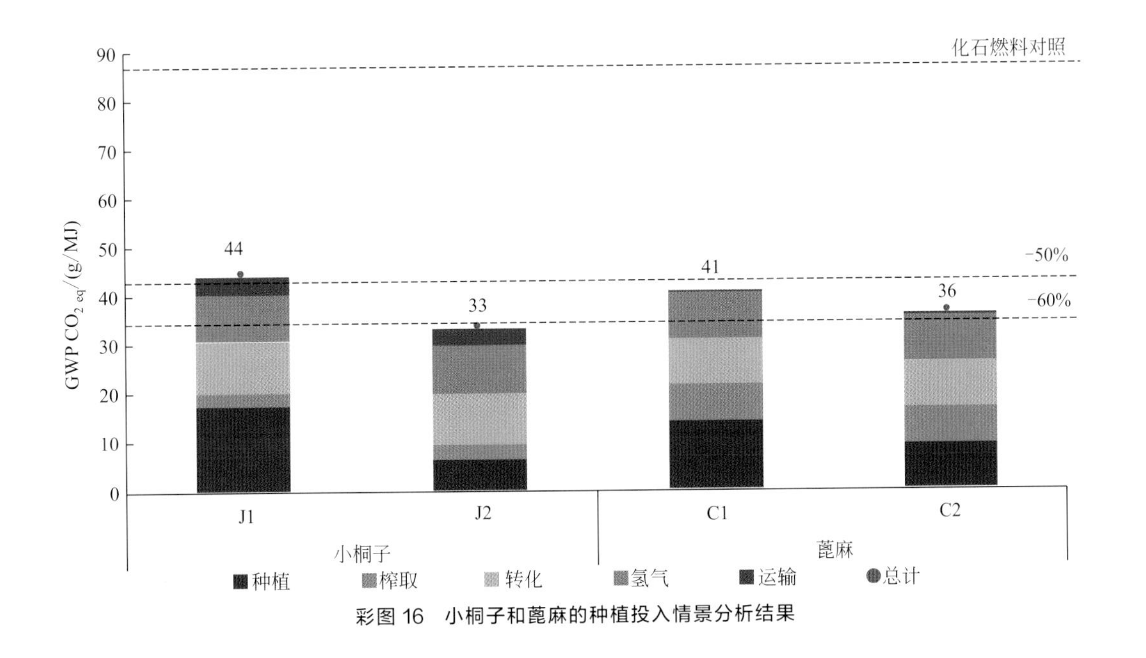

彩图 16　小桐子和蓖麻的种植投入情景分析结果

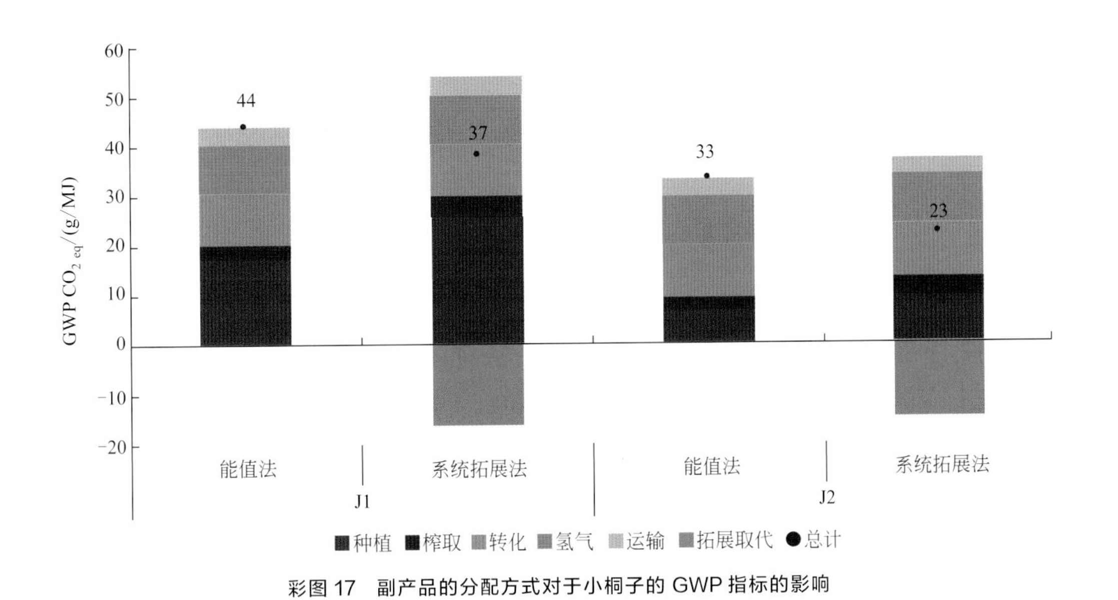

彩图 17　副产品的分配方式对于小桐子的 GWP 指标的影响

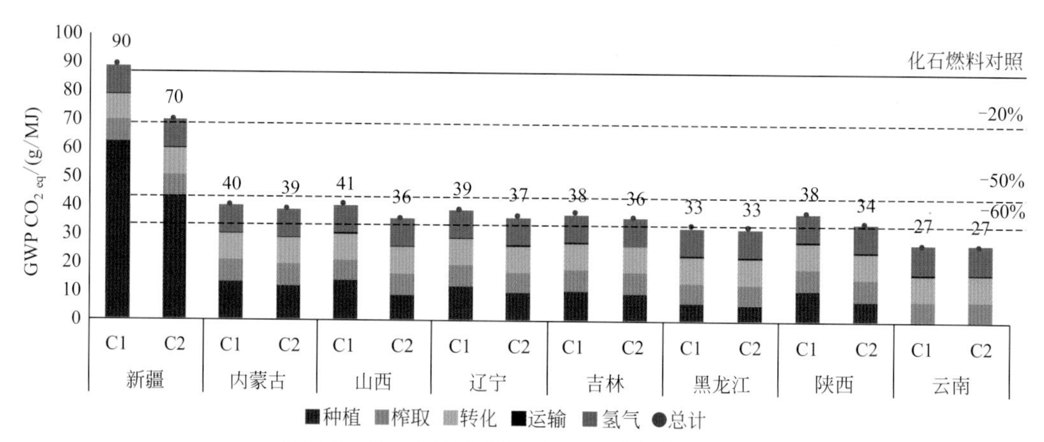

彩图 18　种植地区对于蓖麻的 GWP 指标的情景分析

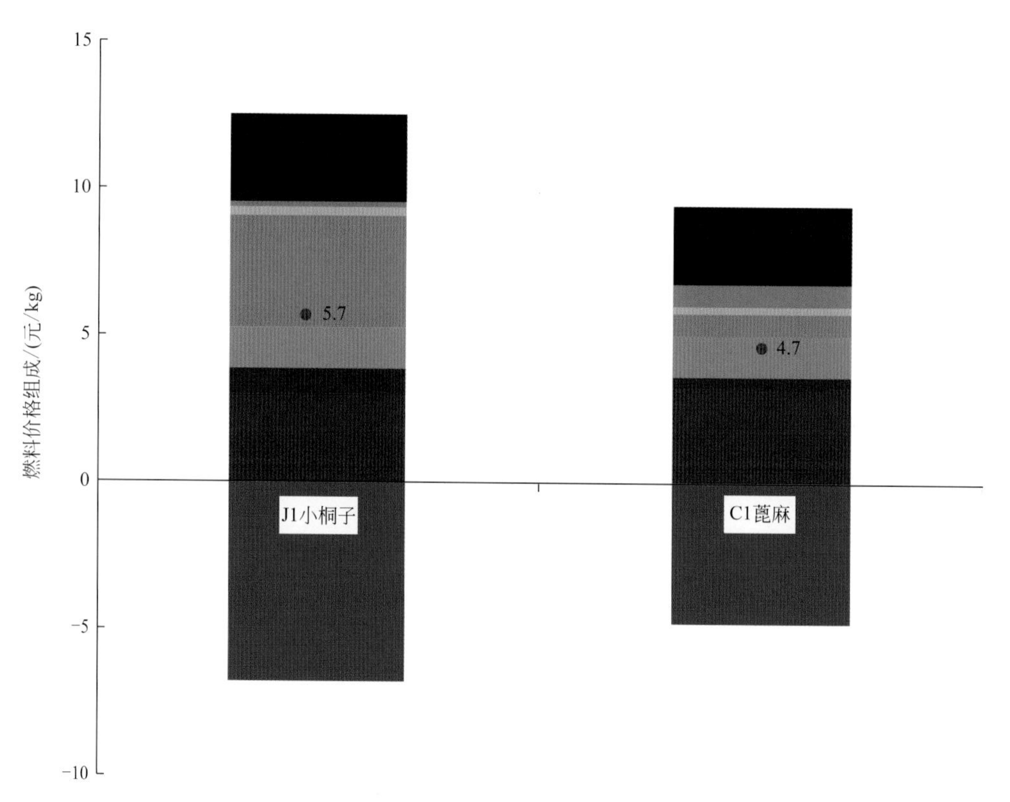

彩图 19　技术经济分析各组分所占比例